苏州大学卫生与环境技术研究所
北京国医械华光认证有限公司　编

无菌医疗器械
质量控制与评价
（第二版）

主　编　张同成　郭新海
副主编　陈志刚　刘芬菊　李朝晖

U0396046

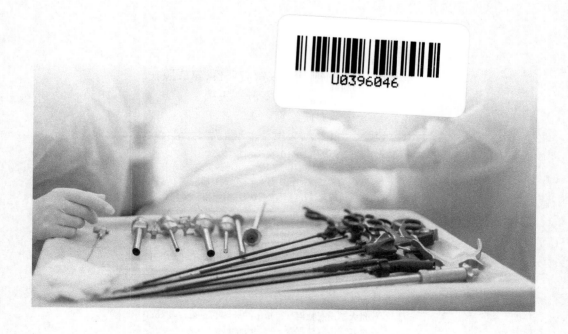

苏州大学出版社
Soochow University Press

图书在版编目(CIP)数据

　　无菌医疗器械质量控制与评价/张同成,郭新海主编;苏州大学卫生与环境技术研究所,北京国医械华光认证有限公司编. —2 版. —苏州:苏州大学出版社,2019.1(2023.7重印)
　　ISBN 978-7-5672-2735-4

　　Ⅰ.①无… Ⅱ.①张… ②郭… ③苏… ④北… Ⅲ.①医疗器械－无菌技术－质量控制②医疗器械－无菌技术－质量评价 Ⅳ.①TH77

　　中国版本图书馆 CIP 数据核字(2019)第 013168 号

无菌医疗器械质量控制与评价(第二版)

张同成　郭新海　主编

责任编辑　王　亮

苏州大学出版社出版发行

(地址:苏州市十梓街 1 号　邮编:215006)

广东虎彩云印刷有限公司印装

(地址:东莞市虎门镇黄村社区厚虎路20号C幢一楼　邮编:523898)

开本 787 mm×1 092 mm　1/16　印张 27　字数 640 千
2019 年 1 月第 2 版　2023 年 7 月第 4 次印刷
ISBN 978-7-5672-2735-4　定价:79.00 元

苏州大学版图书若有印装错误,　本社负责调换
苏州大学出版社营销部　电话:0512－67481020
苏州大学出版社网址　http://www.sudapress.com
苏州大学出版社邮箱　sdcbs@suda.edu.cn

《无菌医疗器械质量控制与评价》（第二版）

编 委 会

主　编　　张同成　　郭新海

副主编　　陈志刚　　刘芬菊　　李朝晖

编　者　（按姓氏笔画排序）

王丽洁	王春雷	方菁巍	朱雨婷
刘　洋	刘芬菊	刘春丽	刘振健
阳艾珍	李尚知	李新寅	吴　珂
沈　明	张末初	张同成	张华青
陈志刚	陈桂风	郁　晓	顾　铖
徐星岗	郭新海	梅　超	章晶晶
梁　羽	葛　枫		

再版前言

无菌医疗器械是用于临床医疗的特殊商品，它在救死扶伤、防病治病、保障人类健康方面起着十分重要的作用。鉴于医疗器械与人的生命安全及健康密切相关，因此各国政府都高度关注医疗器械的有效性和安全性，并承担起医疗器械监管的责任，成立相应的监管机构，制定法律法规对医疗器械实施监管，建立规范的医疗器械市场准入制度。这是医疗器械入市前控制和预防风险最基本的举措。我国政府历来重视医疗器械的监管工作，特别是改革开放以后，不断建立并完善医疗器械各类法规，逐步形成了比较完善的医疗器械法规体系，医疗器械监管进入规范化、法制化、科学化的轨道。

2000 年，国务院颁布实施了《医疗器械监督管理条例》。2000 年 4 月，原国家药品监督管理局发布实施了《医疗器械生产企业监督管理办法》和《医疗器械生产企业质量体系考核办法》。2014 年，国务院颁布了新的《医疗器械监督管理条例》，在新条例的框架下，原国家食品药品监督管理总局相继修改并发布了一些新的医疗器械法规。2015年，原国家食品药品监督管理总局对《医疗器械生产质量管理规范》（下简称《规范》）进行了重新修订。新《规范》以 ISO 13485/YY/T 0287《医疗器械质量管理体系用于法规的要求》标准的基本内容作为制定医疗器械质量管理体系规范的基础性参考文件，融入了我国医疗器械监管法规和相关标准。目前，我国的医疗器械法规体系不断完善，尤其是进入 2018 年，国际上一些主流标准相继发布，一个医疗器械全生命周期监管的新理念已经形成，这对于保障医疗器械产品的安全有效、促进医疗器械产业稳健发展提供了技术支持。

苏州大学卫生与环境技术研究所检测中心（原苏州医学院放射医学研究所）自 20世纪 80 年代初起，就利用原苏州医学院医学人才集中、学科齐全和钴源装置等优势，开展了无菌医疗器械生产现场环境检测、菌谱检查、微生物抗性（D_{10}）、辐照灭菌剂量设定、辐照灭菌前后的医疗器械生物相容性评价、理化性能检测、无菌产品包装验证、灭菌效果验证等方面的系列研究；1989年出版了专著《一次性医疗用品的卫生学管理和监测》；1991年协助原国家医药管理局质量司多次举办质检人员培训班；1991年4月受国际原子能机构（IAEA）委托，举办了一次性使用医疗用品辐照灭菌质量控制培训班；1993年主持编写了由原国家医药管理局发文（药许字〔91〕第38号通知）出版发行的《一次性使用医疗器具质量管理讲义》作为医疗器械行业培训教材；2007年获中国合格评定国家认可委员会（CNAS）实验室证书；2013年和2016年实验室两次顺利通过了美国食品药品监督管理局（FDA）官方审核。如今，苏州大学卫生与环境技术研究所检测中心已发展成为一流的出口医疗器械对外质量检测平台〔欧盟CE认证、美国FDA510（k）注册检验〕。

北京国医械华光认证有限公司由原国家医药管理局于1994年以国药人字〔94〕第293号文件批准成立，原名为中国医疗器械质量认证中心。2002年经国家药品监督管理局以药监械〔2002〕28号文件批准更名为北京国医械华光认证有限公司。北京国医械华光认证有限公司是由国家认证认可监督管理委员会批准（批准号：CNCA－R－2002－047）的具有独立法人地位的第三方认证机构，是具有产品认证和质量管理体系认证的国家双重认可资格的法律实体。北京国医械华光认证有限公司拥有一支经验丰富的国家注册高级审核员、审核员和专家队伍，这支队伍在多年的产品认证和质量管理体系认证工作中积累了丰富的经验。

2009年以来，北京国医械华光认证有限公司与苏州大学卫生与环境技术研究所检测中心就无菌医疗器械的质量性能检测、开展企业质量管理和质量检验人员的培训以及本书的出版进行全面合作，共同为提高无菌医疗器械企业的管理水平、提升人员的素质能力和质量意识、明确企业的质量安全主体责任、认真贯彻医疗器械法律法规、推动企业的医疗器械质量认证而努力，尽心尽力地为医疗器械行业的振兴和发展做好服务工作。

无菌医疗器械由于是直接进入人体或接触人体的产品，标准要求高，因此必须无菌、无毒、无热原，化学性能和生物相容性必须符合要求，必须保证临床使用的安全。目前，我国医疗器械生产企业中既有从其他行业转入无菌医疗器械产业的企业，也有新成立的无菌医疗器械生产企业，其中不少企业缺乏生产无菌医疗器械方面的管理经验和专业知识，而且因无菌医疗器械在制造过程中有其特殊性，为此，必须采取相应的控制措施，尽量避免微生物（热原）、微粒污染，以确保提供的产品在临床医疗使用中安全、有效。为降低微生物和微粒污染的风险，国家医药行政监管部门对无菌医疗器械的生产提出了一些特殊的管理要求。能否有效地降低无菌医疗器械产品的风险，在很大程度上取决于企业最高管理者的法律法规意识和产品质量意识，以及生产人员的技能、所接受的培训及其工作态度。为了贯彻实施国家和行业发布的一系列无菌医疗器械产品标准与相关法规要求，对企业的管理人员、生产人员、检测人员进行卫生学原理、微生物学基础、环境洁净技术、消毒灭菌以及个人卫生等基础知识教育培训，特别是指导无菌医疗器械检验人员理解和应用产品标准、掌握检验方法、准确和科学地开展无菌医疗器械产品检测就显得十分必要。

本书是在一次性使用无菌医疗器械生产和监测、医疗器械质量认证审核、产品质量检验以及以往的培训等实践中编写而成的。本书自 2012 年正式出版以来，作为一本工具书，对无菌医疗器械的生产管理、质量管理等方面都起到了一定的指导作用。此次依据 2015 版中国药典及新标准、新规范的颁布，对本书进行了全面修订，根据实际需要又增加了欧美法律法规、药品生产质量管理规范（GMP）以及医疗器械微生物监测应用等章节。其中，美国 FDA 在 2016 年发布的针对如何使用 ISO 10993-1 的指南，以及 ISO 10993-1—2018、ISO 11737-1—2018 等一些主流标准的相继发布，将会推动生物学评价、微生物方面的质量控制的全面提升，进而对世界医疗器械行业产生深远的影响。期望本书的再版对无菌医疗器械生产企业质量意识和质管能力的提升、缩短国际间差距、促进对外贸易、增强竞争力有所裨益。本书分为两篇。第一篇为理论部分（第一章至第十二章），该部分较为系统、全面地介绍了无菌医疗器械生产过程的质量管理和要求，论述了法律法规、行政监管、洁净厂房、实验室建设、微生物学基础与监测、微粒的控制、热原污染与控制、消毒、灭菌、包装、产品留样、工艺用水与用气、化学性能、生物相容性以及质量管理中的统计技术应用等基本知识，由浅入深，理论联系实际，从医学和卫生学的角度阐明了过程控制、质量管理、确保临床医疗安全有效的必要性。第二篇为实验指导部分（第十三章至第十五章），主要通过无菌医疗器械的生物负载检测、无菌试验、环境检测和化学性能检测，从实际出发，培养质量检测人员的无菌操作意识，加强其专业基本技能的训练，促使其在微生物检验及化学性能检测方面更好地开展无菌医疗器械质量监督检验工作。本书可作为医疗器械企业生产人员、管理人员、检测人员的培训教材，也可供医疗器械行政监管部门、检测机构、咨询机构的工作人员及相关行业人员阅读参考。

参加编写的人员，多数是有数十年医疗器械管理、认证审核、医疗器械产品检测、生物学评价和教学实践经验的一线专家与工作人员。由于医疗器械行业涉及的学科多，尤其是交叉边缘学科，涉及的新概念、新理论、新技术、新产品、新标准面广量大，且发展迅速，尽管编者尽了最大的努力，但书中不足之处在所难免，还望同行和读者批评指正。

苏州大学医学部田启明副主任对本书的再版从内容商定、编写过程到正式出版，自始至终给予了大力支持；编写组有幸邀请到原 TUV 南德医疗健康服务部中国区经理、中国首位获得授权 CE 认证审核资格的徐星岗先生和现任美国 IRC 中国首席咨询师葛枫总经理参与了编写工作；江阴华青机械有限公司顾铖总经理参与了本书的再版修订工作；苏州大学唐仲英血液学研究中心阳艾珍、苏州大学医学部基础医学与生物科学学院郁晓参与了本书的编写和校审工作。值此一并致谢。

编 者

2018 年 8 月

目 录
Contents·······

第二篇　实验指导

第一篇

无菌医疗器械相关知识

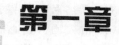

无菌医疗器械与植入性医疗器械概述

第一节 无菌医疗器械与植入性医疗器械产业发展和监管

一、无菌医疗器械与植入性医疗器械产业的发展

医疗器械是救死扶伤、防病治病、与人类生命安全和身体健康密切相关的产品。社会不能缺少医疗器械，公众离不开医疗器械，医疗器械是社会和公众的刚性需求产品。随着经济和科技的发展、社会的进步，人们的生命安全意识及健康理念不断提升，大众对医疗器械的需求也在不断变化、更新和提高，从而推动了医疗器械产业的发展。2009年全球金融危机冲击了世界各国的经济，但医疗器械产业总体上受到的影响较小，并且仍然在发展。在改革开放的指引下，在我国经济取得巨大发展、综合国力不断增强、人民生活水平和生活质量不断提升形势的推动下，我国医疗器械产业持续快速发展。特别是随着国家促进产业发展的政策和 2009 年国家医疗改革的实施，我国医疗器械产业迎来了新的机遇，进入了快速发展的黄金期。

无菌医疗器械是医疗器械制造商以无菌状态提供的医疗器械产品，是医疗卫生机构、社会、公众不需要进行灭菌而直接使用的医疗器械产品。无菌医疗器械的大部分产品是直接和人体接触的，包括量大面广的一次性使用无菌医疗器械和植入性医疗器械。植入性医疗器械包括无源植入性医疗器械和有源植入性医疗器械。无源植入性医疗器械是指任何通过外科手段来实现全部或部分插入人体或自然腔道中，或者为替代上表皮或眼表面用，并且使其在体内至少存留 30 天，只能通过内科或外科的手段取出的医疗器械。有源植入性医疗器械是指任何通过外科或内科手段，拟部分或全部插入人体，或通过医疗手段介入自然腔道且拟留在体内的医疗器械。

我国无菌医疗器械与植入性医疗器械产业的发展有以下特点：

一是产品类型和品种规格不断增加和完善，初步形成与国际上通行的无菌医疗器械和植入性医疗器械的产品类型和品种规格相当的产品系列。经过多年的发展，我国无菌医疗器械与植入性医疗器械的生产能力快速提升，新产品不断涌现，品种规格已从几十个发展到数百个，逐步建立了满足我国医疗卫生事业发展需要的无菌医疗器械与植入性医疗器械产业。例如，在一次性使用无菌医疗器械方面，从一次性使用输液器、输血器、注射器，一次性使用输注泵，一次性使用塑料血袋等输注器具到一次性使用的医用脱脂棉、医用脱脂纱布等各种卫生敷料；从一次性使用的防护服、防护口罩到各种造影导管、球囊扩张导管、体外循环管路、穿刺导管、插管、引流管等各种医用导管。在植入性医疗器械方面，从骨接合植入物、骨与关节替代物的骨科植入物，到心脏瓣膜假体、血管支架等心血管植入物；从食道支架、胆道支架、气管支架等非血管支架，神经外科植入物、宫内节育器、人工晶体等无源植入物，到植入式心脏起搏器、人工耳蜗等有源植入性医疗器械。目前我国已经形成了比较完整的系列化无菌医疗器械与植入性医疗器械的产业群体，不但逐步满足了我国医疗卫生事业发展的需求，而且还出口国外。据统计，2009 年我国医用敷料出口额达 9.55 亿美元，医用高分子制品出口额达 12.46 亿美元。

二是产业集群化程度不断提升，在产业链上下游有较强的自主集成和配套能力。如一次性输注器具的生产从原材料、零部件到装配加工成品等各个过程都有生产能力，还有卫生敷料等各种类型的无菌医疗器械与植入性医疗器械都有这个特点，较少地受制于国外企业，具有相当强的自主权。我国在分工和专业化的基础上，不断提升标准化生产方式的水平，发挥了规模经济效益的作用，从而在经济全球化、竞争日益激烈的环境下能够占据比较有利的地位，不但产业集群化优势在提升，而且产业区域化的特点也很明显。如仅江苏省无菌医疗器械与植入性医疗器械生产企业就达 500 多家，这样庞大的无菌医疗器械与植入性医疗器械企业群集中在一个地区，各企业之间既相互交流又相互促进，既相互协作又相互竞争。产业集群、企业聚集有利于发挥聚集、辐射功能，带动产业链的相关医疗器械的融合发展，有利于产业结构优化和产业升级，促进产业和区域经济快速发展。

三是开始从劳动密集型低成本加工模式向资金密集、技术密集、管理规范的规模化生产模式转变。有些企业投入了大量资金，购买土地、扩建厂房、添置设备、建立自动化生产线，大大提高了生产能力；有些企业努力招聘、引进、培养人才，加强团队建设，注重产品开发和生产工艺改进，积极开展技术创新和采用新技术；有些企业重视质量管理体系建设，应用当代先进管理理念和方法，努力提高企业管理水平，这些举措使产业发展取得了显著的进步。

2017 年 2 月 21 日国务院印发的《"十三五"国家药品安全规划》中列出了 2016—2020 年医疗器械检查任务，包括在全国范围内至少检查 1 918 家无菌生产企业、339 家植入类生产企业、1 089 家其他第三类医疗器械生产企业，这些企业构成了无菌医疗器械与植入性医疗器械产业的主体。这些企业的质量管理水平差异甚大，根据认证审核实践可分为以下四类：第一类企业质量管理水平较低，虽然高层领导有一定的质量意识，也开始重视顾客和市场，但还未构建规范的质量管理体系，仅凭经验管理，资源配置不到位，过程和产品质量难以控制。这类企业虽然数量不多，但必须抓紧改变现状，否则将可能被市场淘汰。第二类企业质量管理开始规范，已按照 YY/T 0287/ISO 13485 标准建立了质量管理体系，但高层领导对质量管理体系重视不够，存在着企业文件要求和实际运行"两张皮"的倾向，资源管理（包括人力资源、基础设施、工作环境）还存在一定的差距，产品质量有时不够稳定，质量管理体系的有效性有待提高。第三类企业质量管理水平有提高，基础管理比较扎实，高层领导比较重视，YY/T 0287/ISO 13485标准质量管理体系显现了有效性，能够实现确定的目标，但过程控制、PDCA运行模式、风险管理等方面相对薄弱。第四类企业质量管理水平比较成熟，很多企业通过YY/T 0287/ISO 13485认证时间较长，质量管理体系运行规范并能结合本企业的实际不断改进，高层领导能力、战略规划能力、过程管理能力较强。总结这些企业有两种情况：一是有些企业资源管理和产业链、价值链的管理较差，还有着很大的提升空间；二是还有些企业创新能力强，资源管理有突破，努力建设团队，逐步形成企业文化，能积极利用国内外两种资源、两个市场不断取得良好的绩效，发展较快，有的已成为行业中的佼佼者和领跑者。总之，在产业发展的浪潮中，越来越多的企业学习当代先进管理理念和方法，积极贯彻医疗器械法规，努力按照YY/T 0287/ISO 13485标准建立、保持和改进质量管理体系，保证和持续改进产品实物质量，实施管理创新，不断提高管理水平。不少企业取得了可喜的成果，创建了知名品牌。尽管这种转变时间不长，但已看到其发展的生命力，通过科学监管和市场的推动来加快这种转变，必将促进我国无菌医疗器械与植入性医疗器械产业健康快速发展。

虽然无菌医疗器械与植入性医疗器械产业在发展方面具有以上特点，但产业本身目前存在的问题以及企业质量管理的不平衡性必须引起高度重视。无菌医疗器械与植入性医疗器械的质量安全还面临严峻挑战，和整体医疗器械形势一样仍处在风险高发期和矛盾凸显期。主要表现为小企业多，资金分散，科研创新和应用能力不强，市场竞争不够规范，有些产品整体水平不高，产品实物质量和可靠性还有差距，产品服务维护工作不够规范，部分企业的质量意识、责任意识、诚信意识不强，企业质量管理体系的符合性、有效性很不平衡。上述的第二类企业和第三类企业占绝大部分，有些企业的风险居高不下，差距还很大。因此无菌医疗器械与植入性医疗器械产业的发展任重道远，只有坚持不懈改革创新才能走向成功的彼岸。

二、我国医疗器械监管的法制化、规范化和科学化

医疗器械与人类生命安全、身体健康密切相关，因此各国政府通常承担着对医疗器械监管的责任。随着医疗器械产业的发展，医疗器械新产品不断涌现，新科学技术在医疗器械领域广泛应用，医疗器械需求迅速增长，医疗器械质量安全的新矛盾层出不穷。同时，医疗器械风险必然成为社会和公众关注的焦点和热点，因此医疗器械监管不断面临新的严峻挑战和更高的要求。

我国政府历来重视医疗器械的监管工作，特别是改革开放以后，不断建立并完善医疗器械各类法规，逐步形成了比较完整的医疗器械法规体系，医疗器械监管进入规范化、法制化、科学化的轨道。

2000年，我国颁布实施《医疗器械监督管理条例》，标志着我国医疗器械监督管理进入依法行政、依法监管的新阶段。在医疗器械产业发展的实践中，医疗器械监管部门积极应对各种挑战，不断规范、完善医疗器械法规，建立了比较完整的医疗器械法规体系，依法实施医疗器械监管，取得了巨大成就。由于无菌医疗器械与植入性医疗器械是高风险的医疗器械产品，质量安全问题相当突出，因而监管部门特别重视对无菌医疗器

械与植入性医疗器械的监管工作，多年来不断出台相关法规，采取了一系列监管措施，努力保障安全有效的无菌医疗器械与植入性医疗器械进入市场。

2000年4月，原国家药品监督管理局发布实施《医疗器械生产企业监督管理办法》和《医疗器械生产企业质量体系考核办法》，提出了医疗器械生产企业的开办条件和要求，在医疗器械生产企业监督管理中引入了质量管理体系概念。这对规范医疗器械生产、提高生产企业质量意识和保障产品质量等方面都起到了很大推动作用。

2001年6月，原国家药品监督管理局发布了《一次性使用无菌医疗器械产品（注、输器具）生产实施细则》，提出了一次性使用无菌医疗器械生产质量管理要求。该细则的发布实施扭转了一次性使用无菌医疗器械生产低水平重复、假冒伪劣产品不断出现的状况，淘汰了一些不具备生产条件的小作坊式企业，促进一次性使用无菌医疗器械生产企业逐步规范生产、提高产品质量。

2002年，原国家药品监督管理局发布《外科植入物生产实施细则》，规定了植入物产品的质量管理要求和追溯性要求；同年，还发布了《一次性使用麻醉穿刺包生产实施细则》，对产品的生产过程提出要求，进一步规范麻醉穿刺包的生产。

2009年12月，原国家食品药品监督管理局发布了《医疗器械生产质量管理规范》以及《无菌医疗器械实施细则（试行）》《植入性医疗器械实施细则（试行）》《无菌医疗器械检查评定标准（试行）》《植入性医疗器械检查评定标准（试行）》《医疗器械生产质量管理规范检查管理办法（试行）》等配套文件。《医疗器械生产质量管理规范》于2011年正式实施。《医疗器械生产质量管理规范》的发布实施对于进一步规范医疗器械生产企业的质量管理体系、配置资源、控制生产过程、保障医疗器械的安全性、加强医疗器械监管有着重大意义。需要指出的是，原国家食品药品监督管理局特别重视无菌医疗器械和植入性医疗器械的监管，第一批就发布《无菌医疗器械实施细则》和《植入性医疗器械实施细则》，明确要求无菌医疗器械与植入性医疗器械的生产企业从2011年7月1日起全面实施《医疗器械生产质量管理规范》及其相关的实施细则。对于不能通过《医疗器械生产质量管理规范》检查的企业，其产品将不能进入市场，从而有力地进一步规范无菌医疗器械与植入性医疗器械生产企业。

国务院于2014年发布了《医疗器械监督管理条例》（中华人民共和国国务院令第650号），以期保证医疗器械的安全、有效，保障人体健康和生命安全。对医疗器械按照风险程度实行分类管理，完善了分类监管措施，遵循宽严有别的原则，重点监管高风险产品；在鼓励创新的同时，细化了法律责任，调整了处罚幅度，增加了处罚种类，避免了执法空白。

2015年，原国家食品药品监督管理总局又发布了经过新修订的《医疗器械生产质量管理规范》以及《医疗器械生产质量管理规范附录　无菌医疗器械》《医疗器械生产质量管理规范附录　植入性医疗器械》《医疗器械生产质量管理规范附录　体外诊断试剂》等配套文件。明确要求生产三类无菌医疗器械与植入性医疗器械的生产企业从2016年1月1日起全面实施《医疗器械生产质量管理规范》；生产一、二类产品的企业从2018年1月1日起全面实施《医疗器械生产质量管理规范》。对于不能通过《医疗器械生产质量管理规范》（下简称《规范》）考核检查的企业，其产品不得进入市场。同时，从 2016 年开始又启动了对医疗器械产品生产企业的飞行检查，对不符合《规范》要求的企业分别采取了限期整改、停产整顿、注销企业等强有力的监管措施，从而进一步规范无菌医疗器械与植入性医疗器械企业的生产行为。新的《医疗器械生产质量管理规范》的发布实施，对进一步提高医疗器械生产企业的质量管理体系、配置资源、控制生产过程、保障医疗器械的安全性和有效性、加强对医疗器械的监管有着十分重大的意义。另外，原国家食品药品监督管理总局还制修订了一大批无菌医疗器械与植入性医疗器械产品标准，这些标准既与国际接轨又结合我国国情，进一步明确了产品的安全性要求，为保障医疗器械的安全有效提供了技术支持。

目前，国家药品监督管理局持续加大对医疗器械的监管力度，采取产品质量监督抽验、日常监督管理、医疗器械专项检查、质量管理体系考核、飞行检查等一系列监管措施，取得了显著成效。特别是几次全国性的针对无菌医疗器械与植入性医疗器械的重大专项整治活动，通过检查生产企业质量管理体系运行情况，查处了违法违规的生产行为，注销了一批生产企业，从医疗器械源头上实施监管，起到了良好的警示作用，有力地促进企业提升法规意识、质量意识，规范企业的生产行为，促进企业质量管理体系的有效性，提升企业管理水平，推动无菌医疗器械与植入性医疗器械产业健康发展。在医疗器械监管的实践中，国家培训了一批专职检查员队伍，提高了监管部门对医疗器械规范监管、科学监管、有效监管的能力和水平。

第二节　无菌医疗器械与植入性医疗器械的特殊性、分类和应用特点

一、无菌医疗器械与植入性医疗器械的特殊性

大部分无菌医疗器械与植入性医疗器械是通过和人体接触来实现其治疗和预防疾病、保护生命安全和身体健康的目标的，因此无菌医疗器械与植入性医疗器械必须和人体组成一个系统，在该系统中两者相互影响、相互作用，这是无菌医疗器械与植入性医疗器械的特殊性，也是和其他医疗器械的主要区别。其特殊性主要表现在以下两个方面：

（一）人体对无菌医疗器械与植入性医疗器械的影响和作用

人体是极其复杂的生命体，和人体接触的无菌医疗器械与植入性医疗器械必然会受到人体的影响和作用。人体对无菌医疗器械与植入性医疗器械的作用既包括摩擦、冲击、曲挠的物理作用，也包括溶出、吸附、浸透、分解、修饰的物理化学作用。这些作用既可以使无菌医疗器械与植入性医疗器械发生物理性能的变化，如形状、强度（弹性、疲劳、断裂）、蠕变、磨耗、硬度、熔点、软化点、热传导等，也会使无菌医疗器械与植入性医疗器械发生化学性能的变化，如酸碱性、吸附性、溶出性、亲水疏水性、化学反应性等。这是因为人体的组织细胞、血液、组织液可能会引起构成无菌医疗器械与植入性医疗器械的生物医学材料的降解、交联或相变，人体内的氧化反应以及人体内

酶的催化作用等会导致无菌医疗器械与植入性医疗器械性能变化和老化，如尼龙材料在人体内埋入 3 年后强度会降低 81%，安装在人体内的接骨板、接骨钉时常会断裂等说明了人体对医疗器械的影响和作用。

（二）无菌医疗器械与植入性医疗器械对人体的影响和作用

在人体对无菌医疗器械与植入性医疗器械产生上述影响和作用的同时，无菌医疗器械与植入性医疗器械对人体也有一定的反作用。首先，医疗器械对人体的机械力学作用会对人体产生影响和作用。其次，构成无菌医疗器械与植入性医疗器械的各种生物医学材料可能存在残留单体，以及在生产过程中添加的稳定剂、增塑剂、交联剂、催化剂、润滑剂、着色剂、填料等都会对人体产生一定的影响。这些材料对人体的影响和作用主要是发生组织反应、血液反应、免疫反应、全身反应等生物学反应。例如，急性全身反应（如急性毒性反应、变态反应、发热、循环阻碍）、慢性全身反应（如慢性毒性反应、致畸、脏器功能障碍）、急性局部反应（如血栓形成、急性炎症、排异反应）、慢性局部反应（如致癌、钙化、慢性炎症、溃疡）等。再次，植入性医疗器械血液接触可能会形成血栓或感染。最近讨论较多的有关聚氯乙烯（PVC）作为输注器具材料的安全性问题，主要是指 PVC 材料中的增塑剂醇溶出物邻苯二甲酸二（2-乙基己基）酯（DEHP）。在动物实验中已证实 DEHP 有毒性作用和致癌作用，对人体的毒性作用正在研究中。因此，为降低风险，在医疗器械产品中对其释出 DEHP 提出限量是有必要的。美国食品药品监督管理局（FDA）发布了《PVC 医疗器械释放 DEHP 的安全性评价报告》并提出各种医疗过程中成人和婴儿允许接受 DEHP 剂量限额。

因此，我们要不断认识无菌医疗器械与植入性医疗器械和人体的相互影响及相互作用，认清这类医疗器械的特殊性，从而在医疗器械和人体组成的系统上识别医疗器械的风险，控制风险。这对于确保老产品及其改进产品和新开发产品的安全性都具有十分重要的意义。

二、无菌医疗器械与植入性医疗器械的分类

根据 GB/T 16886/ISO 10993 标准，按照医疗器械生物学评价基本原则就医疗器械和人体接触的性质与接触的时间对医疗器械可进行如下的分类：

（一）按人体接触性质分类

1. 非接触器械

非接触器械是指不直接或不间接接触病人身体的医疗器械。

2. 表面接触器械

表面接触器械包括与以下部位接触的器械：

（1）皮肤：仅接触未受损皮肤表面的器械，如各种类型的电极、体外假体、固定带、压迫绷带和监测器等。

（2）黏膜：与黏膜接触的器械，如接触镜、导尿管、阴道内或消化道器械（乙状结肠镜、结肠镜、胃镜）、气管内插管、支气管镜、义齿、畸齿矫正器、宫内避孕器等。

（3）损伤表面：与伤口或其他损伤体表接触的器械，如溃疡、烧伤、肉芽组织敷料或愈合器械，创可贴等。

3. 外部接入器械

外部接入器械包括接至下列应用部位的器械：

（1）血路（间接）：与血路上某一点接触，作为管路向血管系统输入的器械，如输液器、延长器、转移器、输血器等。

（2）组织、骨、牙本质：与组织、骨和牙髓/牙本质系统接触的器械和材料，如腹腔镜、关节内窥镜、引流系统、牙科水门汀、牙科充填材料和皮肤钩等。

（3）循环血液：接触循环血液的器械，如血管内导管、临时性起搏器电极、氧合器、体外氧合器管及附件、透析器、透析管路及附件、血液吸附剂和免疫吸附剂等。

4. 植入器械

植入器械包括与以下应用部位接触的器械：

（1）组织、骨：① 主要与骨接触的器械，如矫形钉、矫形板、人工关节、骨假体、骨水泥和骨内器械等；② 主要与组织和组织液接触的器械，如起搏器、药物给入器械、神经肌肉传感器和刺激器、人工肌腱、乳房植入物、人工喉、骨膜下植入物和结扎夹等。

（2）血液：主要与血液接触的器械，如起搏器电极、人工动静脉瘘管、心脏瓣膜、血管移植物、体内药物释放导管和心室辅助装置等。

（二）按接触时间分类

医疗器械可按接触时间进行以下分类：

（1）短期接触（A）：一次或多次使用，接触时间在 24 小时以内的器械。

（2）长期接触（B）：一次、多次或长期使用，接触时间在 24 小时以上 30 日以内的器械。

（3）持久接触（C）：一次、多次或长期使用，接触时间超过 30 日的器械。

如果一种材料或器械兼属两种以上时间分类，建议执行较严的试验要求。对于多次使用的器械，建议考虑潜在的累计作用，按这些接触的总时间对器械进行归类。

三、无菌医疗器械与植入性医疗器械的应用特点

无菌医疗器械与植入性医疗器械在防病、治病、救死扶伤和保护人类生命安全的实践以及生命科学研究中得到了广泛的应用，主要有如下应用特点：

（一）应用时和人体相接触

大部分无菌医疗器械与植入性医疗器械在应用中要和人体的组织、骨、血液、体液等相接触，尽管接触的性质不相同，接触的时间有差距，但这种接触将会引发对人类生命健康和安全的风险，这是应用无菌医疗器械与植入性医疗器械的主要特点。

（二）应用量大、面广

无菌医疗器械与植入性医疗器械是量大、面广的产品。量大是指使用数量多，如医用卫生敷料。另外，一次性使用无菌输注器具每年应用量高达数十亿支，其用量之大是其他医疗器械所不能比拟的。面广是指从刚出生的婴儿到老年人，从医疗卫生机构到每个家庭，整个人群都要应用无菌医疗器械。量大、面广和应用的普遍性是无菌医疗器械与植入性医疗器械应用的显著特点。

（三）一次性使用

在无菌医疗器械与植入性医疗器械产品中，很大部分是一次性使用医疗器械，也就是指仅供一次性使用，使用后必须处理或销毁，不得重复使用。因此使用者在使用一次性使用医疗器械后应采取各种有效措施，严格控制病菌、病毒和有害物的传播和污染，确保使用过的一次性使用无菌医疗器械不危害其他公众、社会、环境，不得引发其他次生损害，这也是无菌医疗器械与植入性医疗器械区别于其他医疗器械的特点。

（四）包装要求的特殊性

包装是无菌医疗器械与植入性医疗器械产品的组成部分，特别是和无菌医疗器械与植入性医疗器械产品直接接触的初包装对于无菌医疗器械与植入性医疗器械的安全性是至关重要的。产品的初包装一方面应符合无菌要求，另一方面要和被包装的无菌医疗器械与植入性医疗器械产品以及灭菌过程相容。在使用前要确保无菌医疗器械与植入性医疗器械产品包装的完好性，特别是初包装的完好性，因为这是无菌医疗器械与植入性医疗器械的最后屏障，以防止无菌医疗器械产品在包装出厂、运输、存储过程中和使用前被污染、变性或损坏。初包装已损坏的无菌医疗器械产品严禁使用，这也是应用无菌医疗器械与植入性医疗器械的重要特点。

（五）和药物、血液结合应用

无菌医疗器械与植入性医疗器械本身不仅有固体、液体和气体等各种形态，而且有些产品要和药物、血液等结合使用，如输液输血器具、血袋、体外循环管路、血液净化装置、载药血管支架、带药敷料等。因此在应用以上医疗器械时，不仅要关注产品的要求，还要关注对药物、血液的要求及其与医疗器械的相互作用和相互影响。这也是无菌医疗器械与植入性医疗器械的一个应用特点。

（六）有效期要求

无菌医疗器械都应规定有效期，这是因为这些医疗器械超过规定的使用有效期后产品性能可能会发生变化而失效，无菌特性也不能保障，不但不能实现医疗器械预期使用目的，而且会对人类的生命健康造成损害。因此在应用无菌医疗器械与植入性医疗器械产品时要特别关注其生产日期和使用的有效期，超过有效期的产品坚决不能使用，以免造成严重的质量事故和不必要的损伤。

（七）可追溯性要求

无菌医疗器械特别是植入性医疗器械在应用时强调产品的可追溯性。可追溯性是指追溯所考虑对象的历史、应用情况或所处场所的能力。产品的追溯性可涉及原材料和零部件的来源、加工过程的历史、产品交付后的分布和场所等。生产企业应通过产品的唯一性标识明确可追溯的范围和程度，以发挥确保产品的正常使用、改进产品质量、分清产品质量责任的重要作用。如血管支架、人工关节安装后需要追溯到医疗机构及每一个病人，可进行检查、提出要求、采取措施，以能安全、有效、正确地使用产品。通过产品可追溯性还可发现产品存在的问题以改进和提高产品质量，在发生质量事故时，能够寻找原因、明确责任，以有利于问题的解决。无菌医疗器械与植入性医疗器械可追溯性也是政府实施规范监管和科学监管以确保上市医疗器械安全有效的需要，因此可追溯性是无菌医疗器械与植入性医疗器械应用中相当重要的要求。

（八）应用的法规要求

医疗器械的质量事故、缺陷和存在的质量问题大多数发生在应用的情况下，为了控制无菌医疗器械与植入性医疗器械的应用风险，各国政府都强调重视对该类产品应用的监管。我国国家药品监督管理局对无菌医疗器械与植入性医疗器械产品的应用提出了一系列的法规要求。生产企业应贯彻这些要求，并通过技术说明书、使用说明书等文件公示应用的法规要求。对已经进入市场的产品，医疗卫生机构、公众和病人在应用无菌医疗器械与植入性医疗器械时也都应贯彻实施有关应用的法规要求，以确保产品的正确应用和安全有效。

第三节　无菌医疗器械与植入性医疗器械的主要性能和生物学评价

一、无菌医疗器械与植入性医疗器械的主要性能和要求

安全、有效是医疗器械的基本质量特性，无菌医疗器械与植入性医疗器械的主要要求和性能如下：

（一）无菌要求

无菌医疗器械，顾名思义，必然是无菌的，即医疗器械上无任何存活微生物。当然，无菌不是绝对的，无菌医疗器械的微生物存活概率为 10^{-6}。通常通过灭菌方式或无菌加工过程，不但可以杀灭医疗器械上的细菌繁殖体、真菌和病毒，而且还能杀灭细菌芽孢如枯草杆菌黑色变种芽孢、短小杆菌芽孢等，从而实现医疗器械的无菌要求。

（二）微粒控制要求

无菌医疗器械与植入性医疗器械上的微粒污染也应控制在规定的水平，虽然这属于物理性能要求，这里单独强调是因为微粒污染和产品实现过程要求密切相关。

（三）热原

无热原反应是无菌医疗器械与植入性医疗器械的一个重要性能，虽然这属于生物性能要求，这里单独强调是因为热原反应和产品实现过程要求密切相关。医疗器械引发热原反应的原因有两个方面：一是医疗器械中含有化学致热材料；二是医疗器械上的细菌内毒素含量超标，这是主要原因。要控制医疗器械上的细菌内毒素含量，就应控制医疗器械微生物污染水平，为此在产品实现过程中必须控制医疗器械的初始污染菌水平，从而将细菌内毒素含量限制在规定范围内，以实现医疗器械无热原反应的目的。

（四）主要性能

无菌医疗器械与植入性医疗器械的主要性能有物理性能、化学性能、生物性能、电学性能、力学性能等。

国际标准化组织对无菌医疗器械与植入性医疗器械的以上主要性能制定发布了一系列标准，规定了定性和定量的要求以及检测实验方法和评价准则等。我国不断地等同或等效转化这些标准为国家标准或行业标准，规定了产品安全性和有效性的要求以及具体产品的专项性

能要求，有些标准还强调产品实现过程的控制要求。无菌医疗器械与植入性医疗器械的制造商、经营企业、医疗卫生机构、政府监管部门、相关社会组织和公众要从不同角度学习、贯彻实施这些标准和规定的要求，确保产品的各项安全性和功能性指标符合要求。

二、医疗器械生物学评价

国际标准化组织（ISO）从 20 世纪 90 年代开始陆续制定发布 ISO 10993《医疗器械生物学评价》系列标准，1997 年开始我国也陆续地将 ISO 10993 系列标准转化为国家标准 GB/T 16886《医疗器械生物学评价》系列标准。这些标准提出了医疗器械生物学评价的基本原则，规定了用于生物学评价的医疗器械分类方法，阐明医疗器械生物学评价和试验的内容与方法，强调医疗器械生物学评价的程序和步骤，提出了生物学评价的总要求。为科学、规范、有效开展生物学评价提供指南和具体途径，是无菌医疗器械与植入性医疗器械产业界应该贯彻实施的十分重要的系列标准。ISO 还制定发布了一系列无菌医疗器械与植入性医疗器械的通用性标准和专用性的产品标准，这些标准和 GB/T 16886/ISO 10993 系列标准相结合，可以更具体和深入地实施生物学评价，对确保医疗器械的安全有效、促进医疗器械产业的健康发展有着重大意义。

（一）医疗器械生物学评价的基本原则

前文已阐述无菌医疗器械和植入性医疗器械与人体接触组成了一个系统，在这个系统中，既有医疗器械的材料、零部件和总体，也有人体的组织、骨、血液等。系统中的各部分、各单元之间相互影响和相互作用。因此既要对各部分、各单元进行生物学评价，也要对系统整体进行生物学评价。构成医疗器械的生物医学材料是生物学评价的主要对象，也不能忽视对医疗器械零部件、总体的评价。例如，医疗器械的尺寸可能对人体有影响，尽管标准中还未提出明确的要求。另外，医疗器械加工过程中的添加剂、污染物、残留物、医疗器械的可滤物质、医疗器械降解产物、医疗器械最终产品性能等也是生物学评价的内容。GB/T 16886/ISO 10993 标准提出了医疗器械生物学评价基本原则（详见第十一章第二节），在医疗器械生物学评价过程中必须遵循标准提出的医疗器械生物学评价的基本原则。

（二）医疗器械生物学评价的程序和步骤

GB/T 16886/ISO 10993 标准提出了医疗器械生物学评价的程序和步骤，GB/T 16886/ISO 10993《医疗器械生物学评价　第一部分：风险管理程序中的评价和测试》标准的附录 B 提出了如图 1-1 所示的医疗器械生物学评价流程图。

标准以流程图的形式描述了医疗器械生物学评价的程序，步骤清楚、要求明确、易于理解，对指导医疗器械生物学评价实践、规范生物学评价工作有着重要意义。没有科学的医疗器械生物学评价过程，没有规范的评价程序，医疗器械生物学评价将无章可循、各自为是、千差万别、难于统一，医疗器械生物学评价的目标将很难实现。因此要全面贯彻实施标准提出的生物学评价程序，对流程的每一步骤要认真策划、科学实施、严格监控。只有完成前一步骤工作后才能转入下一步骤，不要随意超越或删减某一步骤。每一步骤工作应在相关数据和信息的基础上进行准确判断分析，防止主观武断，将生物学评价等同于生物学试验而可能造成对人类和动物的损害及资源的浪费。避免将生物学评价流于形式而走过场。当然，标准提出的生物学评价程序还需要不断完善，我们应在生物学评价的实践中，总结经验，改进评价程序，不断提高医疗器械生物学评价水平。

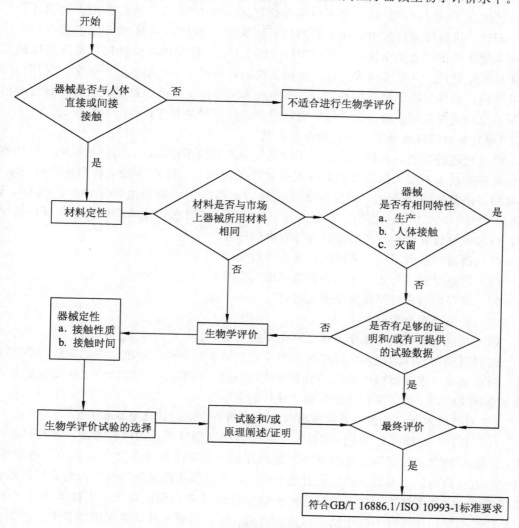

图 1-1　医疗器械生物学评价流程图

（三）风险管理贯穿医疗器械生物学评价的全过程

YY/T 0316/ISO 14971《医疗器械　风险管理对医疗器械的应用》标准的发布，进一步提高了人们关于医疗器械风险管理对于保障医疗器械安全有效的重要性和必要性的认识，推动了医疗器械风险管理实践的发展，从而不断提升医疗器械风险管理的水平。

医疗器械生物学评价的过程实质是识别医疗器械对人体的生物学危害，进行生物学风险分析、风险评价、风险控制，并将风险和预期用途受益相比较，判断分析受益是否大于风险，采取措施将生物学风险控制在可接受水平的过程。由此可见，医疗器械生物学评价的过程自始至终贯穿着医疗器械风险管理思想。

随着医疗器械风险管理的推进，ISO 国际电工委员会（IEC）等国际标准化组织在制修订医疗器械产品标准时出现了将医疗器械产品要求与医疗器械风险管理要求进一步融合的趋势，并在产品标准中增加了医疗器械风险管理要求。GB/T 16886/ISO 10993标准已体现了风险管理思想，但ISO正在修订的ISO 10993-1《医疗器械生物学评价第一部分：风险管理程序中的评价和测试》标准中，ISO/TC 194的专家们提出在医疗器械生物学评价中要完全按照YY/T 0316/ISO 14971标准的风险管理活动流程图的要求实施风险管理，并将该流程图作为标准的内容，以进一步规范医疗器械生物学评价的风险管理，确保生物学评价的科学性、规范性和完整性。因此医疗器械生物学评价和医疗器械风险管理是密不可分的，风险管理贯穿医疗器械生物学评价的全过程。

（四）医疗器械生物学评价是持续动态的

随着经济的发展、科技的进步、医疗器械新产品的不断涌现、医疗器械老产品的改进、各种新技术的引入以及人们对客观事物认识的深化，医疗器械生物学评价的对象、内容和方法都在发生变化，因此需要持续动态地实施医疗器械生物学评价。在GB/T 16886/ISO 10993标准中提出了重新进行生物学评价的要求，标准指出在下列任一情况下，应考虑对材料或最终产品重新进行生物学评价：

（1）制造产品所用材料来源或技术条件改变时。

（2）产品配方、工艺、初级包装或灭菌改变时。

（3）储存期内最终产品发生变化时。

（4）产品用途改变时。

（5）有迹象表明产品用于人体会产生不良反应时。

这些明确和具体地规定医疗器械生物学重新评价的条件和要求，我们应认真贯彻实施。由此可见，医疗器械生物学评价是持续动态的，应根据以上实际情况的变化进行评价和重新评价，以确保医疗器械生物学评价的有效性。

（五）正确理解实施医疗器械生物学评价的两个方法，促进受益最大化

GB/T 16886/ISO 10993标准提出了医疗器械生物学评价的两种方法：一是经验研究；二是生物学实际试验。这两种方法既相互联系又有主次顺序之分。必须正确理解、科学实施这两种评价方法，促进受益最大化，以实现医疗器械生物学评价的目标。经验研究的评价方法主要指应用人类以往的生物学评价的知识和经验开展生物学评价工作。经验研究包括以往医疗器械生物学评价的成果、医疗器械及其具体应用材料可论证的安全使用史，以及从各个方面获取以往的医疗器械材料、医疗器械总体、医疗器械临床研究、临床试验、动物实验、市场情况等信息、知识和经验的综合分析和集成。标准反复强调经验研究评价方法的重要性，并明确要求在开展医疗器械生物学评价时首先要考虑采用经验研究的评价方法，防止把医疗器械生物学评价看作仅采用生物学试验的错误倾向。只有在采用经验研究方法不能完成医疗器械生物学评价时才考虑采用生物学试验的方法。采用经验研究的评价方法，可能不必再进行临床试验，从而可以减少临床试验可能对人类造成的危害以及为临床试验所付出的代价，体现人类的科学伦理道德的思想。采用经验研究的评价方法可能不必再进行动物试验，从而减少实验动物的使用量，体现人类保护动物的思想。采用经验研究的评价方法可能不必再进行许多非临床的体外试验，体现节约有效利用资源的思想。因此在医疗器械生物学评价过程中，首先采用经验

研究的评价方法，而不是直接进行生物学试验的评价方法，特别是要避免多余的、重复的生物学试验。这是 GB/T 16886/ISO 10993 标准突出而鲜明的思想，也是医疗器械生物学评价的一个基本原则。

当然，生物学试验也是医疗器械生物学评价的必要方法，在经验研究评价方法不能完成生物学评价时还要实施生物学试验。由于生物学试验是一项技术性强并相当复杂的工作。因而标准对生物学试验的选择、试验的方法等也提出了一系列具体要求，从而使其具有规范性和可操作性。但标准也指出，在医疗器械生物学评价中用一套硬性规定的试验方法及合格/不合格指标会出现两种可能，一种可能是受到不必要的限制，另一种可能是产生虚假的安全感。在一些被证明是特殊应用的情况下，生产领域或使用领域的专家可以在具体的产品标准中规定特殊的试验或指标。生物学试验要按照标准要求进行科学的选择、判断和分析，要针对具体的医疗器械产品进行具体的分析，科学地确定生物学试验以及产品批量生产出厂前的生物学实际试验的类型和项目。生物学试验既有共性又有个性，不可能是千篇一律的模式，因此须努力确保生物学实际试验的科学性和有效性。总之，应按标准要求应用好经验研究和生物学试验两种评价方法，权衡受益和风险，促使受益最大化，实现医疗器械生物学评价的目标。

医疗器械生物学评价是一项专业性、技术性要求高的工作，也是一个十分复杂的过程，因此对医疗器械生物学评价人员的能力和素质提出了很高的要求。生物学评价人员应该具有一定的理论知识和丰富的实践经验，并能全面地理解标准的基本准则、评价程序和要求，懂得生物学评价及生物学试验的内容和方法。医疗器械生物学评价人员能收集历史的、当前的医疗器械生物学评价的文献和信息（包括正反两方面的经验教训），并具有对文献和信息做出客观的、适宜的判断的能力，即利用信息进行生物学评价的能力。另外，生物学评价人员应能策划、设计、实施具体医疗器械产品的生物学评价，掌握各种生物学实际试验的要求和方法，科学地实施生物学实际试验，提供准确可靠的生物学实际试验结论，并能提交完整的有据有论证的医疗器械生物学评价报告。因此，相关部门和企业需要不断培养和建设医疗器械生物学评价队伍，为实施科学有效的医疗器械生物学评价而努力。

（陈志刚　郭新海）

参考文献

[1] 国家食品药品监督管理局济南医疗器械质量监督检验中心. YY 0033 无菌医疗器具生产管理规范 [S]. 北京：中国标准出版社，2000.

[2] 中华人民共和国国家质量监督检验检疫总局，中国国家标准化管理委员会. GB/T 19001/ISO 9001 质量管理体系要求 [S]. 北京：中国标准出版社，2016.

[3] 国家食品药品监督管理总局医疗器械司：YY/T 0316 医疗器械　风险管理对医疗器械的应用 [S]. 北京：中国标准出版社，2016.

[4] 国家食品药品监督管理总局. YY/T 0287 医疗器械　质量管理体系　用于法规的要求 [S]. 北京：中国标准出版社，2017.

第二章

无菌医疗器械质量管理体系和法律法规要求

随着我国医疗器械产业的发展和医疗卫生水平的不断提高，不论是医疗器械生产企业还是医疗机构都进一步认识到医疗器械产品与人类的生命安全和健康息息相关。医疗器械产品的实现不但要有产品的技术规范保障，而且还要有完善的质量管理体系保证，产品质量越来越成为生产企业在市场中求得生存和发展的决定性因素。ISO 9000 族国际标准和 ISO 13485 国际标准，为医疗器械企业实现有效的质量管理提供了统一的标准和可以借鉴的宝贵经验及指导方法。因此，实施 ISO 9000 族标准和 ISO 13485 标准已经成为医疗器械生产企业在产品实现全过程中进行有效控制的必要手段。

第一节　医疗器械质量管理体系

一、ISO 9000 族标准

（一）ISO 9000 族标准构成

ISO 13485 标准是以 ISO 9000 族标准要求为基础建立的医疗器械行业的专用标准，是对 ISO 9000 标准在医疗器械方面通用要求的补充和具体化，所以，医疗器械行业从业人员对 ISO 9000 族标准的掌握也是必要的。那么什么是 ISO 9000 族标准？ISO 9000 族标准是国际标准化组织 ISO/TC176（质量管理和质量保证技术委员会）制定的国际标准。该标准可帮助组织实施并有效运行质量管理体系，是质量管理体系通用的要求或指南，它不受具体的行业或经济部门的限制，可广泛适用于各种类型和规模的组织，在国内和国际贸易过程中促进相互理解和信任。

全国质量管理和质量保证标准化技术委员会（SAC/TC 151）等同 ISO/TC176 国际组织，负责我国质量管理和质量保证标准的归口管理。ISO 9001：2015《质量管理体系要求》国际标准已转化为国家标准 GB/T 19001—2016，该标准于 2016 年 12 月 30 日正式发布，并于 2017 年 7 月 1 日实施。修订后的国家标准等同 ISO 9001 标准，标准的结构和技术要求没有变化，同时结合我国标准编写特点，仅对原标准编辑方法做了修改，编写后的标准更清晰、更明确地表达了标准的要求。

ISO 9000 族标准包括下列三个质量管理体系核心标准：

（1）GB/T 19000/ISO 9000《质量管理体系基础和术语》为正确理解和实施本标准提供必要的基础。在制定本标准过程中考虑到了 GB/T 19000 详细描述的质量管理原则。这些原则本身不作为要求，但构成本标准所规定要求的基础。GB/T 19000 还定义了应用于本标准的术语、定义和概念。

（2）GB/T 19001/ISO 9001《质量管理体系要求》规定的要求旨在为组织的产品和服务提供信任，从而提升顾客满意度。正确实施本标准也能为组织带来其他预期利益，如改进内部沟通、更好地理解和控制组织的过程。

（3）GB/T 19004/ISO 9004《追求组织的持续成功质量管理方法》为组织选择超出本标准的要求提供指南，关注能够改进组织整体绩效的更加广泛的议题。GB/T 19004 包括自我评价方法指南，以便组织能够对其质量管理体系的成熟度进行评价。

为加强对质量管理体系的审核管理，ISO 19011《管理体系审核指南》为审核方案管理、管理体系审核的策划和实施以及审核员和审核组能力评价提供指南，适用于审核员、实施管理体系的组织以及实施管理体系审核的组织。

（二）实施 ISO 9000 族标准的意义

ISO 9000 族标准是世界上许多经济发达国家质量管理和实践经验的科学总结，自 ISO 9000 族质量管理体系标准发布后，世界上近 150 个国家将该标准等同转化本国或本土标准。因 ISO 9000 族标准具有通用性和指导性，实施该标准可以促进组织质量管理体系的改进和完善，对于提高组织的质量管理水平等方面起到了良好的作用，并具有重要的意义。

（1）实施 ISO 9000 族标准有利于提高产品质量，保护消费者利益。按 ISO 9001 标准建立质量管理体系，并通过质量体系的有效运用促进组织持续地改进产品和过程，实现产品质量的稳定和提高，无疑是对消费者利益的最有效的保护，也增加了消费者对合格供应商产品的可信程度。

（2）实施 ISO 9000 族标准为提高组织的运作能力提供了有效的方法。ISO 9000 族标准强调了过程方法，通过识别和管理众多相互关联的活动，以及对这些活动进行系统的管理和连续的监视与测量，为质量体系的改进提供了框架，并为有效提高组织的运作能力和增强市场竞争的能力提供了有效的方法。

（3）实施 ISO 9000 族标准有利于促进国际贸易、消除技术壁垒。因 ISO 9000 质量体系认证在全球范围内得到互认，所以贯彻 ISO 9000 标准为国际经济技术合作提供了国际通用的共同语言和原则。取得质量管理体系认证，已成为参与国内和国际贸易、增强竞争能力的有力武器，对消除技术壁垒、排除贸易障碍起到了十分积极的作用。

（4）实施 ISO 9000 族标准有利于组织的持续改进和持续满足顾客的需求和期望。ISO 9000 质量体系为组织改进提供了一条有效途径，通过持续改进满足了顾客对产品的需求和期望。

二、ISO 13485 标准

（一）ISO 13485 标准的结构

ISO 13485 质量体系标准是由国际标准化组织 ISO/TC210（医疗器械质量管理和通用要求技术委员会）制定的国际标准。ISO 13485 标准是在成功总结了医疗器械制造商的经验的基础上，依据管理科学理论和质量管理原则制定的，按照这个标准来建立质量管理体系对提高组织管理水平、促进医疗器械产品质量水平提升、提高企业的竞争能力都有着十分重要的积极作用。ISO 13485 标准适用于各种类型、不同规模和提供不同产品的医疗器械组织，更加具体地针对医疗器械产品提出了相关的专业要求和必须遵循的法规要求。ISO 13485：2016 标准目前已经转化为我国医药行业标准 YY/T 0287—2017。

ISO 13485 标准删减了 ISO 9001 标准中与医疗器械相关的法律法规相抵触的内容，在标准修订中结合各国有关的医疗器械法规要求，汇总了医疗器械质量管理的实践经验。标准制修订都要经过 ISO/TC210 各成员国讨论并投票通过。

（二）实施 ISO 13485 标准的意义

（1）ISO 13485 标准是一个以 ISO 9001 标准为基础的独立标准，体现了 ISO 9001 标准中的一些主要内容，采用了以过程方法为基础的质量管理体系模式，提出了质量管理体系由"管理职责、资源管理、产品实现、测量分析改进"四大过程组成。该标准的实施有利于企业将自身的过程与标准相结合，得到期望的结果。

（2）为确保医疗器械产品的安全有效，满足法规要求是 ISO 13485 标准的主要内容。标准中的法规要求是指适用于医疗器械行业质量管理体系的相关法律法规的要求。通过实施 ISO 13485 标准，建立产品实现全过程的控制体系，以确保不符合法规要求的产品不得进入市场。

（3）ISO 13485 标准将各国法规要求协调融合到标准中，将促进世界医疗器械法规的协调作为标准的一个重要目标，对于减少医疗器械贸易壁垒、促进全球医疗器械交流和贸易的发展产生重大的作用和深远的影响。

（4）为降低医疗器械产品的风险，ISO 13485 标准中提出了风险管理的要求。医疗器械的风险管理是确保医疗器械安全有效的必要条件。有效地实施 ISO 13485 标准，在产品的实现全过程中进行风险管理控制，降低了制造商和使用者的风险。

三、质量管理体系的建立

医疗器械组织应按照 ISO 9001/ISO 13485 标准的要求建立质量管理体系，识别组织的顾客要求，规定质量管理体系所必需的全过程，建立文件化的质量管理体系，由组织的最高管理者来推动并加以实施和保持，并通过监视、测量和分析，实施必要的纠正和预防措施，持续改进，确保质量管理体系的适宜性、充分性和有效性。

（一）质量管理体系模式

医疗器械组织的质量管理体系模式主要分为四大过程：

1. 管理职责

医疗器械组织的最高管理者为确保医疗器械产品满足规范的要求，必须制定组织的质量方针和质量目标，坚持以顾客为关注焦点，识别顾客的需求和期望，明确组织内部各级人员的职责和权限，促进组织内部不同层次和各相关职能部门之间的有效沟通，并通过管理评审的方法，按策划的时间间隔进行管理评审，识别改进的机会，以保证质量管理体系的适宜性、充分性和有效性。

2. 资源提供

医疗器械组织为确保质量管理体系的有效性，达到质量方针和质量目标所规定的要求，必须要提供产品实现全过程所必备的各项资源条件，包括人力资源、信息资源、基础设施、工作环境等，按照标准的要求对企业进行规范的管理，以确保产品质量的提高，从而提升顾客的满意度。

3. 产品的实现

医疗器械产品必须满足相关法律法规的要求，确保其安全性和有效性。在产品的实现全过程中要对产品的实现特性进行策划，确定相关顾客和产品的要求，进行新产品的设计开发策划，加强对供方的控制，并在产品实现全过程中进行有效的控制。

4. 测量分析和改进

企业应策划和实施对医疗器械产品质量进行监视、测量、分析和改进的过程，以证实产品的符合性，并不断收集顾客反馈信息，进行内部质量体系审核，对质量体系过程和产品进行监视和测量，及时处理顾客投诉，建立向监管机构报告的机制，并对数据进行分析，加强对不合格品的控制，充分运用纠正和预防措施的控制方法，建立自我完善和自我改进的管理机制，确保质量管理体系的适宜性、充分性和有效性。

（二）质量管理体系文件要求

实施 ISO 9001/ISO 13485 标准，必须建立文件化的质量管理体系，其文件结构应包括：

（1）形成文件的质量方针和质量目标。

（2）质量手册。

（3）质量体系程序文件。

（4）为确保质量过程有效策划、运行和控制所需要的文件，如工作规范、作业指导书、医疗器械文档等，包括记录。

（5）适用的法规规定的其他文件。

（三）建立质量管理体系的原则

（1）树立以顾客为关注焦点的指导思想，以满足法规和顾客要求为主线。

（2）坚持以人为本，领导重视，全员参与。

（3）组织管理标准化，产品质量品牌化。

（4）坚持以预防为主，以获取质量、效益最大化，成本最低化，损失最小化。

（5）保持质量管理体系的可操作性，注重实用、有效。

（6）追求卓越管理，建立互利的供方关系，以达到双赢的结果。

第二节　我国医疗器械法律法规

医疗器械产品是防病、治病的特殊商品，与国计民生息息相关。为确保医疗器械的安全有效，保护人类的健康安全，各国政府都成立了相应的监督管理机构，制定相关的法律法规来监管医疗器械，并明确规定：不符合法律法规要求的医疗器械产品不得进入市场，满足法律法规要求是医疗器械市场准入的基本条件。

一、我国医疗器械的监督管理

我国医疗器械工业是在中华人民共和国成立以后发展起来的，国家对医疗器械工业实行部门管理，先后由轻工业部、化工部、第一机械工业部、卫生部和卫计委主管。1978 年成立国家医药管理总局（1982 年更名为国家医药管理局），1979 年重建中国医疗器械工业公司；同时各省、自治区、直辖市先后成立医药管理局或医药总公司，一些地市也相应成立了医药管理机构。从此，医药行业从上到下实现了统一的管理体制。目前我国医疗器械监管模式和监管体制是借鉴了发达国家的监管模式，并结合现阶段医疗器械行业的实际状况而建立的。

我国对医疗器械的监督管理是从 20 世纪 80 年代开始的，实行了主管部门大行业管理。在 80 年代初期，机械、电子、航天、航空、船舶、轻工、化工、核工业、国防科工委及中科院等部委陆续涉足医疗器械领域。1987 年国务院先后批转国家计委和国家经委下发的《关于加强发展医疗器械工业的请示》和《关于发展医疗器械工业若干问题的通知》。这两个文件提出全社会要统筹规划和协调发展医疗器械产业，从而为医疗器械的迅速发展创造了良好的环境。随之，原有狭隘的传统医疗器械行业观念被打破，医疗器械行业规模得到了迅速的扩大和发展。为适应全行业的快速发展，从 1993 年起，医疗器械管理法规的立法项目多次被列入国务院立法计划中。原国家医药管理局和卫生部从不同角度对医疗器械的立法进行了大量的准备工作，为医疗器械立法工作奠定了坚实的基础。1996 年 9 月，原国家医药管理局发布第 16 号局令《医疗器械产品注册管理办法》，明确"为加强医疗器械管理，保障使用者的人身安全，维护使用者的权益，将医疗器械监管纳入政府管理"。1998 年在原国家医药管理局的基础上组建了国家药品监督管理局，2003 年改名为国家食品药品监督管理局，承担医疗器械监管的职能。在原国家药品监督管理局组建前，我国医疗器械虽然实行了主管部门大行业管理，但是对医疗器械全过程监管和依法监管是自 1998 年第一轮药品监督管理体制改革开始后而不断发展和完善的。1999 年 12 月 28 日，国务院第 24 次常务会议通过第 276 号国务院令《医疗器械监督管理条例》。该条例于 2000 年 1 月 4 日发布，2000 年 4 月 1 日实施，标志着我国医疗器械监督管理工作全面走上了法制化轨道。为配合该条例的有效实施，原国家食品药品监督管理局相继下发了一系列配套的规章和规范性文件，逐步建立起医疗器械监管队伍，不断完善监管体系。2009 年 12 月 26 日，原国家食品药品监督管理局结合我国医疗器械监管法规和生产企业现状，借鉴了发达国家实施质量体系管理经验和我国实施药品 GMP 工作的经验，发布了《医疗器械生产质量管理规范（试行）》。2013 年 3 月，我国在原国家食品药品监督管理局的基础上扩大了相关职能，成立了国家食品药品监督管理总局。2014 年发布了新的第 650 号国务院令《医疗器械监督管理条例》。原国家食品药品监督管理总局在新条例的框架下陆续发布和重新修订了相关的医疗器械法规要求，2015 年对《医疗器械生产质量管理规范》进行了重新修订。新规范以 ISO 13485/YY/T 0287《医疗器械 质量管理体系 用于法规的要求》标准的基本内容作为制定医疗器械质量管理体系规范的基础性参考文件，融入了我国医疗器械监管法规和相关标准，覆盖了二、三类医疗器械生产企业设计开发、生产、销售和服务的全过程，对统一医疗器械市场准入和企业日常监督检查标准，加强医疗器械生产企业全过程的控制，促进医疗器械生产企业提高管理水平，保证医疗器械产品安全、有效，保障医疗器械产业全面、持续、协调发展并与国际先进水平接轨，都有着十分重大的发展意义和深远的历史意义。2018 年 3 月，在国家新一轮的体制改革中，我国成立了国家市场监督管理总局，针对医药行业的特殊情况，又成立了隶属国家市场监督管理总局管辖领导的国家药品监督管理局。

二、国内医疗器械的市场准入

为落实《医疗器械监督管理条例》设定的监管内容，原国家食品药品监督管理总局先后颁布实施了《医疗器械注册管理办法》《医疗器械生产质量管理规范》《医疗器械经营质量管理规范》《医疗器械说明书、标签和包装标识管理规定》《医疗器械临床试验质量管理规范》等相关配套的规章文件，明确了具体的监管要求和监管方法。

（一）市场准入制度

根据《医疗器械监督管理条例》规定要求，国家对医疗器械产品实行市场准入制度，包括企业准入和产品准入两个方面。

1. 企业准入

实行医疗器械生产企业、经营企业许可。取得医疗器械生产企业许可证（或备案）的生产企业方可生产医疗器械；取得医疗器械经营企业许可证（或备案）的经营企业方可经营医疗器械。

2. 产品准入

实行医疗器械上市前的注册许可。取得医疗器械注册证书的产品方可上市销售。

（二）分类、分级管理

根据医疗器械产品的风险，国家对医疗器械的监管实行分类、分级管理，并制定了《医疗器械产品分类规则》。

1. 分类判定的依据

（1）按医疗器械结构特征分为有源医疗器械和无源医疗器械。

（2）按医疗器械使用状态分为接触或进入人体器械和非接触人体器械。

2. 实施上市前的管理，共划分为三类

（1）一类：是指通过常规管理足以保证其安全性、有效性的医疗器械。生产一类医疗器械，由设区的市级人民政府食品药品监督管理部门审查备案。

（2）二类：是指对其安全性、有效性应当加以控制的医疗器械。生产二类医疗器械，由省、自治区、直辖市人民政府食品药品监督管理部门审查批准，并发给产品注册证书。

（3）三类：是指植入人体，用于支持、维持生命，对人体具有潜在危险，对其安全性、有效性必须严格控制的医疗器械。生产三类医疗器械，由国务院食品药品监督管理部门审查批准，并发给产品注册证书。

对国外进口的医疗器械产品统一由国家药品监督管理局进行审查批准后发给产品注册证书。我国港澳台地区生产的医疗器械产品进入内地（大陆）市场视同进口产品进行管理。

第三节　国外医疗器械法律法规

一、欧盟医疗器械 CE 认证及法规

在各国医疗器械法规监管日趋严格的情况下，欧盟为了加强对医疗器械的监管，于 2017 年 4 月 5 日正式签发了医疗器械第 2017/745 号法规 [Regulation（EU）2017/745 of the European Parliament and of the Council of 5 April 2017 on medical devices，简称 MDR] 和体外诊断医疗器械第 2017/746 号法规 [Regulation（EU）2017/746 of the European Parliament and of the Council of 5 April 2017 on in vitro diagnostic medical devices，简称 IVDR]，前者将取代现行的有源植入性医疗器械指令（AIMD，EC-Directives90/385/EEC）和医疗器械指令（MDD，EC-Directives 93/42/EEC），后者将取代现行的体外诊断医疗器械指令（IVDD，EC-Directives 98/79/EEC）。2017 年 5 月 5 日，欧盟官方期刊《欧洲联盟公报》（*Official Journal of the European Union*）正式发布上述两个法规；2017 年 5 月 25 日，上述两个法规正式生效。

医疗器械相关指令（Directive）升级为法规（Regulation）后，对欧盟各成员国有直接约束性，无须各国转化为本国的法律法规的形式即可落实实施。2020 年 5 月 26 日，MDR 将被强制执行，认证机构将不再按照 AIMD 指令和 MDD 指令进行认证。2022 年 5 月 26 日，IVDR 将被强制执行，认证机构将不再按照 IVDD 指令进行认证。

实施医疗器械法规 MDR 和体外诊断医疗器械法规 IVDR 后，在很多方面将会更加严格，要求更多，监管更强。对于国内众多的医疗器械制造商来讲，需要提早分析新法规的内容，正确理解并执行新法规的要求，制定应对策略，以便顺利或持续进入欧盟市场。本节将对医疗器械法规 MDR 的重大变更点做分析，并提出国内医疗器械企业的应对策略。

（一）CE 认证介绍

CE 认证是产品安全方面的要求，而非质量要求。CE 标识是产品通往欧洲市场的通行证，是强制性的要求，所有销往欧洲市场的医疗器械必须打上 CE 标志。CE 指令包括协调指令和一般指令。协调指令是对产品的主要要求；一般指令是对产品的标准要求。如果医疗器械制造商打算通过 CE 认证，通常要注意以下几点：

（1）产品投放市场前，必须有 CE 标志。

（2）产品投放市场后，技术文件必须放到欧盟境内供监督机构检查。

（3）如果发现贴有 CE 标志但不符合 CE 要求的产品，或者使用过程中出现突发事件，应该采取补救措施。

（4）将产品投放到市场后，如果相关法律法规发生变化，则制造商应该做相应的修改，以满足法律法规要求。

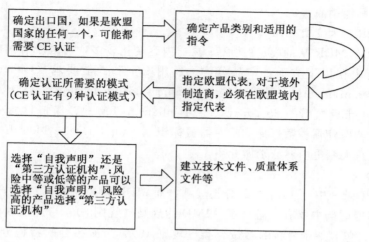

图 2-1　CE 认证步骤

（二）MDR 介绍

1. MDR 的基本框架

MDR 共包括 10 章和 17 个附录，其基本框架如下：

第 1 章：范围和定义

第 2 章：器械的上市和投入使用、经济运营商的义务、再处理、CE 标志和自由流通

第 3 章：器械的识别和追溯、医疗器械和经济运营者的注册、临床和安全性能的总结、欧盟医疗器械数据库（European database on medical devices，Eudamed）

第 4 章：公告机构（Notified Bodies，NB）

第 5 章：分类和符合性评估

第 6 章：临床评价和临床调查

第 7 章：上市后监管、警戒系统和市场监督

第 8 章：成员国合作、医疗器械协调小组、专家实验室、专家小组和器械注册

第 9 章：保密、数据保护、资助和惩罚

第 10 章：最终条款

上述章节及附录全面规划了欧盟现阶段对医疗器械监管的规划及要求，为医疗器械进入欧盟市场消除了各种障碍和不确定因素，提供了基本的保障。

2. MDR 的适用范围

MDR 适用于欧盟境内供人类使用的医疗器械及其附件，MDR 附录 16 中规定的无预期医疗目的产品组，不包括体外诊断医疗器械。法规的适用范围有所扩大，包括之前的 AIMD 和 MDD 所涵盖的产品，同时把部分无预期医疗目的产品（如美容类产品）纳入适用范围。

3. MDR 的适用对象

MDR 的适用对象包括欧盟委员会、欧盟标准委员会、欧盟医疗器械协调小组、各成员国主管当局、公告机构、经济运营商。其中经济运营商包含医疗器械制造商、授权

代表、进口商和经销商等。

（三）MDR 重大变更介绍

相比 MDD，MDR 从 60 页变为 175 页，内容变化较多，与医疗器械企业相关的重大变更主要集中在以下方面：产品分类、通用安全和性能要求（General safety and performance requirements）、技术文件（Technical documentation）、临床评价（Clinical evaluation）、上市后监管（Post-market surveillance，PMS）、经济运营商（Economic operator）、欧盟医疗器械数据库和唯一器械标识（Unique Device Identifier，UDI）。以下将针对上述重大变更内容分别做介绍。

1. 产品分类

在 MDD 附录 9 中有 19 条产品分类规则，而 MDR 附录 8 中有 22 条产品分类规则。新分类规则的变更点主要有：融合了 AIMD 的规则（规则 8），增加了软件类器械的分类（规则 11）、包含纳米材料的器械分类（规则 19）、药械结合的器械分类（规则 20、规则 21）、具有诊断功能的有源治疗器械分类（规则 22）等。

同时，在 MDR 附录 8 中还细化或澄清了部分分类规则和定义，如规则 9、规则 10、外科侵入性器械（Surgically invasive device）、用于诊断和监测的有源设备（Active device intended for diagnosis and monitoring）、损伤的皮肤或黏膜（Injured skin or mucous membrane）等。

2. 通用安全和性能要求

在 MDD 附录 1 中共计有 13 条要求；而在 MDR 附录 1 中共计 23 条要求。附录 1 的名称和内容同时都有变更，名称由"基本要求（Essential requirements）"变更为"通用安全和性能要求（General safety and performance requirements）"。内容主要变更点有：增加了针对无预期医疗目的的产品的要求（第 9 条）；增加了有源植入类产品的要求（第 19 条）；根据 MDR 变更内容而新增或细化的要求，如唯一器械标识（UDI）、植入卡（Implant card）、软件安全、纳米材料、有毒有害物质（substances which are carcinogenic，mutagenic or toxic to reproduction，CMR）、上市后监管等。

3. 技术文件

在 MDR 中，取消了设计文档（Design dossier）的提法，只保留了技术文件的内容。在附录 2 技术文件（Technical documentation）和附录 3 上市后监管技术文件（Technical documentation on post-market surveillance）中，细化了技术文件的要求，提出了上市后监管技术文件的要求。

针对所有类别的医疗器械，均需要提供上市后监管技术文件。上市后监管技术文件包括上市后监管计划和报告，具体报告的体现形式会基于产品风险等级不同而不同。对于Ⅰ类器械制造商，需要编制上市后监管报告（Post-market Surveillance Report，PMSR），必要时更新报告，并应主管机构的要求而提供。对于Ⅱa、Ⅱb 和Ⅲ类器械制造商，应编制定期安全性更新报告（Periodic safety update report，PSUR）。对于Ⅱb 和Ⅲ类器械的制造商，应至少每年更新定期安全性更新报告，且提交给参与符合性评估的公告机构。此外，Ⅲ类器械或可植入器械制造商提交的定期安全性更新报告和公告机构的评估应通过欧盟医疗器械数据库提供给主管机构。对于Ⅱa 类器械制造商，应至少每两年更新 PSUR，且提交给参与符合性评估的公告机构；适当时，应要求向主管机构提供报告。

对于只有美容目的或非医疗目的的产品，可以参照通用规范（Common specifications，CS）来做产品符合性验证。

同时，技术文件作废后，应保存至最后一个产品投放市场后至少 10 年；若为植入式器械，周期应至少为最后器械投放市场后的 15 年。技术文件原件须长期保存，以便作为产品更新的追溯性资料。技术文件应提交给授权代表，以确保授权代表处具有永久可用的必要文件；同时向主管当局开放。

4. 临床评价

在 MDR 中增加了很多关于临床的定义，如临床证据（Clinical evidence）、临床性能（Clinical performance）、临床评价（Clinical evaluation）、临床调查（Clinical investigation）等。临床证据可包括临床评价、临床调查、上市后监督（Post-market Surveillance，PMS）、上市后临床跟踪（Post-market Clinical Follow-up，PMCF）、安全和临床性能总结（Summary of Safety and Clinical Performance，SSCP）等内容。

所有类别的医疗器械均需要进行临床评价。临床评价应贯穿医疗器械的整个生命周期，且与风险管理过程保持一致。在该评价过程中应反映的内容包括临床风险、临床评价和上市后临床跟踪中发现需要解决的临床风险等。风险管理和临床评价过程应该相互依存，并应定期更新。上市后临床跟踪应包括上市后临床跟踪计划（PMCF plan）和上市后临床跟踪评价报告（PMCF evaluation report）；上市后临床跟踪评价报告应根据上市后临床跟踪计划的周期进行更新。

对于Ⅲ类器械和植入式器械制造商，还应编制安全和临床性能总结，应至少每年更新一次安全和临床性能总结和上市后临床跟踪评价报告。安全和临床性能总结应提交给参与符合性评定的公告机构进行确认；确认通过后，公告机构应将安全和临床性能总结报告上传至医疗器械数据库。同时，制造商应在标签或使用说明书中注明所述总结报告的可获得地址。

5. 上市后监管

在 MDR 中包括上市后监管（PMS）、警戒（Vigilance）和市场监管（Market surveillance）的内容。

对于每种医疗器械，制造商应按照与风险等级相称并且适合于该器械类型的方式来计划、建立、记录、实施、维护和更新上市后监管体系（PMS system）。该系统应是制造商质量管理体系的组成部分。上市后监管体系应以上市后监管计划（PMS plan）为基础，并按照附录 3 上市后监管技术文件的内容执行。不同类别的医疗器械产品的上市后监管体系可以参考表 2-1 上市后监管体系执行推荐表。

表 2-1　上市后监管体系执行推荐表

产品类别	上市后监管体系	公告机构是否介入
Ⅰ类	上市后监管计划＋上市后监管报告，必要时更新报告。	否，并应要求向主管机构提供报告。
Ⅱa类	上市后监管计划＋定期安全性更新报告至少每2年更新一次PSUR。	是，须提交公告机构审核，并应要求向主管机构提供报告。
Ⅱb类	上市后监管计划＋定期安全性更新报告至少每年更新一次PSUR。	是，须提交公告机构审核，并应要求向主管机构提供报告。
Ⅲ类和植入式器械	上市后监管计划＋定期安全性更新报告至少每年更新一次PSUR。	是，应通过医疗器械数据库（Eudamed）向参与公告机构提交PSUR。公告机构审查报告后，将其评估添加到Eudamed中，并由公告机构提供给主管当局。

　　警戒系统中严重事件的报告时间更加细化，具体为：制造商应在事件发生后15天内报告严重事故；如果发生严重的公告卫生威胁，应立即报告，并不得晚于制造商意识到该威胁后2天；如果死亡或健康状况出现意外严重恶化，应在制造商意识到属于严重事故后不晚于10天报告。同时，当医疗器械制造商发现任何非严重事件或预期不良副作用事件在统计上（如发生频率或严重程度）有显著增加时，需要在医疗器械数据库中上报趋势报告（Trending report）。

　　市场监管活动是指各成员国主管当局以及欧盟层面监管的活动，在此不做过多分析。

　　6. 经济运营商

　　经济运营商是 MDR 中新增的一个定义，是指制造商、授权代表、进口商、经销商、将产品作为系统或手术包投放方式的人、将系统或手术包进行消毒并投放市场的人。经济运营商的义务在 MDR 第 2 章中有详细规定，本节重点介绍制造商和授权代表的新增义务。

　　对于医疗器械制造商来说，除了之前 MDD 规定的义务之外，还增加了以下义务：需要指定至少 1 人来负责法规符合性（Person responsible for regulatory compliance）；需要符合 UDI 系统要求的义务；确保质量管理体系能符合更严格的要求；确保有足够的财政保证。

　　对于授权代表来说，除了之前 MDD 规定的义务之外，还增加了以下义务：需要指定至少 1 人来负责法规符合性；如果制造商不是在欧盟成员国设立的，并且没有履行其义务，则授权代表应在与制造商协商的基础上，与制造商共同或分别地对有缺陷的器械承担法律责任，并且需要确保有足够的财务覆盖。

　　其中，负责法规符合性人员是新增定义，该人员应能在医疗器械制造商内部进行制造的监督和控制、上市后监管和警戒活动。具体职责包括：在器械放行前适当地检查其法规符合性；制定技术文件和欧盟符合性声明，并保持其最新状态；上市后监管义务；报告义务。如有多人共同负责法规符合性，则应以书面形式规定其各自的责任范围。在制造商组织内负责法规符合性的人员，无论其是否属于组织的雇员，在履行其职责方面有充分的权限。对于小型企业和微型企业来说，其负责法规符合性人员可以外聘。在欧盟的 2003/361/EC 建议（Recommendation 2003/361/EC）中有对小型和微型企业的定义，其中，微型企业是指总人数小于 10 人，年营业额或资产负债表总额≤200 万欧元的企业；小型企业是指总人数小于 50 人，年营业额或资产负债表总额≤1 000 万欧元的企业。

7. 欧盟医疗器械数据库和唯一器械标识

欧盟委员会建立、维护和管理欧盟医疗器械数据库的主要目的有：使公众能够对于投放市场的器械、认证机构颁发的相应证书及相关经济运营商有充分的了解；能够实现内部市场上器械的唯一标识，并促进其可追溯性；使成员国和委员会的主管当局能够在充分了解情况的基础上执行与本法规有关的任务，并加强它们之间的合作。

欧盟医疗器械数据库建立后将包括以下 7 大电子系统：器械注册、UDI、经济运营者的注册、公告机构和证书、临床调查、警戒和上市后监管、市场监管。欧盟委员会计划在 2018 年 5 月 26 日之前制订实施该数据库的计划，并确保在 2020 年 3 月 25 日之前全面运作。

唯一器械标识（UDI）包含了 2 部分，UDI 器械标识符（UDI-DI）和 UDI 生产标识符（UDI-PI）。UDI-DI 将通过 UDI 数据库向公众免费开放；UDI-PI 为不包含商业机密的产品信息。UDI 需要应用在医疗器械的标签或包装上。UDI 实施时间表受制于欧盟医疗器械数据库的实现，预计最早是：植入式器械和Ⅲ类器械应从 2021 年 5 月 26 日开始实施；Ⅱa 和Ⅱb 类器械应从 2023 年 5 月 26 日开始实施；Ⅰ类器械应从 2025 年 5 月 26 日开始实施。

（四）国内医疗器械企业的应对策略

欧盟新 MDR 与现行的 AIMD 和 MDD 相比，增加了许多新的法规要求，以下是针对主要变更点的一些应对策略。

1. 产品分类

建议医疗器械制造商根据 MDR 的附录 9 建立或更新内部的 CE 产品分类文件，核对公司带有 CE 标识的产品分类是否有变化。如产品分类有变化，则须在 MDR 强制实施前（即 2020 年 5 月前）跟公告机构沟通，并重新进行认证。

对于生产美容或非医疗用途的器械，但其产品功能和风险特征与医疗器械相似的企业来说，需要特别注意核对产品是否在 MDR 附录 16 无预期医疗目的的产品组清单中。若在该附录中，则需要满足 MDR 的要求后才能在欧盟上市，建议在 MDR 实施之前至少 1 年内规划 CE 认证的工作，即 2019 年年初完成规划。

2. 通用安全与性能要求检查表

建议医疗器械制造商建立或更新内部的技术文件中基本要求检查表为通用安全与性能要求检查表，具体依据 MDR 的附录 1 进行更新。核对公司带有 CE 标识的产品所适用的通用安全与性能要求是否有变化。如果适用的要求有变化，则应考虑提供符合其变化点的证据，如检测报告、验证方案及报告等，并在技术文件中固定化、证据化。该部分变化应在 MDR 实施前全部完成，建议至少在 2019 年年初完成规划。

3. 技术文件

建议医疗器械制造商依据 MDR 的附录 2 和附录 3 建立或更新内部的 CE 技术文件，

在技术文件中增加上市后监管技术文件；依据 MDR 的附录 4 建立或更新 CE 符合性声明控制文件，并根据文件规定的要求来更新技术文件。技术文件具体更新时间可与公告机构进行沟通，但应不迟于 2020 年 5 月。

4. 临床评价

建议医疗器械制造商建立或更新内部的 CE 产品临床评价控制文件、上市后临床跟踪控制文件、风险管理控制文件。根据文件要求更新产品的临床评价报告，并定期更新该报告。同时须注意，上市后临床跟踪（PMCF）的数据分析结果可以用来作为风险管理报告定期更新的依据。临床评价报告作为技术文件的组成部分，建议其更新完成时间与技术文件同步。

5. 上市后监管

建议医疗器械制造商建立或更新内部的 CE 上市后监管控制文件、警戒系统控制文件。医疗器械制造商应依据产品风险等级不同而建立要求不同的上市后监管体系，所有类别医疗器械均要制订上市后监管计划，不同类别医疗器械定期更新不同的报告。所有类别的医疗器械制造商均要建立警戒系统，适当时，注意在 Eudamed 电子系统中提交趋势报告。

同理，由于上市后监管技术文件是 CE 技术文件的组成部分，上市后监管体系及其技术文件的更新完成时间应与 CE 技术文件同步。

6. 经济运营商

建议医疗器械制造商根据 MDR 第 2 章的要求来核对现有授权代表、进口商、经销商的合作协议，需要在合作协议中规定双方的权利与义务，并满足 MDR 的要求；或找寻合适的经济运营商来满足 MDR 的要求。同时，根据企业实际情况来指定负责法规符合性人员，并对该人员进行任命和授权，使其能够顺利执行 MDR 中规定的工作职责。此项变更的应对策略应在 MDR 实施前落实，即 2020 年 5 月。

7. Eudamed 和 UDI

建议医疗器械制造商识别 Eudamed 中需要医疗器械制造商上报的内容，并在后续该电子系统上线后建立如何上报信息的控制文件。针对 UDI 的要求，需要医疗器械制造商在规定期限内完成 UDI 的注册工作和在电子系统中的上报工作。前者工作应在 2020 年 3 月份之前完成，后者应关注欧盟针对 UDI 的实施计划，预计最快在 2021 年中期完成。

（五）结论

MDR 的发布和实施将对国内医疗器械企业带来重大的挑战，相关部门应及早对变化内容进行分析研究，制定应对策略，建立和实施符合 MDR 的法规体系。

二、美国 FDA 510(K)市场预投放通告制度与实务

（一）FDA 和医疗器械管制概述

1. FDA 简介

美国 FDA 全称为美国食品药品监督管理局（Food and Drug Administration），是全球历史最悠久的公众健康保护机构，也是美国政府在健康与人类服务部（DHHS）下属

的公共卫生部（PHS）中设立的执行机构之一，其主要负责监管食品、药品、医疗器械、放射性产品、疫苗、血液和生物制剂、兽医、化妆品和烟草产品。

FDA 的医疗器械和放射健康中心（CDRH）负责确保美国市场上销售的医疗器械在按照指定用途应用时在合理基础上的安全和有效，同时还负责所有放射性电子产品的安全。

CDRH 的器械评估办公室（ODE）负责审议所有上市前的申请（PMA）、上市前通告〔510（K）/PMN〕和上市前批准（PMA）的申请，该办公室还负责审议所有未经批准但将用于临床试验的医疗器械，以确保医疗器械和放射产品的安全、有效和高质量。

2. FDA 医疗器械定义和分类

依据美国《联邦食品、药品和化妆品法案》第 201（h）部分〔21 USC 321（h）〕，医疗器械的定义为用于以下范围的仪器、设备、器具、机器、装置、植入物、体外试剂或其他类似或相关的物品（包括其任何组件、部件或附件）：

（1）在正式的国家处方集或美国药典或其补充卷上认可的。

（2）是用于人或动物的疾病或其他情况的诊断或用于疾病的监护、缓解、治疗或预防的。

（3）预期目的是用来影响人或动物的结构或任何功能，但该目的不是通过与人体或动物体表或体内发生化学反应或通过代谢手段获得的。

所以，可以说 FDA 管制的医疗器械的范围非常广泛，例如磁共振扫描仪、CT 扫描仪、医用检查手套、电子温度计、手术刀、轮椅、按摩器械等各类医疗器材和保健器材，甚至很多我们日常生活中经常使用的产品，如牙签、牙刷、太阳镜、创可贴、女用卫生巾、尿布等都被 FDA 划为医疗器械进行管制。同时需要指出，医疗器械不能通过皮肤或者皮下化学反应来达到主要的指定用途，也不能通过新陈代谢来达到主要指定用途，如果这两种情况其中一种或全部出现的话，FDA 将其作为药品进行监管。

FDA 将医疗用品总体分为三类，并采取不同的管理和控制。第一类医疗器械：一般控制，产品必须合乎一般规定要求，大部分可以直接进行产品注册；第二类医疗器械：特殊控制，产品必须达到功能标准，大部分需要递交 510（K）获批后才可以进行产品注册；第三类医疗器械：最严格控制，大部分三类产品上市前必须经过上市前批准程序（PMA），包含 FDA 对质量体系的现场审核，获批后才可以进行产品注册。

3. FDA 医疗器械注册要求

FDA 的医疗器械注册主要是指设施注册（Establishment Registration）、产品列名（Medical Device Listing）、指定 FDA 注册美国代理人（US Agent）并每年进行年度认证，维持其有效性。

进行 FDA 注册时，首先需要根据产品的原理、声明的使用用途、主要的技术特征等来确定其 FDA 产品分类，并根据不同的 FDA 产品分类来确认不同的注册途径：

（1）针对大部分第一类产品，可以直接进行注册，无须递交上市前通告申请和上市前批准申请即可上市销售。

（2）针对大部分第二类产品和少部分第二、三类产品，需要递交上市前通告申请，获得批准后，才可以进行产品注册和上市销售。

（3）针对大部分第三类产品和少部分第二类产品，需要递交上市前许可申请，获得批准后，才可以进行产品注册和上市销售。

4. FDA 医疗器械产品上市后的监控

FDA 对大部分类别产品的厂商都要求符合美国 FDA GMP QSR820 质量系统法规的要求，并通过 FDA GMP 验厂来验证其合规性。

2012 年，由美国（FDA）、澳大利亚（TGA）、巴西（ANVISA）、加拿大（HC）和日本（MHLW）五国的监管机构认可和加入的医疗器械单一审核程序（Medical Device Single Audit Program，MDSAP）开始启动试点，该程序旨在建立一套单一审核的过程，满足并统一上述国家的审核要求，使审核更加全面有效。2017 年 6 月试点结束后，美国 FDA 开始正式接受 MDSAP 审核报告以替代 FDA 对医疗器械制造商的例行工厂检查。

FDA 产品上市后，还要求相关方严格按照医疗器械事件报告制度（Medical Device Reporting）进行上市后的产品质量监控，并在特定情况下采取召回等纠正预防措施。

5. 与医疗器械有关的 FDA 技术法规

在美国联邦法规（CODE OF FEDAL REGULATION，CFR）的第 21 篇食品和药品中对医疗器械的分类做了详尽的规定：

法规号	法规名称
21CFR800	通则
21CFR801	标签
21CFR803	医疗器械报告
21CFR806	医疗器械的纠正，移除报告
21CFR807	医疗器械制造商和初始分销商的设施注册和产品列名
21CFR808	联邦对国家和地方医疗设备的要求豁免
21CFR809	人用体外诊断产品
21CFR810	医疗器械的召回
21CFR812	试验用器械的豁免
21CFR813	保留
21CFR814	医疗器械的上市前批准
21CFR820	质量体系法规
21CFR821	医疗器械的追溯要求
21CFR860	医疗器械的分类程序
21CFR861	医疗器械使用的性能标准的开发程序
21CFR862	临床化学和毒物学器械
21CFR864	血液学和病理学器械
21CFR866	免疫学和微生物学器械
21CFR868	麻醉器械
21CFR870	心血管器械

21CFR872　齿科器械

21CFR874　耳鼻喉器械

21CFR876　胃肠-泌尿科器械

21CFR878　普外和整形外科器械

21CFR880　通用医院和个人用器械

21CFR882　神经科器械

21CFR884　产科和妇科器械

21CFR886　眼科器械

21CFR888　整形外科器械

21CFR 890　理疗器械

21CFR 892　放射器械

21CFR 895　结扎器械

21CFR 898　电极导联线和患者电缆的性能标准

（二）医疗器械 510（K）上市前通告制度解析

1. FDA 510（K）概述

FDA 510（K）也称为上市前通告制度（Pre-Marketing Notification，PMN），来源于美国《联邦食品、药品和化妆品法案》第 510 条（K）条款。

FDA 510（K）本身不是注册，也不是上市前的批准，而是上市前的通告，是针对 510（K）管制下的医疗器械产品进行 FDA 产品注册的前提条件，可以视其为一份论证产品安全性和有效性，并需要在产品上市前获得 FDA 审批的论证报告；因为其需要与美国同类产品进行安全性和有效性的等价性比较，也可以视其为仿制器械论证。

510（K）具体是指向 FDA 递交的医疗器械上市前通告，并由 FDA 最终审定该器械是否与在美国已经获批 510（K）和合法上市的器械具有相似或相同的安全性和有效性。大部分二类医疗器械和少部分一类、三类医疗器械在美国上市前需要先向 FDA 递交 510（K）申请，获批后才可以进行产品注册和合法上市。

510（K）程序基于修正案前和修正案后上市的医疗器械进行划分，《联邦食品、药品和化妆品法》按照器械进入商业流通的时间来对其分类。1976 年 5 月 28 日前上市的器械被称为修正案前医疗器械。这些器械通常免于向 FDA 提交 510（K）申请，但要符合一定条件。具体说，就是这些器械和以前相同，没有经过显著的改变，这样就无须提交 510（K）。修正案后上市的医疗器械如果是 510（K）管制范畴，就需要先申请 FDA 510（K），获批后才可以注册和上市销售。

考虑到国内大部分厂商的产品主要是一类的 510（K）豁免的产品和二类的 510（K）管制的产品，所以我们在此详细介绍 FDA 510（K）管制产品的 510（K）申请要求和要点。

（1）FDA 510（K）审批的特点。

FDA 510（K）管制产品的上市审批有别于欧洲的 CE 认证，FDA 510（K）审批的三个显著特点是：

① FDA 510（K）是文件审核。

② FDA 510（K）只针对产品，不涉及质量体系。

③ FDA 510（K）的论证主要包含两部分：产品本身的相关论证；等价器械的安全性和有效性论证。

（2）递交 510（K）的主体。

FDA 未限制谁可以递交 510（K），也就意味着可以是：

① 制造商。

② 计划生产器械的企业雇用的规格开发商。

③ 改变了器械或者器械标示的再包装商。换句话说，就是对器械自行加注标签，显著改变器械包装或者标示的企业。再次加注标示，并显著改变器械标示以及使用说明的企业需要提交 510（K）申请。

④ 任何在美国境内既生产器械，又分销器械的企业必须获得 510（K）批准，除非该产品不属于 FDA 510（K）管制范围。

（3）递交 510（K）的时间。

① 一家公司将该器械首次引入市场的时候即须提交。

② 一家公司已经获得 510（K）批准的某种器械的指定用途发生改变，或者对原来批准过的器械做出显著调整时，也需要提交新的 510（K）申请。显著调整指的是会显著影响安全性和有效性的调整。

（4）FDA 510（K）的种类。

① 传统型〔Traditional 510（K）〕：适用于新厂商的器械的申请。

② 特殊型〔Special 510（K）〕：适用于针对已经获批的 510（K）产品进行较小的设计变更的特殊申请，需要满足已经运行了 FDA GMP CFR820QSR 的质量体系，并按照体系中的设计控制的规范流程进行设计变更和评价。FDA 一般会在收到申请后 30 天内完成审批。

③ 简略式〔Abbreviated 510（K）〕：制造商提出的简略式申请，其确信和声明其器械与现在适用的 FDA 认可的标准一致。

2. 等价器械的定义

递交 510（K）时，需要将计划上市销售的新器械和一种参照器械进行比较。联邦法规第 21 卷第 807 部分 92 条（a）（3）款提供了等价器械的定义：等价器械即 510（K）申请者可以声称与其产品显著等同的器械，包括 1976 年 5 月 28 日前合法销售的器械，或者是某种从第三类器械重新归类为第二类或者第一类的器械，或者是通过上市前通告程序〔510（K）程序〕，被认为显著等同的器械。我们可以将等价器械视为仿制对象，也就是将待论证的产品与其进行等价性比较的器械。

一般等价器械需要选择与待论证的产品在用途、设计、材料、能源来源、功能或任何其他和安全以及有效性有关的特征上最相近或相同的器械，以便论证该产品与此等价器械在安全性和有效性上的等同性。

FDA 510（K）等价器械选择的通常标准：

① 相同用途、相同技术特征（指材料、设计、能源或其他特征）。

② 相同用途、不同技术特征，但具有相同的安全性及有效性而且不会产生与等价

器械不同的有关安全性与有效性方面的问题。

3. FDA 510（K）申请文件内容和要求

通常，跨国公司和国内大型医疗器械制造商的法规部门可以自己尝试申请；中小型企业一般会寻找有能力的咨询服务商协助准备 510（K）申请文件和申请；510（K）申请需要一定的经验和技巧，建议申请前透彻了解 FDA 法规和产品，避免不必要的原则性问题导致申请被驳回。

（1）FDA 510（K）申请文件的编撰通常需要满足的基本条件如下：

① 熟悉自己的产品和美国市场同类产品的异同；

② 熟悉 FDA 法规、导则、标准和要求；

③ 精通英文；等等。

（2）FDA 510（K）申请文件清单和要求。

联邦法规第 21 卷第 807 部分 87 条款提供了 510（K）申请中需要包括的信息，以下逐一说明：

① FDA 510（K）审核费付款凭单 ［Medical Device User Fee Cover Sheet（FORM 3601）]。

正式递交 510（K）前，如果直接递交给 FDA 审核，需要提供该审核费付款凭单，并按照该凭单要求向 FDA 支付审核费。

年营收总额不超过一亿美元的企业可以作为小企业申请小企业认定号码（也叫 SBD 号码）来获得审核费优惠，在递交 510（K）和支付审核费前获得小企业资格并在有效期内即可。

② FDA 510（K）申请人信息表 ［CDRH Premarket Review Submission Cover Sheet（FORM 3514）]。

需要写明申请者，也就是 510（K）持有者的名称、地址、电话和传真号码、联系人、代表，以及其他申请者希望 FDA 与之接洽的顾问；器械监管规定（至少是企业认为器械适用的管理规定），即联邦法规适用部分的编号、器械分类以及企业认为应该有的器械产品编码、器械的常用或者普通名称、此类器械的通用名称或者所有权名称，以及/或者产品型号或者企业可能为器械设定的标号。

③ 临床试验声明（Certification of Compliance with Clinical Trials. gov Data Bank，FDA-3674）。

申请者需要提供临床试验的相关信息，如果即将递交的 510（K）不包含美国或外国临床试验数据或不适用，也需要据实申明。

大约有 10% 的情况下，510（K）申请需要提交临床数据。510（K）申请是器械在美国上市的主要方式。这是医疗器械和放射健康中心管理的最大上市前审批项目。大多数新的器械指定用途和新技术都是通过 510（K）走向市场。这就是为什么 FDA 要求大约 10% 的 510（K）申请提交临床数据。

如果申请者的 510（K）申请中包含临床数据，则也需要包括财务证明或者财务信息披露声明。所以，如果申请者提交临床实验的信息，那么必须为每位参加研究的临床调查员提供一份财务证明以及/或者财务信息披露声明。申请材料中还需要包括器械介绍、性能说明、器械设计要求，以及各种型号和所有附件与零部件的识别。

④ 申请信（Cover letter as described in the format guidance）。

申请信即 510（K）的首页说明信。说明信应该指明谁将是 510（K）的持有者。每项 510（K）申请只能有一个持有者。说明信还应说明所呈申请的种类，比如传统申请或者特别申请，以及与之相关的文件呈递和呈递的依据；

FDA 建议在 510（K）中包含该文件并以公司抬头的信纸提供，主要内容建议如下：申请类型、产品类型、申请人/公司、510（K）申请联系人信息、保密要求、分类法规、分类、申请原因。

⑤ 目录（Table of Contents）。

申请者需要在 510（K）前面提供目录页，并提供明确的章节标签。

⑥ 用途声明［Indications for Use（FORM 3881）］。

申请者需要在 FDA 规定的格式文件中声明本次申请产品的用途。

⑦ 510（K）概要［510（K）Summary（21 CFR 807.92）］或 510（K）声明［510（K）Statement（21 CFR 807.93）］。

510（K）申请必须包括 510（K）声明或者 510（K）概要。申请者可以决定选择其中一个，而且在 510（K）申请审批期间，申请者还可以改变决定。但是在审议完成后，申请者就必须保留 510（K）声明或者 510（K）概要。510（K）声明是企业提交给食品和药品监督管理局，并由企业以 510（K）持有者的名义签署的声明，而不是由顾问签署。这份文件申明，企业同意向任何索要的机构在 30 天内提供其 510（K）副本，其中包括企业的竞争者。副本可以删除商业机密和其他商业秘密信息。相关规定见于联邦法规第 21 卷第 807 部分第 93 条款。申请者也可以选择提供 510（K）概要，相关规定可以在联邦法规第 21 卷第 807 部分第 92 条款中找到。这些规定叙述了 510（K）概要包含的内容。概要不是 510（K）本身，而是 510（K）的概括信息。

FDA 希望看到一份关于器械的简明扼要的叙述，包括指定用途和技术、器械对比表格，以及任何为呈递申请所进行的任何性能测试的简要介绍。

⑧ 所符合的标准声明［Standards Data Report for 510(K)s（FORM 3654）］。

申请者需要在 FDA 规定的格式文件中声明本次申请产品所符合的国际、美国国内或其他标准的状态。

⑨ 真实性和准确性声明［Truthful and Accuracy Statement，21 CFR 807.87（k）］。

申请者需要在 FDA 规定的格式文件中声明本次申请产品所有递交信息的真实性和准确性。签署后，如果 FDA 是基于企业提供的信息做出的批准，企业需要自己承担可能的法律责任。

⑩ 三类器械证书和概要［Class Ⅲ Certification and Summary for Class Ⅲ devices（21 CFR 807.94）］。

⑪ 产品和等价器械比较信息（21 CFR 807.87）。

该部分需要包含以下内容：

a. 产品品名等信息。

b. 产品描述信息，如规格书、适用的导则、特殊控制方法、标准、产品图片、机械/电子图纸等。

c. 等价器械比较信息，如等价器械的厂商、510（K）批准信息、等价器械比较表格等。

d. 本次申请 510（K）产品的用途描述。

e. 本次申请产品的包装、标签、说明书、广告等信息。

⑫ 灭菌、生物相容性、失效日期等信息（如果适用）（Information on sterilization，biocompatibility，expiration date，etc.，if applicable）。

⑬ 其他信息，如软件确认（software validation）、可用性研究（Usability Study）、风险分析（risk analysis）、临床试验（clinical trial）、性能试验（bench Test）、货架周期（shelf life）、医疗器械电气安全和电磁兼容试验（Safety/EMC）等（如果适用）。

⑭ 附件，可以包含各种测试报告、临床报告等。

（三）FDA 510（K）递交、审批流程和主要审核提问

1. FDA 510（K）的递交

FDA 510（K）历史上基本是以纸质申请文件的形式递交，邮寄成本高，资源浪费。FDA 从 2013 年 1 月 1 日开始建议选择电子拷贝和纸质文件并行的形式递交 510（K）申请文件，并提供导则指引电子拷贝的文件格式、储存媒介形式等。

为了帮助申请者满足电子拷贝的要求，FDA 也开发了电子递交的免费工具和导则，提供给申请者自愿使用。

目前，FDA 要求 510（K）申请者递交一份纸质 510（K）申请文件和必须提供一份电子拷贝给 FDA 文件中心，地址如下（以下为撰写本节时公示的地址，递交时请以 FDA 官网公示地址为准）：

U. S. Food and Drug Administration

Center for Devices and Radiological Health

Document Control Center（DCC）-WO66-G609

10903 New Hampshire Avenue

Silver Spring，MD 20993—0002

当 FDA 文件中心收到申请者递交的 510（K）申请文件后，会分配给申请者一个 510（K）号码（K 加上 6 位数字），在批准前该号码只是用于标识该申请的文件号和在审核中用于该申请沟通的识别码，不得视为已经获批；510（K）批准后，申请者可以使用该 510（K）号码进行注册并获得产品注册号码和合法出口美国。

2. FDA 510（K）的审批

大部分的产品需要直接向 FDA 递交 510（K）申请，FDA 直接负责审批。FDA 也授权部分产品由其授信的第三方审核机构进行审核。FDA 并不收取第三方审核机构的审核费，但一般第三方审核机构会收取比 FDA 直接审核更高的审核费，以提供更快速的审核。第三方审核后的审核意见最终还是会递交给 FDA 进行终审。

2014 年 12 月起，FDA 针对 510（K）审批将不再使用纸质文件，全部启用电子文件通过电子邮件与申请人就申请状态、批准信息等进行沟通。FDA 也不再出具纸质 510（K）批准函。

FDA 审批流程主要包含以下四个步骤：

（1）步骤 1：接收和录入（Log-in and Acknowledgement Procedure）。

FDA 在收到申请人递交的 510（K）申请文件后，先要确认是否满足以下条件：

① 一份纸质申请和一份电子拷贝。

② FDA 收到该 510（K）审核费。

满足上述条件时，FDA 会将该申请录入 510（K）申请和审核系统，并给予一个 510（K）跟踪项目号［即 510（K）号码］。FDA 会通过电子邮件出具一个受理函，即可视为启动审核。

（2）步骤 2：接受性审核（Acceptance Review）。

FDA 在出具受理函后，会根据产品类别指派合适的器械评估办公室（ODE）或体外诊断及放射健康办公室（OIR）启动审核。FDA 相关部门会指定一个主审官首先依据相关检查表进行接受性审核（RTA：Refuse to Accept），以便确认该申请包含所有 510（K）需要的内容和适合启动下面的等价性评审。接受性审核一般在受理后 15 天内完成，并以电子邮件形式通知申请人接受性审核的结果和告知主任审核官，如果没有问题，将直接进入下面的等价性评审，或者要求申请人在最多 180 天内补充缺失的基本信息。

（3）步骤 3：等价性评审（Substantive Review）。

FDA 一般在收到 510（K）申请后 60 天内启动最核心的 510（K）等价性评审，即审核本次申请的产品与等价器械是否实质等同（SE：Substantially Equivalent）。在审核中一般会通过电子邮件、电话等方式与申请人沟通。如果需要补充信息或提问，会通过电子邮件发出补充信息提问（AI：Additional Information Request），该申请将暂时处于暂停审核状态直至在最多 180 天内申请人完成正式答复。一般 FDA 会有最多三轮提问，如果还有问题未能解决，申请人的本次申请可能被驳回。只有所有 FDA 提问都得到答复和接受，FDA 才会批准本次申请。

（4）步骤 4：FDA 510（K）决定函［510（K）Decision Letter（SE 或 NSE）］。

FDA 510（K）的审核完成的周期目标为 90 天，但不包含每次提问和收到客人答复的时间。

FDA 审核后，可能有两个不同的结果：

① 实质等同的结论，即获批 510（K）。

② 不实质等同的结论，即该申请被驳回。

FDA 510（K）审核结束后，510（K）申请人会收到电子版本的描述审核结论的 FDA 510（K）决定函，如果是得出实质等同（SE）的决定，一般被视为本次申请被批准，FDA 会在线公示获批的 510（K）信息。同时，申请人就可以使用获批的 FDA 510（K）号码完成 FDA 注册，在美国合法通关和上市获批并完成注册的医疗器械。通常 FDA 要求 510（K）获批后必须在 1 个月内完成产品注册。

FDA 510（K）审核流程如图 2-2 所示。

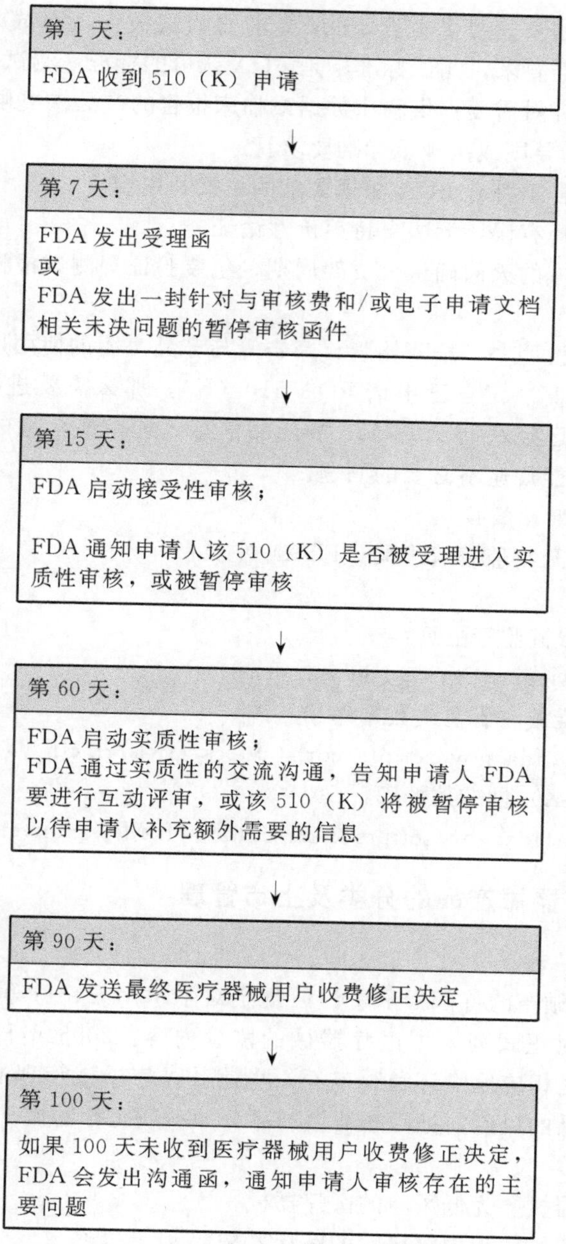

第 1 天：

FDA 收到 510（K）申请

↓

第 7 天：

FDA 发出受理函
或
FDA 发出一封针对与审核费和/或电子申请文档
相关未决问题的暂停审核函件

↓

第 15 天：

FDA 启动接受性审核；

FDA 通知申请人该 510（K）是否被受理进入实
质性审核，或被暂停审核

↓

第 60 天：

FDA 启动实质性审核；
FDA 通过实质性的交流沟通，告知申请人 FDA
要进行互动评审，或该 510（K）将被暂停审核
以待申请人补充额外需要的信息

↓

第 90 天：

FDA 发送最终医疗器械用户收费修正决定

↓

第 100 天：

如果 100 天未收到医疗器械用户收费修正决定，
FDA 会发出沟通函，通知申请人审核存在的主
要问题

图 2-2 FDA 510（K）审核流程图

3. FDA 510（K）审核主要的提问

大部分厂商因为对 FDA 产品法规、分类、适用的标准和相关审核流程等并没有透彻的了解和必要的经验，所以常常在以下方面被 FDA 发现问题并影响审核进度甚至有时会导致失败，FDA 的典型提问如下：

（1）510（K）申请文件内容不完整或形式不符合 FDA 法规要求，如缺少 510（K）文件清单中需要的文件，或提供的文件不完整等。

（2）测试相关：如未能提供符合 FDA 要求的测试报告，测试方法与标准有差异，测试结果未能符合标准要求，测试标准不是 FDA 认可的标准，测试报告不完整，等等。

（3）临床相关：针对需要提供临床数据或临床报告的产品未提供临床信息，或提供的信息不符合 FDA 的导则或法规、标准要求。

（4）软件验证报告不符合 FDA 法规要求的格式和内容。

（5）等价器械选择有误，无法支持等价性论证。

（6）无菌医疗器械的灭菌确认、货架周期、包装验证等测试报告未递交或不符合法规要求。

（7）产品包装、说明书、厂商铭牌、广告等与产品声明的使用用途有差异。

所以，如果制造商决定自己申请 FDA 510（K），那么需要进行充分的法规搜集、整理和学习，并了解已经获批 510（K）的产品信息，选择最合适的等价器械来进行充分的论证和测试，才能规避不必要的问题。

（四）FDA 相关网站链接

（1）美国食品和药物监督管理局（FDA）主页：

www. fda. gov

（2）FDA 医疗器械监管主页：

www. fda. gov/MedicalDevices/default. htm

（3）FDA 医疗器械注册在线数据库：

www. accessdata. fda. gov/scripts/cdrh/cfdocs/cfRL/rl. cfm

（4）FDA 510（K）批准数据库：

www. accessdata. fda. gov/scripts/cdrh/cfdocs/cfPMN/pmn. cfm

三、日本医疗器械产品的分类及上市管理

1. 医疗器械产品的分类

日本于 1948 年颁布的首部《药事法》规定对手术用刀、剪等产品实施监管，1960 年修订《药事法》时正式列入了医疗器械的监管内容。2005 年日本政府对《药事法》进行了修订，同时也相应地修订和颁布了一些针对医疗器械管理的法规。在《药事法》中基于医疗器械产品的风险，把医疗器械产品分为一般医疗器械、受控医疗器械和高度受控医疗器械 3 类。

（1）一般医疗器械，为低风险的医疗器械。

（2）受控医疗器械，为中等风险的医疗器械。

（3）高度受控医疗器械，为高风险的医疗器械。

2. 医疗器械产品的上市管理

2005 年修订后的《药事法》中规定：所有制造及上市的医疗器械企业均须获得经营医疗器械的上市许可证。

（1）一般医疗器械不需要上市批准，其销售也不受管制。

（2）受控医疗器械由日本政府认可的合格的第三方机构进行审评，政府主管当局则主要负责建立第三方机构的资格标准，并依据标准定期审核所有的第三方组织。

（3）高度受控的医疗器械产品在上市前由药品安全性和医疗器械审批机构（PMDA）进行审查批准，并由厚生劳动省按生产管理规范（GMP）要求和产品质量控制标准进行检查，全部通过后才批准上市。

经过修订后的《药事法》更加强调了上市后的跟踪，为确保医疗器械产品的质量以及安全性和有效性，专门制定了相关的医疗器械质量保证体系法规，明确了医疗器械上市后的职责。

四、澳大利亚医疗器械产品的分类及上市管理

1. 医疗器械产品的分类

澳大利亚治疗商品管理局（TGA）负责开展对一系列治疗商品进行评审和监督管理。2002年颁布的《治疗商品（医疗器械）法规》对医疗器械的管理做出了详细的规定，基于医疗器械产品的风险，把器械分为Ⅰ、Ⅱa、Ⅱb、Ⅲ及AIMD共5类，其中对Ⅰ、Ⅱa、Ⅱb、Ⅲ类产品的定义类似于欧盟MDD93/42EEC指令中的定义。AIMD指有源植入医疗器械，考虑到它的高风险，将其按Ⅲ类医疗器械来控制。

2. 医疗器械产品的上市管理

澳大利亚政府对医疗器械的控制主要通过以下几个途径：

（1）对制造商进行品质的审核与评审。

（2）医疗器械上市前的评审。

（3）医疗器械产品上市后对标准的符合性进行监控。

澳大利亚作为全球协调工作组织成员国，在相关的医疗器械法规和管理制度中，针对医疗器械的安全性的基本原则，分别制定了对医疗器械品质安全和性能的一系列基本要求的符合性评价、生产过程相应的法规控制、警戒系统和不良事件报告机制。

五、俄罗斯医疗器械产品的分类及上市管理

俄罗斯基于风险高低的原则，将医疗器械分为一类、二类、三类。俄罗斯对医疗器械的监管执行1997年颁布的《俄联邦卫生部条例》，该条例中明确规定所有的国内生产产品和国外进口产品都必须办理注册后才可以在市场上销售和使用。并且，从2002年7月1日起，俄罗斯不再直接认可其他国家的注册证明，因此产品注册证书是允许该产品在国内上市的一份重要文件。另外，医疗器械产品在俄罗斯属于强制性认证的产品，在申请注册时，除应提交产品注册文件外，还需要提供俄罗斯国家标准认证G05T认证证书和卫生检疫、检验证书。俄罗斯对于进口的医疗器械在注册上市前还需要提供相关的国家或国际性的证明文件，以证实申请注册上市的产品及制造商符合国家或国际标准的要求。这些文件应能证明该产品已经在原产国作为医疗器械进行注册，并且能体现生产过程中的质量管理体系的控制要求，如原产国确认的ISO 9001、ISO 13485质量体系认证证书或FDA证书、CE证书，符合性声明，自由贸易证明等相关法规性文件。

第四节　医疗器械生产质量管理规范（医疗器械 GMP）

一、GMP 概述

GMP 是英文 Good Manufacturing Practices 的缩写，中文含义是"生产质量管理规范"或"良好作业规范""优良制造标准"。GMP 是一套适用于制药、医疗器械、食品等行业的强制性标准，要求企业将制造方法、标准、措施、制度等加以规范化，从而对生产中的主要环节及影响产品的主要因素做出必要的规定。即医疗器械 GMP 要求在原料采购、人员、设施设备、工艺流程、生产操作、质量监督、卫生学管理、灭菌、包装运输、储存、产品销售以至使用等按国家有关法规及相关的标准要求实行严格管理。简要地说，GMP 要求生产企业应具备良好的生产设备、合理的生产过程、完善的质量管理和严格的检测系统，确保最终产品的安全、有效。

1999 年 6 月 18 日，原国家药品监督管理局颁布《药品生产质量管理规范（1998 年修订）》。

2011 年 1 月 1 日，原国家食品药品监督管理总局颁布《医疗器械生产质量管理规范（试行）》，医疗器械正式开始步入 GMP 时代。

2015 年 3 月 1 日，原国家食品药品监督管理总局在官方网站公布了修订后的《医疗器械生产质量管理规范》（以下简称《规范》），新版《规范》自 2015 年 3 月 1 日起施行。

2016 年 1 月 1 日起，所有三类医疗器械生产企业必须符合 GMP 要求。

2018 年 1 月 1 日起，我国境内所有一类医疗器械备案企业以及所有二类注册医疗器械企业都必须符合 GMP 要求。

二、GMP 的主要内容

GMP 总体内容包括机构和人员，厂房和设施，设备和仪器，文件和记录管理，设计开发，采购控制，生产管理，质量控制，销售和售后服务，不合格品控制，不良事件监测、分析和改进等方面，涉及从设计开发到产品生产与质量以及产品销售的各个方面，强调通过生产过程管理确保生产安全、有效的优质产品。

从硬件和软件系统的角度，GMP 可分为硬件系统和软件系统。硬件系统主要包括厂房、设施、设备和仪器等资源；软件系统主要包括质量管理体系建立的质量手册、程序文件、管理制度、作业文件、记录等方面的内容。

三、我国医疗器械生产质量管理规范（医疗器械 GMP）解读

新版《医疗器械生产质量管理规范》公布实施后，国家食品药品监督管理部门又公布了规范的三个附录：《植入性医疗器械附录》《无菌医疗器械附录》《体外诊断试剂附录》。这三个附录对植入性医疗器械、无菌医疗器械和体外诊断试剂的管理做了补充要求。

新版《医疗器械生产质量管理规范》共有 13 章 84 条款。本规范从中国的国情出发，参照欧美等国已发布的医疗器械 GMP 的要求进行了修订。为了帮助国内生产企业全面地掌握本规范的要求，下面对规范中的条款进行解读：

第一章　总则。总则部分规定了该规范实施的范围，即在医疗器械设计开发、生产、销售和售后服务等过程实施该规范，同时要求企业建立相应的质量管理体系，并且将风险管理贯穿到整个过程中。

第二章　机构和人员。要求建立组织机构图，明确各组织机构的职能。要求规定技术、生产和质量部门负责人任职资格，规定各岗位任职所需要的能力。为影响产品质量的人员（直接与产品接触的人，例如生产、检验等岗位的人员）建立健康档案。明确企业负责人是产品质量责任人，其职责为：

（1）组织制定企业的质量方针和质量目标。

（2）确保质量管理体系有效运行所需的人力资源、基础设施和工作环境等。

（3）组织实施管理评审，定期对质量管理体系运行情况进行评估，并持续改进。

（4）按照法律、法规和规章的要求组织生产。

生产和质量部门负责人不能兼任。企业负责人应指定一名管理者代表，负责质量体系建立、运行和保持，报告质量管理体系的运行情况和改进需求，提高员工满足法规、规章和顾客要求的意识。

第三章　厂房与设施。要求厂房及设施与生产规模相适应；应考虑厂房的选址，外部环境不应对厂房洁净环境产生影响；依据产品要求规定所需要的环境洁净度；对厂房采取防虫和防鼠措施。仓储区满足原材料、包装材料、中间品、产品等的贮存条件和要求。配备与产品生产规模、品种、检验要求相适应的检验场所和设施。

第四章　设备。设备主要包括与生产产品和规模相匹配的生产设备、工艺装备、检验仪器等，设备和仪器管理包括仪器设备的验收、维护维修、状态标识（例如运行中、检修中）等。新设备验收完成后，如果是放置在净化车间，需要评价其对洁净环境的影响，如果对洁净环境有影响，则应该采取防护措施，或者放置在净化区外，考虑对产品进行清洗。对计量器具还要定期进行检定或校准。对特殊过程使用的设备要进行验证，以证明仪器设备符合规定的参数。对生产和检验设备建立操作和维护规程，定期清洁维护，并进行记录。对仪器设备使用情况建立记录，以确保产品的可追溯性。

第五章　文件管理。文件管理包括文件的起草、修订、审核、批准、替换或者撤销、复制、保管和销毁等。为了防止文件的非预期使用，文件需要进行标识，例如受控、作废等。通常对文件采用版本控制，以利于文件修改。特别需要强调的是生产或检验过程作业指导书，如果发生修改，则需要重新获得批准，以确保该修改是经过了评审的而不是随意修改。对于记录的修改，可以规定进行划改后签名签日期。作废文件的保存期限需要依据产品的寿命定义，但是从产品放行起不得少于 2 年。

第六章　设计和开发。一个产品的设计和开发包括设计和开发策划、设计和开发输入、设计和开发输出、设计和开发评审、设计和开发验证、设计和开发确认、设计和开发设计转移、设计和开发更改。设计和开发策划是一个总过程的策划，可包括产品调研、技术调研、设计和开发时间点及接口等。设计和开发输入通常是产品需要满足的标准、产品性能要求等。设计和开发输出是设计和开发输入的结果，通常包括产品图纸、具体的产品需要满足的指标、检验要求等。设计和开发输出要满足设计和开发输入的要求，设计和输出评审是为了评审满足的程度。验证是通过检测，确保产品满足规定的产品要求。确认是验证产品满足预期用途要求，临床试验是确认的一部分。设计和开发过程中要采用风险管理。风险管理通常包括 EMA、DFMEA 和 PFMEA，可按照 YY/T 0316—2016《医疗器械 风险管理对医疗器械的应用》标准执行。

第七章 采购。采购的原材料应该满足规定的要求。企业应该建立原材料性能标准或质量指标，对采购的原材料进行验证。企业应该对原材料供应商进行审核。企业应该依据原材料对产品的影响，确定对原材料质量的控制程度。

第八章 生产管理。生产管理的目的是确保能生产出满足技术要求的产品。生产涉及以下几个方面：

（1）生产作业指导书和工艺流程。

（2）仪器设备。

（3）原材料、中间品和成品。

（4）生产环境和生产现场。

企业应该编制生产作业指导书和作业流程，并方便于生产现场取得；作业流程应标明特殊工艺和关键工艺，对特殊工艺进行确认，对关键工艺进行监控；合理布局生产流程，避免人流、物流或机器设备对环境产生影响；对生产过程中的产品进行标识，例如原材料、中间品和成品等，并确保其存放条件是满足要求的；如果涉及产品清洗，应进行清洗过程确认；对仪器设备的控制见第四章；对每批次的产品建立批记录，批记录是为了放行产品和保持产品的可追溯性；对生产环境进行监控并记录，例如温度、湿度、微生物和尘埃粒子等；制定生产环境污染控制措施；对生产和检验现场可进行功能分区，对合格品和不合格品进行分区存放，以免造成混乱；对产品进行防护；说明书应该符合规定。

第九章 质量控制。企业应当建立质量控制程序，规定产品检验部门、人员、操作等要求，并规定检验仪器和设备的使用、校准等要求，以及产品放行的程序。本章重点为产品检验，包括进货检验、过程检验、成品检验、产品放行和留样。检验应该有检验作业指导书和检验记录；产品放行应该有放行程序；明确留样目的，制定产品留样制度。

第十章 销售和售后服务。销售应该有销售记录，以保证产品的可追溯性。企业应制定相关售后服务条例，对售后服务进行记录，以保证可追溯性。对于由企业负责安装的医疗器械，应确定安装要求和接受标准，并在安装完成后进行验收。

第十一章 不合格品控制。对于不合格品，要进行标识。重要的有如下几点：

（1）对不合格品要进行评审，评审结果通常包括放行、让步放行、返工返修和报废。

（2）对于返工返修的产品要有返工作业指导书，对返工的产品需要进行重新验证。

第十二章 不良事件监控、分析和改进。这部分内容主要包括：

（1）企业需要建立不良事件管理制度，对于上市产品，其不良事件应按照法规规定进行上报。

（2）企业应建立过程控制和数据分析程序，对过程采取纠正和预防措施。

（3）企业应建立产品信息沟通程序，例如产品发生改变后告知相关单位或使用者。

（4）企业应定期对质量管理系统进行评审。

第十三章 附则。附则中讲到该规范的使用，其中有两个主要注意点：

（1）医疗器械具有多样性，如果该规范的某个条款不适用，应确定该不适用条款，并说明不适用的理由。

（2）该规范是医疗器械基本规范，针对不同医疗器械的特殊要求，国家食品药品监督管理总局制定出具体细化的规定。所有使用者在声称符合法规时应注意。通常应声称符合本规范，同时声称符合其他规范。

四、总结

医疗器械是救死扶伤、保障人类生命安全和健康的特殊产品。在世界范围内，生产质量管理规范（GMP）已经成为医疗器械生产和质量管理的基本准则，是一套系统的、科学的管理制度。实施 GMP，不仅是通过最终产品的检验来证明产品达到质量要求，而且是在产品生产的全过程中实施科学的全面管理和严密的监控来获得预期质量。因此，企业应遵循医疗器械生产质量管理规范（医疗器械 GMP），责无旁贷地生产高品质、安全、有效的产品，这是确保临床医疗安全使用的需要，是企业生存、发展的需要，也是医疗器械与国际质量管理标准体系接轨并逐步走向世界的需要。

第五节　医疗器械风险管理要求

一、基本概况

医疗器械是影响到人类身体健康和生命安全的产品。随着科学技术的发展，大量的最新技术被广泛应用到医疗器械产品之中，如超声技术、微波技术、激光技术、计算机技术等。这些最新技术的应用使得产品的结构越来越复杂，为此，必须对医疗器械产品进行风险管理，以保证医疗器械产品的安全性和有效性。ISO 14971 标准给出了医疗器械产品风险管理的要求，该标准已经转换为中华人民共和国医药行业标准《YY/T 0316 医疗器械 风险管理对医疗器械的应用》。

（一）风险管理的目的

风险管理是一项技术性、专业性很强的工作，对医疗器械产品进行风险管理是关系到我国医疗器械产业的发展、关系到人类健康和产品安全有效的重大事情。为确定某种医疗器械产品对预期用途的适宜性，必须对产品的安全性以及风险的可接受性做出判断，建立和保持完整的风险管理档案，估计和评价相关的风险并进行控制。这种判断必须考虑实际和设想的患者处境与状态及临床过程中的益处和有关风险，确定医疗器械的安全性。

（二）开展风险管理的原因

（1）开展风险管理是法律法规的要求，如医疗器械监督管理条例、医疗器械注册管理办法、ISO 13485/YY/T 0287、ISO 14971/YY/T 0316 等。

（2）风险管理是确定医疗器械产品安全性所必须采取的措施。

由于医疗器械与患者、操作者、使用者和周围社会公众之间的特殊关系，因此医疗器械可能存在物理、化学、生物等三大方面的危害。所以，制造商应对医疗器械产品进行风险管理，判定有关产品的危害，估计和评价相关的风险并进行控制。

（三）风险管理过程包含的要素

风险管理的过程包括下列要素：风险分析、风险评价、风险控制、生产和生产后的信息。

（四）开展分析管理的时机

医疗器械产品的风险管理必须贯彻于产品生命周期的全过程，即从医疗器械产品的设计开发、生产、服务和使用，直至最终报废处理全过程中都要实施风险管理。确认风险管理的时机应贯彻以下几个原则：

（1）风险管理应贯穿于整个产品实现过程和产品的寿命周期内。

（2）在产品策划阶段应考虑产品可能发生的风险，并进行初始风险评估。

（3）在产品的设计开发过程中，应进一步完善相关的风险分析，制定和实施降低风险的控制措施，设计更改时应考虑是否影响已做过的风险评估。

（4）在产品的生产制造、储存运输、临床使用、废弃处置等全过程中进行风险控制，不引入不安全的因素。

（5）产品检测验证、临床使用及生产上市交付使用后若发现新的风险，应重新进行评审确认。

（五）需要进行风险管理的产品

（1）未获得市场准入批准的医疗器械产品。

（2）需要质量体系认证的医疗器械产品。

（3）生产上市或交付后的产品。

（4）产品功能、性能、预期用途、材料、工艺等有重大改变的产品。

（5）有特定专用安全标准的产品。

（6）其他需要进行风险管理的产品，或法规有规定要求时。

（六）风险管理人员的职责

所有参与风险管理的人员应明确相关的职责，具有相应的医疗器械产品的专业知识和风险管理技术，并通过适宜的培训。

1. 最高管理者

企业最高管理者应对风险管理的承诺提供并创造以下几个基本条件：

（1）提供实施风险管理所需的各种资源条件，包括人员、技术、设备和资金等。

（2）为参与风险管理的相关人员提供适当的培训，使其能胜任此项工作。

（3）制订风险管理计划，提出风险管理目标，规定决策风险的可接受方针，并形成文件在内部进行沟通。

（4）确定一定的时间间隔，对风险管理活动进行评审，以确定其适宜性。

2. 设计人员

参与风险管理的设计人员，应在医疗器械产品进行策划时对产品的初始风险予以评估：

（1）列出产品的每一项特征和初始风险。

（2）判定产品可能发生的危害，包括物理、化学、生物三大方面。

（3）在设计过程中采取相应的降低风险的控制措施。

3. 生产人员

（1）应落实产品设计者的意图，确保产品的设计要求得到满足。

（2）严格按照设计和工艺要求执行，以降低因制造过程原因可能带来的产品风险危害。

4. 检验人员

（1）考虑产品的特定功效，实施检测评价。

（2）依据相关规范和接收准则进行性能鉴定。

5. 市场人员

（1）负责产品交付及交付后的信息收集。

（2）向相关职能部门人员反馈已生产上市后的产品可能发生的新的风险信息。

（七）风险管理人员的资格

（1）执行风险管理任务的人员应具备以下方面的专业知识：① 医疗器械是如何构成的；② 医疗器械是如何工作的；③ 医疗器械是如何生产的；④ 医疗器械是如何使用的。

（2）风险管理人员应接受过医疗器械风险管理知识培训，以证实是能够胜任的。

二、风险管理的程序

（一）制订风险管理计划

（1）风险管理计划的范围：① 说明风险管理活动适用的医疗器械产品和寿命周期；② 参与风险管理活动人员的职责权限分配；③ 进行风险管理评审的要求；④ 风险可接受的准则；⑤ 验证风险管理实施计划的效果；⑥ 生产上市或交付后的信息收集和评审。

（2）风险管理计划应是一份完整的文件，可以融入质量管理体系策划文件之中，也可以引用其他文件。当改变风险管理计划时，要保存相关记录，并要得到授权人的批准。如何编写风险管理计划，ISO 14971/ YY/T 0316 标准附录 F 提供了指南。

（二）判定有关医疗器械产品的特征

医疗器械产品制造商在对特定的医疗器械产品进行风险管理时，不能简单地套用可参考利用的其他组织或本企业类似产品的风险管理文件资料，而应该针对不同医疗器械产品之间的差异，以及这些差异是否会造成新的危害，或造成医疗器械的输出、功能、性能、预期用途的重大风险，还有这些变化部分对医疗器械所造成的影响进行系统的评价，决定类似产品的风险管理资料可利用的程度。

1. 列出影响产品安全性的特征

ISO 14971/YY/T 0316 标准附录 C 给出了与医疗器械预期用途和产品安全性有关特征的判定。医疗器械制造商应基于产品的预期用途和安全特征进行定量或定性的分析。在分析过程中应参照标准附录 C 给出的 34 个问题逐一进行，列出安全特征判定清单，全面提出可能影响安全性特征的问题，判定医疗器械可能存在的各种危害。

按 ISO 14971/YY/T 0316 标准附录 C 判定时应注意：

（1）必要时确定其界限。

（2）要考虑人为因素，用户接口，控制接口。

2. 可能产生危害的判定

无菌医疗器械生产企业对产品可能产生危害的判定应在正常、故障两种条件下进行，此项判定应基于产品的预期用途和安全性特征，重点分析以下方面：

（1）产品的预期用途及使用方法。

（2）有关在器械中所使用的材料/元件的风险。

（3）判定是否预期与病人和第三者接触。

（4）是否有物质进入病人体内或由病人抽取。

（5）是否以无菌形式提供或由用户灭菌或采用其他微生物控制处理方法。

（6）产品是否用以控制其他药物与之相互起作用。

（7）产品是否有限定的有效期。

（8）产品预定是一次性使用还是可以重复使用。

3. 可能造成的潜在危害

对无菌医疗器械产品可能造成伤害的潜在源，判定已知或可预见的危害，一般可能涉及以下方面：

（1）生物学危害：① 生物污染；② 生物不相容性；③ 毒性；④ 过敏性；⑤ 交叉感染；⑥ 致热性；⑦ 致畸性；⑧ 致癌性；⑨ 突变性；⑩ 变态反应性。

（2）环境危害：因废物或器械处置的污染。

（3）使用的危害：① 不适当的标签和操作说明；② 一次性医疗器械的可能再次使用的危害性警告不当；③ 不适当的使用前检查说明书；④ 合理的可预见的误用；⑤ 对副作用的警告不充分；⑥ 由不熟练的人员或未经培训的人员使用。

（4）功能失效、维护及老化引起的危害：① 与预期用途不相适应的性能特征；② 缺乏适当的寿命终止规定；③ 不适当的包装及存放环境；④ 再次使用或重复使用造成的功能恶化。

4. 对每项危害的风险估计

（1）利用可得到的有效数据/资料、相关标准、医学证明、适当的调查结果，评估在正常和故障两种状态下的所有风险。

（2）评估时可采用定量或定性的方法进行，评估的资料或数据来源：① 已经发布的标准和科学文献；② 类似的产品现场资料；③ 临床调查或典型使用者的适用性实验；④ 专家意见和外部质量评定情况。

（三）风险评价

经过对危害的风险评估，决定其估计的风险是否降低到不需要再降低的程度，确定其是否在可接受的水平。若某项危害风险超出了可接受水平，则应对此项危害采取措施，降低风险。若危害仅在故障发生时才超出可接受水平，则应说明：

（1）危害发生前，使用者能否发现故障。

（2）故障能否通过生产控制或预防性维护消除。

（3）误用能否导致故障。

（4）能否增加报警。

（四）将风险降低至可接受水平可采取的措施

（1）改进设计，用设计方法取得固有的安全性。

（2）加强安全说明指导，告之安全信息。

（3）重新确定预期用途。

（4）对产品本身或在生产过程中采取防护措施。

（5）应按其选择的风险控制措施进行实施，其有效性应予以验证。

（五）剩余风险的评价

在采取了风险控制措施后留存的任何剩余风险，都应按规定的准则进行评价。如果剩余风险不符合准则要求，应采取进一步的控制措施。如果剩余风险被认为可以接受，则应将所有剩余风险所需要的信息记入随附的文件中。

（六）风险/受益分析

如果按使用规定的准则，判断剩余风险是不可接受的，而进一步的风险控制又不切合实际，应收集和评审预期用途/预期目的的医疗受益文献资料。如果证据不支持医疗受益超过剩余风险的结论，则剩余风险是不可接受的。

（七）产生的其他危害

应对风险控制措施进行评审，以便判定是否引入了其他危害。如果风险控制措施引入了新的危害，则应评审相关风险。评审结果应记入风险管理文档中。

（八）风险评价的完整性

应保证所有已判定危害的风险已经得到评价，评定的结果应记入风险管理文档中。

（九）全部剩余风险的评价

在所有的风险控制措施已经实施并验证后，应利用规定的准则，判定是否由产品造成的全部剩余风险是可以接受的。如果应用规定的准则，判定全部剩余风险是不可接受的，则应收集和评审预期用途/预期目的等相关的医疗受益的资料文献。如果证据不支持医疗受益超过全部剩余风险的结论，则剩余风险是不可接受的。

（十）风险管理报告

（1）将以上风险管理过程及其结果的记录形成风险管理报告，并判断被分析产品所考虑的预期应用与已判定危害有关的剩余风险是否达到可接受的水平。保持对剩余风险可接受评定的全部可追溯性信息。

（2）风险管理报告应有阐明编写、审核人员的签字。

（3）风险管理报告作为风险管理文档的一部分，应归档保存。

（十一）生产和生产后的信息

制造商应收集和评审在生产和生产后的阶段中与安全性有关的信息：

（1）建立由医疗器械操作者、使用者，以及医疗器械安装、使用和维护人员所产生信息的收集和处理机制。

（2）密切关注新的或者修订的标准。

（3）对涉及安全性的信息应予以重新评价，特别是以下几个方面：① 是否有事先未认识的危害或危害处境出现；② 是否有危害处境的一个或多个已被估计的风险不再是可接受的；③ 是否初始评定的其他方面已经失效。

当发生上述情况时，应对风险管理活动的影响重新进行评估。所有的评价结果应记入风险管理文档。

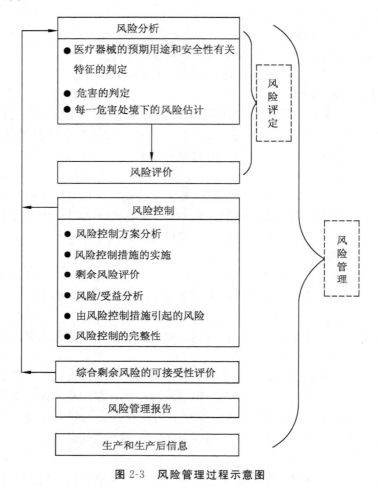

图 2-3　风险管理过程示意图

（郭新海　徐星岗　葛　枫　刘振健　李尚知　张末初　李新寅）

参考文献

[1] 中国标准化研究院，中国合格评定国家认可中心，中国认证认可协会，等. GB/T 19004/ISO 9004 追求组织的持续成功 质量管理方法 [S]. 北京：中国标准出版社，2011.

[2] 国家药品监督管理局济南医疗器械质量监督检验中心. YY 0033 无菌医疗器具生产管理规范 [S]. 北京：中国标准出版社，2000.

［3］国家食品药品监督管理局医疗器械司. YY/T 0316 医疗器械 风险管理对医疗器械的应用［S］. 北京：中国标准出版社，2016.

［4］国家食品药品监督管理总局. YY/T 0287 医疗器械　质量管理体系　用于法规的要求［S］. 北京：中国标准出版社，2017.

第三章

无菌医疗器械产品、人员及洁净厂房要求

医疗器械产业是关系到人类生命健康的新兴产业，其产品聚集和融入了大量现代科学技术的最新成就，许多现代化医疗器械产品是医学与多种学科相结合的高新技术产物。我国医疗器械生产企业目前已经超过了 16 000 家，但是大型医疗器械制造企业很少，科技型的、民营的中小企业构成了我国医疗器械产业的主导力量，特别是无菌医疗器械的中小生产企业的快速成长和协调发展，对我国整个医疗器械产业的发展有着关键性的影响。

第一节　无菌医疗器械产品的基本要求

无菌医疗器械基本都是直接接触人体，有的甚至植入或介入到人体组织、器官、骨或血液中，是和人民群众的身体健康、生命安全息息相关的产品，并且大多属于高风险的医疗器械。因此不仅其化学性能、物理机械性能和生物相容性应符合相关产品标准的要求，而且产品必须保证无菌、无热原、微粒污染不超过污染指数，且无菌保证水平要达到 1×10^{-6} 等。无菌医疗器械的生产制造商应充分了解无菌医疗器械产品的三项质量要求，即生物性能、化学性能、物理性能。

一、无菌医疗器械相关术语

（1）无菌：无存活微生物的状态。

（2）灭菌：用以使产品无存活微生物的过程。

（3）消毒：杀灭病原微生物或有害微生物，将其数量减少到无害化程度。

（4）无菌加工：在受控的环境中进行产品容器和（或）装置的无菌灌装。该环境的空气供应、材料、设备和人员都得到控制，使微生物和微粒污染控制到可接受水平。

（5）无菌医疗器械：指满足无菌要求的医疗器械，或指任何标称"无菌"的医疗器械。

（6）灭菌批：同一灭菌容器内，同一工艺条件下灭菌的具有相同无菌保证水平的产品确定的数量。

（7）生产批：在一段时间内，同一工艺条件下连续生产出的具有同一性质和质量的产品确定的数量。

（8）无菌屏障系统：与无菌医疗器械直接接触的初包装。

（9）菌落：细菌培养后，由一个或几个细菌繁殖而形成的细菌集落，简称 CFU。通常用个数表示。

（10）浮游菌浓度：单位体积空气中含浮游菌菌落数的多少，以计数浓度表示，单位是"个/米³"或"个/升"。

（11）空气洁净度：洁净环境中空气含尘量和含菌量多少的程度。

（12）空气净化：去除空气中的污染物质，使空气洁净的行为。

（13）洁净室（区）（净化厂房）：需要对尘粒及微生物含量进行控制的房间（区域），其建筑结构、装备及其使用均具有减少该室（区域）内污染源的介入、产生和滞留的功能。

（14）人员净化用室：人员在进入洁净室（区）前按一定程序进行净化的辅助用室。

（15）物料净化用室：物料在进入洁净室（区）前按一定程序进行净化的辅助用室。

（16）气闸室：为保持洁净室（区）的空气洁净度和正压控制而设置的缓冲室。

（17）气流组织：对气流流向和均匀度按一定要求进行组织。

（18）单向流（层流）：具有平行线，以单一通路、单一方向通过洁净室（区）的气流。

（19）非单向流（乱流）：具有多个通路或气流方向不平行、不满足单向流定义的气流。

（20）静态测试：洁净室（区）空气净化调节系统已处于正常运行状态，工艺设备已安装，洁净室（区）内没有生产人员的情况下进行的测试。

（21）动态测试：洁净室（区）已处于正常生产状态下进行的测试。

二、无菌医疗器械的分类（按使用形式划分）

（一）植入性无菌医疗器械

1. 有源植入性无菌医疗器械（如心脏起搏器等）

2. 无源植入性无菌医疗器械

无源植入性医疗器械按材料划分为：

（1）金属材料。

（2）医用高分子材料（人工脏器、整形材料及人工器官等）。

（3）陶瓷材料。

（4）复合材料。

（5）衍生材料。

（6）组织工程。

（二）一次性使用无菌医疗器械

一次性使用无菌医疗器械按品种划分为：

（1）输液（血）、注射器具。

（2）医用导管。

（3）卫生敷料。

（三）其他无菌类产品

三、无菌医疗器械的基本要求

（1）灭菌：主要为环氧乙烷气体灭菌、辐射灭菌和湿热灭菌等。

（2）无菌屏障系统：初包装若无特殊说明，一旦被打开就要立即使用。初包装要求不借助于其他工具便能打开，并留下打开过的迹象。

（3）标识：包装上一般要有产品标准中规定的生产信息、使用信息。另外还要有法规所要求的信息（如生产许可证号、产品注册证号）。这些信息要求清晰、正确、完整。

（4）生物性能要求：无菌、无毒、无热原、无溶血反应等。

四、无菌医疗器械生产过程控制的基本原则

（1）洁净室（区）污染控制的主要对象是微生物和微粒。首先要控制污染源，如大气中的污染物、人员身上携带的尘埃和人体表面的脱落物、呼吸中排出的飞沫和微生物，还有物料及空气净化系统等。

（2）控制微粒和微生物的传播、扩散，降低洁净室（区）内污染物的浓度。

（3）合理安排生产工艺流程和工艺布局，以避免交叉感染。

（4）洁净室（区）的合理设计、生产设备的选型、加工工艺的制定、初包装材料的选择和操作人员的培训，是降低污染的有效途径。

五、无菌医疗器械生产环境的控制要求

（一）厂址周围的环境

无菌医疗器械的生产工厂应选择在卫生条件较好、空气清新、大气含尘及含菌浓度低、无有害性气体、自然环境良好的地区建设，如城市远郊或乡村等，不宜选择在有严重空气污染的城市工业区。

（二）厂区内的环境

厂区的地面、路面及运输等不应对无菌医疗器械的生产造成污染。

（三）洁净室（区）的基本要求及其控制

对洁净室（区）的工作环境必须严格控制，才能有效地防止工作环境对无菌医疗器械的污染，保证产品质量和使用者安全。对于需要避免污染又难以进行最终清洁处理的生产过程和加工工序必须在洁净室（区）内进行，并达到规定的洁净度级别要求。

1. 生产环境洁净级别设置原则

应根据无菌医疗器械的预期用途、性能要求和所采用的制造方法进行分析、识别，确定在适宜的、相应级别的洁净室（区）内进行产品的生产制造过程。

2. 门窗

洁净室（区）的门窗结构要简单、光滑，密封性好，不易积尘，易擦洗。

3. 操作台

洁净室（区）的操作台结构要简单，不应有抽屉，所有暴露的外表面都应光滑无缝，不脱落纤维和颗粒状物质，便于清洗、消毒，不得采用木质或油漆台面。

4．工艺用气

洁净室（区）内使用的工艺用压缩空气等气体均应经过净化处理。

5．水池、地漏

洁净室（区）内的水池、地漏等不得对无菌医疗器械造成污染。

6．灯具

洁净室（区）应选用外部造型简单、不易起尘、便于擦拭的灯具，宜采用吸顶式安装。

（四）洁净室（区）的人员净化

人员是一个重大的污染源，如人体表的皮屑、衣服织物的纤维和携带的室外大气中同样性质的微粒。洁净室（区）的人员净化要求如下：

（1）进入无菌医疗器械生产洁净室（区）或无菌操作洁净室（区）的人员需要进行净化，以降低人员对环境和产品的污染。

（2）人员净化室应包括换鞋室、存放外衣室、盥洗室、洁净工作服更换室、气闸室、风淋室、缓冲间等。

（3）制定进入洁净室（区）人员的程序净化和管理制度。人员清洁程序和洁净室（区）的布局要合理，避免往复和交叉。

（五）洁净室（区）的物料净化

物料也是一个重大的污染源，如将物料送入洁净室（区），会把外部污染物带入洁净室（区）内，因此企业应建立并执行物料进出洁净室（区）的清洁程序。洁净室（区）的物料净化要求如下：

（1）进入洁净室（区）的物料应有清洁措施，如设置脱外包装室、除尘室等，物料净化室与洁净室（区）之间应设置气闸室或双层传递窗。物料运输和贮存用的外包装、极易脱落粉尘和纤维的包装材料不得进入洁净室（区）。

（2）要高度重视无菌医疗器械初包装材料的生产环境要求，保证直接接触无菌医疗器械的初包装材料在运输、贮存和传递过程中能有效地防止污染，通常至少要采用两层密封包装防护。

（六）洁净室（区）的工艺布局

洁净室（区）的工艺布局要求如下：

（1）生产工艺流程要合理，物料输送传递路线要短，人流、物流各行其道，禁止交叉往复，洁净室（区）内应尽量减少人员的无序走动。

（2）设立专用工位器具清洗间，保证工位器具在同等级别的洁净室内清洗。

（3）清洁工具间不要设在与生产区域相近的连接处，中间最好设有缓冲区域。

（4）中间产品存储要放在同等级别的洁净室，并做好产品标识。

（5）洁净区与非洁净区或不同洁净度级别的洁净室之间的物料传递应通过双层传递窗。

（6）洁净区与非洁净区之间的静压差≥10 Pa，不同洁净区之间的静压差≥5 Pa。

（七）洁净室（区）的设备选择

洁净室（区）的设备选择要求如下：

（1）洁净室（区）内使用的设备除应满足产品生产规模及生产工艺，布局合理，便于操作、维修和保养等要求外，还应满足环境净化的要求，其结构要简单、噪音低、运转不发尘，并具有防尘、防污染措施。

（2）设备、工装与管道表面要光滑、平整，不得有颗粒物质脱落，并易于清洗、消毒或灭菌。

（3）物料或产品直接接触的设备与工装及管道表面必须耐腐蚀、无死角，不与物料或产品发生化学反应和粘连，耐受清洗、消毒或灭菌。

（八）洁净室（区）的工位器具

专用工位器具是为了在生产过程中保障产品或零配件运送和储存并不受污染和损坏。洁净室（区）的工位器具要求如下：

（1）在生产现场，从原材料开始到产品包装前，所有的物料、零配件和过程产品、成品等都应放置在清洁的专用工位器具中。

（2）工位器具表面要光洁、平整，不得有物质脱落，要具有良好的密封性，易于清洗和消毒。

（3）洁净室（区）与一般生产区的工位器具要严格分开存放，要有明显的标记，以免混用、交叉污染。

（九）洁净室（区）的工艺用水

洁净室（区）的工艺用水要求如下：

（1）要确定所需工艺用水的种类和用量。若无菌医疗器械的生产过程需要工艺用水，须配备相应的制水设备。制水能力应满足生产需要，并有防止污染的措施，当用水量较大时，宜通过管道输送至洁净区内的各用水点。

（2）工艺用水应满足产品清洁的要求，包括：

① 符合《中华人民共和国药典》要求的注射用水。

② 符合《中华人民共和国药典》要求的纯化水。

③ 应按规定要求对工艺用水进行检测。

（3）应制定工艺用水的管理规定，加强对工艺用水的管理。工艺用水的储罐和输送管道应采用不锈钢或其他无毒材料制作，定期清洗消毒，确保工艺用水的质量，避免工艺用水对产品的二次污染。

（十）洁净室（区）的环境卫生

1. 制定洁净室（区）的工艺卫生控制标准

无菌医疗器械生产企业应制定洁净室（区）的工艺卫生控制标准，应对工作台、桌椅、工装设备、工位器具、顶棚、墙壁、地面等规定明确的工艺卫生要求及清洁、消毒方法和频次。

2. 洁净室（区）的工作环境监测

应对洁净室（区）的温度、湿度、风速/换气次数、压差、尘埃数和菌落数等工作环境定期进行监测，并保存环境监测记录。

第二节 无菌医疗器械生产人员管理

医疗器械产品是一类特殊的商品，涉及较多的领域，且专业性较深，专业面较广。为了适应市场竞争的需要，医疗器械企业要不断培养和塑造优秀人才。企业的最高管理层必须充分认识到人才的数量和质量决定了企业的兴衰与成败，人才之争是市场竞争中的核心内容之一。首要任务是要明确影响医疗器械产品质量的岗位，规定这些岗位人员所必须具备的教育背景、专业知识、工作技能、工作经验等。从事影响产品质量的工作人员应经过相应的法律法规、专业技术等方面的培训，具有相关的理论知识和一定的专业技能。

医疗器械企业应加强对员工的培训，从任何意义上来讲这都是企业人力资源管理的重要内容。如果没有把对员工的培训看作是实现企业经营发展战略目标的重要组成部分，那就很难说这样的企业具有人力资源管理的能力并承担了人力资源管理的责任，这样的企业很难适应国内外市场竞争的需要。一个优秀的企业在发展过程中应当形成这样一种良性循环的关系，即企业依靠市场，市场依靠产品，产品依靠质量，质量依靠技术，技术依靠人才。企业只有真正重视人才队伍的建设，不断创新改进，优化产品结构，才能适应国内外形势的发展。

我国越来越多的医疗器械企业已经认识到人力资源开发在现代企业发展中的重要地位，并积极探索有效的人力资源管理和培训教育的方式、方法。企业应从人力资源发展战略出发，满足组织和员工两方面的需求，既要考虑企业资源条件与员工素质基础，又要考虑人才培养的超前性及培训效果的不确定性，综合确定对员工的培训目标，选择培训内容及培训方式。无菌医疗器械生产过程中涉及以下几个方面人员的培训和管理：

（1）企业生产、技术和质量管理部门的负责人应当熟悉医疗器械的法律法规，具有质量管理的实践经验，有能力对生产和质量管理中发生的实际问题做出正确的判断和处理。要对生产、技术和质量管理部门的负责人进行考核、评价和再评价，以证实相关管理人员的综合素质达到规定的要求。

（2）为了适应市场竞争的需要，企业要不断培养和塑造优秀人才，必须重视和加强对全体员工的教育培训，特别是对在洁净区工作的人员要进行卫生和微生物学基础知识、洁净技术方面的培训及考核。

（3）应建立对人员健康和清洁卫生的要求，保存人员健康档案。直接接触物料和产品的操作人员每年至少体检一次。患有肝炎、肺结核、皮肤病等传染性疾病和感染性疾病的人员应远离生产区域，不得从事直接接触产品的工作。

（4）要规定洁净区的人流、物流进出程序和卫生行为准则。例如：在洁净区内不准吸烟、吃食物；严禁将个人生活物品带入洁净区内；不准穿洁净工作服离开洁净区域；等等。

（5）应制定洁净工作服或无菌工作服的管理规定，洁净工作服或无菌工作服应选择长纤维、无静电的布料，不得脱落纤维和颗粒性物质，应能有效遮盖内衣、头发、胡须及脚部，并能阻留人体脱落物，防止皮肤屑、头皮屑掉落。洁净工作服或无菌工作服应定期在相应的洁净级别环境中清洗、晾干、消毒，不能与日常服装、物品混同存放。

（6）人员进入洁净区应按照规定的程序进行净化，穿戴洁净工作服、工作帽、口罩、工作鞋。裸手接触产品的操作人员每隔一定时间应对手部进行一次消毒。

第三节　无菌医疗器械生产洁净厂房建设

随着无菌和外科植入性医疗器械产品的发展，国家药品和医疗器械主管部门分别针对无菌和外科植入类医疗器械产品生产企业实施《医疗器械生产监督管理办法》、《关于第三类医疗器械生产企业实施医疗器械生产质量管理规范有关事宜的通告》（国家食品药品监督管理总局通告 2016 年第 19 号）、《关于切实做好第三类医疗器械生产企业实施医疗器械生产质量管理规范有关工作的通知》（食药监办械监〔2016〕12 号）等法律规范。以上规范从我国医疗器械产品生产总体水平和特殊要求出发，以严格坚持医疗器械产品的安全性、有效性的基本准则为出发点，与国际标准接轨，督促指导医疗器械生产企业进行规范化、标准化和规模化生产。文件要求医疗器械生产企业在产品实现的全过程中要建立一套科学完整的管理方法和控制措施，并通过规范化的管理和严密的监控来获得预期的产品质量。

一、无菌医疗器械生产洁净厂房的总体要求

无菌医疗器械的生产首先要满足《医疗器械生产质量管理规范》要求的基础设施和工作环境等硬件条件，厂房与设施应当符合生产要求，生产环境应当整洁，符合产品质量需要及相关技术标准的要求。厂区的地面、路面周围环境及运输等不应对无菌医疗器械的生产造成污染。厂区应当远离有污染的空气和水等污染源的区域，尽量选择在空气清新、含尘含菌量低、无有害性气体等周围环境较为清洁和绿化较好的地区，不要选在多风沙的地区和有严重灰尘、烟气、腐蚀性气体污染的工业区。若条件不允许，厂区必须位于工业污染或其他人为污染、灰尘较严重的地区时，要在其全年主导风向的上风侧。厂区内的主要路面、消防车道等应平整宽畅，尽量选用坚固、不易起尘的材料建造。洁净厂房应尽量远离铁路、公路、机场等交通干道，且与交通主干道之间的距离不宜小于 50 m。不论是新建或改建的洁净车间周围都要进行绿化，四周应无积水、无垃圾、无杂草等。厂房与设施应当根据所生产产品的特性、工艺流程及相应的洁净级别要求进行合理设计、布局和使用。对于洁净厂房的总体布局应遵循以下原则：厂房位置要尽量设在人流物流较少的地方；洁净室内布局人流方向要由低洁净度级别的洁净室向高一级别的洁净室过渡；在不影响生产工艺流程的情况下，要按照产品的实现过程顺向布置，并尽可能将洁净度要求相同的洁净室安排在一起；为了减少交叉污染和便于系统布置，在同一洁净室内，应尽量将洁净度要求高的工序布置在洁净气流首先到达的区域，容易产生污染的工序布置在靠近回、排风口的位置，必要时，相同洁净级别的不同功能区域（操作间）之间也应当保持适当的压差梯度；在相关设备布局方面，洁净室内只布

置必要的生产工艺设备，容易产生灰尘和有害气体的工艺设备或辅机应尽量布置在洁净室的外部。

无菌医疗器械生产企业为了控制污染，或将污染的可能性降至最低，必须有整洁的生产环境及与所生产的产品相适应的厂房设施，包括净化厂房以及相配套的净化空气处理系统、电力照明、工艺用水、工艺用气、卫生清洗、安全设施等，这些都是无菌医疗器械产品生产所必需的环境保证条件。《无菌医疗器械生产管理规范》（YY 0033）标准对厂房与设施条件做了具体要求。生产企业为了防止来自各种渠道的污染，应采取多方面的降低污染的控制措施，并初步形成综合性的洁净技术系统作为无菌医疗器械生产控制污染的重要组成部分。

二、无菌医疗器械生产洁净厂房的洁净级别

对于一般的工业洁净厂房的洁净度标准，各个国家都有相关的国家标准，例如美国联邦标准（209B）、英国标准（BS5295）等。我国《医药工业洁净厂房设计规范》（GB 50457）中也对洁净度等级做出了相关的规定，见表3-1。

表3-1　《医药工业洁净厂房设计规范》（GB 50457）中空气洁净度等级

空气洁净度等级	悬浮粒子最大允许数（个/m³）		微生物最大允许数	
	$\geqslant 0.5\,\mu m$	$\geqslant 5\,\mu m$	浮游菌（个/m³）	沉降菌（个/皿）
100 级	3 500	0	5	1
10 000 级	350 000	2 000	100	3
100 000 级	3 500 000	20 000	500	10
300 000 级	10 500 000	60 000	—	15

对于无菌医疗器械的生产，我国从产品的安全性和有效性以及降低风险等方面来进行综合考虑，制定了《无菌医疗器械生产管理规范》（YY 0033）标准，标准中设置的洁净厂房的洁净度级别分为 100 级、10 000 级、100 000 级和 300 000 级四个等级，与国际上 GMP 规范对洁净厂房的洁净级别划分基本相同，见表3-2。

表3-2　《无菌医疗器械生产管理规范》（YY 0033）中厂房洁净级别

洁净度级别	尘埃最大允许数（个/m³）		微生物最大允许数		风速（m/s）	换气次数（次/时）
	$\geqslant 0.5\,\mu m$	$\geqslant 5\,\mu m$	沉降菌（个/皿）	浮游菌（个/m³）		
100 级	3 500	0	1	5	水平≥0.4；垂直≥0.3	—
10 000 级	350 000	2 000	3	100	—	≤20
100 000 级	3 500 000	20 000	10	500	—	≤15
300 000 级	10 500 000	60 000	15	—	—	≤12

三、无菌医疗器械生产洁净室的微生物控制

《医疗器械生产质量管理规范》中规定了无菌医疗器械生产须满足其质量和预期用

途的要求，最大限度地降低污染，并应当根据产品特性、生产工艺和设备等因素，确定无菌医疗器械洁净室（区）的洁净度级别，以保证医疗器械不受污染或能有效排除污染。厂区应当远离有污染的空气和水等污染源的区域。无菌医疗器械的生产和与产品接触的包装材料的生产均应在相应的洁净区域内进行。为了对尘粒及微生物的污染进行控制，要求其洁净厂房的建筑结构、设备及其使用的工位器具应有减少该区域污染源的介入、产生和滞留的功能。因此，在无菌医疗器械生产过程中控制环境中的微尘颗粒，对产品的实现过程是至关重要的。这些尘粒的存在可以导致热原反应、动脉炎、微血栓或异物肉芽肿等，严重的会致人死亡，直接危及人们的生命安全。在设计无菌医疗器械生产洁净厂房时，必须对可能产生微粒、尘埃的环节，如室内装修、环境空气、设备、设施、容器、工具等做出必要的规定。此外，还必须为进入洁净厂房的人员和物料分别设置人流通道和物流通道，并进行净化处理。然而，无菌医疗器械生产企业对生产环境洁净度的控制还不仅限于微粒，鉴于产品的特殊作用，除了对生产环境中的微粒要加以控制外，还必须对活性微生物做出必要的控制规定。因为它们对产品的污染要比微粒更甚，不加以控制则会对人体造成更为严重的危害。由于微生物在温度、湿度等条件适宜的情况下会不断地生长和繁殖，所以不同环境中微生物数量也不相同，因此，它是"活的粒子"。因而对这些"活的粒子"的控制尤为重要，也更为棘手。正是这些问题和原因的存在，无菌医疗器械生产洁净室必须同时对生产环境中的尘粒和微生物加以控制。对尘粒、微生物污染的控制，从洁净技术要求的角度而言，有四个原则：

（1）对进入洁净室的空气必须进行充分除菌或灭菌。

（2）使室内微生物、颗粒迅速而有效地吸收并被排出室外。

（3）不让室内的微生物粒子积聚衍生。

（4）防止进入室内的人员或物品散发细菌，如果不能防止，则应尽量限制其扩散。

为了说明洁净区人员应尽量减少洁净区不必要的活动，在洁净区进行一些试验，表 3-3 提供了洁净室操作人员在不同活动状态下的产尘量。

表 3-3　洁净室操作人员不同活动的产尘量（$\geqslant 0.3\ \mu m$ 微粒）

活动程度	微粒数量（数/人·分$^{-1}$）	活动程度	微粒数量（数/人·分$^{-1}$）
做广播体操	$2\times10^6\sim3\times10^7$	踏步	2.8×10^6
头部上下左右活动	0.63×10^6	步行，速度约 0.8 m/s	$(0.25\sim0.5)\times10^6$
上体运动	0.85×10^6	步行，110 步/min	2.6×10^6
身体弯曲	2.7×10^6	身体蹲立或旋转	$(0.7\sim3)\times10^6$

对于洁净室尘粒、微生物污染的控制，是与严格的科学管理和限制人员数量，并采取有效的除尘、除菌技术有着密切关联的。良好的除尘、除菌措施，控制人流、物流及生产过程中带来的各种交叉污染等均是洁净技术中十分重要的内容。对于有特殊要求的医疗器械产品，《医疗器械生产质量管理规范》中做出了如下具体要求：

（1）植入和介入到血管内的无菌医疗器械及需要在 10 000 级以下的局部 100 级洁净室（区）内进行后续加工（如灌装封等）的无菌医疗器械或单包装出厂的配件，其末道清洁处理、组装、初包装、封口的生产区域和不经清洁处理的零部件的加工生产区域应当不低于 10 000 级洁净度级别。

（2）与血液、骨髓腔或非自然腔道直接或间接接触的无菌医疗器械或单包装出厂的配件，其末道清洁处理、组装、初包装、封口的生产区域和不经清洁处理的零部件的加工生产区域应当不低于 100 000 级洁净度级别。

（3）与人体损伤表面和黏膜接触的无菌医疗器械或单包装出厂的配件，其末道清洁处理、组装、初包装、封口的生产区域和不经清洁处理的零部件的加工生产区域应当不低于 300 000 级洁净度级别。

（4）与无菌医疗器械的使用表面直接接触、不需清洁处理即使用的初包装材料，其生产环境洁净度级别的设置应当遵循与产品生产环境的洁净度级别相同的原则，使初包装材料的质量满足所包装无菌医疗器械的要求；若初包装材料不与无菌医疗器械使用表面直接接触，应当在不低于 300 000 级洁净室（区）内生产。

（5）对于有要求或采用无菌操作技术加工的无菌医疗器械（包括医用材料），应当在 10 000 级以下的局部 100 级洁净室（区）内进行生产。

四、洁净室的空气净化处理措施

无菌医疗器械生产企业洁净室的最重要任务就是控制室内空气中浮游的微粒及细菌对生产的污染，使室内生产环境的空气洁净度符合工艺要求。一般采取的空气净化措施主要有三个：首先是空气过滤，利用过滤器有效地控制从室外引入室内的全部空气的洁净度，由于细菌都依附在悬浮颗粒上，在过滤掉微粒的同时也过滤掉了细菌；其次是组织气流排污，在室内组织特定形式和强度的气流，利用洁净空气把生产环境中产生的污染物排除出去；再次是提高室内空气静压，防止外界污染空气从门及各种缝隙部位侵入室内。

1. 空气过滤器的级别和性能

对于进入洁净室的洁净空气不仅要有洁净度的要求，还要有温湿度的要求。洁净室温度一般控制在 18～28 ℃，相对湿度为 45％～65％。为了保证人员的生理要求，洁净室的新风比不应小于 15％，但针对不同地区的独特气候特点或排风要求较高的净化空调系统中可适当提高新风比。空气净化系统从吸入新风开始，一般分为三级过滤。第一级使用初效过滤器，第二级使用中效或亚高效过滤器，第三级使用高效过滤器。特殊情况下也可能分为四级，即在第三级之后再增加一级高效过滤器，通常情况下是把不同效率的过滤器配合使用。对洁净度为 100 000 级或高于 100 000 级的空气处理应采取初效、中效、高效空气过滤器三级过滤。对洁净度等于或低于 100 000 级（300 000 级）的空气净化处理，也可采用亚高效空气过滤器代替高效空气过滤器。一般设计初、中效两级过滤器于中央空调机组中，高效过滤器位于洁净室内，通过送风口把高效过滤后的洁净风送入洁净室内。各级过滤器的主要特点和性能介绍如下（表 3-4）：

（1）初效过滤器：主要是滤除大于 $10\mu m$ 的尘粒，用于新风过滤和对空调机组作保护，滤材为 WY-CP-200 涤纶无纺布，初效过滤器用过的滤材可以水洗后重复使用。

（2）中效过滤器：主要是滤除 $1\sim10\mu m$ 的尘埃颗粒，一般置于高效过滤器前、风机之后，用于保护高效过滤器。中效过滤器一般为袋式，滤材为 WZ-CP-2 涤纶无纺布。

（3）亚高效过滤器（一般不选用）：可滤除小于 $5\mu m$ 的尘埃颗粒，滤材一般为玻璃纤维制品。

（4）高效过滤器：主要用于滤除小于 $1\mu m$ 的尘埃颗粒，一般装于净化空调通风系统末端，即高效送风口上，滤材为超细玻璃纤维纸，滤尘效率为 99.91% 以上。高效过滤器的特点是效力高、阻力大。高效过滤器一般能用 2 年左右。

表 3-4　各种过滤器性能

类别	过滤对象粒径（μm）	滤材	滤除率	阻力（mmH₂O）	滤速（m/s）	安装位置
初效	>10	涤纶无纺布	<20%	<3	0.4～1.2	新风过滤
中效	1～10	涤纶无纺布	20%～50%	<10	0.2～0.4	风机后
亚高效	<5	玻璃纤维、短纤维滤纸	90%～99.9%	<15	0.01～0.03	洁净室送风口
高效	<1	玻璃纤维、合成纤维	>99.91%	<25	0.01～0.03	洁净室送风口

2. 空气过滤器的指标

使用空气过滤器是当前空气净化中最重要的手段，正确选用初、中、高效过滤器是洁净度达标的重要因素。国外最新研究资料显示，高效过滤器对细菌（$1\mu m$ 以上的生物体）的穿透率为 0.0001%，对病毒（$0.3\mu m$ 以上的生物体）的穿透率为 0.0036%，因此对细菌的滤除率基本上是 100%，即通过合格高效过滤器的空气可视为无菌。空气过滤器的性能主要有风量、过滤效率、空气阻力和容尘量，它们是评价空气过滤器的四项主要指标。

（1）风量：通过过滤器的风量＝过滤器截面风速（m/s）×过滤器截面积（m²）×3 600 m³/h。

（2）过滤效率：在额定风量下，过滤器前后空气含尘浓度 N_1、N_2 之差与过滤器前空气含尘浓度的百分比称为过滤功率 A。

用公式表示为：

$$A = \frac{N_1 - N_2}{N_1} \times 100\% = \left(1 - \frac{N_2}{N_1}\right) \times 100\%$$

用穿透率来评价过滤器的最终效果往往更为直观。穿透率（K）是指过滤器后与过滤器前空气含尘浓度的百分比。

用公式表示为：

$$K = 1 - A = \frac{N_2}{N_1} \times 100\%$$

K 值比较明确地反映了过滤后的空气含尘量，同时表达了过滤的效果。例如：两台高效过滤器（HEPA）的过滤效率分别是 99.99% 和 99.98%，看起来性能很接近，实则其穿透率相差一倍。

（3）阻力：空气流经过滤器所遇的阻力是空调系统总阻力的组成部分。阻力随滤速的增高而增大。评价过滤器的阻力须以额定风量为前提，过滤器的阻力又随容尘的增加而升高。新过滤器使用时的阻力叫初阻力，容尘量达到规定最大值时的阻力叫终阻力。一般中效与高效过滤器的终阻力大约为初阻力的 2 倍。

（4）容尘量：是在额定风量下达到终阻力时过滤器内部的积尘量。

尘埃粒子通常是细菌的载体，从这个角度来说，空气中尘粒愈多，细菌与之接触的机会也愈多，附着于其上的机会当然也就多了，所以洁净室中除菌的措施主要靠空气过滤。要控制和减少洁净区的微生物，提高洁净度，应尽量减少涡流，避免将工作区以外的污染带入工作区，防止灰尘的二次飞扬，以减少灰尘对工作环境的污染机会。为了稀释空气中的含尘浓度，要有足够的通风换气量，工作区的气流要尽量均匀，风速必须满足工艺和卫生要求，当气流向回风口流动时，要使空气中的灰尘能被有效地带走。总的来说，洁净室的灰尘主要来源于人员，占 80%～90%，来源于建筑物是次要的，仅占 10%～15%，来源于净化送风系统的就更少了。

五、洁净室的气流组织形式与换气要求

为了特定目的而在室内造成一定的空气流动状态与分布，通常叫作气流组织。一般来说，空气自送风口进入房间后首先形成射入气流，流向房间回风口的是回流气流，在房间内局部空间回旋的则是涡流气流。为了使工作区获得低而均匀的含尘浓度，洁净室内组织气流的基本原则是：最大限度地减少涡流；使射入气流经过最短流程尽快覆盖工作区，并希望气流方向能与尘埃的沉降方向一致；使回流气流有效地将室内灰尘排出室外。可见洁净车间与一般的空调车间相比是完全不同的。洁净室的气流组织形式和换气次数的确定，应根据热平衡、风量平衡以及净化要求计算而得到，并取最大值。

洁净室的气流组织形式是实现净化环境的重要保证措施（表 3-5）。一般气流组织形式有非层流方式和层流方式两种。用高度净化的空气把车间内产生的粉尘稀释，叫作非层流方式（乱流方式）。用高度净化的气流作为载体，把粉尘排出，叫作层流方式。层流方式又分为垂直层流和水平层流两种。从房顶方向吹入清洁空气，通过地平面排出叫垂直层流方式，从侧壁方向吹入清洁空气，从对面侧壁排出叫水平层流方式。在非层流方式中，换气次数变化，洁净度也随之变化，通常洁净度要求 10 000 级时，换气次数在 25～35 次/时；洁净度要求 100 000 级时，换气次数在 15～25 次/时；洁净度要求 300 000 级时，换气次数在 12～18 次/时。当洁净度要求 100 级时，层流方式通常规定了气体流速为 0.25～0.5 m/s。

（一）非层流方式的优缺点

1. 优点

（1）过滤器以及空气处理简便。

（2）设备投资费用较低。

（3）扩大生产规模比较容易。

（4）与净化工作台联合使用时，可以保持较高的洁净度。

表 3-5 气流组织形式

空气洁净度		100 级		10 000 级	100 000 级	300 000 级
气流组织形式	气流流型	垂直层流	水平层流	非层流	非层流	非层流
	主要送风方式	1. 顶送（高效过滤器占顶棚面积＞60%） 2. 侧送（高效过滤器，顶棚设阻尼层送风）	1. 侧送（送风墙面满布高效过滤器） 2. 侧送（高效过滤器占送风墙面积＞40%）	1. 顶送 2. 上侧墙送风	1. 顶送 2. 上侧墙送风	1. 顶送 2. 上侧墙送风
	主要回风方式	1. 格栅地面回风 2. 相对两侧墙下部均布回风口	1. 回风墙满布回风口 2. 回风墙局部布置回风口	1. 单侧墙下部布置回风口 2. 走廊回风（走廊内均布回风口或端部集中回风）	1. 单侧墙下部布置回风口 2. 走廊回风（走廊内均布回风口或端部集中回风） 3. 顶部布置回风（室内粉尘量大或含有有害物质时除外）	1. 单侧墙下部布置回风口 2. 走廊回风（走廊内均布回风口或端部集中回风） 3. 顶部布置回风（室内粉尘量大或含有有害物质时除外）

2. 缺点

（1）室内洁净度易受作业人员的影响。

（2）易产生涡流，有污染微粒在室内循环的可能。

（3）换气次数低，因而进入正常运转的时间长，动力费用增加。

（二）垂直层流方式的优缺点

1. 优点

（1）不受室内作业人数作业状态的影响，能保持较高的洁净度。

（2）换气次数高，几乎在运转的同时就能达到稳定状态。

（3）尘埃堆积或再飘浮非常少，室内产生的尘埃随气流运行被除去，空气迅速从污染状态恢复到洁净状态。

2. 缺点

（1）安装终滤器以及交换板麻烦，易导致过滤器密封胶垫破损。

（2）设备投资费用较高。

（3）扩大生产规模困难。

（三）水平层流方式的优缺点

1. 优点

（1）因涡流、死角等原因，使尘埃堆积或再飘浮的机会相对减少。

（2）换气次数高，因而自身净化时间短。

（3）室内洁净度不大受作业人数和作业状态的干扰。

2. 缺点

（1）受风面近能保持高洁净度，但接近吸风面，洁净度则随之降低。

（2）扩大生产规模困难。

（3）设备投资费用较高。

（4）需要完善的衣帽间、工作服清洗间、更衣室、风淋室等缓冲系统。

从上述分析可以看出，若把操作室全部净化系统设计成上述层流的方式，则设备和附加工程投入费用较高，因此，在这种情况下可以考虑采用局部层流净化方式。这样对大面积的洁净车间，环境洁净级别就可以不需要设计得那么高，而且实际上要使一个洁净车间的全部洁净度都达到 100 级是很困难的。

在洁净室内一般采用上送下回的送回风方式。上送上回的送回风方式虽然在某些空态测定中可能达到设计的洁净度级别的要求，但是在动态时很不利于排除污染，所以是不宜推荐的方式，这是因为：

（1）上送上回容易形成某一高度上某一区域气流趋向停滞，当使微粒的上升力和重力相抵时，易使大微粒（主要是 5 μm 微粒）停留在某一空间区域，所以在局部百级情况下不利于排除尘粒和保证工作区的工作风速。

（2）上送上回容易造成气流短路，使部分洁净气流和新风不能参与室内的全部循环，因而降低了洁净效果和卫生效果。

（3）上送上回容易使污染微粒在上升排出过程中污染其经过的操作点，导致产品交叉污染。但是在洁净区走廊中，由于没有操作点，如用上送上回则一般不存在这种危险。另外，在洁净区其两边房间之间没有特别的交叉污染的条件下，或在 30 万级的低要求洁净室采用上送上回方式也是允许的。

六、洁净室的正压控制

为防止外界污染物随空气从围护结构的门窗或其他缝隙渗入洁净室内，以及防止当门开启后空气从低洁净区倒流向高洁净区，必须使洁净室内的空气保持高于邻区的静压值，这是空气净化中的又一项重要措施。

洁净室正压是通过使净化系统的送风量大于回风量和排风量的方法来实现的。维持洁净室正压所需的风量，要根据洁净室密封性能的好坏来确定。当洁净室正压为 5 Pa 时，已经能满足洁净度对正压的要求，但这是最低限度的正压值。

洁净室的正压装置各部分的特点见表 3-6。

表 3-6 洁净室正压装置

名　称	特　点	备　注
回风口空气阻尼过滤层	1. 结构简单，经济适用 2. 室内正压有些变化，随着阻尼层阻力逐渐增加而有所上升	1. 适用于走廊或套间回风方式 2. 阻尼层一般用厚 5～8 mm 的泡沫塑料或无纺布制作。一般 1～2 个月清洗一次，以维持室内正压不致过高

名　称	特　点	备　注
余压阀	1. 灵敏度较高 2. 安装简单 3. 长期使用后关闭不严	1. 当余压阀全关时，室内正压仍低于预定值，则无法控制 2. 位置一般设在洁净室下风侧的墙上
压差式电动风量调节器	1. 灵敏度高，可靠性强 2. 设备较复杂 3. 主要用于控制回风阀和排风阀	当正压低于或高于预定值时，可自动调节回风阀或排负阀，使室内正压保持稳定
可开式单层百叶回风口（配调节阀）	1. 结构简单，安装简单 2. 调节方便可靠	位置一般设在洁净室下风侧的墙上，使室内正压保持稳定

针对洁净室内不同洁净级别的房间而言，YY 0033 标准规定其静压差应≥5 Pa，洁净区与非洁净区之间应≥10 Pa。

洁净室（区）空气净化系统应当经过确认并保持连续运行，维持相应的洁净度级别，并在一定周期后进行再确认。若停机后再次开启空气净化系统，应当进行必要的测试或验证，以确认仍能达到规定的洁净度级别要求。

应当按照医疗器械相关行业标准要求对洁净室（区）的尘粒、浮游菌或沉降菌、换气次数或风速、静压差、温度和相对湿度进行定期检（监）测，并保存检（监）测记录。

七、工艺用水和工艺用气的净化

工艺用水与工艺用气在无菌医疗器械生产过程中都普遍使用，这些制水、制气设施虽可以是安置在洁净厂房外的独立设备，但由于产品实现过程中的各种特定条件的要求，其使用点一般均设在洁净室内，并且与产品多次接触，或直接参与产品的化学、物理和生物检查过程，这些基础设施的清洁程度往往要比空气洁净程度对于产品质量有更加直接的影响。

（一）工艺用水的净化

工艺用水分为原水、纯化水（即去离子水、蒸馏水）、注射用水、特殊要求的工艺用水。通常工艺用原水为自来水，它是用天然水在水厂经过凝聚沉淀与加氯处理得到的，但用工业标准来衡量，其中仍然含有不少杂质，主要包括溶解的无机物和有机物、微细颗粒、胶体和微生物等。当生产过程中使用工艺用水时，应当配备相应的制水设备，并有防止污染的措施，用量较大时应当通过管道输送至洁净室（区）的用水点。工艺用水应当满足产品质量的要求。

无菌医疗器械生产中工艺用水的主要指标有电阻率、pH 值、重金属含量、细菌、热原等，应当对工艺用水进行监控和定期检测，并保留监控记录和检测报告。工艺用水的"纯度"是相对而言的，通常多把脱盐水、蒸馏水、去离子水统称为纯化水。纯化水的电阻率（25 ℃）一般在 $1 \times 10^5 \sim 1.0 \times 10^7 \, \Omega/cm$，含盐量在 0.1~5 mg/L，有一个相当宽的区间。实际上，理想的"纯化水"是不存在的，因为它具有极高的溶解性和不稳定性，极易受到其他物质的污染而降低纯度。去离子水必须以饮用水为水源，经离子交换而制备。蒸馏水可用饮用水经蒸馏而制备。纯化水的制备还可以采取反渗透的方法，但纯化水仍不能去除热原，所以注射用水必须用上述方法制得的纯化水再进一步通过蒸馏而制取。纯化水制备系统没有一种固定模式，要综合权衡多种因素并根据各种纯化手段的特点灵活组合应用，既要受原水性质、用水标准与用水量的制约，又要考虑制水效率的高低、能耗的大小、设备的繁简、管理维护的难易和产品的成本。

为了保证纯化水的水质稳定，制成后应在系统内不断循环流动，即使暂时不用也仍要返回贮存容器中重新净化后再进行循环，不得停滞。制备工艺用水和输送工艺用水的管道必须采用符合卫生学要求的材料和安装措施。应当制定工艺用水的管理文件，工艺用水的储罐和输送管道应当满足产品要求，并定期清洗、消毒。工艺用水的设施安装完成后要按照相关的要求进行验证确认。

（二）工艺用气的净化

医疗器械生产所用的工艺用气体主要指压缩空气，建议企业选择无油空气压缩机作为供气源。洁净室（区）内使用的压缩空气等工艺用气均应当经过净化处理，与产品使用表面直接接触的气体，其对产品的影响程度应当进行验证和控制，以适应所生产产品的要求。评价工艺用气体洁净度的指标一是纯度，二是气体中夹带的尘粒以及细菌数。空气中的含尘量为 265～1 140 粒/升（0.3 μm），从气体发生站用管道输出的气体中含尘量大于 600 粒/升（≥0.3 μm），而生产用气体一般要求的含尘量不大于 3.5 粒/升（≥0.5 μm）。因此必须在管道使用的末端安装尘粒过滤器，其过滤器多采用微孔滤膜，常用的滤膜有 0.22 μm、0.45 μm、1 μm、3 μm、5 μm 等不同的孔径，选择不同的滤膜可以达到所需的压缩空气净化程度。

（三）洁净区域的排水

洁净区排水系统是指室内排水系统。室内排水系统的任务是把零件清洗与卫生器具和生产设备排除的污水迅速排到室外排水管道中去，同时须防止室外排水管道中的有害气体、臭气、害虫等进入室内，产生微生物污染。因此洁净区域的排水系统也是极其重要的。无菌医疗器械企业所产生的污水一般有三大类：

（1）生活污水：包括卫生洁具、洗手设施、淋浴设施及其他日常生活等排出的污水。

（2）生产废水：是指生产过程中所产生的污水和废水，包括产品零件清洗用水、工装设备及工位器具和容器的清洗用水、工艺冷却用水等。

（3）雨水：包括屋面的雨水及融化的雪水。

无菌医疗器械生产洁净室内排水必须遵守有关规定，采取的措施主要有：

（1）100 级的洁净室内不宜设置水斗和地漏，10 000 级的洁净室应避免安装水斗和地漏，在其他级别的洁净室中应把水斗及地漏的数量减少到最低程度。

（2）洁净室内与下水管道连接的设备、清洁器具和排水设备的排出口以下部位必须设计成水弯头或水封装置。

（3）洁净室内的地漏，要求材质内表面光洁、不易腐蚀、不易结垢，要有密封盖，开启方便，能防止废水、废气倒灌，必要时还应根据产品工艺要求，灌以消毒剂进行消毒灭菌，从而可以较好地防止污染。

（4）生产中产生的酸碱清洗废水亦应设置专用管道，应采用耐腐蚀的不锈钢管道、PVC 塑料管或 ABS 工程塑料管引至酸碱处理装置。

总之，洁净区域应尽量避免安装水斗和下水道，而无菌操作区则应绝对避免。若确实需要安装，则应在工程设计时充分考虑其安装位置，并便于维护、清洗，使微生物的污染降低到最小的程度。

八、洁净室的检测

《无菌医疗器械生产管理规范》（YY 0033）和《洁净厂房设计规范》（GB 50073—2013）对洁净厂房的尘埃颗粒数及微生物菌落数的检测都规定了相关的要求，正常情况下分为三种状态：

（1）空态：指洁净厂房建好后所有生产设备尚未放入洁净室时的洁净度，空态一般不含生产设备的动态工况。

（2）静态：指生产设备机器运转或空转，无生产状况下的湿热量和产尘量，但无人生产，此时洁净厂房各个区域都应达到相应的洁净级别要求。

（3）动态：指生产过程中产品暴露的周围区域应达到规定的洁净度级别。

洁净厂房建设完工后应对整体工程项目进行验证，以确认是否达到规定的设计要求。无菌医疗器械生产洁净室的验证通常是由安装确认、运行确认、性能确认组成的。其中设备安装、仪器仪表的校正属于安装确认，性能确认是做最后的判断。在生产环境验证中，性能确认是对净化系统是否能达到规定的洁净级别做出判断。医疗器械工业洁净室的洁净度主要包括尘埃和微生物两个方面，因此洁净度的测定主要是对尘埃粒子和微生物菌落数的测定。

1. 悬浮粒子的测定

悬浮粒子的测定可参见 GB/T 16292《医药工业洁净室（区）悬浮粒子的测试方法》标准，其基本内容如下：

（1）悬浮粒子的测定方法主要有显微镜法和自动粒子计数法。

① 显微镜法：用抽气泵抽取洁净室内的空气，把在测定用的滤膜表面上捕集到的粒径大于 5 μm 的粒子，按悬浮状态连续计数的方法测定。

② 自动粒子计数法：把洁净室中粒径大于 0.5 μm 的粒子，按悬浮状态连续计数的方法测定。

（2）悬浮粒子洁净度监测的采样点数目及其布置应根据产品的生产及关键工序设置。采样点一般在离地面 0.8mm 高度的水平面上均匀分布。当采样点多于 5 个时，也可以在离地面 0.8～1.5mm 高度的区域分布，但每层不少于 5 个采样点。

（3）悬浮粒子洁净度测定的最小采样量和最少采样点数目及洁净度级别的结果评定参见医药洁净室标准的规定条件执行。

2. 微生物菌落数的测定

对微生物菌落数的测定目的是确定浮游的生物微粒浓度和生物微粒沉降密度，以此来判断洁净室是否达到规定的洁净度。因此，微生物菌落数的测定有浮游菌的测定和沉降菌的测定两种测定方法。

（1）浮游菌的测定。

① 浮游菌的测定是通过收集悬浮在空气中的生物性微粒子，通过专门的培养基，在适宜的生长条件下，让其繁殖到可见的菌落进行计数，从而判定洁净环境中单位体积空气中菌落数的多少。

② 浮游菌测定须用专门的采样器、真空抽气泵等设备，浮游菌采样器常用撞击法中的狭缝式采样器。

③ 采用的浮游菌采样器必须有流量计和定时器，并严格按仪器说明书的要求定期进行校验和操作。

④ 浮游菌测定的采样点及数目与悬浮粒子测定相同，即在与悬浮粒子相同的测定点采样。

⑤ 浮游菌测定的最小采样量和最少采样点数目及浮游菌结果评定参见相关标准的规定。

（2）沉降菌的测定。

① 沉降菌测定主要是用 $\phi 90mm \times 15mm$ 规格的玻璃培养皿和各种培养基，常用大豆酪蛋白琼脂培养基（TSA）、沙氏培养基（SDA）或轻验证的其他培养基。

② 沉降菌测定时，其培养皿应布置在具有代表性的地方和气流扰动最小的地方，其最少采样点数目见表 3-7。

表 3-7　最少采样点数目

面 积（m²）	洁净度级别		
	100	10 000	100 000
<10	2～3	2	3
10	4	2	2
20	8	2	2
40	16	4	2
100	40	10	2
200	80	20	6
400	160	40	13
1 000	400	100	32
2 000	800	200	63

注：表中的面积，对于层流洁净室，是指送风的面积；对于非层流洁净室，是指房间的面积。

③ 采样方法及培养：将培养皿按要求放置后，打开平皿盖，使培养基表面暴露30分钟后，将平皿盖盖上，采用 TSA 配制的培养皿，经采样后在 30～35 ℃ 的条件下（可用恒温培养箱）培养 2d 后计数；采用 SDA 配制的培养皿，经采样后在 20～25 ℃ 的培养箱中培养，培养 5d 后计数。

在满足最少测点数的同时，还要满足最少培养皿数（表 3-8）。不论面积大小，作为一个被测对象，都应该满足这个要求。沉降菌的合格界限见表 3-9。

表 3-8 最少培养皿数

洁净度级别	所需 ϕ 90 mm 培养皿数（以沉降 0.5 h 计）
100 级	14
10 000 级	2
100 000 级	2

表 3-9 沉降菌合格界限

洁净度级别	沉降菌落数（CFU/皿）
100 级	平均<1
10 000 级	平均<3
100 000 级	平均<10

九、洁净室的消毒与灭菌方法

无菌医疗器械生产洁净室与其他工业洁净室有所不同，应按照不同产品的工艺流程和对产品的风险控制要求来确定洁净室的消毒方法。特别是在无菌操作生产过程中，不仅要控制空气中的悬浮状态粒子，还要控制活性微生物数，即提供所谓的"无菌操作"环境，当然"无菌"只是相对的，它可以用无菌保证水平来表示。

在医疗器械实际生产过程中，因洁净室的地面、墙面、顶棚、机器、人体、衣服表面等都可能有活性微生物粒子存在，当温湿度适宜时，细菌即在这些表面进行繁殖，并不停地被气流吹散到室内。另外，由于机器的运行、人员的进出，建筑物的表面均会产生尘粒，从而滋生细菌并极易被吹落，因此要定期对洁净室进行消毒灭菌。洁净室内的物品和洁净工作服的洗涤、晾干、包装等必须在相应的洁净环境中进行。无菌操作工作衣要经过高温消毒灭菌；人员及设备、仪器等其他物品进入洁净室应进行严格的清洁、消毒和灭菌处理。

常见的表面消毒灭菌方法有紫外灯照射、臭氧接触、过氧乙酸和环氧乙烷等气体熏蒸以及消毒剂喷洒等方法。消毒灭菌是驱除微生物污染的主要手段，因此生产企业必须制定消毒灭菌规程，并要定期对其效果进行验证。

（一）紫外灯灭菌

紫外线灭菌灯为生产企业普遍采用，主要用于洁净工作台、层流罩、物料传递窗、风淋室乃至整个洁净房间的消毒。当紫外线波长为 136～390 nm 时，以 253 nm 的杀菌力最强，但紫外线穿透力极弱且存在照射死角，只适用于表面杀菌。

（二）臭氧消毒

臭氧广泛存在于自然界中，臭氧的消毒原理是：臭氧在常温、常压下分子结构不稳定，很快自行分解成氧分子（O_2）和单个氧原子（O），后者具有很强的活性，对细菌具有极强的氧化作用，臭氧氧化分解了细菌内部氧化葡萄糖所必需的酶，从而破坏其细胞膜，将其杀死。臭氧不但对各种病原微生物（包括肝炎病毒、大肠杆菌、绿脓杆菌及杂菌等）有极强的杀灭能力，而且对杀死霉菌也很有效。消毒时，直接将臭氧发生器置于房间中即可。空气中使用臭氧消毒的浓度很低，小于 10 ppm，可根据房间体积及臭氧发生器的臭氧产量来计算得到。在对臭氧消毒效果的验证中，须确认和校正的臭氧发生器技术指标主要有臭氧产量、臭氧浓度和时间定时器，并通过验证检查细菌数来确定消毒时间。

（三）气体灭菌

对环境空气灭菌的传统做法是采用某种消毒液，在一定的温度条件下让其蒸发产生气体熏蒸来达到灭菌目的。常用的消毒液有甲醛、环氧乙烷、过氧乙酸、石炭酸和乳酸的混合液等。在所有的消毒液中，甲醛是最常用的，当相对湿度大于 65%，温度在 24~40 ℃时，甲醛气体的消毒效果最好。甲醛消毒灭菌的气体发生量、熏蒸时间、换气时间等应以验证结果来最后确定。但采用甲醛消毒时，会因甲醛聚合而析出白色粉末附着在建筑物或设备表面上，容易对产品造成污染，所以消毒前要做好生产清场工作。

（四）消毒剂灭菌

洁净室的墙面、天花板、门、窗、机器设备、仪器、操作台、车、桌、椅等表面在日常生产时，应定期进行清洁并用消毒剂喷洒。常见的消毒剂有丙醇（75%）、乙醇（75%）、戊二醛、新洁尔灭等。采用喷洒方法是将消毒剂放在带有时间控制的自动喷雾器中，在下班后或周末，待室内无人时进行喷洒，其喷洒量和喷洒时间可以设定，在喷洒期间空调系统应停止工作。无菌室用的消毒剂必须用 0.22 μm 的滤膜过滤后方能使用。

十、洁净厂房的装修

对于洁净厂房的内装修，原则上要便于清洁消毒，不易积尘，所选用各种内装饰材料都应不易产尘、不易有微粒脱落等现象发生，以防止造成对工作环境和产品的污染。特别是对于墙壁与地面材料的选择以及从人员安全及产品防护的角度考虑可参考以下原则：

（1）墙壁和墙顶宜采用彩钢板，并应具有阻燃性，建议选择用岩棉或石膏板等作为彩钢板的内层保温材料。

（2）地面用环氧树脂或 PVC 地板等材料施工。在采用环氧树脂自流平时，注意在施工前要打磨地面，清扫、吸尘，涂刷封闭底涂，刮腻子（中涂），打磨、吸尘，最后才能涂环氧树脂。

（3）顶棚、墙壁与地面及墙柱和洁净区内楼梯每层踏步之间宜做成半径（R）> 5 cm的圆角，防止积尘和便于清洁。

（4）洁净区域中不得使用木质材料装饰，并且要根据产品工艺流程的需要设置双层传递窗。

（5）洁净厂房应根据面积的大小和人员的多少设置全封闭的安全门。一般来说，每一洁净区的安全出口数量不应少于 2 个。

另外，对于洁净区域内的用电、用水、用气等其他公用工程和隐蔽工程用各种装修材料的选择应参照相关的国家标准和法律法规要求执行。总而言之，要采取各种有效的控制措施，以最大限度地降低各种主、客观因素对洁净区可能造成的污染，以确保无菌医疗器械的生产环境条件满足规范的要求。

在无菌医疗器械生产企业洁净厂房的建设过程中，不论是洁净厂房的设计单位还是施工单位以及建设单位都要认真学习《洁净厂房设计规范》《无菌医疗器械生产管理规范》等法律法规文件，并根据不同医疗器械产品的生产制造工艺流程要求，进行精心策划、精心设计、精心施工。只有真正地掌握和了解各种无菌医疗器械生产过程中的特殊要求和洁净工程方面的专业技术知识，才能合理高效地实现无菌医疗器械生产企业洁净厂房建设的目标，进而满足无菌医疗器械产品的生产要求。

（郭新海、刘振健）

参考文献

[1] 上海市食品药品包装材料测试所. GB/T 16292—2010 医药工业洁净室（区）悬浮粒子的测试方法 [S]. 北京：中国标准出版社，2010.

[2] 上海市食品药品包装材料测试所，中国食品药品检定研究所医疗器械检验中心. GB/T 16293—2010 医药工业洁净室（区）浮游菌的测试方法 [S]. 北京：中国标准出版社，2010.

[3] 上海市食品药品包装材料测试所，中国食品药品检定研究所医疗器械检验中心. GB/T 16294—2010 医疗工业洁净室（区）沉降菌的测试方法 [S]. 北京：中国标准出版社，2010.

[4] 中国电子工程设计院. GB 50073 洁净厂房设计规范 [S]. 北京：中国标准出版社，2013.

[5] 中国石化集团上海工程有限公司. GB 50457 医药工业洁净厂房设计规范 [S]. 北京：中国标准出版社，2008.

[6] 中国建筑科学研究院. GB 50591 洁净室施工及验收规范 [S]. 北京：中国建筑工业出版社，2010.

[7] 国家药品监督管理局济南医疗器械质量监督检验中心. YY 0033—2000 无菌医疗器具生产管理规范 [S]. 北京：中国标准出版社，2000.

[8] 国家食品药品监督管理总局. YY/T 0287 医疗器械　质量管理体系　用于法规的要求 [S]. 北京：中国标准出版社，2017.

无菌医疗器械实验室的建设、验证及试验项目

第一节　无菌医疗器械实验室的建设和验证

一、概述

2011 年 1 月 27 日，国家食品药品监督管理局发布关于实施《医疗器械生产质量管理规范（试行）》及其配套文件有关问题的通知，通知中说明："医疗器械生产企业的无菌检测实验室原则上应设 3 间万级下的局部百级洁净室，用作无菌室、阳性对照室和微生物限度室。无菌检测实验室原则上应当和洁净生产区分开设置，有独立的区域、单独的空调送风系统和专用的人流物流通道及实验准备区等。"无菌检测室主要用于开展无菌医疗器械微生物学检验，包括产品的无菌检查、生物负载检验、微生物限度、阳性菌处理及环境微生物检测等。这些检测项目，都需要在特定的无菌环境条件下（也即有洁净级别要求的净化室）进行无菌操作。

2017 年 10 月 25 日，国家药品监督管理局印发颁布的《药品检验所实验室质量管理规范》中提出：无菌检查、微生物限度检查与抗生素微生物检定的实验室，应严格分开。无菌检查、微生物限度检查实验室分无菌操作间和缓冲间。无菌操作间应具备相应的空调净化设施和环境，采用局部百级洁净措施时，其环境应符合万级洁净度要求。进入无菌操作间应有人净和物净的设施。无菌操作间应根据检验品种的需要，保持对邻室的相对正压或相对负压，并定期检测洁净度。无菌操作间内禁放杂物，并应制定地面、门窗、墙壁、设施等的定期清洁与灭菌规程。

《中华人民共和国药典（2015 年版）》四部通则"1101 无菌检查法"要求"无菌检查应在无菌条件下进行，试验环境必须达到无菌检查的要求，检验全过程应严格遵守无菌操作，防止微生物污染，防止污染的措施不得影响供试品中微生物的检出。单向流空气区、工作台面及环境应定期按医药工业洁净室（区）悬浮粒子、浮游菌和沉降菌的测试方法的现行国家标准进行洁净度确认。隔离系统应定期按相关的要求进行验证，其内部环境的洁净度须符合无菌检查的要求"。

据上述法规要求，为满足微生物检测，无菌检测实验室应具备以下设置、功能：

（1）能满足无菌检查、标准菌株处理和微生物鉴别、生物负载或微生物限度检查各自严格分开的无菌室，或者隔离系统（要求局部百级、环境万级洁净度）。

（2）微生物培养室。

（3）试液配制及培养基准备室。

（4）高压灭菌间。

（5）实验器皿洗涤、烘干间。

还要对这些设施与设备实施有效的监控与验证，以保证整个无菌检测实验室的布置符合规范要求，按照各房间的使用要求配置适当的空气净化系统，以提高实验室的总体质量。

二、实验室建设与验证

（一）无菌检测室

无菌室是无菌医疗器械微生物检测的重要场所与最基本的设施，也是微生物检测质量保证的重要物质基础。因此，建造的实验室应具有进行微生物检测的适宜、充分的设施条件，实验室的布局与设计应充分考虑到良好微生物操作规范和实验室安全要求。实验室布局设计的基本原则是既要最大可能防止微生物的污染，又要防止检验过程对环境和人员造成危害。微生物实验室的施工、安装、验收应按国家行业有关洁净室洁净度标准施工和验收要求执行。

无菌室的标准要符合空气洁净度标准要求，具体级别标准见表 4-1。

表 4-1　洁净室（区）空气洁净度级别表

洁净度级别	尘粒最大允许数（个/m³）		微生物最大允许数	
	$\geqslant 0.5\,\mu m$	$\geqslant 5\,\mu m$	浮游菌（个/m³）	沉降菌（个/皿）
100 级	3 500	0	5	1
10 000 级	350 000	2 000	100	3

无菌室的建造要求及管理规则：

1. 无菌室的建造应远离污染、避免潮湿

面积一般 5～10 m²，高度不超过 2.4 m。由 1～2 个缓冲间、操作间组成（操作间和缓冲间的门不应直对），人流、物流应严格分开，操作间和缓冲间之间应设样品传递窗。在第一缓冲间内可设洗手池，放置拖鞋等。外套放置与洁净工作服应分别设置（可设第二缓冲间）。空气风淋室应设在无菌洁净室人员入口处，并应与洁净工作服更衣室相邻。无菌室内应六面光滑平整，能耐受清洗消毒。墙壁与地面、天花板连接处应呈凹弧形，无缝隙，不留死角。操作间内不应设地漏。

操作间应放置超净工作台（洁净度 100 级），室内温度控制在 18～26 ℃，相对湿度 45%～65%。缓冲间及操作间内均应设置紫外灯（2～2.5 W/m³），空气洁净级别不同的相邻房间之间的静压差应大于 5 Pa，无菌室与室外大气的静压差大于 10 Pa。无菌室内的照明灯应嵌装在天花板内，室内光照应分布均匀，光照度不低于 300 lx。

2. 无菌检测室应建立使用登记制度

登记内容包括日期、使用时间、紫外线使用登记、温度、湿度、洁净度状态（沉降菌数、浮游菌数、尘埃粒子数）、清洁工作（台面、地面、墙面、传递窗、门把手）、消毒液名称、使用人等。

3. 建立进入无菌检测室标准程序

至少应包括下述内容：

（1）每次实验前应开启净化系统，运转至少1小时以上，同时开启超净工作台和紫外灯。

（2）凡进入无菌室的物品必须先在第一缓冲间内对外部表面进行消毒净化处理，避免和减少污染。

（3）人员净化用室的入口处应设净鞋措施。实验人员进入无菌室前，应清洁双手后进入第一缓冲间更衣，换上消毒隔离拖鞋，用消毒液消毒双手后戴上无菌手套。在进入第二缓冲间时换第二双消毒隔离拖鞋，或是再戴上第二副无菌手套，换上无菌连衣帽（不得让头发、衣服等暴露在外面），戴上无菌口罩，再经风淋室30秒风淋后进入无菌室。

（4）查温度、湿度是否符合规定，并作为实验原始数据记录在案。

（5）在实验时，应对无菌室和超净工作台进行微生物沉降菌落计数，并记录在原始记录中。定期（或必要时）对无菌室和净化台进行浮游菌测定，并做好记录，作为实验环境原始数据。

（6）无菌室每周或操作后均应用适宜的消毒液（常用消毒剂的品种有0.1%新洁尔灭溶液、75%乙醇溶液、2%戊二醛水溶液等，所用的消毒剂品种应进行有效性验证后方可使用，并定期更换消毒剂的品种）擦拭操作台及可能污染的死角。方法是用无菌纱布浸渍消毒溶液清洁超净台的整个内表面、顶面，以及无菌室、人流通道、物流通道、缓冲间的地板、传递窗、门把手。清洁消毒程序应从内向外，从高洁净区到低洁净区，逐步向外退出洁净区域。然后开启无菌空气过滤器及紫外灯杀菌1～2小时，以杀灭存留微生物。在每次操作完毕，同样用上述消毒溶液擦拭工作台面，除去室内湿气，用紫外灯杀菌30分钟。

4. 空气中菌落数的检查

无菌室经消毒处理后，无菌试验前及操作过程中须检查空气中菌落数，常用沉降菌和浮游菌测定方法来验证消毒效果的有效性。沉降菌检测方法和浮游菌检测方法、技术要求可参照第十三章有关内容。

无菌操作台面或超净工作台还应定期检测其悬浮粒子，应达到100级（一般用尘埃粒子计数仪）检测，并根据无菌状况必要时置换过滤器。

5. 无菌室洁净度的再验证

每年或当洁净室设施发生重大改变时，要按国家标准 GB/T 16292—16294《医药工业洁净室（区）悬浮粒子、浮游菌和沉降菌的测试方法》进行洁净度再验证，以确保洁净度符合规定，保存验证原始记录，定期归档保存，并将验证结果记录在无菌室使用登记册上，作为实验环境原始依据及趋势分析资料。

洁净度不符合规定时立即停止使用无菌室，应查明原因，并彻底清洁、灭菌，然后对洁净度进行再验证，待检测符合规定后再使用。同时将异常情况发生的原因、纠正措施等记录归档保存。

6. 其他

（1）定期检查和维护紫外灯管及净化系统的初效、中效、高效过滤器，对失效的紫外灯管和过滤器及时更换，保证其灭菌和除菌的持续有效。同时做好使用和更换记录，定期归档保存。

（2）非微生物室检验人员不得进入无菌室。对维修人员必须进行指导和监督。

（3）建立无菌室的日常管理安全卫生值日制度，一旦发现通风系统等设施有损坏现象，要及时采取相应的修复措施，并保存记录及时归档。

（二）毒菌种处理和微生物鉴别无菌室（阳性对照室）

微生物检测实验室须使用标准菌种、进行微生物鉴别以及对检测的菌种进行各种处理，如转接种、制备菌液、鉴定、保藏和进行方法学验证，或培养基灵敏度检查、阳性对照用菌株的接种以及测定用菌种的准备等，必要时对从样品中检出的或从洁净环境中分离到的微生物进行分类鉴别，此外有些实验还要自制生物指示剂。这些主体活动会直接接触、处理微生物菌种，如果菌种控制或操作不当，会导致实验室环境污染或菌种间交叉污染。因此，菌种处理和微生物鉴别室必须与其他的微生物检查用洁净室严格分开。以超净工作台作为局部100级洁净度的控制措施，最好是使用生物安全柜。所有的与活毒菌种相关的活动都应在层流台或生物安全柜中进行。每次试验结束后要对无菌室、层流台或生物安全柜及整个实验室环境进行消毒。所有与菌种相关的试验废弃物均应经过灭菌处理后方可丢弃。

使用管理中应注意制定与菌种处理相关的标准操作规程。此外，还应制定生物安全柜的使用标准操作规程、带菌废弃物的处理标准操作规程以及环境消毒等的标准操作规程。

（三）生物负载检验、微生物限度检测无菌室

生物负载检验、微生物限度检测的样品，污染都较严重，尤其是在运输、搬运过程中的污染。样品进入无菌室前应按有关物品进入无菌室的基本要求操作，但污染仍不可避免。为减少污染（霉菌孢子等），避免交叉污染，有必要采用各自循环系统的无菌室。

各无菌室的环境检测及使用管理的要求应参照洁净室的基本要求，并根据用途的不同制定出相应的标准操作规程，特别应注意制定带菌废弃物的处理标准操作规程、防止交叉污染或细菌内毒素的污染的标准操作规程。

（四）培养室、培养基配制室、灭菌室、器皿洗涤室

培养室用来放置培养各类微生物生长的细菌培养箱和真菌培养箱以及菌种保藏用的冰箱。培养室内应注意避免抑制微生物和避免使用强效、挥发性消毒剂以及消毒喷雾，以防止影响微生物的生长。培养基配制室及器皿洗涤室为一般的清洁环境室，应防止消毒剂对试剂、培养基原料及配制器皿和溶剂的污染。灭菌室是放置高压灭菌器及对物品进行灭菌的工作室，注意应有适当措施防止灭菌后物品的二次污染，对于已灭菌和没有灭菌的物品应有明显标志加以区别。

三、实验室设备与验证

在《药品检验所实验室质量管理规范（试行）》（2000年9月）中对实验室仪器设备有以下原则要求："第二十条 仪器设备的种类、数量、各种参数，应能满足所承担的药品检验、复核、仲裁等的需要，有必要的备品、备件和附件。仪器的量程、精度与分辨率等能覆盖被测药品标准技术指标的要求。""第二十一条 仪器应有专人管理，定期校验检定，对不合格、待修、待检的仪器，要有明显的状态标志，并应及时进行相应的处理。仪器使用人应经考核合格后方可操作仪器。""第二十二条 凡精密仪器设备应建立管理档案，其内容包括品名、型号、制造厂名、到货、验收及使用的日期、出厂合格证和检定合格证、操作维修说明书、使用情况、维修记录、附件情况等，进口仪器设备的主要使用说明部分应附有中文译文。""第二十三条 精密仪器的使用应有使用登记制度。"

（一）仪器设备的验证和管理原则

新购设备、仪器首先须对该设备或仪器进行安装鉴定，基本程序是：开箱验收、安装、运行性能鉴定程序。安装鉴定的主要内容有：

（1）做好仪器档案登记，如名称、型号、生产厂商名称、生产厂商的编号、生产日期、公司内部的固定资产设备登记号及安装地点。

（2）检查和验收仪器是否符合厂方规定的规格标准要求，并记录归档。

（3）检查并确保有该仪器的使用说明书、维修保养手册和备件清单。

（4）检查安装是否恰当，气、电及管路连接是否符合要求。

（5）制定使用规程和维修保养制度，建立使用日记和维修记录。

（6）明确仪器设备技术资料（图、手册、备件清单、各种指南及该设备有关的其他文件）的专管人员及存放地点。

最后对确认的结果进行评估，有效地制订出设备的校验、维修保养、验证计划以及相关的标准操作规程。校验的目的是确保计量仪表在其量程范围内运行良好，并且测量结果符合既定标准。

一般来说，验证时，至少要有连续3次的重复性试验结果支持说明该台设备通过验证，并且能被监督机构认可。完成这些工作后，要按以上相关法规的规定进行操作，对仪器设备的管理应做到：

（1）备有仪器设备的清单，每台仪器设备有内部控制编号、专门保管人。

（2）每台仪器设备上要贴有明显标识，标记主要有"合格""准用""限用""封存""停用"几类。标记要标明其内部控制编号、名称、型号、生产厂家、保管人及所处的状态。对须定期校验的设备经校验合格则贴上绿色合格证，并标明最近校验日期和下次校验日期及校验人员的签名。"准用"标记表明测量无检定规程，按校准规范为合格状态，颜色为黄色。"限用"标记表明使用仪器的部分功能或限量，经检定或计量确认处于合格状态，清楚地标出"限用"两字，颜色为蓝色。"封存"标记表明暂不使用，需使用时，应启封检定。凡校验不合格、过期、须报修的设备仪器应贴有红色停用证，并标明停用日期。

（3）每台仪器设备要建立标准操作规程，保证操作者可以正确使用。

（4）建立使用登记本和维修、保养记录。这些日常记录是偏差调查的关键依据。

（二）实验室设备的质量保证和管理要求

实验室设备按是否须校验可分为无须校验的设备、须校验的设备、安装后需要做性能鉴定且需要连续监控的设备、需要验证和持续监控的设备四大类，分别进行质量保证和管理要求，现分述如下：

1. 微生物检测实验室常用无须校验的设备

用于细菌内毒素检测混合时或样品混合时的自动旋涡混合器、菌落计数器和光学显微镜等，只需确认其运行正常，贴上绿色的表示状态良好的标识即可（实验室通常用不同颜色的标识表明仪器的校准状态：合格证—绿色；准用证—黄色；停用证—红色）。同时，应制定此类设备的使用和维护规程。

2. 在微生物检测中须校验的仪器或仪表、设备

培养箱、水浴箱、蒸汽高压灭菌器、灭菌器安全阀、天平、砝码、pH 计、分光光度计、温度计或压力仪表、微量加样器、游标卡尺等，均须定期由法定计量单位进行溯源校验，有能力的可进行自校。

3. 安装后需要做性能鉴定且需要连续监控的设备

这类设备主要是指风淋室通风设备中的空气滤膜。

4. 需要验证和持续监控的设备

超净工作台是微生物检测实验室使用最广泛的设备，应建立监控规程与使用指南，并做好检查、维护和验证工作，以利于无菌操作的正常进行。

（1）监控规程：

① 超净工作台安装完毕，须在安装使用现场对其进行完好性（泄漏）检查和过滤率（性能）测试验收。

② 使用期间应定期进行此类验证测试（通常每半年至少检查 1 次）。

③ 日常管理一旦发现设备运行不稳，或环境监控结果异常，或微生物检验结果偏差呈上升趋势，均须立即进行完好性检查和性能测试。此类检查可有效避免无菌操作带来的潜在污染风险。

④ 无菌作业时，应同时监控操作区空气以及操作台表面的微生物动态；在实验时，应同时做阴性、阳性对照实验。

（2）使用指南和维护：

① 超净工作台应放置在人员走动相对较少并且远离门的位置，目的是使设备周围环境的气流相对稳定，不影响操作区，更不得对操作区层流产生干扰。

② 使用净化工作台时，应提前 30 分钟开机，同时开启紫外线灯，杀灭工作区内的微生物，30 分钟后关闭紫外线灯，启动风机，初始工作电压 160 V。

③ 对于新安装或长期未使用的超净工作台，使用前应进行彻底的清洁工作，然后采用药物灭菌法和紫外线杀菌处理。

④ 操作人员应熟悉层流净化工作台的设计、工作原理及气流模式。

⑤ 操作区内尽量避免有明显扰乱气流流型的动作。

⑥ 操作区内不应摆放与实验无关的物品，以保持操作区洁净气流流型不受干扰。

⑦ 定期（两个月一次）用风速仪测量操作区的风速。当加大风机电压不能使操作区风速达到 0.3 m/s 时，则必须更换空气高效过滤器。若更换空气高效过滤器，则应验证密封性能，调节风机电压，使操作区平均风速保持在 0.3～0.6 m/s 范围内。

⑧ 定期（一周一次）对操作区及环境进行灭菌工作，同时经常用纱布沾酒精擦拭紫外线灯管，保持表面清洁，以免影响灭菌效果。

⑨ 根据环境洁净程度，定期（每 2～3 个月一次）将粗滤布拆下进行清洗或予以更换。

⑩ 在洁净区内，若条件许可，尽量使超净工作台始终处于运行状态。一旦停止运行而重新启动后，要对工作区进行彻底消毒并且在使用前至少要预运行 5 分钟。此外，在每次使用前和使用后，均应对工作台面采取清洁和消毒措施。

⑪ 要对室内各类层流工作台的运行、清洁和消毒、校验和维修等制定详细的标准操作规程。

⑫ 使用和维修记录。使用记录的内容包括使用日期及时间、仪器使用前后的状态、清洁或消毒状态及使用人的签名等；维修记录内容包括故障说明、维修情况及维修人员和设备责任人的签名等。定期对设备的清洁或消毒记录和环境监控记录进行回顾性审查，以评估超净工作台内工作区的维护状况。

四、实验人员要求

无菌医疗器械是救死扶伤、与人类生命安全和身体健康密切相关的产品，检测实验人员承担着产品质量安全监督、检验的重任。要胜任并做好此项工作，必须具备相应的法律法规、专业知识、熟练的技能。为此，几乎所有的医疗器械标准、法律法规以及药典，都对检测人员提出了要求，而 2015 年版《中国药典》第三部通则 9203—药品微生物实验室质量管理指导原则更为全面，现摘录于下，以期无菌医疗器械质量安全有所提升。

（1）从事无菌医疗器械试验工作的人员应具有微生物学或相近专业知识的教育背景。

（2）实验人员应依据所在岗位和职责接受相应的岗前培训，在确认他们可以承担某一试验前，他们不能独立从事该项微生物试验。应保证所有人员在上岗前接受胜任工作所必需的设备操作、微生物检验技术等方面的培训，如无菌操作、培养基的制备、消毒、灭菌、浇注平板、菌落计数、菌种的转种、传代和保藏、微生物检查方法和鉴定基本技术等，经考核合格后方可上岗。

（3）实验人员应经过实验室生物安全方面的培训，保证自身安全，防止微生物在实验室内部污染。

（4）实验室应制订所有级别实验人员的继续教育计划，保证知识和技能不断地更新。

（5）检验人员必须熟悉相关检测方法、程序、检测目的和结果评价。微生物实验室的管理者其专业技能和经验水平应与他们的职责范围相符，如管理技能、实验室安全、试验安排、预算、实验研究、实验结果的评估和数据偏差的调查、技术报告的书写等。

（6）实验室应通过参照内部质量控制、能力验证或使用标准菌株等方法客观评估检验人员的能力，必要时对其进行再培训并重新评估。当使用一种非经常使用的方法和技术时，有必要在检测前确认微生物检测人员的操作技能。

（7）所有人员的培训、考核内容和结果均应记录归档。

第二节 无菌医疗器械试验项目

一、概述

无菌医疗器械接触人体或植入人体内，在临床医疗应用中担负着救死扶伤、防病治病的重要作用，但也存在着一定的风险。为确保无菌医疗器械的质量以及临床医疗使用的安全、有效，在生产过程管理中对原料选择、配方、工艺流程，直至最终成品，常需要选择一些检测项目进行筛检，用于生产工艺过程的监控以及最终产品放行的把关检验，这些过程检验对于获得高质量低风险的医疗器械十分重要。为此在各国药典和标准中制定了化学、毒理学、物理学、电学、形态学和力学等性能测试项目，正如 ISO 10993-1（GB/T 16886.1）标准 4.1 条明确指出，预期用于人体的任何材料或器械的选择与评价须遵循 YY/T 0316 开展的风险管理过程中生物学评价程序。生物学评价应由掌握理论知识和具有经验的专业人员来策划、实施并形成文件。在选择制造器械所用材料时，应首先考虑材料的特点和性能，包括化学、毒理学、物理学、电学、形态学和力学等性能。

二、检测项目

鉴于安全性考虑无菌医疗器械的试验项目，除物理性能外，首先关注的应该是化学性能的检验，如 pH 值、还原物质、重金属、氯化物、蒸发残渣等，这些检测项目是最经济、最快捷的筛选法。然后进行生物相容性评价试验。在生物相容性评价试验中，体外的细胞毒性试验和溶血试验，应作为首选筛检试验项目。这是因为细胞毒性试验是一种体外的简便、快速、敏感性高的检测方法，该法也是生物相容性评价体外试验中最灵敏的方法之一。溶血试验除了作为检测血液相容性的一个试验外，还可作为急性毒性体外试验，对材料在筛选过程中的初期评价有着重要作用，而且对于残留小分子有毒物质（化学品）有较高的敏感性。在进行了上述筛检试验后，再根据医疗器械的用途选择相应的检测项目。

（一）微生物部分

微生物广泛存在于自然界，可谓是到处有菌，因此在无菌医疗器械的生产过程中，每时每刻都有可能受到微生物的污染。除了必须有高标准的生产环境设施，易于清洁、消毒、净化和秩序井然的生产控制区外，还需要从事医疗用品生产的人员树立无菌观念，注意无菌操作。所谓无菌操作，是指在整个操作过程中，利用和控制一定条件，尽量使产品避免微生物污染的一种操作方法。各种灭菌方法（包括热力、化学或物理法）

均可杀灭微生物，但其尸体、毒素依然存在，这些物质的存在仍可引起不良反应（如输液反应）。

目前，世界范围内从事医疗用品工业生产的领域中，注意力已从最后测试产品的无菌转移到对生产全过程（含灭菌过程）的关注，即在生产全过程中，强调每一步骤均要减少生物负载，并试图建立一种清洁程度最高、生物负载最少的生产工艺流程，以增加灭菌彻底又不造成热原反应的可能性。这是制造程序中每一个步骤所要达到的目标。这种"过程管理"已成为全世界无菌性医疗产品制造行业关心的主要问题。这与先前只强调最终产品的无菌明显不同。现将涉及微生物方面的检测项目汇总如下。

1. 生物负载（初始污染菌）检验

生物负载是指一件产品和包装上存活的微生物的总数。生物负载检验也即灭菌前对受微生物污染的产品进行活菌计数的一种方法，包括原材料、半成品、部件和成品医疗器械的检测。例如环氧乙烷（EO）灭菌前或湿热灭菌前微生物活菌计数（生物负载）、辐射灭菌剂量设定及剂量审核中微生物检验。以此法可了解产品和材料受微生物污染程度、带菌数量的动态变化、微生物生物特性鉴别和菌谱分布等。

目前主要参照的方法来自药典和 ISO 11737-1 标准。ISO 11737-1 标准全面、系统地介绍了生物负载测试方法，各实验室可以根据实际情况、条件进行选择采用，但实验时必须对实施方法进行确认和再确认，并将测试方法（包括取样规格、取样频次、洗脱方法、洗脱液选择、培养基性能鉴定、培养条件、生物特性、释出物及校正因子等）、验证方法文件化，对每个试验步骤、方法进行评估，对实验过程、实验结果等进行记录。

具体应用如辐射灭菌剂量设定，可参照 ISO 11137-2 标准方法，按 ISO 11737-1 标准检测生物负载，确定验证剂量及灭菌剂量。ISO 11137-2 标准规定了用于满足无菌特殊要求的最小剂量的设定方法和证实 25 kGy 或 15 kGy 作为能达到 10^{-6} 无菌保证水平的灭菌剂量的方法。ISO 11137 标准还规定了剂量审核的方法，以便证明设定的灭菌剂量持续有效。其中方法 1、VD_{max}^{25} 和 VD_{max}^{15} 方法均须进行三个批次产品生物负载的测定，求得生物负载的平均数，根据生物负载信息数据选择验证剂量（SAL 10^{-2} 或 SAL 10^{-1}），辐照一定量产品（100 个产品或 10 个产品），通过无菌试验记录的阳性数，最后外推最低灭菌剂量（SAL 10^{-6}）。

生物负载检验参照 ISO 11137-1、ISO 11137-2、ISO 11137-3、ISO 11737-1、ISO 11737-2 方法。

2. 无菌试验

该试验是检查产品是否无菌的一种方法。无菌即指产品上无存活的微生物。由于无菌医疗器械的生产过程经受着各种来源的外来污染，污染微生物的数量、抗性及种类的不确定性，以及特定灭菌过程控制要素的复杂性，对灭菌后总体的无菌性只能以总体中非无菌产品存在的概率来表述，通常用无菌保证水平（Sterility Assurance Level，SAL）10^{-6} 表示。据此，工业化灭菌即认为该灭菌批产品是无菌的。再则，鉴于无菌试验的局限性，以及无菌操作的烦琐和技术条件，有可能存在假阳性和假阴性的情况，对于实验方法应严格按实验指导部分规程进行操作，对于无菌试验的结果评价和解释就更需要谨慎加以评估。例如，ISO 11137 标准中提及，无菌试验不用于产品的放行。实际工作中，以无菌试验判定产品是否无菌的纠纷十分常见。

无菌试验参照药典和 ISO 11737-2 方法。

3. 沉降菌测试、浮游菌测试、物体表面细菌总数检验和生产人员手细菌总数检验

沉降菌测试、浮游菌测试、物体表面细菌总数检验和生产人员手细菌总数检验方法均是利用微生物检验技术，建立生产环境微生物污染资料，尤其是年、月、日或班次的细菌污染分布、消长情况及菌谱特征，对生产实践具有重要的指导意义。这些检验指标有助于工作环境、生产过程和人员卫生的质量控制。

检验方法参照 GB/T 16292 医药工业洁净室（区）浮游菌测试方法、GB/T 16294 医药工业洁净室（区）沉降菌测试方法。

4. 控制菌检验

在医疗器械生产中，不仅需要对微生物数量进行控制，而且对微生物种类也要进行监测，尤其是易引起医院内感染的微生物的控制。如《中华人民共和国药典》规定，需要检测大肠埃希菌、沙门菌、铜绿假单胞菌、金黄色葡萄球菌、梭菌。20 世纪 90 年代，国际上曾检出我国医疗棉制品中存在砖火丝菌（Pyranema），境外一些国家提出限制进口或须采用双重灭菌法的要求，大大增加了医用制品的成本。也有国外客户提出，须对下列院内常见感染病原菌实行检测：耐甲氧西林金黄色葡萄球菌（the super bug methicillin-resistant staphylococcus）、诺如病毒（norovirus）、克雷伯氏菌（klebsiella）、洋葱伯克霍尔德氏菌（Burkholderia cepacia）、蜡样芽孢菌（Bacillus cereus）、嗜麦芽窄食单胞菌（Stenotrophomas maltophilia）、鞘氨醇单胞菌（Sphingomonas yanoikuyae）。

可见，控制菌的检验种类也随着医疗器械发展研究的深入、临床医疗安全的需要不断扩大。这就对微生物检测人员提出了更高的要求。

5. 其他

培养基灵敏度检查、抑菌释出物检验、产品控制菌检验、阻菌性试验、灭菌效果监测（BI 试验）等均属于微生物学检验。这些检测项目，对提高微生物检出率、了解包装材料性能和灭菌效果检验有极重要的作用。

（二）物理、化学部分

在选择和筛检医疗器械原材料时，物理、化学性能检验应是首先考虑和最有效的检测方法之一。

由于医疗器械品种、材料的多样性，物理检测项目也不尽相同。

例如，医用输液、输血、注射器具的标准规定了物理性能检测项目：微粒污染、密封性、连接强度、药液过滤器滤除率（一次性使用重力输液式输液器）；滑动性能、器身密合性、容量允差及残留容量（一次性使用无菌注射器）；刚性、韧性及耐腐蚀性（一次性使用静脉注射针）。

又如，镍钴合金丝 0.4 mm 血管支架须检测形状恢复温度、磁导率、抗拉强度、屈服强度、延伸率、超弹性极限、疲劳强度及腐蚀速率等物理性能。用膨体聚四氟乙烯拉伸成 0.03 mm 厚度的人工血管膜须检测其孔率、最大孔径、爆破压力和管口撕裂力等指标。

采用金属类作为医用材料，如不锈钢，其物理性能检测项目包括热膨胀系数、密度、弹性模量、电阻率、磁导率、熔化温度范围、比热、热导率、热扩散率，还须检测其力学性能、耐热性能、耐腐蚀性能及磁性等。这些性能的检测与产品的安全性密切相关。例如，骨科植入材料的强度是产品标准中的一个重要指标，其实质也是一个安全性指标，该材料如果断裂则将对病人造成极大的伤害。

对于接触人体或在体内使用的生物医用材料，其化学性能会直接影响人体的安全性。如 ISO 10993-1 标准明确指出，如果合适，应在生物学评价之前，对最终产品的可浸出化学成分进行定性和定量分析。ISO 10993-10 标准指明，在刺激试验中，pH 值如果小于等于 2 或大于等于 11.5，则认为是一种刺激物，不必进一步试验。同时，对材料中的残留单体、有害金属元素、各种添加剂必须严格控制。例如，医用聚氯乙烯中，氯乙烯的含量必须小于 1×10^{-6}。另外，生产过程中的脱模剂及污染等均应引起关注和重视。

通常控制的化学指标如下（参照《中华人民共和国药典》、GB/T 14233.1 方法）：

（1）有机碳：常来自工艺用水、环境等污染。

（2）还原物质：常来自生产工艺中有机物和微生物等污染。

（3）重金属：常来自材料、加工设备或生产工艺等污染。

（4）氯化物：常来自材料、工艺用水、工艺处理过程等污染。

（5）pH 值：与材料、化学添加剂等组合成分有关。

（6）铝盐：常来自工艺用水、材料及添加剂等污染。

（7）铵：常来自工艺用水、工艺处理过程等污染。

（8）蒸发残渣：常来自材料、工艺用水等污染。产品上残留、脱落的残渣均是一种微粒。

（三）生物相容性评价

医疗器械因为直接应用于人体，是否有毒性是人们最关注的问题。国际标准化组织在发布的 ISO 10993《医疗器械生物学评价 第 1 部分：风险管理过程中的评价与试验》引言中明确指出：本部分的作用是为策划医疗器械生物学评价提供框架，即随着科学进步和对组织反应机理的掌握，在能获得与体内模型同等相应信息的情况下，应优先采用化学分析试验和体外模型，以便试验动物的使用数量为最小。

生物相容性评价可按医疗器械接触人体部位（皮肤、黏膜、组织、血液等）、接触方式（直接、间接或植入）、接触时间（短时、长期和持久）和用途分类，所评价的生物相容性试验项目如下。

1. 细胞毒性试验

细胞毒性试验是将细胞和材料直接接触，或将材料浸出液加到单层培养的细胞上，观察器械、材料和/或其浸提液引起的细胞溶解、细胞生长抑制等毒性影响作用。常用 L-929 细胞株。

2. 刺激与迟发性超敏反应试验

本试验用于评价从医疗器械中释放出的化学物质可能引起的接触性危害，包括导致皮肤与黏膜刺激，口、眼刺激和迟发型接触超敏反应。试验动物常用兔、豚鼠、金地黄鼠。

3. 全身毒性试验

用材料或其浸提液，通过单一途径或多种途径（静脉、腹腔）用动物模型做试验。试验动物常用小鼠。

4. 亚慢性毒性（亚急性毒性）试验

通过多种途径，在不到实验动物寿命10％的时间内（例如，大鼠最多到90天），测定材料的有害作用。试验动物常用兔、大鼠。

5. 遗传毒性试验（包括细菌性基因突变试验、哺乳动物基因畸变试验和哺乳动物基因突变试验）

遗传毒性试验是指用哺乳动物或非哺乳动物细胞、细菌、酵母菌或真菌测定材料、器械或浸提液是否引起基因突变、染色体结构畸变以及其他 DNA 或基因变化的试验。

6. 植入试验

将材料植入动物的合适部位（例如肌肉或骨），观察一个周期后，评价对活组织的局部毒性作用。试验动物常用兔、大鼠。

7. 血液相容性试验

血液相容性试验是通过材料与血液接触（体内或半体内），评价其对血栓形成、血浆蛋白、血液有形成分和补体系统的作用。

8. 慢性毒性试验

通过多种途径，在不少于实验动物大部分寿命期内（例如，大鼠通常为 6 个月），测定一次或多次接触医疗器械、材料和/或其浸提液的作用。试验动物常用大鼠。

9. 致癌性试验

通过单一途径或多种途径，在实验动物整个寿命期（例如，大鼠为 2 年），测定医疗器械潜在的致癌作用。

10. 生殖与发育毒性试验

该试验用于评价医疗器械或其浸提液对生殖功能、胚胎发育（致畸性），以及对胎儿和婴儿早期发育的潜在作用。

11. 生物降解试验

生物降解试验是指针对可能产生降解产物的医用材料，如聚合物、陶瓷、金属和合金等，判定潜在降解产物的试验。

12. 毒代动力学研究试验

毒代动力学研究试验是指采用生理药代动力学模型来评价某种已知具有毒性或其毒性未知的化学物的吸收、分布、代谢和排泄的试验。参见 GB/T 16886-16 标准方法。

13. 免疫毒性试验

GB/T 16886-20 给出了免疫毒理学有关参考文献。应根据器械材料的化学性质和提示免疫毒理学作用的原始数据，或在任何化学物的潜在免疫原性未知的情况下，考虑免疫毒性实验。

14. 环氧乙烷（EO）残留量检测

EO 残留常由解析不完全或材料吸附等原因造成。

EO 残留量检测参照 ISO 10993、GB/T 16886 有关标准方法。

在众多的医疗器械生物学评价实验中，最活跃的是细胞毒性实验方法和血液相容性评价方法。

（四）无菌医疗器械的包装

对于一个医疗产品来说，经过某种方法的灭菌后，其无菌性的保持和有效期完全取决于包装材料的性能，也即包装的完好性和密封性。出于对临床使用安全性的考虑，包装材料通常应评价下列特性：① 微生物屏障；② 生物相容性和毒理学特性；③ 物理和化学特性；④ 与成型和密封过程的适应性；⑤ 与预期灭菌过程的适应性；⑥ 灭菌前和灭菌后的贮存寿命限度。

检测包装材料性能的试验可从下列项目中选取。

1. 空气透过性试验

该试验是测定通过一定面积的规定压力的空气流量，从而评价多孔性材料的空气穿透量。主要是考虑灭菌过程灭菌剂的进入、灭菌气体和蒸汽扩散以及降低残留量（如EO）等。

2. 生物相容性试验

试验方法可参考 ISO 10993-1（GB/T 16886.1）《医疗器械生物学评价　第 1 部分：风险管理过程中的评价与试验》。

3. 抗拉强度试验

该试验通过拉伸测试一段密封部分来测量包装密封的强度。该法不能用来测量接合处的连续性或其他密封性能，只能测量两材料间密封的撕开力。

4. 内压试验

将无菌包装浸入水中，同时向包装内加压，记录任何漏出的气泡。

5. 微生物屏障特性试验

评价微生物屏障特性的方法分两类：适用于不透性材料的方法和适用于多孔材料的方法。证实不透性材料时应满足微生物屏障要求。对于多孔材料也应提供适宜的微生物屏障，以保障无菌包装的完好性和产品的安全性。多孔材料的微生物屏障特性评价，通常是在规定的试验条件下（通过材料的流速），使携有细菌芽孢的气溶胶或微粒流经样品材料，从而对样品进行挑战试验。根据通过材料后的细菌或微粒数量与其初始数量相比较，来确定材料的微生物屏障特性。

6. 爆破/蠕变压力试验

最终包装压力试验是通过向整个包装内加压至破裂点（胀破）或加压至一已知的临界值并保持一段时间（蠕变）来评价包装的总体最小密封强度。

7. 真空泄漏试验

将密封好的包装浸入试验溶液中并抽真空。当释放真空时，压差会迫使试验溶液通过包装上的任何孔隙。

8. 染料渗透试验

向包装内充入含有渗透染色剂的液体，观察密封区域处是否有通道或包装材料上是否有穿孔。

9. 加速老化试验

除了进行实际时间贮存老化试验外，还可在加严条件下进行加速老化试验，但须确立老化条件和符合选择试验期的依据。加速老化技术是基于这样的假定，即材料在退化中所包含的化学反应遵循阿列纽斯反应速率函数。这一函数表述了相同过程的温度每增加或降低 10℃，大约会使其化学反应的速率加倍或减半。为确保加速老化试验真实地代表实际时间效应，实际时间老化研究必须与加速研究同步进行。

10. 模拟运输试验

制造者应证实在最坏的运输（如公路运输的振动、冲击和挤压；铁路运输的动态挤压；海洋运输中的高湿、堆放高度及船的摇摆、颠簸造成的碰撞和挤压；航空运输高频的振动以及温度变化等作用）、贮存、处理条件下，仍保持包装的完好性。常进行振动试验、冲击试验、自由跌落试验、堆码试验和稳定性试验等。

总之，严格选择包装材料，并结合包装材料的性能特点，选择必要的检测无菌包装的完好性和密封性的测试项目，对在有效期贮存条件下，保证产品的无菌、安全、有效十分重要。

第三节　无菌检查局限性与无菌保证水平

一、无菌检查局限性

无菌检查试验是消费者和监督机构对无菌产品进行微生物学检查的唯一方法，也是各国药典规定了的。《中华人民共和国药典》（2015 年版）四部通则 1101 无菌检查法详细记载了无菌检查的方法，对于无菌医疗器械的检查可参照执行，也可参照 ISO 11737-2 方法进行。由于无菌检查存在多种影响因素，因此在操作时应予以注意。在所有灭菌方法中，只有无菌医疗器械辐照灭菌放行时不必采用无菌检查法，这一点在 ISO 11137-1 标准中提及。

所谓无菌，理论上讲是一种绝对的情况，然而这种理论上的绝对概念与统计学和非统计学检验是有矛盾的。自 1925 年英国"治疗物质条例"首次提出无菌检查以来，有关评论的文章很多，指出下述因素会给无菌试验带来局限性。

1. 数学概率的影响

当我们检查某一无菌样品，设抽样数为 N，根据不同的污染百分率，可得出相应的结果。

如表 4-2 所示，同一污染百分率（0.1％），采用不同样品数（10、100、500）可得出 99％、91％和 61％的不同概率的无菌结果。

表 4-2　污染量的阳性概率与样本大小的关系

抽样数（N）	污染百分率（%）					
	0.1	1	5	10	15	20
10	0.99	0.91	0.60	0.35	0.20	0.11
20	0.98	0.82	0.36	0.12	0.04	0.01
30	0.95	0.61	0.08	0.007	—	—
100	0.91	0.37	0.01	0.00	—	—
300	0.74	0.05	—	—	—	—
500	0.61	0.01	—	—	—	—

2. 抽样数量的影响

虽规定有关抽样公式，但由于产品批量大，加上工作量及经济等原因，其局限性显而易见。

3. 培养基的影响

迄今，尚没有哪一种培养基可以培养出所有的微生物。另外，抨击培养时间长致使培养基性状改变以及损伤微生物复活等的相关报道也很多。

4. 技术条件影响

国外较多的文献报道，即使具有较好的实验技术条件，仍有 0.1% 的实验污染率，甚至高达 20%。

笔者在辐射灭菌过程中，曾多次遇到无菌试验结果判别困难，甚至引起质量纠纷问题，最终发展成向社会抽样。例如，某次笔者曾和监督机构共同抽取 9 个企业，11 个灭菌批号样品（包括辐射灭菌和环氧乙烷灭菌），将同等样品随机分发给 3 个实验室，统一方法进行双盲考核，共同进行无菌试验，以便判别比较。测试结果，3 个实验室阳性率分别为 36.4%、36.4% 和 27.3%，总阳性率高达 63.6%。由于技术条件、方法、取样数量等无菌试验的局限性，常会产生假阳性的结果。因此，无菌试验用于判别某批产品无菌或灭菌产品的放行值得探讨研究。

5. 产品设计的影响

对于较复杂的器械，尤其是较大的器材，仅能取表面或小部分进行检查。

鉴于无菌试验的局限性，近几年各国对医疗用品的制造提出了生产质量管理规范（GMP）的要求，严格控制生产过程的各环节，以提供高质量的安全产品。监督机构要确信产品的无菌性，首先应从制造厂获得生产条件、卫生学控制和监测方面的信息资料。如果以无菌检查作为唯一判别产品是否无菌的途径，则对其结果必须谨慎加以解释，避免因操作等技术原因造成假阳性的发生。

二、无菌保证水平

无菌保证水平（Sterility Assurance Level，SAL）是指灭菌后单元产品上存在活微生物的概率。

　　无菌医疗器械是指通过最终灭菌的方法或通过无菌加工技术使产品无任何存活微生物的医疗器械。然而，常用的医疗器械灭菌方法如物理法或化学法等对微生物灭活，常近似于一个指数效应关系，这就意味着无论灭菌的程度如何，微生物总是不可避免地以有限概率存活下来。因此，在欧洲一律选 10^{-6} 作为无菌保证水平，这个数据来自 1970 年北欧药典。该药典规定：无菌产品是在这样的条件下生产和消毒的，使得每百万件产品中，存活细菌的不多于一件。美国、日本、加拿大则根据医疗产品用途采用 10^{-3} 和 10^{-6} 作为无菌保存水平。

（张同成　郁　晓　方菁巍　章晶晶）

参考文献

　　[1] 徐仕国. 微生物的鉴别与图谱 [M]. 北京：中国医药科技电子出版社，2005.

　　[2] 张同成，滕维芳. 生物指示剂与无菌试验在辐照灭菌中的应用 [J]. 上海预防医学，1993，5 (8)：16.

　　[3] 张同成，殷秋华，米志苏，等. 医疗用品辐照灭菌的效应研究 [J]. 苏州医学院学报，1988，8 (1)：40－42，45，86.

　　[4] 国家药典委员会. 中华人民共和国药典 四部 [M]. 北京：中国医药科技出版社，2015.

微生物概述和监测

微生物广泛存在于自然界，可谓是到处有菌。在无菌医疗器械的生产过程中，由于医疗器械的多样性与复杂性，即使在标准制造状态下生产的产品，仍可能有微生物的污染。因此，了解和掌握微生物方面的有关知识，如微生物的种类、生长繁殖、生长条件、自然界分布及检查方法等，将有助于生产过程中微生物的控制和医疗用品质量的提高。

第一节　微生物种类、形态和结构

一、微生物

在自然界里，有许多肉眼看不到的、需用光学显微镜或电子显微镜才能观察到的微小生物，这类生物称为微生物。回顾人类健康史，实际上是一部人类与病原微生物（引起人类传染病的微生物）斗争的历史。在 17 世纪以前，人们一直为一种肉眼看不见的"神秘恶魔"所困扰，直至 1674 年，荷兰人列文·虎克发明了显微镜，人们才开始逐渐认识微生物。尽管微生物很小，但均有其一定的形态结构和生理功能，对外环境适应性极强，生长繁殖迅速。在我们生存的环境中，微生物无处不在，广泛存在于空气、土壤、水及动植物的有机体中。

根据微生物对人或动植物致病性的情况，人们将其分为病原性微生物和非病原性微生物。例如，大肠杆菌是肠道中的正常菌群，属于非病原性微生物，它非但对人不致病，还可合成对人有利的物质及干扰其他病原微生物对宿主的侵入；但若异位，如侵入泌尿系统等，则可能引起人类疾病，此时该细菌则为病原性微生物；若污染医疗用品进入人体，则可发生感染性炎症或热原反应。故对医疗用品的生产来说，重要的是控制一切微生物的污染，包括致病性和非致病性微生物。

二、微生物的种类

按照有无细胞及细胞组成结构的差异，可将微生物分为三种细胞类型：

（一）原核细胞型微生物

原核细胞型微生物细胞分化程度低，仅有核质，无细胞核、核膜和核仁，细胞器只有核糖体，包括细菌、支原体、衣原体、立克次体、螺旋体和放线菌等，由于它们在细胞水平的结构和组成上很接近，故被列入广义的细菌范畴。

（二）真核细胞型微生物

真核细胞型微生物的细胞核分化程度高，有细胞核、核膜和核仁，细胞质内细胞器完整。该型微生物有真菌、藻类和原生动物等，霉菌亦属此类型。

（三）非细胞型微生物

该型微生物无细胞结构，结构比原核细胞型微生物更简单，体积微小，能通过滤菌器，只能在活细胞内生长繁殖，如病毒。

三、细菌的形态与大小

细菌是单细胞原核生物，即细菌的个体是由一个原核细胞组成的。虽然细菌的个体只是一个细胞，但它们的形态各不相同，在一定的条件下，可分为球菌、杆菌、弧菌或螺形菌，见图 5-1。不同种类的细菌由于遗传和生态上的差别，大小不一，同一种细菌也可因环境和菌龄等影响而有差别，通常以微米作为测量单位。一般球菌的直径为 $0.8 \sim 1.2\ \mu m$，大球菌的直径可达 $2\ \mu m$；杆菌长 $2 \sim 3\ \mu m$，宽 $0.3 \sim 0.5\ \mu m$；螺形菌长 $1 \sim 50\ \mu m$，宽 $0.3 \sim 1\ \mu m$。能产生芽孢的菌比一般不产芽孢的菌要大些。细菌以无性分裂方式繁殖，1 个细菌分裂成 2 个细胞，2 个细胞互相脱离为 2 个个体，再由 2 个分裂为 4 个，4 个分裂成 8 个，如此连续不断裂殖。1 个菌在十几分钟或 $1 \sim 2$ 小时就分裂 1 次。因此细菌接种在含有营养成分的固体培养基上，经过 $18 \sim 24$ 小时的生长繁殖，即有几十亿个菌云集在一起，出现称为菌落的肉眼可见群体。

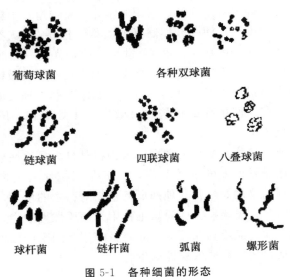

葡萄球菌　　　　各种双球菌

链球菌　　　四联球菌　　　八叠球菌

球杆菌　　　链杆菌　　　弧菌　　　螺形菌

图 5-1　各种细菌的形态

四、细菌的基本结构

细菌虽小，但有一定构造。细胞壁、细胞膜、细胞质、核质等是各种各样细菌细胞均有的基本结构；而荚膜、鞭毛、芽孢、菌毛等仅某些细菌具有，是细菌的特殊结构。

（一）细胞壁

细胞壁位于菌体的最外层，是一层无色透明的薄膜，坚韧并富有弹性，其总量为细菌干重的 $10\%\sim25\%$。其功能是使细菌保持一定的外形，并保护菌体免遭渗透作用的破坏。细菌一般生活在低渗环境中，水可通过细胞膜进入细菌体内。正常情况下，革兰阳性菌体内的渗透压可达 $20\sim25$ 个大气压，革兰阴性菌也有 $5\sim6$ 个大气压的渗透压，若没有细胞壁的保护作用，细胞膜将不能承受这样大的压力，细胞会膨胀并最终破坏或损伤。细胞壁还保护细菌免受有毒物质的损害，同时也是多种抗菌药物作用的靶点。它的化学组成主要是肽聚糖等蛋白质、类脂质和多糖等复合物，随菌体不同而有差异，如大肠杆菌的细胞壁由类脂和蛋白质组成，金黄色葡萄球菌的细胞壁由甘油、磷酸、蛋白质组成。

（二）细胞膜

细胞膜又称细胞质膜，位于胞壁之内，紧包于细胞质。它由双层磷脂和蛋白质镶嵌排列而成，其化学组成主要为脂类、蛋白质和核糖核酸。它具有半透性，与细胞壁一起维持细胞的通透性，具有物质转运与吸收营养物质、调节菌体内外环境平衡的功能。

（三）细胞质

细胞质是细菌的基础物质，呈溶胶状态，为细菌进行新陈代谢的重要场所。细胞质的基本成分为水（细菌质量的 70% 是水）、蛋白质、核酸（核糖核酸及去氧核糖核酸）和脂类，也含有少量的糖和无机盐，并含有一系列的酶系统。它们共同参与细胞内的合成、分解、氧化、还原反应，更新细胞内部结构和成分，维持菌体的生长、代谢等活动。

（四）核质

细菌的细胞核没有核膜、核仁，没有固定形态，这是原核生物和真核生物的主要区别。由于细菌的核比较原始，故一般细菌的核称为原始形态的核或称拟（类）核。细菌核物质的主要成分是脱氧核糖核酸（DNA），它实际上是与高等生物细胞核功能相似的核物质，故又称染色质体或细菌染色体，其成分还有蛋白质、磷脂、糖原和酶类等。它控制着细菌的各种遗传性状，在繁殖活动中起着重要作用。细菌的裂殖首先从细胞核开始，然后再形成细胞膜和细胞壁。

（五）细胞壁外部结构

有些细菌细胞壁外有多种结构，主要包括荚膜、菌毛、鞭毛和芽孢等，其功能主要是提供保护、黏附物体和帮助细胞运动。在无菌医疗器械生产中具有意义的是芽孢结构。

某些细菌，生长到一定时期或当外环境条件恶劣时（如当营养缺乏，特别是碳源和氮源缺乏时，细菌生长繁殖减速，启动芽孢形成基因），菌体失去大部分水分，细胞浆逐渐浓缩，形成圆形或椭圆形的特殊结构，称芽孢。芽孢的折光性强，壁厚，不易着色，染色时须经媒染、加热等处理。产生芽孢的杆菌有需氧性芽孢杆菌属和厌氧性梭状芽孢杆菌属。细菌芽孢具有各种不同的类型，如图 5-2 所示。各种细菌芽孢产生的位置、形状、大小因菌种而异，有重要的鉴别和分类学意义。如枯草杆菌的芽孢和蜡样芽孢杆菌的芽孢位于菌体的中央，卵圆形，比菌体小；破伤风梭菌的芽孢则位于菌体的一端，正圆形，直径比菌体大，使菌体呈鼓槌状。

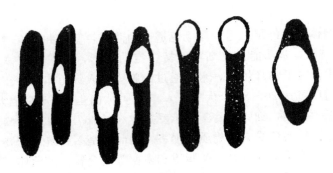

图 5-2　细菌芽孢的各种形态

芽孢代谢率极低，处于休眠状态，可保护细菌度过不良环境。一旦条件适宜（如水分、营养物质、温度、氧浓度等），芽孢即可被激活发芽，开始进入活跃的生物合成期，回复形成繁殖体，然后进行生长繁殖。芽孢不能繁殖，一个芽孢只能形成一个菌体。

芽孢对外环境的各种因素（低温、高温、干燥、辐射、光线及化学药品等）具有强大的抵抗力。杀灭芽孢要比杀死细菌繁殖体困难得多。如杆菌的繁殖体一般在 70 ℃ 即死亡，而芽孢却能耐受高温。枯草杆菌芽孢在 100℃ 沸水中可存活 1 小时；破伤风杆菌和肉毒杆菌芽孢可耐受 3 h 的煮沸。有的芽孢能保持十年或数十年而不丧失活性。芽孢之所以有较强的抵抗力，除与外面包有致密不透水的外膜有关之外，还与原生质的脱水浓缩以及含有 2，6 - 吡啶二羧酸、丰富的脂类物质和较多的金属离子尤其是 Ca^{2+} 等有关。

因此，在日常的消毒灭菌中，均选择芽孢菌作为生物指示剂。如辐照灭菌中，曾选择短小杆菌芽孢；热力灭菌中，选择嗜热脂肪杆菌芽孢；环氧乙烷消毒灭菌中，采用枯草杆菌黑色变种芽孢。

第二节　细菌的生长条件、代谢与营养

一、细菌的生长条件

（一）营养物质

营养物质是细菌新陈代谢和生命活动的物质基础。细菌的营养物质主要有水、氮、碳、无机盐及生长因子等，细菌依靠这些物质合成菌体成分，获得所需能量及调节新陈代谢。细菌是单细胞生物，其营养的摄取和吸收主要依靠细胞膜的功能来完成。

（二）酸碱度

大多数细菌的最适酸碱度为中性或弱碱性，即 pH 值为 7.2～7.6，少数细菌需要在较酸或较碱的环境中生长繁殖。

（三）温度

温度是细菌生长的重要因素之一，各种细菌的适宜温度范围相差很大，据此而有嗜热菌（56～60 ℃）、嗜温菌（20～40 ℃）及嗜冷菌（10～20 ℃）之分。大多细菌为嗜温菌，一般细菌的培养采用37 ℃。各国药典规定需氧、厌氧菌的培养温度为30～35 ℃；霉菌的培养温度为20～25 ℃。我国药典2015年版终于与国际接轨。

（四）气体

与细菌生长繁殖有关的气体主要有氧气和二氧化碳。根据细菌对氧气的需求不同，将其分为3类：

（1）专性需氧菌：必须在有氧的环境中才能生长繁殖，如结核杆菌。

（2）专性厌氧菌：必须在无氧条件下才能生长；在有氧情况下则其生长反受抑制，如破伤风杆菌。

（3）兼性厌氧菌：有氧、无氧均可生长，但在有氧情况下更为有利，如葡萄球菌、大肠杆菌和绿脓杆菌。

二、细菌的新陈代谢及其产物

细菌和其他生物一样，为了维持其生命活动，必须进行新陈代谢，即进行同化作用和异化作用。同化作用是指将吸收的营养物质合成菌体成分，是需要能量的过程。异化作用是指将菌体或培养基中的各种物质分解，是生成能量和各种代谢产物的过程。由于细菌小，故与周围环境间的物质交换迅速，吸收和排泄也快，因此代谢活跃，繁殖率高。

细菌在生长繁殖（新陈代谢）过程中可产生大量的代谢产物：① 分解糖类产生酸和气体（乳酸、CO_2、H_2）；② 分解蛋白质产生吲哚、硫化氢等；③ 有的细菌可产生酶，如金黄色葡萄球菌产生血浆凝固酶，产气荚膜杆菌产生卵磷脂酶；④ 有的细菌产生色素，如绿脓杆菌产生荧光绿色素，葡萄球菌产生金黄色、白色、柠檬色色素。利用以上特征可以鉴别细菌种类。

细菌还可合成毒性物质，即毒素。毒素又分内毒素和外毒素。外毒素是细菌（主要是革兰阳性细菌）在存活过程中分泌于体外的一种蛋白质，有强烈的毒性作用，如白喉杆菌、破伤风杆菌都能产生外毒素。内毒素一般指革兰阴性细菌的细胞壁外部的一种成分，其化学成分是磷脂、多糖、蛋白质化合物。这些成分在细菌存活时不分泌至体外，只有当菌体自溶或被人工破坏（如消毒灭菌）裂解后才释放出来。内毒素性质稳定，耐热，如大肠杆菌、伤寒杆菌、绿脓杆菌等均具有内毒素。

热原质是细菌在代谢过程中合成的一种脂多糖，存在于细菌的细胞壁中。当这种物质注入人体或动物体内时，即能引起发热反应，故名热原质。

三、细菌的人工培养

了解了细菌生长的条件，即可采用人工的方法培养细菌，以利更好地研究、控制微生物。如车间内空气中微生物的测定、医疗用品原始污染菌的计数、生产人员手部卫生学调查以及制造环境的菌谱调查，即是利用细菌的生长条件和特性进行的人工培养。

（一）培养方法

细菌的培养只需提供充分的营养、合适的pH值、温度和必要的气体环境，细菌即可生长繁殖。通常培养的方法是将细菌接种在适当的培养基上，37 ℃温箱培养18～24

小时，即可用肉眼观察细菌生长的情况。

（二）培养基

按培养基的用途可分为下列 4 大类。

1. 基础培养基

基础培养基含细菌所需要的基本营养成分，可供多数细菌使用。主要由牛肉膏（0.3％）、蛋白胨（1％）、氯化钠（0.5％）、磷酸盐和水等配制而成，pH 值 7.2～7.6，此为液体培养基。若加入凝固剂，如 2％～3％琼脂，使其固态化，即为固体培养基，细菌经接种后可形成肉眼可见的菌落，如营养琼脂培养基。若加 0.1％～0.5％琼脂，则为半固体培养基，常用于观察细菌动力或保存菌种，如普通肉汤半固体培养基。

2. 营养培养基

在基础培养基中加入特殊营养物质，如血液、腹水、葡萄糖等，即制成营养培养基，可为某些细菌提供特殊营养，如血平板等。

3. 选择培养基

选择培养基利用细菌对某类化学物质敏感性不同，选择性抑制某些细菌而有利于欲选细菌的生长，从而达到分离的目的，如水质检查中的品红亚硫酸钠培养基、伊红美蓝培养基等。

4. 鉴别培养基

细菌具有不同的生化反应特性，可利用鉴别培养基加以区别，如糖发酵实验用的含糖含指示剂培养基、硫化氢生成实验用的醋酸铅培养基等。

（三）细菌在培养基中的生长情况

1. 液体培养基

将细菌接种到液体培养基中，大多数细菌的生长呈现均匀、浑浊的状态；少数呈链状的细菌如链球菌、炭疽芽孢杆菌等可呈沉淀生长；枯草芽孢杆菌和铜绿假单胞菌等专性需氧菌多生长在液体表面，形成菌膜。

2. 半固体培养基

在半固体培养基上，无动力（无鞭毛）的细菌可沿穿刺线生长，呈明显的线形，周围培养基仍透明澄清。有动力（有鞭毛）的细菌可向穿刺线四周运动弥散，呈羽状或云雾状浑浊生长，穿刺线模糊不清。故半固体培养基可用于检查细菌有无动力。

3. 固体培养基

将细菌划线接种于固体培养基表面，由于划线的分散作用，许多混杂的细菌可在培养基表面散开，经一定时间培养，可繁殖成一个个肉眼可见的菌落。一般情况下，1 个菌落由 1 个单独细菌经不断分裂繁殖堆积而成，故 1 个菌落属 1 个细菌的后代，是纯种。由于细菌种类、菌龄以及培养基的成分等因素的不同，菌落大小、形状（露滴状、圆形、菜花样、不规则形状等）、突起或扁平、凹陷、边缘（光滑、波形、锯齿状、卷发状等）、颜色（红色、灰白色、黑色、绿色、无色、黄色等）、表面（光滑、粗糙等）、透明度（不透明、半透明、透明等）及黏度等也不一样。因此，菌落的形态特征也是识别细菌以及细菌分类的重要依据之一。另外，根据培养基上菌落的数目，也可计算样品（水、物体表面、空气等）中的活细菌数。

第三节 微生物在自然界的分布

微生物适应环境的能力很强，在自然界中分布极为广泛，土壤、空气、水、人、动植物体及其与外界相通的腔道中，均存在着微生物。

一、土壤中的微生物

土壤，尤其是开发后的土壤，因含有多种适宜微生物生长繁殖的有机物、水分、空气、无机盐，且具有适当的酸碱度，故有多种微生物能在土壤中生存。土壤中的微生物包括细菌、放线菌、酵母菌、螺旋体、病毒等。其中以细菌含量为最多，占70%～90%。其次为放线菌和霉菌。据统计，每克肥土含菌几亿至几十亿个，每克贫瘠的土中也含有几百万至几千万个细菌。人和动物肠道内排泄的微生物可污染土壤。在土壤中的微生物生存时间较长，如具特殊构造的芽孢菌（如破伤风杆菌、炭疽杆菌等）生存时间可达数年或数十年。土壤中的微生物是空气、水中以及环境污染的最重要的来源之一。

二、空气中的微生物

空气中的微生物主要来源于土壤或人和动物的呼吸道、口腔。其数量随人和动物的密度、活动程度（尘土被搅动的情况）以及温度、湿度、风力等因素而异。空气中因缺乏营养物质，微生物在其中不能繁殖与久留，只有抵抗力较强的微生物，如芽孢杆菌、八叠球菌、葡萄球菌以及真菌（如青霉菌、曲霉菌、毛霉菌等）存活时间较长。

空气携带细菌主要有两种方式：一是细菌可附着在尘土上（细微颗粒），长时间浮游在空气中；二是细菌在人咳嗽、打喷嚏、说话、呼吸时通过口腔、鼻腔部喷出的飞沫（大多数飞沫直径为 $4\sim8~\mu m$）可长时间浮游在空气中，飞沫的水分蒸发后便成为飞沫核，直径缩至 $1\sim2~\mu m$，附着的微生物随气流悬浮不定。空气中微生物是医疗用品制造中污染的重要来源之一，因此必须做好空气的清洁卫生和消毒管理工作。

三、水中的微生物

河水、池塘水、湖水甚至地下水均含有微生物。在水中发现的微生物种类繁多，细菌分类学上的47科中就有39科细菌在水中可以找到。水中微生物大部分来自土壤，一部分来源于空气和动植物体。在多雨季节，地面的微生物被冲入河水中，此时水中的微生物含量大增。一般来讲，地面水因受土壤、生活污水、人畜排泄物等污染的机会多，故含有的细菌也较多。池塘和贮水池的水，由于日光中紫外线的作用，微生物随固形颗粒下沉，加之有机物缺乏、原生物的吞食及噬菌体的作用，使细菌数逐渐减少，这叫水的自净作用。水源的污染程度通常根据大肠杆菌的数目和细菌总数的多少来判定。测知水源的污染程度，对于我们选择水源，用于医疗用品的生产具有重要意义。

四、人体常见的微生物

在人的皮肤和与外界相通的黏膜腔道中，都有微生物的生长繁殖。这些存在于人体各部位的微生物，与宿主长期保持着共生与互生的关系，通常称之为正常菌群或正常人体常居菌。一般情况下，正常菌群的存在对人体是有益的，如肠道中的大肠杆菌，可以合成核黄素、维生素 B_{12}、维生素 K 及多种氨基酸等人体不可缺少的营养物质，还能干扰和抵抗其他病原微生物对宿主的侵入。但某些正常菌群，在人体抵抗力下降，或当一些微生物异位侵入某些组织时，都可以引起人体疾病，这些细菌通常称为条件致病菌。现将人体各部位存在的主要菌群分述如下。

1. 皮肤菌丛

人皮肤上的细菌体与个人卫生及环境情况有关。虽然人们经常清洁皮肤，但由于人类不断参加生产活动，频繁接触周围被污染的环境和物体，存在于皮肤深层（如毛囊、汗腺、皮脂腺）的微生物（图 5-3）又不易除去，因而在人体排汗降温时，会不断向外排放细菌污染环境、物品。

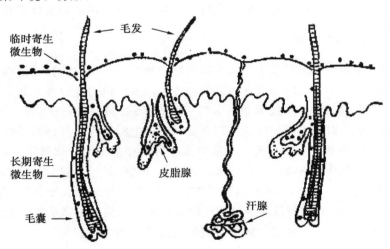

图 5-3　皮肤上微生物寄生示意图

因此，对于从事医疗用品生产的人员来讲，特别是直接接触医疗用品的人员，必须经常定时清除皮肤表面的微生物。一般皮肤常见菌丛有金黄色葡萄球菌、白色葡萄球菌、大肠杆菌、类白喉杆菌、八叠球菌、变形杆菌及真菌等。脸、颈部的皮肤，由于手的媒介常沾染口鼻部的微生物。皮肤的脂肪和蜡质分泌物内，常有亲脂性酵母，而头皮及光洁无毛的皮肤上可能存在各种霉菌。

2. 呼吸道菌丛

正常人的气管、支气管和肺部基本上是无菌的。鼻腔内常见的细菌为金黄色葡萄球菌、白色葡萄球菌、类白喉杆菌、草绿色链球菌。鼻咽部含菌较多，常见的为草绿色链球菌和革兰阳性球菌，并有少数类白喉杆菌和葡萄球菌。一些病原微生物如肺炎双球菌、脑膜炎双球菌、溶血性链球菌、流感杆菌也常存在于恢复期病人或健康带菌者鼻咽部。所以，有上呼吸道感染症状（咽炎，支气管炎，卡他症状如咳嗽、喷嚏）的人均不宜进洁净工作室。

3. 口腔菌丛

口腔中有适宜的温度，并含有食物残渣、脱落上皮和黏液等，是微生物生长繁殖的良好场所。口腔中的细菌种类很多，且数量变化也大。常见的为革兰阳性球菌、奈氏球菌、乳酸杆菌、梭状芽孢杆菌、螺旋体、白色念珠菌、类白喉杆菌。正常说话时，常见喷出的细菌是腐生的绿色链球菌类。

4. 胃肠道菌丛

健康人无食物的胃内通常无菌。唾液及鼻咽分泌物中的细菌随食物进入胃中，或被胃酸杀灭，或很快进入肠道。小肠中菌量很少，主要是肠球菌。大肠因含有已被消化的食物残渣，具有适宜的酸碱度和温度，适宜于细菌的生长繁殖。少数健康人肠道中带有病原菌，如痢疾杆菌、伤寒杆菌和其他病原性沙门菌。这些带菌者能传染他人，故带菌者也不宜进洁净车间。人体微生物分布见表5-1。

表 5-1　正常人体微生物的分布部位

部位	主要微生物的种类
口腔	白色葡萄球菌、绿色链球菌、类白喉杆菌、梭形杆菌、螺旋体、真菌
胃	一般无菌
肠	大肠杆菌、产气杆菌、变形杆菌、葡萄球菌、粪链球菌、产气荚膜杆菌、破伤风杆菌、真菌、腺病毒
鼻咽腔	葡萄球菌、绿色链球菌、类白喉杆菌、卡他球菌、绿脓杆菌、大肠杆菌、变形杆菌、副大肠杆菌、变形杆菌、腺病毒
尿道	（男）前尿道：白色葡萄球菌、类白喉杆菌 （女）无菌或少数革兰阳性菌
皮肤	葡萄球菌、类白喉杆菌、大肠杆菌、变形杆菌、真菌
阴道	乳酸杆菌、白色念珠菌、类白喉杆菌、大肠杆菌
外耳道	葡萄球菌、类白喉杆菌、绿脓杆菌、非病原性抗酸菌
眼结膜	白色葡萄球菌、类白喉杆菌、结膜干燥杆菌

了解微生物在自然界的分布，对于理解无菌医疗器械生产过程的卫生学管理，树立无菌观念具有十分重要的意义。在无菌医疗器械生产过程中，应采取一切方法避免微生物的污染（无菌操作），采取一切有效措施进行微生物控制（综合措施的消毒灭菌如紫外线灭菌、化学消毒剂熏蒸以及洁净厂房建造等），只有这样才能生产出符合卫生要求的产品。

第四节　细菌形态的检查

　　根据细菌形态、结构和染色反应性可大致决定其种属，因此，细菌形态学检查是细菌分类和鉴定的基础。如革兰染色后，可分辨出细菌是革兰阳性菌还是阴性菌，是球菌还是杆菌，能否形成芽孢（因芽孢壁厚、折光性强、不易着色等，故可在显微镜下加以识别）。所以，此法可协助查明车间、医疗器械及各种操作环节中的常见污染菌。若污染了大量的革兰阴性杆菌，则发生热原反应的可能性亦大，应及时查明原因，加以防范；若污染了形成芽孢的细菌，由于该型菌类抵抗力强，必须采用灭菌剂进行灭菌处理。

一、检查工具

　　一般形态学检查中，最常用的仪器是光学显微镜。它是采用自然光或灯光为光源，其波长 $0.4~\mu m$，在最佳的条件下，显微镜分辨率为波长的一半，即为 $0.2~\mu m$。而肉眼所能看到的最小物体直径为 $0.2~mm$，故在普通显微镜下用油镜放大 $1\,000$ 倍，可将直径 $0.2~\mu m$ 的微粒放大成直径 $0.2~mm$，能使人眼所见。一般细菌直径都大于 $0.2~\mu m$，在普通显微镜下均可清楚看到。为提高观察效果，观察更小的微生物，还可用暗视野显微镜、荧光显微镜、相差显微镜及电子显微镜等。

二、不染色标本的检查

　　为观察生活状态下细菌的形态及运动情况，可直接采用不染色标本。一般常用悬滴法（将涂有标本的凹玻片覆以盖玻片）或压滴法（将菌液放于载玻片上，以盖玻片压住），在普通显微镜下主要靠细菌的折光率和周围环境的不同来进行观察。有鞭毛的细菌运动活泼，如用暗视野显微镜或相差显微镜观察则效果更好。检查动力时，须注意区别细菌真正的运动与分子运动（或称布朗运动）。

三、染色标本的检查

　　如上所述，细菌形态、排列以及特殊结构等，不同细菌各有其特点，这对鉴别细菌具有一定帮助，但必须借助光学显微镜和染色方法，因为菌体是无色半透明的，而且某些部分如鞭毛等，不经染色是看不到的。

　　细菌的蛋白质是兼性电解质，在不同的 pH 值时可带不同的电荷，在等电点时所带阳性电荷与阴性电荷相等。细菌的导电点较低，革兰阳性菌的等电点为 pH 值 $2\sim3$，阴性菌为 pH 值 $4\sim5$，故在近于中性的环境中，细菌多带阴性电荷，易与带阳性电荷的碱性染料结合而着色。因此，细菌染色多用碱性苯胺染料，如美蓝、碱性复红、龙胆紫等。

　　染色法可分为单染与复染两种。单染只用一种染料染色，如美蓝、复红，可观察细菌大小、形态与排列形状，但由于细菌均染成同一颜色，不能鉴别。复染采用两种或以上染料染色，可将菌染成不同颜色，便于鉴别细菌，常用者有革兰染色法等。有关内容可参见微生物实验部分。

第五节 医疗器械微生物监测应用

从事医疗器械行业的人员，学习微生物学基本理论知识的目的，是在医疗器械生产实践过程中，更好地理解和掌握微生物的来源、分布以及如何预防和减少微生物的污染。通常，我们知道，医疗器械的生产存在三大污染要素，即材料、环境和人员的污染。为此，医疗器械生产管理规范和标准中规定了一系列的措施、要求和检测方法，其最终目的是将微生物的污染数降至最低。如洁净厂房建造，车间、环境、人员消毒灭菌方法的应用，生产人员进入净化车间的净化程序，各工序中无菌操作方法，均是针对减少微生物的有效方法和操作。数十年来，编者为配合生产企业质量管理，进行了系列检测，现将实测数据逐一列举，这对企业的生产实践可能有借鉴意义。

在检测与管理实践中，编者历经了诸多的案例，如 20 世纪 80 年代报道的霉菌事件，即产品存放过久滋生了大量的霉菌，致使灭菌使用后引发了 20 余例病人严重的热原反应。因此，应严格控制灭菌前微生物数量（生物负载数），加强生产过程中卫生学管理和监测，这对医疗器械临床的安全使用有着十分重要的意义。现将部分卫生学管理和监测结果简述如下。

一、车间内空气细菌数量的控制

生产环境（空气）细菌含量的多寡，直接影响到医疗用品的生物负载。数十年来，编者协助厂方管理和监测生产车间，从简陋的半封闭式厂房发展到目前的十万级洁净厂房。然而，在管理中发现，不论何种厂房，其空气洁净度均受到多种因素的影响，尤其是较多生产人员的进入，会导致动态下细菌数的波动，见表 5-2。

表 5-2　净化车间连续 11 个班次静、动态细菌数变化

车间号	静态 （CFU/m³）	动态（CFU/m³）			
		1 h	2 h	3 h	4 h
1	324	885	1 058	1 200	1 250
2	312	629.5	300	914	750
3	491	721	1 091	1 200	1 112

注：此表为 1988 年数据。

因此，加强综合措施的治理，包括日常的清洁卫生工作，紫外线对空气及表面消毒，化学剂的熏蒸，以及健全的现代组织管理系统与掌握现代技术知识的生产人员的配合是必需的。厂家企业净化车间消毒前后空气抽样细菌数比较如表 5-3 所示。

表 5-3　7 家企业净化车间消毒前后空气抽样细菌数比较

抽样检查次数	综合措施前（CFU/m³）		综合措施后（CFU/m³）	
	几何均数	全距	几何均数	全距
26	3 465.58	650～25 997	323.30	125～765

二、输液（血）器管内细菌数的测定

严密控制每一道生产工序，可使医疗用品灭菌前的生物负载大大降低，见表5-4。有3/4的生物负载仅0～1 CFU菌数。

表5-4 118批1 300余支输液（血）器管内细菌数

菌数（CFU/支）	0～1	2～3	4～5	6～7	8～9	≥10
所占百分数（%）	75.4	15.1	3.5	3.0	1.5	1.5

三、生产现场菌谱调查及污染微生物生物抗性的研究

为正确选择剂量及提高灭菌效果，编者对生产现场的菌谱进行了调查，发现较多的是革兰阳性球菌及革兰阳性芽孢杆菌，其次为霉菌、革兰阴性杆菌。收集菌株进行抗辐照力的测定，未发现高辐射抗性微生物的存在，见表5-5。

表5-5 生产现场分离菌株对辐照抗性的测定

菌种	辐照前菌数	辐照剂量（kGy）						
		25	20	15	12	8	5	3.5
葡萄球菌	9.4×10^7	—	—	—	—	—	+	+
大肠杆菌	3.2×10^5	—	—	—	—	—	—	+
枯草杆菌	1.3×10^7	—	—	—	—	+	+	+
G⁺芽孢杆菌	2×10^6	—	—	—	—	—	+	+
四联球菌	2×10^5	—	—	—	—	—	+	+
短小杆菌 E601	3.7×10^7	—	—	—	+	+	+	+

四、工作台面、用具以及手等细菌学监测

对生产人员手指掌面及工作台面等的监测，显示了不同程度的带菌情况，应采取经常性的监测以及努力提高生产人员素质，并配合必要的措施。监测结果见表5-6。

表5-6 工作台面、手及用具带菌情况

品　名	检查数	带菌数（CFU/cm²）			
		<1	1～5	6～10	≥11
工作台面	55	42（76.4）*	10（18.2）	3（5.4）	—
手指掌面	130	55（42.3）	43（33.1）	10（7.7）	22（16.9）
用具**	13	9（69.2）	3（23.1）	1（7.7）	—

注：* 括号内为构成比；** 剪刀、吸球、盘、杯等。

五、D_{10}值确定

D_{10}值（杀灭 90% 菌所需的剂量或时间）的确定，无论是在环氧乙烷灭菌方法中还是在辐照灭菌方法中，都是极有意义的，它可以帮助我们了解和掌握灭菌产品中是否存在耐环氧乙烷、耐辐照微生物。例如在我国制品中发现的砖火丝菌（pyronema）就是一种耐辐照的霉菌。

为确定最小灭菌剂量及最大保险系数，编者对枯草杆菌（生产现场分离）、短小杆菌芽孢及蜡样杆菌芽孢（生产现场分离）进行了 D_{10} 值的测定（图 5-4）。

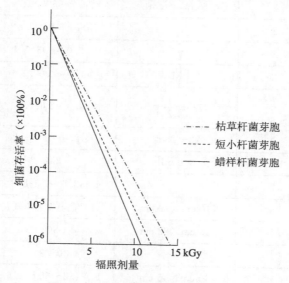

图 5-4 不同剂量下 3 种菌的生存曲线

本次实验得枯草杆菌芽孢 $D_{10} = 2$ kGy；蜡样杆菌芽孢 $D_{10} = 1.8$ kGy；短小杆菌芽孢 $D_{10} = 1.9$ kGy。这些数据为灭菌条件的确定提供了依据。

六、不同医疗产品的初始污染菌、回收率、辐照灭菌剂量设定

编者依据 ISO 11737 和 ISO 11137 标准完成了 15 种医疗产品的初始污染菌回收率校正因子和 D_{10} 值测定及辐照灭菌剂量设定（表 5-7），并根据验证剂量 SAL 10^{-2} 辐照 100 件产品（表 5-8），经无菌检查法评估，统计学验证均获得通过。在研究中，我们注意到各类医疗产品的初始污染菌数量存在着明显的差别。究其原因，除医疗产品存在大小不同外，生产过程中三大污染要素（原料、环境和人员）的控制可能也是重要的原因，如 7 家企业生产的相同规格的腹部垫初始污染菌数差别竟达 33 倍。因此，加强生产过程中每一环节、每一步骤的卫生学管理和监测，尽量将微生物的污染减少到最低限度，可能亦是生产企业面临的重要课题。初始污染菌的控制之所以重要，是因为医疗产品特别是关键性医疗产品，灭菌后须进入人体血液或无菌部位，无论采用何种灭菌方法，微生物是被杀死了，但其尸体、毒素依然存在，其仍可引起人体的热原反应和异常反应。2016 年 6 月，美国 FDA 颁布了 ISO 10993-1，基于风险管理程序中的评价和测

试，最终版本导则规定了除接触皮肤和短期黏膜接触的医疗产品外，其他医疗产品都需要加测热原试验，这就进一步证明初始污染菌污染控制是何等重要。对于上述污染严重的产品，虽然通过了剂量设定及无菌检查，但现今规定的热原试验未必能通过。为通过热原试验，企业必将付出更大的人力和物力。

表 5-7　不同医疗产品初始污染菌和回收率的检测情况

产品名称	测定数	规格	初始污染菌数范围	回收率（%）
创可贴	3	—	36.7～131.4	68.9～78.1
不黏垫	2	5 cm×5 cm	24.7～579.04	75.7～78.7
组合绷带	2	—	348.1～1 215.8	60.6～74.6
湿纸巾	2		13.0～836.7	78.7～89.2
塑胶手套	2	M	605.0～909.7	64.9～86.9
乳胶手套	6	$7～8\frac{1}{2}$#	723.9～5 680.9	71.9～79.3
手术刀片	2	22～25#	8.6～9.5	100
PE 疫苗瓶	1	300 mL	92.2	100
消毒敷料包	2	—	1 533.0～7 388.3	68.4～69.9
纱布片	9	10 cm×10 cm	217.9～1 404.6	60.6～72.9
吸血垫	1	13 cm×22 cm	1 860	69.4
静脉输液袋	1	—	805.3	85.4
腹部垫	7	45 cm×45 cm	1 084.2～35 871.6	54.6～71.4
医用手术巾	1	67.5 cm×42.5 cm	97 271.2	68.9
手术薄膜	2	1050	4 057.6～4 697.5	66.6～71.4

表 5-8　不同医疗产品辐射灭菌剂量分布

产品名称	验证数	验证剂（SAL 10^{-2} kGy）	最低灭菌剂量（SAL 10^{-6} kGy）	>25kGy
创可贴	3	6.8～8.3	19.8～21.7	—
不黏垫	2	6.3～10.3	19.1～24.1	—
组合绷带	2	6.3～11.3	19.1～25.3	1
湿纸巾	2	5.6～10.3	18.2～24.7	—
塑胶手套	2	10.3～10.9	24.1～24.8	—
乳胶手套	6	10.6～13.4	24.5～27.7	4
手术刀片	2	5.1～5.2	17.5～17.6	—
PE 疫苗瓶	1	7.9	21.2	—
消毒敷料包	2	11.6～13.8	25.7～28.2	2

续表

产品名称	验证数	验证剂（SAL 10^{-2}kGy）	最低灭菌剂量（SAL 10^{-6}kGy）	>25kGy
纱布片	9	9.0～11.5	22.5～25.5	2
吸血垫	1	11.9	26	1
静脉输液袋	1	10.7	24.6	—
腹部垫	7	11.1～16.1	25.1～30.8	7
医用手术巾	1	17.6	32.5	1
手术薄膜	2	13.0～13.2	27.3～27.5	2

（张同成　郁　晓　刘春丽　章晶晶）

参考文献

［1］国家药典委员会. 中华人民共和国药典 四部 ［M］. 北京：中国医药科技出版社，2015.

［2］倪语星，尚红. 临床微生物与检验 ［M］. 第 4 版. 北京：人民卫生出版社，2008.

［3］殷秋华，张同成，石洪福，等. 辐照灭菌前医疗用品生产环境微生物学监测的研究 ［J］. 苏州医学院学报，1988，8（1）：46－47，60，86.

［4］张同成，殷秋华，米志苏. 一次性医疗用品的卫生学管理和监测 ［M］. 北京：原子能出版社，1989.

第六章

微粒的控制

第一节　概　述

一、微粒的研究概况

早在 19 世纪 30 年代，就有众多学者报道了微粒带来的危害，到了 20 世纪 50—60 年代，有关微粒危害的报道急剧增多，所研究的范围日趋广泛而深入，出现了许多关于使用严重污染颗粒物质的注射剂引起动物和人血管、神经系统等损害的文献，并引起了人们的普遍重视。但真正引起世界关注的还是在 1963 年，澳大利亚病理学家 Garvan 和麻醉学家 Gunner 报道了 5 家制造厂的约 200 瓶 500 mL 的生理盐水和葡萄糖注射液，含 $1\sim100~\mu m$ 的橡胶、棉花、韧皮纤维、木屑和无机杂质。他们推测大部分的污染物质来自生产过程，并报道了动物实验和接受大量输液病人肺部检查结果中发现了韧皮纤维碎片肉芽肿。美国最高卫生当局——食品药品管理局对此项工作给予高度关注，并在 1966 年就大型输液安全性问题主办了一次全国性的讨论会。到了 20 世纪 70 年代，微粒造成临床危害的观点已为医药界普遍接受，学者们研究了微粒的去除方法，制定了限量标准，并正式载入国家药典。1973 年，英国药典首先制定了颗粒物质的检查标准。在同一年，Turco 和 Davis 报道了所有类型微粒的临床意义。1975 年，美国药典也制定了颗粒限量标准，这些标准至今仍适用。他们的限量标准是根据经验制定的。

英国药典（1973 年）规定：对 500 mL 以上注射液，$2~\mu m$ 以上的微粒每毫升不得超过 1 000 个，$5~\mu m$ 以上的微粒每毫升不得超过 100 个。

此规定的限度仅适用于单剂量大型输液，而不适用于多剂量、单剂量或小剂量的以及用粉剂临时调配的注射液剂。

美国药典第 21 版（1983 年）规定小针剂单位容器内的微粒总数：每个容器内所含 $10~\mu m$ 的微粒平均数不多于 10 000 个，$25~\mu m$ 的微粒平均数不多于 1 000 个。

中国药典 1985 年版规定：每毫升输液中 $10~\mu m$ 的微粒不超过 50 粒；$25~\mu m$ 的微粒不超过 5 粒。

中国药典 1995 年版规定：每毫升输液中 $10~\mu m$ 的微粒不超过 20 粒；$25~\mu m$ 的微粒不超过 2 粒。

随着人们对微粒危害认识的不断提升，各国对药剂中微粒含量的限量要求也越来越高，这不仅反映在对微粒含量的总数量要求上，同时也反映在对微粒粒径的要求上。

至于无菌医疗器械的微粒问题，还归因于医学科学和生命科学的飞速发展，医疗器械新品种、新材料（聚合物、陶瓷、金属与合金等）不断涌现，尤其是外部接入性器械和植入性器械应用日益广泛，如一次性使用输液器、输血器、注射器、肾动脉支架、血管内导管、心脏瓣膜、冠脉支架、骨板骨钉、血透导管、血液分离器、血液过滤器、起搏电极、透析器等，它们中有的直接植入人体内，有的直接植入血管，有的接触血液，如果器械携带微粒，这些微粒将参与血液循环，直接造成对病人机体的损害。因此，无菌医疗器械的微粒问题也越来越为人们所关注。

无菌医疗器械的微粒除来源于外部的污染（生产过程环境污染、润滑剂或脱模剂污染）外，器械材料内部结构变化（医用高分子聚合体的结合是依靠分子间作用力，是非键合性的，故易自塑料中游离出来）或医疗器械的材料处于生物环境中也可能会产生降解产物。降解产物可以不同方式产生，或者是因机械作用（两个或多个不同组件之间的相对运动）、疲劳负荷、器械与环境之间相互作用而释放出来。聚合物器械上可能含有单体、低聚物、溶剂、催化剂、添加剂、填充剂和加工助剂等残留物和可沥滤物。降解产物释放的程度和速度取决于多种因素，如改变表面成分和结构的加工过程、物质从材料内部向表面迁移、生理环境的溶解性和化学成分等。

研究资料提及，软质聚氯乙烯（一次性使用输液器、输血器、导尿管等的主要原料）在加工中加入许多增塑剂，尽管是一次性使用，但在用于输液、输血时仍有增塑剂溶解到血液中，因此研究采用柔软而稳定的高分子材料来替代 DEHP（也称作邻苯二甲酸二辛酯或 DOP，是一种由 2-乙基乙醇和邻苯二甲酸酐反应生成的邻苯二甲酸酯类化合物，作为聚氯乙烯的增塑剂）。例如，用聚酯型的脂肪族直链聚氨酯作为增塑剂的聚氯乙烯（牌号为 MEDIDEX）制成的输血袋与输血导管，与普通聚氯乙烯（牌号为 PVC-F）相比，前者在 37 ℃贮血 3 周，血液中测不出增塑剂，而后者在 1 周后就有 18～75 mg/L，3 周后即达 109～109.7 mg/L。再把 MEDIDEX 经消毒后制成贮血袋，与普通聚氯乙烯贮血袋进行盛血对比，在 4 ℃经 28 天，血液中红细胞数、白细胞数、血小板数和红细胞形态等两者均无差异，但从血浆中增塑剂的含量看，前者测不出，后者则含有 63.5～93.2 mg/L。这种增塑剂进入人体定会给人体带来不良影响。

由于在 PVC 中所使用的 DEHP 和其他邻苯二甲酸酯类增塑剂并不是以共价键的形式与聚合物进行连接的，因而在一定的媒介接触条件下增塑剂可以发生浸出现象。邻苯二甲酸酯增塑剂在水中是不溶的，但是可以很容易地与血浆、唾液等有机溶剂混合，这就可能导致病人在常规的医疗操作中（例如，输血、使用呼吸管或者导尿管的过程中）摄入或者吸收一定量的邻苯二甲酸酯增塑剂。

对此，在 ISO 10993《医疗器械生物学评价》中对新材料提出了降解产物检测的标准，如 ISO 10993-9《潜在降解产物的定性和定量框架》、ISO 10993-13《聚合物医疗器械的降解产物的定性和定量》、ISO 10993-14《陶瓷降解产物的定性和定量》、ISO 10993-15《金属与合金降解产物的定性和定量》、ISO 10993-16《降解产物和可溶出物的毒代动力学研究设计》和 ISO 10993-17《可沥滤物允许限量的建立》。将以上列出的项目用于某些医疗器械产品的筛检十分必要。

我国《医疗器械生产质量管理规范无菌医疗器械实施细则》中也对微粒做了详细明确的规定，即从原材料、制造工艺、设备、环境等源头减少污染和去除污染。如"第四十五条　在生产过程中必须进行清洁处理或者从产品上去除处理物时，生产企业应当将对产品进行清洁的要求形成文件并加以实施。对无菌医疗器械应当进行污染的控制，并对灭菌过程进行控制"；"第四十八条　生产设备所用的润滑剂、冷却剂、清洗剂及在洁净区内通过模具成型后不清洗的零配件所用的脱模剂，均不得对产品造成污染"；"第五十条　进入洁净室（区）的物品，包括原料和零配件等必须按程序进行净化处理。对于须清洁处理的无菌医疗器械的零配件，末道清洁处理应当在相应级别的洁净室（区）内进行，末道清洁处理介质应当满足产品质量的要求"。

又如，我国于 1986 年起开始生产推广使用的一次性输液器，GB 8368 标准中较早提出了微粒限制的标准：微粒污染应不超过污染指数，药液过滤器对标准粒子（20±1）μm 微粒的滤除率不少于 80%。但这些标准仅对较大粒径的微粒制定了滤除指标，而对 10 μm 以下的微粒未做任何限量的规定。

目前国内一次性输液器上使用的药液过滤器滤材尚不统一，过滤效率低，如应用最广的聚丙烯无纺布滤器材质，粗糙滤面在 4 倍物镜视野下可以看到纤维呈无序排列且不够致密，结构比较松散，其少量纤维会随溶液而脱落。国内已经有研究者开展了该方面的研究工作，采用 GWF-7J 微粒分析仪对不同品牌的输液器药液过滤器进行微粒脱落试验，由于滤材的选择差异，存在微粒脱落超标的现象。另外，还有观察统计临床输液反应发生的报道。

总之，随着外部接入性器械和植入性器械的推广应用，临床医疗中医疗器械微粒污染的风险和伤害正在显现，应引起医疗器械监管部门的足够重视。

二、微粒定义及分类

1. 定义

所谓微粒，是指那些外来的（生产或应用中）、非溶性的、直径 1～50 μm、肉眼不可见的、易动性的、非代谢性的有害粒子。微粒进入血管会导致急性、亚急性、慢性输液污染性疾病。微生物（包括其尸体、碎片）也是一种微粒物质，而且是一种具有特殊药理活性作用的微粒。

2. 微粒的类型

微粒和热原一样，广泛存在于水、空气、人员和生产环境中。常见的有以下几种类型：

（1）黏土微粒：直径最大为 2 μm，在原水中无处不有。黏土有极强的吸附能力，它可以吸附重金属（如铅、铜、铬、锌、镉）和农药等，并能运载及释放有害物质。

（2）尘埃：包括燃烧不完全的烟（煤）尘、SO_2 和其他粉尘。

（3）有机微粒：腐殖质、病毒、细菌、真菌孢子的尸体和碎屑、藻类、植物花粉、昆虫的毒毛等。

（4）其他微粒：橡胶、塑料（增塑剂、助剂等）、炭黑、纸屑、棉纤维、金属等。在多种医疗用品、器械和大输液中已观察到的有金属、橡胶、炭颗粒、碳酸钙、氧化锌、棉纤维、纸屑、黏土、玻璃屑、细菌、真菌孢子、滑石粉颗粒、脂肪栓等微粒。

第二节 微粒的危害

一、炎症反应

微粒进入人体后，可随血液循环，引起血管内壁刺激损伤，使血管壁正常状态发生改变，变得不光滑，引起血小板的黏着，血栓形成，造成局部堵塞及供血不足，组织缺氧而产生水肿和静脉炎症。研究表明，输液中微粒含量的多少与静脉炎的发生有关。

当大于毛细血管直径的微粒输入人体后，会直接造成毛细血管栓塞，导致水肿和炎症，造成循环障碍，引起器官功能衰竭，甚至会直接危及生命。小动脉的阻塞会抑制氧化代谢或其他代谢活动，导致细胞损伤和器官坏死。

1975 年，Deluca 等证实临床输液导致静脉炎与药液中的微粒有关。

二、肉芽肿

当微粒物质通过血液循环侵入心、肺、脑、肝、肾、脾等组织时也会引起这些组织的栓塞和巨噬细胞包围、增殖，以及红细胞聚集在微粒周围使体积增大，从而造成肉芽肿。肉芽肿是机体的一种增生反应。在人脑组织动脉瘤壁内发现有淀粉和纤维素造成的肉芽肿。肉芽肿可直接干扰这些脏器的机能，甚至危及生命。

人体最小的毛细血管直径为 $5.0\ \mu m$ 左右，人们曾认为只有大于 $5.0\ \mu m$ 的微粒才可能阻塞毛细血管，而今已有定论：微粒的危害及其致害程度不仅与微粒的数目和大小有关，而且与微粒的理化性质和空间构型有关。小于毛细血管直径的细小微粒也可以引起肉芽肿。微粒异物特别是纤维，容易刺激组织增生形成肉芽肿，而肺脏是主要受害部位。

早在 1955 年就有报道，在 210 例患肺血管肉芽肿的小儿尸检中发现有 19 例是由纤维所引起的。这些病例的共同点是，他们生前都曾大量使用静脉输液。研究人员认为，纤维是由输液所引入，随血流进入肺毛细血管，引起巨噬细胞增殖而造成肉芽肿。

有人研究过液体内的微粒对动物和人的危害，他们给兔耳静脉注射带微粒的生理盐水，$8 \sim 16$ 天后分别解剖兔，取两肺切片观察，在显微镜下可见到肺部组织有肉芽肿，在偏振光下能明显看到埋在组织中的纤维。据推算，给兔注射 500 mL 带微粒的液体，可在两肺内产生散在性肉芽 5 000 个。另有一位 25 天的新生儿因肠炎而死亡，他在治疗后期曾接受输液 2 700 mL，经验尸，在其肺病理切片中发现与上述动物相似的肉芽肿。

三、栓塞

成人毛细血管直径为 $6 \sim 8\ \mu m$，婴儿毛细血管直径仅为 $3\ \mu m$。当较大的微粒输入人体时经血液循环，将直接堵塞毛细血管。微粒堵塞的部位容易发生在脑、肺、肾、肝或眼底，从而造成这些部位不同程度的坏死或损伤，若发生在眼部和肺部可造成眼中央视网膜动脉和肺动脉闭锁不全等疾病。

在电子显微镜下观察，微粒可以导致血管内沉积，血小板聚集，形成微栓。这种微栓不会变成固定的血栓，但会造成一过性栓塞。又因为机体有一种保护性免疫反应——纤维溶解反应，可以将微栓清理，于是白细胞解体，微粒继续游动。

1963年，有学者报道了棉花纤维引起的脑血管梗死。他们对曾做过颈动脉血管造影而死亡的病人的脑、脊髓等进行镜检时，发现12例有因纤维引起的损伤，其中10例有血栓，8例在软脑膜小动脉内、枕叶小动脉内和中脑外周分布有微粒异物，1例脑枕顶连接部位左上方的软脑膜动脉有大量纤维，并被异物巨细胞所包围，另1例的病理切片中发现由于血栓形成引起动脉壁结构模糊不清。同时，研究人员还认为栓塞的原因是由于造影剂多为含碘化合物，其在常温下较稳定，长期储存及储存条件不当都会使造影剂产生微粒。

四、肿瘤

有报道称，石棉可引起肺纤维化和恶性肿瘤。静脉中若含有粒径$7\sim12\ \mu m$的微粒将会引起致癌性反应。淋巴管肿瘤、胸膜和腹膜间皮瘤也可由与石棉纤维大小相似的玻璃微粒或氧化铝引起。1978年，Flaum等在临床中发现，由于注射液中细小石棉纤维经注射后在体内沉积，引起肺纤维化和癌症。因此，FDA规定，在注射液生产中必须排除使用石棉或其他可能产生纤维的滤器。药物生产中难免有机械磨损而脱落的金属混入输液中。给小鼠和家兔注射含金属铍的输液后发现，有的动物会产生骨肉瘤和癌症；静脉注射镍可使大鼠不同部位产生肉瘤和癌症；注射铁、钛、铬等金属也可使不同动物产生各种癌症。

肉芽肿病变进一步发展，可以导致癌症，这种情况在肺脏更常见。

五、过敏样、热原样反应

有一些微粒物质，如羟乙基淀粉微粒、细菌、霉菌孢子等异性蛋白多次刺激机体可引起过敏样和热原样反应。

药剂或器械中含有的药物结晶微粒、聚合物、降解物及其他异物都可在注射部位或静脉血管与组织蛋白发生反应，从而引起过敏反应。

1955年，Jonas报道，大量微粒可引起热原样反应，有些异物可起抗原作用，诱发炎症反应，或者致肉芽肿。

1973年，研究人员将含有橡皮屑、纤维等微粒的注射液给家兔静脉输入，结果引起家兔体温发生改变，这可能是微粒引起的热原样反应。我国学者也注意到中药注射液在临床上的热原反应，同时对注射剂的微粒进行了深入研究。

从以上所列举的临床观察报道和实验结果可以看出，微粒对人体的危害是多方面的，且这种危害不是输液后暂时性存在，而是会对人体产生长期的、潜在的危害，甚至会直接危及生命。这些潜藏于血管内的微粒，可能使人几年或几十年后才出现中风、栓塞等疾病，出现未被认识的输液污染病。

第三节　微粒污染的来源及控制

一、微粒污染的来源

（一）来自生产环境的污染

在医疗器械的生产过程中，微粒和热原物质一样，也广泛存在于水、空气（制造环境）、生产过程、操作人员及原材料中。微粒和微生物常常以"生物粒子"（细菌不能活动，可附着在悬浮的空气微粒上，随气流及布朗运动长期悬浮在空气中）的形式存在。因此在许多方面，微粒和热原的来源及控制是相同的（参见第七章）。

（二）加工过程的污染

医用高分子材料或金属医疗器械在制造过程中，需要加入各种附加剂、助剂、脱模剂、切削油、黏磨介质、抛光剂等，这些物质往往会造成污染。

二、微粒污染的控制

我国食品药品监督管理局 2009 年发布的《医疗器械生产质量管理规范无菌医疗器械实施细则》对生产企业的生产环境做了相关规定和要求，并从生产工艺过程、人员管理、工艺用水清洗等方面对控制污染做了明确规定，企业可参照有关条文执行。为防止和去除微粒的污染，可从以下几方面考虑。

（一）工艺用水控制

为提高器械的洁净度，满足临床的安全使用，当清洁处理无菌医疗器械的零配件或植入器械时，由于生产工艺污染、自身材料污染或环境污染等，必须采用符合药典规定的工艺用水如纯化水或注射用水进行清洗。有关工艺用水的制备、检测可参照第九章有关内容。在清洗工艺过程管理中，一是须选用符合要求的工艺用水，二是须十分注意使用过程中水质的监督检验。对工艺用水的贮存容器及使用时间应做出选择和规定。

（二）生产环境的清洁管理

生产环境应满足《医疗器械生产企业质量管理规范》规定的有关厂房选置、设计、布局、建造要求等，能最大限度避免污染、交叉污染，便于清洁和维护。企业应严格认真按洁净区域清洁卫生要求管理，对擦洗水及抹布等应做规定。对于人员净化程序用房以及邻近的房间需要严格控制。

（三）生产过程的管理和人员配合

医疗器械的生产过程，不可避免地经受着来自各工序的污染。因此，每个生产人员必须按照操作规范、工艺卫生要求进行生产，避免一切可能造成医疗器械污染的不文明操作的发生。所有这一切要成为每个人的自觉行动，必须通过提高管理人员和生产人员的责任心来实现。

（四）医疗器械清洗过程控制

1. 清洗的意义

由于生产工艺不同，植入物和器械在生产制造过程中有的需要加入各种附加剂、助剂，它们可以沾附或裸露于成品、零配件的表面，尤其是植入性金属器械制造中的切削油、润滑剂、研磨介质、抛光剂等以及工具的污染（主要是铁微粒），如不去除，杂质（微粒）会造成植入物和器械的损坏，对病人形成极高风险。医疗器械被腐蚀后会导致稳定性变差，有毒的金属物质将扩散到病人体内。其表面的有毒物质将引起病人发生炎症反应，接着植入物变松或失去功能。有机物残留有利于微生物生长，从而增加感染风险。

因此，污染的去除（清洗）将是医疗器械生产企业生产过程中的特殊过程，为确保最终产品的清洁度符合要求，必须对设备清洗过程进行验证。

2. 清洗方法——超声波清洗

清洗是一种去除所有非医疗器械自身材料污染的处理方法。

目前有关清洗的方法，主要是采用适当的清洗剂，进行人工清洗和机械清洗。如今推荐和使用较多的是超声波清洗法。超声波自动清洗机的洗净作用是借助高频率水的挤压产生水泡，从而形成真空区而产生拉力，将附在器械上的污垢松动吸离。它比人工清洗效果好的理由是它可以清除刷子无法触及的污物。

超声波清洗机可以达到物件全面洁净的清洗效果，特别对深孔、盲孔、凹凸槽清洗是最理想的设备，不影响任何物件的材质及精度。

超声波清洗机原理主要是利用换能器，将功率超声频源的声能转换成机械振动，通过清洗槽壁将超声波辐射到槽中的清洗液。由于受到超声波的辐射，槽内液体中的微气泡能够在声波的作用下保持振动。当声压或者声强受到力压到达一定程度的时候，气泡就会迅速膨胀，然后又突然闭合。在这个过程中，气泡闭合的瞬间产生冲击波，使气泡周围产生 $10^{12} \sim 10^{13}$ Pa 的压力，这种超声波空化所产生的巨大压力能破坏不溶性污物而使它们分化于溶液中，蒸气型空化对污垢产生直接反复冲击。

超声波清洗一方面破坏污物与清洗件表面的吸附，另一方面能引起污物层的疲劳破坏而被剥离。气体型气泡的振动对固体表面进行擦洗，污层一旦有缝可钻，气泡立即"钻入"并振动使污层脱落。由于空化作用，两种液体在界面迅速分散而乳化，当固体粒子被油污裹着而黏附在清洗件表面时，油被乳化，固体粒子自行脱落。超声在清洗液中传播时会产生正负交变的声压，形成射流，冲击清洗件，同时由于非线性效应会产生声流和微声流，而超声空化在固体和液体界面会产生高速的微射流，所有这些作用，能够破坏污物，除去或削弱边界污层，增加搅拌、扩散作用，加速可溶性污物的溶解，强化化学清洗剂的清洗作用。由此可见，在超声波清洗中，凡是液体能浸到且声场存在的地方都有清洗作用，该特点使其适用于表面形状非常复杂的零件的清洗。尤其是采用这一技术后，可减少化学溶剂的用量，从而大大降低环境污染。

3. 清洗剂

清洗剂可分为溶剂型清洗剂和水剂型清洗剂。企业可根据自身产品特点选择清洗剂，其原则是首先所选清洗剂应有效，清洗后产品的清洁度符合要求，其次所选清洗剂应符合环保要求。随着人们对环保和人身健康的关心和重视，淘汰消耗臭氧层物质

（ODS）清洗剂已成为当务之急。依据我国医用高分子制品分会文件信息（医械协医高字〔2010〕第 002 号），含氢氯氟烃（HCFC）清洗剂/溶剂等属臭氧消耗化学品。根据我国政府签署加入的《关于消耗臭氧层物质的蒙特利尔议定书（蒙特利尔多边基金执委会第 30 次会议）》加速淘汰 HCFC 调整案的要求，我国须在 2013 年将 HCFC 的生产和消费冻结。采用环保型的水剂型清洗剂作为替代，将是大势所趋。

为此，全世界政府部门、科技人员和相关企业做了巨大投入，各种替代产品和替代技术应运而生。从经济、适用、安全、环保等方面综合评价，碳氢清洗剂是极具前景的 ODS 替代品。

4. 清洁度的检测

清洗的目的一是清洁器械表面，二是清除残留物。清洗完成后可采用直接法（直接测器械表面）或间接法（采用浸出液测残留物）检测清洁度。

（1）器械表面浸出液各类残留物间接分析法汇总于表 6-1。

表 6-1　器械表面浸出液残留物间接分析法

残留物	举　例	萃取溶剂	检　测
微粒	金属微粒、氧化物	水	过滤、显微镜、重量测试
可溶性无机物	碱/酸清洗剂、盐类	水	电导率
可溶性有机物	柠檬酸、多元醇、阴/阳离子型	水	总有机碳分析
不溶性有机物	油、非离子型	环乙烷	气相色谱、红外光谱
微生物（生物负载）	需氧菌	PBS	培养、显微镜
内毒素	来自革兰阴性细菌	—	光学浊度

（2）目前有许多描述及介绍检测方法的标准，但均未给出官方的残留物限值。一家专门从事医疗器械产品清洗设备开发的公司——瑞士 KKS 超声波技术股份有限公司（KKS Ultraschall AG）的实验室，通过多年的数据积累，为医疗器械产品的清洁度指标提供了经验数值（表 6-2）。

表 6-2　医疗器械清洁度的检测（灭菌前）

限定因素	上限	检出限
不溶于水的有机残留污染物（碳氢化合物）	0.3 mg/件测试样品	0.04 mg/件测试样品
水溶性有机残留污染物和悬浮的有机材料（总有机碳，简称 TOC）	0.3 mg/件测试样品	0.05 mg/件测试样品
水溶性无机残留污染物	0.4 mg/件测试样品	0.06 mg/件测试样品
微粒残留	1 mg/件测试样品	0.2 mg/件测试样品
生物负载	100 个菌/件测试样品	1 个菌/件测试样品
内毒素	0.25 EU/mL	0.06 EU/mL

（3）清洗过程的控制和监测须掌握的相关内容见表 6-3、表 6-4。

表 6-3　清洗过程监控措施

监控事项	措施
设备	装置安装、验证、维护
化学试剂	来源、批号、废物处理
人员	培训、安全教育
过程监控	工艺参数、清洁度要求
监管指南	ISO 13485、ISO 10993、ISO 14971、XP S94-091、FDA-21、CFR 211

表 6-4　清洗过程的监测

参　数	测　定
清洗剂	碱度、酸度、表面活性剂浓度
温度	已校准的联机温度计
时间	已校准的联机时钟
超声波	超声波的强度和频率，空化噪音水平
水	电导率、TOC、生物负载、内毒素
医疗器械	残留污染（可视检测，微粒，无机水溶性残留，有机水溶性残留，有机不溶于水的残留，生物负载，内毒素，不锈钢器械的游离铁）

5. 清洗方案的设置

（1）确定医疗器械污染物的种类。

（2）采用的清洗剂可去除器械污染物且与医疗器械材料兼容。

（3）明确清洗医疗器械需要达到的清洁程度。

（4）设定清洗程序，以最大限度地满足化学和成本方面的要求。

（5）确保采用的清洗程序环保、安全。

（6）要有符合医疗器械监管事项的质量管理体系。

6. 实施验证

（1）建立验证小组。

（2）制订计划、规定、要求。

（3）确认并描述清洗过程。

（4）明确过程参数和清洁度可接受的标准。

（5）总结验证计划中的所有要求。

（6）准备验证过程中要填写的所有文件。

（7）对选定的部分执行操作并记录所有测定参数。

（8）将清洗过的产品送实验室检查清洁度。

7. 验证的基本原则

（1）每个验证步骤包括计划和实施。

（2）每个验证步骤只能在前一个步骤完成并被接受后开始。

（3）每个检测、测定和分析都要有记录证明，且记录上要有操作人的签字。

（4）验证结束后必须有验证报告，所有偏离要求的地方要记录在验证报告上并确定其是否可接受。如果结果不能接受，则要确定对测定过程的纠正措施及重新进行验证的日期。如果结果可以接受，则须确定再验证的时间周期。

第四节　不溶性微粒检查方法

微粒检查方法是在可见异物检查符合规定后，用以检查静脉用注射剂（溶液型注射液、注射用无菌粉末、注射用浓溶液）及供静脉注射用无菌原料药中微粒的大小及数量（输液器内微粒可参照执行）的方法。

微粒检查方法包括光阻法和显微计数法。当光阻法测定结果不符合规定或供试品不适合用光阻法测定时，应采用显微计数法进行测定，并以显微计数法的测定结果作为判定依据。

光阻法不适合用于黏度过高和易析出结晶的制剂，也不适用于进入传感器时容易带入气泡的注射剂。对于黏度过高、采用两种方法都无法直接测定的注射液，可用适宜的溶剂经适当稀释后测定。

微粒检查的试验操作环境应不得引入外来微粒，测定前的操作应在洁净工作台中进行，玻璃仪器和其他所需用品均应洁净、无微粒。本法所用微粒检查用水（或其他适宜溶剂）使用前须经直径不大于 $1.0~\mu m$ 的微孔滤膜滤过。

取微粒检查用水（或其他适宜溶剂）应符合下列要求：光阻法取 50 mL 测定，要求每 10 mL 含 $10~\mu m$ 及 $10~\mu m$ 以上的不溶性微粒数应在 10 粒以下，含 $25~\mu m$ 及 $25~\mu m$ 以上的不溶性微粒数应在 2 粒以下。显微计数法取 50 mL 测定，要求含 $10~\mu m$ 及 $10~\mu m$ 以上的不溶性微粒数应在 20 粒以下，含 $25~\mu m$ 及 $25~\mu m$ 以上的不溶性微粒数应在 5 粒以下。

一、光阻法

测定原理：当液体的微粒通过一窄细检测通道时，与液体流向垂直的入射光由于被微粒阻挡而减弱，因此由传感器输出的信号降低。这种信号变化与微粒的截面积大小相关。

1. 对仪器的一般要求

仪器通常包括取样器、传感器和数据处理器三部分。测量粒径范围为 $2\sim100~\mu m$，检测微粒浓度范围为 $0\sim10~000$ 个/毫升。

2. 仪器的校正与检定

所用仪器应至少每 6 个月校准一次。

（1）取样体积：待仪器稳定后，取多于取样体积的微粒检查用水置于取样杯中，称定重量，通过取样器由取样杯中量取一定量的微粒检查用水后，再次称定重量。以两次称定的重量之差计算取样体积。连续测定 3 次，每次测得体积与量取体积的示值之差应在±5%以内。测得体积的平均值与量取体积的示值之差应在±3%以内。也可采用其他适宜的方法校准，结果应符合上述规定。

（2）微粒计数：取相对标准偏差不大于5%、平均粒径为10 μm 的标准粒子，制成每毫升中含1 000～1 500微粒数的悬浮液，静置2分钟脱气泡，开启搅拌器，缓慢搅拌使其均匀（避免气泡产生），依法测定3次，记录5 μm 通道的累计计数，弃第一次测定数据，后两次测定数据的平均值与已知粒子数之差应在±20%以内。

（3）传感器分辨率：取相对标准偏差不大于5%、平均粒径为10 μm 的标准粒子（均值粒径的标准差应不大于1 μm），制成每1 mL含1 000～1 500微粒数的悬浮液。静置2分钟脱气泡，开启搅拌器，缓慢搅拌使其均匀（避免气泡产生），依法测定8 μm、10 μm 和12 μm 三个通道的粒子数，计算8 μm 与10 μm 两个通道的差值计数和10 μm 与12 μm 两个通道的差值计数。上述两个差值计数与10 μm 通道累计计数之比都不得小于68%。若校正结果不符合规定，应重新调试仪器后再次进行校准，符合规定后方可使用。

若所使用仪器附有自检功能，可进行自检。

3. 检查法

（1）标示装量为25 mL或25 mL以上的静脉用注射液或注射用浓溶液。除另有规定外，取供试品至少4个，分别按下法测定：用水将容器外壁洗净，小心翻转20次，使溶液混合均匀，立即小心开启容器，先倒出部分供试品溶液，冲洗开启口及取样杯，再将供试品溶液倒入取样杯中，静置2分钟或适当时间脱气泡，置于取样器上（或将供试品容器直接置于取样器上）。开启搅拌，使溶液混匀（避免产生气泡），每个供试品依法测定至少3次，每次取样应不少于5 mL，记录数据，弃第一次测定数据，取后续测定数据的平均值作为测定结果。

（2）标示装量为25 mL以下的静脉用注射液或注射用浓溶液。除另有规定外，取供试品至少4个，分别按下法测定：用水将容器外壁洗净，小心翻转20次，使溶液混合均匀，静置2分钟或适当时间脱气泡，小心开启容器，直接将供试品容器置于取样器上，开启搅拌或以手缓缓转动，使溶液混匀（避免产生气泡），由仪器直接抽取适量溶液（以不吸入气泡为限），测定并记录数据，弃第一次测定数据，取后续测定数据的平均值作为测定结果。

（1）、（2）项下的注射浓度如黏度太大，不便直接测定时，可经适当稀释后依法测定。

也可采用适宜的方法，在净化工作台上小心合并至少4个供试品的内容物（使总体积不小于25 mL），置于取样杯中，静置2分钟或适当时间脱气泡，置于取样器上。开启搅拌，使溶液混匀（避免气泡产生），依法测定4次，每次取样不少于5 mL。弃第1次测定数据，取后续3次测定数据的平均值作为测定结果，根据取样体积与每个容器的标示装置体积，计算每个容器所含的微粒数。

（3）静脉注射用无菌粉末。除另有规定外，取供试品至少4个，分别按下法测定：用水将容器外壁洗净，小心开启瓶盖，精密加入适量微粒检查用水（或适宜的溶剂），小心盖上瓶盖，缓缓振摇使内容物溶解，静置2分钟或适当时间脱气泡，小心开启容器，直接将供试品容器置于取样器上，开启搅拌或以手缓缓转动，使溶液混匀（避免气泡产生），由仪器直接抽取适量溶液（以不吸入气泡为限），测定并记录数据，弃第一次测定数据，取后续测定数据的平均值作为测定结果。

也可采用适宜的方法，取至少 4 个供试品，在洁净工作台上用水将容器外壁洗净，小心开启瓶盖，分别精密加入适量微粒检查用水（或适宜的溶剂），缓缓振摇使内容物溶解，小心合并容器中的溶液（使总体积不少于 25 mL），置于取样杯中，静置 2 分钟或适当时间脱气泡，置于取样器上。开启搅拌，使溶液混匀（避免气泡产生），依法测定至少 4 次，每次取样应不少于 5 mL，弃第一次测定数据，取后续测定数据的平均值作为测定结果。

（4）供注射用无菌原料药。按各品种项下规定，取供试品适量（相当于单个制剂的最大规格量）4 份，分别置于取样杯或适宜的容器中，照上述（3）法，自"精密加入适量微粒检查用水（或适宜的溶剂），缓缓振摇使内容物溶解"起，依法操作，测定并记录数据，弃第一次测定数据，取后续测定数据的平均值作为测定结果。

4. 结果判定

（1）标示装量为 100 mL 或 100 mL 以上的静脉用注射液。除另有规定外，每 1 mL 中含 10 μm 或 10 μm 以上的微粒不得超过 25 粒，含 25 μm 或 25 μm 以上的微粒不得超过 3 粒。

（2）标示装量为 100 mL 以下的静脉用注射液、静脉注射用无菌粉末、注射用浓溶液及供注射用无菌原料药。除另有规定外，每个供试品容器（份）中含 10 μm 或 10 μm 以上的微粒不得超过 6 000 粒，含 25 μm 或 25 μm 以上的微粒不得超过 600 粒。

二、显微计数法

1. 对仪器的一般要求

仪器通常包括洁净工作台、显微镜、微孔滤膜及其滤器、平皿等。

（1）洁净工作台：高效过滤器孔径 0.45 μm，气流方向由里向外。

（2）显微镜：双筒大视野显微镜，目镜内附标定的测微尺（每格 5～10 μm）。坐标轴前后、左右移动范围均应大于 30 mm，显微镜装置内附有光线投射角度、光强度均可调节的照明装置。检测时放大 100 倍。

（3）微孔滤膜：孔径 0.45 μm、直径 25 mm 或 13 mm，一面印有间隔 3 mm 的格栅；膜上如有 10 μm 及 10 μm 以上的不溶性微粒，应在 5 粒以下，并不得有 25 μm 及 25 μm 以上的微粒，必要时可用微粒检查用水冲洗使符合要求。

2. 检查前的准备

在洁净工作台上将滤器用微粒检查用水（或其他适宜溶剂）冲洗至洁净，用平头无齿镊子夹取测定用滤膜，用微粒检查用水（或其他适宜溶剂）冲洗后，置滤器托架上；固定滤器，倒置，反复用微粒检查用水（或其他适宜溶剂）冲洗滤器内壁，沥干后安装在抽滤瓶上，备用。

3. 检查法

（1）标示装量为 25 mL 或 25 mL 以上的静脉用注射液或注射用浓溶液。除另有规定外，取供试品至少 4 个，分别按下法测定：用水将容器外壁洗净，在净化工作台上小心翻转 20 次，使溶液混合均匀，立即小心开启容器，用适宜方法抽取或量取供试品溶液 25 mL，沿滤器内壁缓缓注入经预处理的滤器（滤膜直径 25 mm）中。静置 1 分钟，缓缓抽滤至滤膜近干，再用微粒检查用水 25 mL 沿滤器内壁缓缓注入。洗涤并抽滤至滤膜近干，然后用平头镊子将滤膜移至平皿上（必要时可涂抹极薄层的甘油使滤膜平整），微启盖子使滤膜适当干燥后，将平皿闭合，置于显微镜载物台上。调好入射光，放大 100 倍进行显微测量，调节显微镜至滤膜格栅清晰，移动坐标轴，分别测定有效滤过面积上粒径大于 10 μm 和 25 μm 的微粒数。计算三个供试品测定结果的平均值。

（2）标示装量为 25 mL 以下的静脉用注射液或注射用浓溶液。除另有规定外，取供试品至少 4 个，用水将容器外壁洗净，在净化工作台上小心翻转 20 次，使溶液混合均匀，立即小心开启容器，用适宜方法直接抽取每个容器内的全部溶液，沿滤器内壁缓缓注入经预处理的滤器（滤膜直径 13 mm）中，照上述（1）方法测定。

（3）静脉注射用无菌粉末及供注射用无菌原料药。除另有规定外，照光阻法中检查法的（3）或（4）制备供试品溶液，同上述（1）操作测定。

4. 结果判定

（1）标示装量为 100 mL 或 100 mL 以上的静脉用注射液。除另有规定外，每毫升中含 10 μm 及 10 μm 以上的微粒不得超过 12 粒，含 25 μm 及 25 μm 以上的微粒不得超过 2 粒。

（2）标示装量为 100 mL 以下的静脉用注射液、静脉注射用无菌粉末、注射用浓溶液及供注射用无菌原料药。除另有规定外，每个供试品容器（份）中含 10 μm 及 10 μm 以上的微粒不得超过 3 000 粒，含 25 μm 及 25 μm 以上的微粒不得超过 300 粒。

第五节　无菌医疗器械末道清洗过程确认

我国《医疗器械生产质量管理规范》中规定"企业应当编制生产工艺规程、作业指导书等，明确关键工序和特殊过程""在生产过程中需要对原材料、中间品等进行清洁处理的，应当明确清洁方法和要求，并对清洁效果进行验证"。因此，在无菌医疗器械的生产过程中，物料或产品的清洁是一个特殊过程，清洁的程度对于产品的安全性有着非常重要的意义。对需要进行清洁处理的原材料、中间品等应当明确清洁方法和要求，并对清洁效果进行验证。特别是无菌医疗器械末道清洗的过程，必须经确认合格后方可实施。

一、末道清洗过程确认的目的

在无菌医疗器械产品加工制造过程中，各种不同的工艺会在产品的表面附留不同的污染物，比如切削液、润滑剂、抛光剂，以及一些与产品材料相关的微粒、微生物残留等。如果不去除这些污染物，可能对产品本身会带来一些损坏。另外，这些带有污染物的产品在使用过程中可能会给病人带来极大的风险，轻则引起炎症的发生，重则致残致死。为此，如何保证医疗器械产品制造过程中附着的污染物能够被去除，达到一个可以接受的安全限度，对于所有的无菌医疗器械生产者来说是非常重要的。

无菌医疗器械产品的末道清洗过程确认的目的就是对产品末道清洗过程中涉及的各个方面进行全面的检查和检测，确保产品通过被确认的清洗过程处理后，其清洁状况能够达到安全使用的要求。

二、末道清洗的方法与工艺流程选择

（一）清洗方法的选择

目前的清洗方法一般是采用适宜的清洗溶剂进行人工清洗或机械清洗。最常用的方法是采用超声波清洗。

超声波清洗机的清洗原理可参见本章第三节有关内容。

（二）清洗工艺流程的选择

采用超声波清洗设备进行医疗器械产品的清洗，其工艺流程通常包括以下几个步骤：

1. 超声波粗洗

在超声波清洗设备中加入适量的清洗剂，控制清洗水温，确定清洗时间。通常使用的工艺用水一般是生活饮用水，也可以采用纯化水。这一步骤主要是去除加工过程中的切削液残留、微粒残留等。本步骤的清洗溶液可以根据产品的污染状况适当重复使用。

2. 初次喷淋

采用一定流速和冲洗强度的高压喷淋水对产品进行喷洗，工艺用水可以采用生活饮用水和纯化水。这一步骤主要是进一步去除产品污染物的残留，也是为了去除粗洗时的清洗剂。喷淋的水温可以是常温，如果条件允许，采用适当温度的热水清洗更佳。喷淋水不得重复使用。

3. 超声波清洗

采用纯化水进行超声清洗，对水温和清洗时间均需要进行控制。其目的是进一步去除表面的污染物残留，尤其是微粒和微生物的残留。本步骤的清洗溶液可以根据产品的污染状况适当重复使用。

4. 漂洗

这一步骤其实是上一步骤的延续，工艺用水为纯化水，控制水温和时间。本步骤的清洗溶液可以根据产品的污染状况适当重复使用。

5. 二次喷淋

采用纯化水，可以是常温水或适当温度的热水，喷淋时间需要控制。喷淋水不得重复使用。

6. 干燥

为去除清洗后产品上的水珠，可采用热风循环干燥，需要控制干燥的温度和时间。

通常情况下，如果清洗参数选择合适，通过上面几个步骤的清洗，无菌医疗器械产品灭菌前的清洁度一般可以达到要求。需要注意的是，若漂洗和喷淋过程中设备本身无条件控制水温（因为是流动水，难以加热控制），则按照常温操作。

三、清洗设备的确认要求

目前市场上可以提供的超声波清洗设备主要有两种类型：一种是单槽式清洗机，另一种是多槽式清洗线（分手动线和自动线）。企业可以根据实际情况选择使用，下面以多槽式自动清洗线为例做简单介绍。

多槽式自动清洗线一般都是非标准设备，主要是根据清洗工艺的需要，将上述几个清洗步骤需要的清洗槽安置在一个底座上，槽之间的产品移动采用机械臂，清洗过程的控制通常采用 PLC 编程控制。

（一）清洗设备的设计确认

因医疗器械具有多样性，不同产品清洗的工艺流程也是不一样的，多槽式自动清洗线要根据产品清洗要求的不同进行设计，需要设备厂家与医疗器械生产企业共同完成，并对设计过程进行确认。设计过程确认应注意以下几点：

1. 超声波发生器、超声波换能器和超声波震子的选择

这个环节很关键，因为清洗过程主要依靠超声波产生的空化效应，所以超声波频率的选择很重要。目前的研究表明，低频率的超声波（<40 kHz）对比较容易接触的表面有很好的清洗效果；而高频率的超声波（>80 kHz）对一些小孔，尤其是盲孔有很好的清洗效果。依据图 6-1 和图 6-2 显示的结果，通常选择 27 kHz 和 80 kHz 两种频率作为超声波清洗的频率。

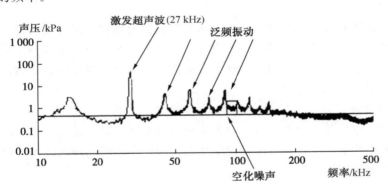

图 6-1　10～500 kHz 超声波产生"空化"强度分布

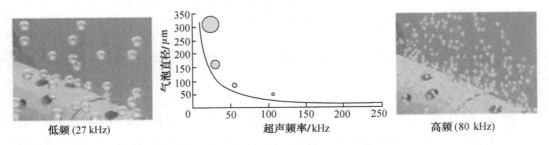

图 6-2　27 kHz 和 80 kHz 超声波产生"空穴"图示

国内设备生产企业一般是选择 27 kHz 的超声波震子，配置这种发生器对于清洗表

面积较大、孔少且无盲孔的产品有较好的效果，但对于多孔的产品，尤其是盲孔，清洗效果不佳。目前国外的专业设备具有 27 kHz 和 80 kHz 两种频率的超声波震子，并且依据清洗程序的设置，两种频率能自由切换，清洗效果较好，尤其是在清洗比较复杂的产品（如人工关节）时。此外，目前国内的设备通常是将超声波震盒安装在清洗槽的底部，而国外的设备在清洗槽的底部和槽的侧面均安装双频的震子，能够对产品进行全面的清洗。两种安装方式分别见图 6-3、图 6-4。

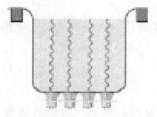
图 6-3　国产设备震子安装形式

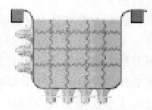
图 6-4　国外设备震子安装形式

2. 槽体材料的选择

可根据医疗器械产品的特性，选择无毒、耐腐蚀、不与产品发生化学反应和粘连的槽体材料。通常情况下选择 304 或 316L 的不锈钢材料。若产品本身可能会与不锈钢发生反应，则应选择其他合适的材料。

3. 温控装置的选择

需要选择灵敏性较好的温控探头，加热管应选择 304 不锈钢材料。

4. 电气装置的选择

一般建议选择品牌声誉良好的电气设备。

5. 管道和阀门的选择

一般选择 304 不锈钢管，阀门也需要选择不锈钢的。根据需要，阀门的执行部位可以选用手动形式或是自动形式（气动或电动）。

6. 清洗篮的设计

清洗篮属于工装类的装置，合适的清洗篮对于产品的清洗非常重要。目前大部分企业使用的清洗篮就是一个篮筐，器械全部铺放在篮子里面。其实这样的方式对清洗效果很不利。较好的清洗篮应依据产品的不同而设计，如螺钉钢板类产品可以采用网格状和挂钩式的篮子，将螺钉和钢板放置在上面（图 6-5）。这种清洗篮一方面可以避免产品之间的碰擦，另一方面可以提高清洗的效率。

图 6-5　挂钩式（左）和网格状（右）清洗篮

设备的设计确认过程应保存完整的记录，对于关键配件需要明确要求。设计方案和设计确认的结果是进行安装鉴定和性能鉴定的依据之一。

（二）清洗设备的安装鉴定

清洗设备的安装鉴定应注意以下几点：

（1）焊接部位表面是否经过处理。

（2）管道焊接是否合格，阀门安装是否合适。

（3）电气的布置是否符合要求。

（4）超声波震盒的安装是否合理。震盒安装是否到位对清洗效果和效率的影响很大。

（5）喷淋头安装是否符合设计要求。

（6）机械臂的安装是否符合设计要求。

（7）槽体的保温材料是否符合要求。

安装鉴定时主要是依据设备设计方案进行检查核对，确保设备的安装过程符合设计要求。如果可能，设备安装人员须对每一个控制点都进行确认后才能进行下一步的安装。每一次的确认应形成记录并保存。这些都是企业编制设备维护保养手册的依据。

（三）清洗设备的运行鉴定

清洗设备的运行鉴定是依据设计的要求，检查设备是否是符合预期的运行状况，应关注以下几点：

（1）安全报警装置是否能起到很好的预警作用。

（2）各清洗槽的加液位控制是否能按照程序进行，加液到一定位置时能否自动停止加液。

（3）各清洗槽的温控装置是否正常运行，温度低了能否自动进行加温，到温控点时能否自行停止。

（4）机械臂的运行是否能按照程序的设置准确地运行到位，机械臂的提起和放下动作是否轻、稳。

（5）喷淋装置工作是否正常，能否淋洗到整个清洗空间，喷淋的流速和强度是否符合设计要求。

（6）干燥箱门能否按照程序的设置自动开启。

（7）各清洗槽内的清洗操作是否符合程序的设置自动开启和关闭。

运行鉴定的实质是按照程序的设置，分项检查设备的运行状况是否能按照预期的设置运行，每一分项的确认应保存记录。

（四）清洗设备的性能鉴定

清洗设备的性能鉴定通常是对产品表面的清洁度进行检测，以证明设备的性能是否达到预期的要求。其实这完全是混淆了设备性能鉴定和清洗工艺验证。

单纯的设备性能鉴定除了进行设备运行鉴定的相关检查外，重点是检测清洗槽内的超声波强度、超声波的分布。但是由于很多企业没有相关的检测仪器，无法进行这些项目的检测，往往通过对产品的检测来证明设备的性能。

通过对产品的清洁度检测来进行性能鉴定，则需要对清洗工艺参数的选择进行确认，这部分内容将在后文进行探讨。

四、清洗工艺参数的确认

清洗的基本要素如图 6-6 所示。产品清洗
过程中涉及的因素除超声波强度之外，还有
清洗剂的种类、清洗的水温、时间等。多数
企业依据多年的生产实践经验，已经形成了
适合自己产品的清洗工艺参数，但是在实际
运行中还需要根据设备的不同来调整相关的
工艺参数，这样做一方面可以扩大产能，另
一方面可以降低成本。工艺的参数优化是个
不断改进的过程，下面对参数的选择问题进
行探讨。

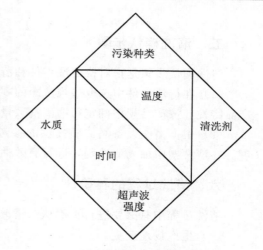

图 6-6　清洗的基本要素

（一）清洗介质

清洗用水包括生活饮用水和纯化水，纯化水应符合药典规定要求。无菌医疗器械要
求末道清洗用的纯化水，一般采用二级反渗透纯化水系统制备，根据《中华人民共和国
药典》（2015 版）规定，纯化水的电导率应小于 5.1 μs/cm（25 ℃），其中微生物限度
和理化全性能指标必须满足要求。

（二）清洗剂的选择

应根据每个产品的特殊性选择合适的清洗剂，如溶剂型清洗剂、水剂型清洗剂等。
通常情况下选择水剂型清洗剂。对于末道清洗使用的清洗剂选择，应注意以下几点：

（1）安全性。首先是对操作人员的安全，其次是对设备和环境的安全。

（2）对被清洗的产品无腐蚀性。

（3）成分应明确，以便于检测清洗剂的残留。

（4）残留物的检测方法应确定。

（5）基于成本的考虑，经济性应合理。

（三）清洗温度的确认

对清洗用水加热有利于提高污垢的溶解度，可以加快清洗的速度，同时大多数清洗
液中的化学成分也会在一定温度条件下达到最佳清洁效果。一般来说清洗水温越高，污
染物越容易被去除，但是由于产品的特殊性，高温可能影响产品的性能，如对于高分子
产品的清洗，高温可能导致产品变形。超声清洗使用的最佳水温为 40～60 ℃，在此范
围内可获得较好的空化强度和清洗效果。对于不同材料、形状的产品，最佳清洗温度应
通过验证确认。

（四）清洗时间的确认

确认合适的产品清洗时间对于清洗过程非常重要。时间短了可能无法对产品进行全
面的清洗；时间长了将大大影响清洗产能，提高加工成本。

清洗过程中每一个步骤所选择的时间应经过仔细的确认，粗洗、漂洗、精洗、喷
淋、干燥每一步的操作时间都可能直接影响产品的清洁状况。作为生产企业来说，产能
的释放和生产成本的降低也受到清洗作业时间的影响。

五、清洗确认步骤

清洗确认步骤是指对待清洗零件和清洗剂的选择：

（1）在待清洗件中选取最难洗净的零部件进行极限挑战性验证；根据水槽的容量和产品特性，按产品规格确定每槽清洗数量和摆放方式。

（2）根据清洗设备制造商提供的参考配比（清洗剂/水）要求，分成不同比例的浓度，在清洗槽中加入清洗剂，进行有效性确认。

六、清洗过程的再确认

清洗过程中有必要进行再确认的情况可能包括：

（1）生产场地变更。

（2）产品清洗工艺变更。

（3）超声波清洗设备发生变化（设备变更或大修后）。

（4）产品型号规格变更。

七、小结

无菌医疗器械的清洁状况对于产品使用的安全性是至关重要的一个因素，作为医疗器械生产者，严格评估医疗器械产品的清洁度是非常重要的。

为保证无菌医疗器械末道清洗的清洁度，应对相关人员进行必要的安全培训和操作培训，关键、特殊岗位工作人员须持证上岗。如何评价产品的清洁状况，如何控制末道清洗过程的稳定性和有效性，有赖于每个企业根据各自产品的特性，选择合适的清洗工艺流程。各企业应参与清洗设备的设计确认，核实清洗设备的加工制造和安装过程，研究和优化产品清洗工艺参数，应通过长期实践，不断积累确认数据加以改进。

（张同成　梁　羽　郭新海　刘春丽　张华青）

参考文献

[1] 许仲麟. 药厂洁净室设计、运行与 GMP 认证 [M]. 上海：同济大学出版社，2002.

[2] 张志荣. 药剂学 [M]. 北京：高等教育出版社，2007.

[3] 黄丽英，周惠联. 核孔滤膜精密过滤器与纤维滤膜过滤器在临床应用上的比较 [J]. 实用新医学，2001，3（11）：965－966.

[4] 于晓楠，厉曙光. 一次性输液器药液过滤片中微粒脱落及滤出的研究 [J]. 现代医药卫生，2009，25（20）：3062－3064.

[5] 张永恒，潘朗日，杨大中，等. 医院制剂学 [M]. 北京：人民卫生出版社. 1986.

[6] 李元春. 一次性使用输液器用药液过滤器滤膜纤维脱落的实验研究 [J]. 北京生物医学工程，2000，19（1）：45－46，32.

[7] 国家药典委员会. 中华人民共和国药典 四部 [M]. 北京：中国医药科技出版社，2015.

第七章

热原的控制

　　无菌医疗器械的生产，为什么要进行热原污染的控制？污染来自何方？污染将会造成什么样的后果？其控制的内容和工作程序如何？生产后的产品均要灭菌，卫生学管理又有何必要？诸如此类的问题，对于生产和管理无菌医疗器械的人员来说，是务必需要认识和了解的。2016 年 6 月美国 FDA 颁布的 ISO 10993-1 使用导则规定，除接触皮肤和短期接触黏膜的医疗器械外，所有的医疗器械都需要加测热原试验，这就对医疗器械生产的安全性问题提出了更高的要求。

　　早在 1865 年，Billroth 就报道了注射用蒸馏水能引起发热。之后又发现许多注射液都能引起发热反应，固有"糖热""盐热"之称。直到 1924 年以后，Seibert 等才证实致热的来源是细菌，可通过滤器，对热稳定，并创立了利用家兔测定热原的方法。

　　通过半个多世纪的研究，人们认识到热原是能引起体温升高的发热物质，它不仅包括细菌性热原，还有化学热原等。其中细菌性热原致热作用以革兰阴性杆菌（伤寒杆菌、大肠杆菌、绿脓杆菌等）最强，革兰阳性杆菌（如枯草杆菌等）次之，革兰阳性球菌最弱。另外，霉菌、酵母，甚至病毒也能产生热原。

第一节　热原的组成与危害

一、热原的组成

　　热原系指能引起恒温动物体温异常升高的致热物质。它包括细菌性热原、内源性高分子热原、内源性低分子热原及化学热原等。

　　这里所指的"热原"，主要是指细菌性热原，即细菌内毒素，是革兰阴性菌细胞壁外壁层上的特有结构，它在细菌生长、繁殖过程中，并不分泌到介质中，也不能从外壁层上自然脱落，它不是细菌的代谢产物，而是当细菌死亡或解体后才释放出来的具有内毒素生物活性的物质。它的化学结构是脂多糖和微量蛋白的复合物。其化学成分是广泛分布于革兰阴性菌（如大肠杆菌、布氏杆菌、伤寒杆菌、变形杆菌、沙门氏菌等）及其他微生物（如衣原体、立克次氏体、螺旋体等）的细胞壁层的脂多糖，脂多糖主要是由 O-多糖侧链、核心多糖、类脂 A 三部分组成。化学组成因菌种不同而有所差异。

二、热原引起的反应

研究表明，几个毫微克的内毒素即可使人体温升高。其作用机制是：当热原进入人体后，它可激活中性粒细胞等，使之释放出一种内源性热原质，作用于体温调节中枢神经系统，然后由交感神经到达有关效应器，引起血管收缩、汗腺停止排汗，使散热减少；与此同时，分解代谢加强，产热增加，使体温上升。病人一般在热原进入机体后的数分钟至 1 小时内，突然出现发冷、寒战、面色苍白、四肢冰冷、烦躁不安等症状。持续时间 0.5～1 小时。寒战消失后，随即出现高热，但也有无寒战期而突然高热者。病人体温迅速上升，在 2～4 小时体温上升至高峰，一般在 39～40 ℃，严重者高达 41 ℃以上，病人面色潮红、头痛、恶心、呕吐。严重者谵妄、昏迷，甚至死亡。高热持续 4～6 小时后，病人体温骤降至输液前体温。此时，有的病人突然全身大汗、倦怠，甚至继而虚脱。这就是临床输液中常见的热原反应，也称输液反应。

数十年来，在实际工作中，笔者曾多次遇到一些生产企业由于质量管理不严尤其是卫生学管理不力，造成了严重的污染事件，有的发生了医疗事故，有的销毁产品或遭到索赔，造成了经济损失，教训十分深刻。例如，笔者于 20 世纪 80 年代曾报道过一起一次性使用输液器霉菌污染引起热原反应的医疗事件。一次性使用输液器管内及滴斗内生长了大量的霉菌菌丝（图 7-1）（霉菌的生长繁殖，营养条件要求不高，只需水分和氮源即可滋生，我们平时看到的墙壁漏雨霉菌生长、布匹受潮霉变等都属此类）。造成这次污染事件的主要原因是厂址选择不当，厂房附近有一超大垃圾场，大气中飘浮着大量的霉菌孢子，厂区车间净化系统运行不规范，生产后成品又长时间保存，未及时灭菌。后虽经辐射灭菌，但霉菌菌体、毒素依然存在，放行时也未做热原试验等监测，就直接应用于临床，致使输液的 20 余例病人发生了严重的热原反应。由此，选择符合要求的厂址，产品生产后及时灭菌，建立严格的产品放行制度，这些都是医疗产品安全、有效的重要保证。

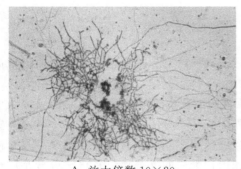

A. 放大倍数 10×20

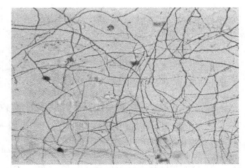

B. 放大倍数 10×40

图 7-1　一次性使用输液器污染的霉菌菌丝

另外，特别要注意有助细菌生长产品生产过程中的管理控制。我们在检测中，曾发现由动物材料（同种异体骨）制成的医疗器械，需要保存于液体（生理盐水）中，从制造厂生产到邮寄至检测机构数天时间内，保存液体中即能用肉眼观察到云雾状混浊，经检测，生物负载数竟达每毫升几百万菌落形成单位。因此，对有利于细菌生长繁殖产品的制造，除生产过程尽量减少细菌污染外，生产后严格规定灭菌时间同样十分重要，否则细菌大量生长繁殖，热原反应也将不可避免。

第二节 热原的理化性质与致热量

一、热原的理化性质

1. 耐热性

经研究，热原物质以 60 ℃加热 1 小时不受影响，100 ℃也不发生裂解，120 ℃加热 4 小时可破坏 98％，180～200 ℃干热 2 小时以上或 250 ℃干热 30 分钟才能彻底破坏。由于热原的种类复杂，故耐热性也有差异，但多数有明显的耐热性。例如，革兰阴性杆菌分离的热原，具有脂多糖的化学性质，有特别强的耐热性，加热到 150 ℃经数小时也不裂解。青霉菌的热原耐热性亦极强，通常以 121 ℃加热 30 分钟对它无影响；而革兰阳性菌的代谢产物耐热能力差，致热作用也弱，如金黄色葡萄球菌制得的热原，以 100 ℃加热 30 分钟则有 92％被破坏，115 ℃加热 30 分钟有 97％被破坏。

2. 滤过性

热原体积极小，粒径为 1～50 nm，可通过普通滤器进入滤液中。

3. 水溶性

热原可溶于水，故生产中可用无热原的注射用水冲洗，以除去热原。

4. 不挥发性

热原本身不能挥发，但由于水煮沸时气泡的不断爆破，能在蒸馏时随水汽雾滴机械带入蒸馏水中，故蒸馏水器均应含结构合理的隔沫装置。

5. 被吸附性

热原可被活性炭、白陶土、树脂等吸附除去。

6. 被酸碱破坏

利用此性质处理零配件，可达到破坏热原的目的。如将热原在 0.4％的 NaOH 溶液中煮沸 30 分钟，即可使其失去致热作用。

7. 其他

热原还可被氧化剂、机械力、超声波等所破坏。凝胶过滤法、反渗透法等也可除去热原。

二、热原的致热量

由于热原的来源、制备方法、纯度及检查方法不同，各类热原的最小致热量（指能使动物体温平均上升 0.5～0.6 ℃所需要的热原量）有很大的差别（表 7-1）。即使同一热原，由于实验条件的差异，报告的结果也相差很大。例如，有人报道大肠杆菌产生的热原量为 0.4 μg/kg，而另有人报道用热酚提取并精制获得的致热物质，最小致热量为 0.002 μg/kg，前后竟相差 200 倍。

表 7-1　各种热原对家兔的最小致热量

热原来源	最小致热量（$\mu g/kg$）
大肠杆菌	$0.002\sim0.4$
霉菌	0.06
变形杆菌	$0.12\sim0.32$
伤寒杆菌	$0.06\sim0.22$
肺炎链球菌	0.01
灵菌	$0.005\sim0.75$

同一热原，采用不同的注射途径，其最小致热量也不同。有人将曲霉属制成热原液，以不同途径注入家兔，结果家兔体温上升 0.5 ℃，每千克体重所需的溶液量为：静脉注射 0.001 mL，腹腔注射 0.003 mL，皮下注射 0.01 mL，肌肉注射 0.023 mL。

人体不同的组织部位所需的最小致热量也不同，如脑脊液对热原物质的敏感度较身体其他部位高 1 000 倍。因此，FDA 规定一般输液瓶用 40 mL 液体洗涤，每毫升洗液含 0.1 ng 大肠杆菌为输液瓶内毒素的安全阈值，而接触脑脊液的器械，洗液中内毒素的安全阈值为 0.04 ng/mL。

热原对不同的动物其致热作用也不同。人最为敏感，兔约为人的三分之一，狗约为人的六分之一。

第三节　热原的污染来源

如前所述，热原主要是指细菌性热原，即细菌内毒素，它们广泛存在于水、原料、人体和生产环境之中。所以在无菌医疗器械的生产过程中，必须注意原材料管理、水质检验、人员卫生及零配件等的严格清洗制度和生产环境微生物的控制管理监测，这对热原的控制十分重要。

一、工艺用水污染

由于医疗器械尤其是接入和植入性医疗器械，其生产工艺漫长、复杂，加工过程不可避免地会受到各方面的污染，因此，在加工完成后必须进行清洁处理，采用符合药典规定要求的工艺用水以满足生产用水就显得十分重要。

1. 应注意制水过程中水源的质量及预处理

若水源不洁又未经净化、软化处理，水源中可含有细菌（热原）、盐类、有机物和悬浮物等。即使采用蒸馏法、离子交换法或反渗透法制水，也极易使制水系统老化失效。尤其是随着经济的快速发展，环境污染使饮用水水质日益恶化。如有机物污染（持久性有机污染物、环境激素、硝基苯、藻毒素、消毒副产物等）、无机物污染（重金属、氟、硫化物、砷、硝酸盐和亚硝酸盐等）、生物类污染（贾第鞭毛虫、藻类）等。

2. 工艺用水贮存容器的选择和保存时间

在清洗过程中应注意工艺用水的贮存容器的选择，对工艺用水的使用保存时间应做出规定，并按规定进行必要的性能检测和确认。

3. 注意制水系统

（1）蒸馏法制水：注意原水的质量和选择结构合理的蒸馏器，经常维修和严格按程序操作十分重要。水源不洁又未经净化、软化处理，或操作不严密，即使多次蒸馏也不能制备出合格的注射用水，如蒸馏器隔沫板设置不妥，泡沫溢于蒸馏水中，使注射用水含有常水（内含细菌、盐类、有机物和悬浮物等）。

（2）树脂离子交换法制水：制备离子交换水，常因水源的杂质、微生物严重污染的问题，极易使阴、阳离子树脂老化而得不到纯水。针对这些情况，选择优质的水源或做好水源预处理对延长阴、阳离子树脂使用寿命十分重要。

（3）反渗透设备系统制水：对于一个特定的反渗透纯水系统，其性能的长期稳定是非常重要的，这取决于正常的操作与维护，包含整套系统的测试，开始运转与关机、清洗与保养等。膜面污垢和水垢防备不仅在预处理设计上要考虑，合适的操作也极为关键。

二、原料、零配件的污染

原料包装不严密或贮存条件不良，运输过程包装被破坏，接管以及零配件清洗不当，处理后暴露于外界的时间过长或存放容器不洁，这些都会导致原料和零配件的污染。洁净室净化空调系统停止运行后，室内零配件等未妥善密封保管也会导致污染。

三、人为污染

在生产过程中，人是最重要的污染来源之一。无菌医疗器械的生产主要靠人工装配操作，因此，必须严格按 GMP 程序生产，注意个人卫生及操作规范。例如，不正确使用口罩、头罩、工作服，不必要的频繁活动，仅满足于上班前的一次洗手（实际上水不能除去皮肤深层中的细菌），没有注意到生产活动过程中手与外界接触最频繁而受再污染的机会最多，或手指掌面皮肤排汗调温中细菌的外溢（皮肤的脂肪和蜡质分泌物中常有亲脂性细菌存在），这些都会造成人为污染。

四、环境和制造过程的污染

由于生产工人未按操作工艺要求生产，车间洁净度、湿度不符合要求，将导致空气中细菌含量增高。控制区内未保持正压，导致周围环境的污染空气逆流。非连续运行的净化空调系统，以及洁净室的生产操作未经净化空调系统自净运行，或停止运行后人员随便进入洁净室以及灭菌不合要求等都会造成此类污染。生产工艺污染、自身材料污染或环境污染等常不可避免。

总之，医疗器械生产过程的污染途径来源是多方面的，包括设备、加工技术、加工材料、环境以及工厂生产时人为导致产品的生物负载等（图7-2）。

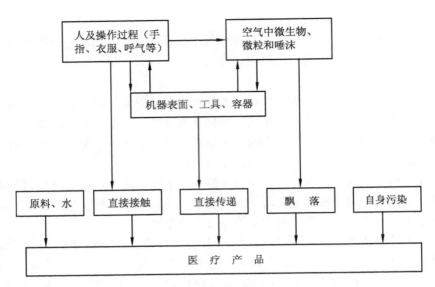

图 7-2 产品的污染途径

第四节 热原的控制

了解了热原的污染途径来源，我们即能有的放矢地进行医疗用品生物负载的控制。现代质量保证体系的新概念，即全面质量管理，在热原的控制和前文讲述的微粒的控制中，都是必须遵循的一大原则。它的特点是从过去的事后检验把关为主，转变为事前的预防改进为主，从管结果变为管因素，这与 GMP 是一致的。因此，在医疗用品的生产过程中，特别是做好成品灭菌前零配件等的清洗消毒（原料）、车间洁净度的维护控制（环境）以及提高生产人员卫生素质（人），进行必要的管理监测，是控制热原、微粒最有效的措施。

一、零配件的处理

零配件等物品，由于生产场所、净化条件的限制，热原等污染难以避免。故在零配件等物品进入生产工序前，严格采用符合《中华人民共和国药典》规定的水源清洗处理十分必要。一般来讲，清洗处理的目的在于洗去灰尘、有机物，清除微生物，控制热原，尤其是酸或碱处理可将热原破坏。故对于各类零配件（针尖、接头、乳胶管）应制定出清洗操作规程，以尽可能地在每道工序、每一步骤中减少热原的污染，从而保证产品的质量。

二、严格控制车间的洁净度

洁净室的洁净程度对于产品质量的影响极大。所以，对于洁净室来讲，不仅设计上要求采用新工艺、新技术和新设备，重要的还需要有一套优质的管理监测体系，如洁净室级别的控制、换气次数、正压值维护、温湿度、风速、微生物、微粒等检测以及正常维护。由于洁净室为非连续运行，净化级别为 10 000 级紊流，故生产操作前的自净时间必须保证。另外，加强上班前和下班后综合措施的消毒灭菌程序也是必要的，如紫外线照射，臭氧、甲醛、乳酸等熏蒸，新洁尔灭或酒精液擦抹操作台面、墙壁等，这样才能有效地保证生产车间的洁净程度。

三、生产人员的配合

在人体的皮肤及其与外界相通的腔道中，存在着大量的微生物，它们可以通过各种途径（呼气、说话、直接接触）释放而污染外环境或物体。因此，必须严格控制个人卫生，执行人员净化规程。一个优质的洁净室，如果没有训练有素的生产人员的配合，是难以控制净化厂房的洁净级别的。

因此，防止热原污染，必须建立一整套综合的管理措施，这样才有可能将污染控制到最低水平。

第五节　热原检查法

一、细菌内毒素检查法（鲎试剂法）

细菌内毒素检查包括两种方法，即凝胶法和光度测定法。后者包括浊度法和显色基质法。供试样品检测时，可使用其中任何一种方法，当测定结果有争议时，除另有规定外，以凝胶法结果为准。

细菌内毒素的量用内毒素单位（EU）表示。

细菌内毒素工作标准品系自大肠杆菌提取精制而成，用于标定、复核、仲裁鲎试剂灵敏度和标定细菌内毒素工作标准品的效价。

鲎试剂——从海洋无脊椎动物鲎的血液中提取的生物试剂，经低温冷冻干燥精制而成。只有鲎血与内毒素有特异性的凝胶反应，该试剂达到了国际标准化，全世界均采用该试剂检测细菌内毒素。该物质尚不能采用生物合成的办法制造。其他检测方法往往由于操作过于复杂或成本太高均不能普及。

细菌内毒素工作标准品系以细菌内毒素国家标准品为基准标定其效价，用于试验中的鲎试剂灵敏度复核、干扰试验及各种阳性对照。

凝胶法细菌内毒素检查用水是指内毒素含量小于 0.015 EU/mL 的灭菌注射用水。光度测定法用的细菌内毒素检查用水，其内毒素含量应小于 0.005 EU/mL。

实验所用的器皿须经处理以去除可能的外源性内毒素。常用的方法是在 250 ℃条件下干热至少 30 分钟，也可以采用其他确保不干扰细菌内毒素检查的适宜方法。若使用塑料器械，如微孔板和与微量加样器配套的吸头等，实验操作过程应该防止微生物的污染。

（一）供试品溶液的制备

某些供试样品需要复溶、稀释或在水性溶液中浸提制成供试溶液，一般要求供试溶液的 pH 值在 6.0～8.0 的范围内。对于过酸、过碱或者本身有缓冲能力的供试品，须调节被测溶液（或其稀释液）的 pH 值，可使用酸、碱或鲎试剂生产厂家推荐的适宜的缓冲液调节 pH 值。酸或碱溶液须用细菌内毒素检查用水在已去除内毒素的容器中配制，缓冲液必须经过验证不含内毒素和干扰因子。

（二）内毒素限值的确定

医疗产品的细菌内毒素限值（L）一般按以下公式确定：

$$L = K/M$$

式中，L 为供试品的细菌内毒素限值，以 EU/mL、EU/mg 或 EU/U（活性单位）表示；K 为人每千克体重每小时最大可接受的内毒素剂量，以 EU/（kg·h）表示；M 为人每千克体重每小时的最大供试品剂量，以 mL/（kg·h）、mg/（kg·h）或 U/（kg·h）表示，人均体重按 60 kg 计算。

（三）最大有效稀释倍数（MVD）的确定

最大有效稀释倍数是指在试验中供试品溶液被允许稀释的最大倍数，在不超过此稀释倍数的浓度下进行内毒素限值的检测。用以下公式来确定 MVD：

$$MVD = cL/\lambda$$

式中，L 为供试品的细菌内毒素限值；c 为供试品溶液的浓度，当 L 以 EU/mL 表示时，则 c 等于 1.0 mL，当 L 以 EU/mg 或 EU/U 表示时，c 的单位须为 mg/mL 或 U/mL；λ 为在凝胶法中鲎试剂的标示灵敏度（EU/mL），或是在光度测定法中所使用的标准曲线上最低的内毒素浓度。

（四）凝胶法（鲎试剂法）

凝胶法系通过鲎试剂与内毒素产生凝集反应的原理来检测或半定量内毒素的方法，其反应原理见图 7-3。

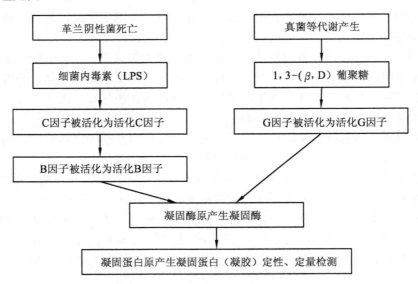

图 7-3　细菌内毒素和鲎试剂生化反应原理

细菌内毒素在钙离子、镁离子参与下，激活鲎试剂中的 C 因子，活化的 C 因子激活 B 因子，活化的 B 因子激活凝固酶，促使凝固蛋白原生成凝固蛋白，在支联酶作用下形成凝胶。

（五）鲎试剂灵敏度复核试验

在本检查法规定的条件下，使鲎试剂产生凝集的内毒素的最低浓度即为鲎试剂的标示灵敏度，用 EU/mL 表示。当使用新批号的鲎试剂或试验条件发生了任何可能影响检验结果的改变时，应进行鲎试剂灵敏度复核试验。

根据鲎试剂灵敏度的标示值（λ），将细菌内毒素国家标准品或细菌内毒素工作标准品用细菌内毒素检查用水溶解，在旋涡混合器上混匀 15 分钟，然后制成 2λ、λ、0.5λ 和 0.25λ 4 个浓度的内毒素标准溶液，每稀释一步均应在旋涡混合器上混匀 30 秒钟。取分装有 0.1 mL 鲎试剂溶液的 10 mm×75 mm 试管或复溶后的 0.1 毫升/支规格的鲎试剂原安瓿 18 支，其中 16 管分别加入 0.1 mL 不同浓度的内毒素标准溶液，每一个内毒素浓度平行做 4 管，另外 2 管加入 0.1 mL 细菌内毒素检查用水作为阴性对照。将试管中溶液轻轻混匀后，封闭管口，垂直放入（37±1）℃恒温器中，保温（60±2）分钟。

将试管从恒温器中轻轻取出，缓缓倒转 180°，若管内形成凝胶，并且凝胶不变形、不从管壁滑脱者为阳性；未形成凝胶或形成的凝胶不坚实、变形并从管壁滑脱者为阴性。保温和拿取试管过程应避免受到振动造成假阴性结果。

当最大浓度 2λ 管均为阳性，最低浓度 0.25λ 管均为阴性，阴性对照管为阴性时，试验方为有效。按下式计算反应终点浓度的几何平均值，即为鲎试剂灵敏度的测定值（λ_c）：

$$\lambda_c = \lg^{-1}\ (\textstyle\sum X/4)$$

式中，X 为反应终点的浓度值。反应终点浓度是指系列递减的内毒素浓度中最后一个呈阳性结果的浓度。

当 λ_c 在 0.5λ～2λ（包括 0.5λ 和 2λ）时，方可用于细菌内毒素检查，并以标示灵敏度 λ 为该批鲎试剂的灵敏度。

（六）干扰试验

按表 7-2 制备溶液 A、B、C 和 D，使用的供试品溶液应为未检验出内毒素且不超过最大有效稀释倍数（MVD）的溶液，按鲎试剂灵敏度复核试验操作。

只有当溶液 A 和阴性对照溶液 D 的所有平行管都为阴性，并且系列溶液 C 的结果在鲎试剂灵敏度复核范围内时，试验方为有效。按下式计算系列溶液 C 和 B 的反应终点浓度的几何平均值（E_s 和 E_t）：

$$E_s = \lg^{-1}\ (\textstyle\sum X_s/4)$$
$$E_t = \lg^{-1}\ (\textstyle\sum X_t/4)$$

式中，X_s、X_t 分别为系列溶液 C 和溶液 B 反应终点的浓度值。

当 E_s 在 0.5λ～2λ（包括 0.5λ 和 2λ）及 E_t 在 $0.5E_s$～$2E_s$（包括 $0.5E_s$ 和 $2E_s$）时，认为供试品在该浓度下无干扰作用。若供试品溶液在小于 MVD 的稀释倍数下对试验有干扰，应将供试品溶液进行不超过 MVD 的进一步稀释，再重复干扰试验。

表 7-2　凝胶法干扰试验溶液的制备

编号	内毒素浓度/ 配制内毒素的溶液	稀释用液	稀释倍数	所含内毒素的浓度	平行管数
A	无/供试品溶液	—	—	—	2
B	2λ/供试品溶液	供试品溶液	1	2λ	4
			2	1λ	4
			4	0.5λ	4
			8	0.25λ	4
C	2λ/检查用水	检查用水	1	2λ	4
			2	1λ	4
			4	0.5λ	4
			8	0.25λ	4
D	无/检查用水	—	—	—	2

注：A 为供试品溶液；B 为干扰试验系列；C 为鲎试剂标示灵敏度的对照系列；D 为阴性对照。

可通过对供试品进行更大倍数的稀释或通过其他适宜的方法（如过滤、中和、透析或加热处理等）排除干扰。为确保所选择的处理方法能有效地排除干扰且不会使内毒素失去活性，要使用预先添加了标准内毒素再经过处理的供试品溶液进行干扰试验。

在进行医疗产品的内毒素检查试验前，或无内毒素检查项的品种建立内毒素检查法时，须进行干扰试验。

当鲎试剂或供试品的配方、生产工艺改变或试验环境中发生了任何有可能影响试验结果的变化时，须重新进行干扰试验。

（七）检查法

1. 凝胶限度试验

（1）试验操作：按表 7-3 制备溶液 A、B、C 和 D。使用稀释倍数为 MVD 并且已经排除干扰的供试品溶液来制备溶液 A 和 B。按鲎试剂灵敏度复核试验操作。

表 7-3　凝胶限度试验溶液的制备

编　号	内毒素浓度/配制内毒素的溶液	平行管数
A	无/供试品溶液	2
B	2λ/供试品溶液	2
C	2λ/检查用水	2
D	无/检查用水	2

注：A 为供试品溶液；B 为供试品阳性对照；C 为阳性对照；D 为阴性对照。

（2）结果判断：保温（60±2）分钟后观察结果。若阴性对照溶液 D 的平行管均为阴性，供试品阳性对照溶液 B 的平行管均为阳性，阳性对照溶液 C 的平行管均为阳性，则实验有效。

若溶液 A 的两个平行管均为阴性，判供试品符合规定；若溶液 A 的两个平行管均为阳性，判供试品不符合规定。若溶液 A 的两个平行管中的一管为阳性，另一管为阴性，须进行复试。复试时，溶液 A 须做 4 支平行管，若所有平行管均为阴性，判供试品符合规定；否则判供试品不符合规定。

2. 凝胶半定量试验

（1）试验操作：本方法系通过确定反应终点浓度来量化供试品中内毒素的含量。按表 7-4 制备溶液 A、B、C 和 D。按鲎试剂灵敏度复核试验操作。

表 7-4　凝胶半定量试验溶液的制备

编号	内毒素浓度/ 配制内毒素的溶液	稀释用液	稀释倍数	所含内毒素的浓度	平行管数
A	无/供试品溶液	检查用水	1	—	2
			2	—	2
			4	—	2
			8	—	2
B	2λ/供试品溶液	—	1	2λ	2
C	2λ/检查用水	检查用水	1	2λ	2
			2	1λ	2
			4	0.5λ	2
			8	0.25λ	2
D	无/检查用水	—	—	—	2

注：A 为不超过 MVD 并且通过干扰试验的供试品溶液。从通过干扰试验的稀释倍数开始用检查用水稀释至 1 倍、2 倍、4 倍和 8 倍，最后的稀释不得超过 MVD；B 为 2λ 浓度标准内毒素的溶液 A（供试品阳性对照）；C 为鲎试剂标示灵敏度的对照系列；D 为阴性对照。

（2）结果判断：若阴性对照溶液 D 的平行管均为阴性，供试品阳性对照 B 的平行管均为阳性，系列溶液 C 的反应终点浓度的几何平均值在 0.5λ～2λ 之间，则实验有效。

系列溶液 A 中每一系列平行管的终点稀释倍数乘以 λ，为每个系列的反应终点浓度，所有平行管反应终点浓度的几何平均值即为供试品溶液的内毒素浓度。如果检验时采用的是供试品的稀释液，则计算原始溶液内毒素浓度时要将结果乘以稀释倍数。

如果实验中供试品溶液的所有平行管均为阴性，应记为内毒素浓度小于 λ（如果检验的是稀释过的供试品，则记为小于 λ 乘以供试品进行半定量试验的初始稀释倍数）。如果供试品溶液的所有平行管均为阳性，应记为内毒素的浓度大于或等于最大的稀释倍数乘以 λ。

若内毒素浓度小于规定的限值，判供试品符合规定；若内毒素浓度大于或等于规定的限值，判供试品不符合规定。

二、热原检查法（兔法）

热原的特点：耐热，须在 250 ℃下干烤至少 0.5 小时才能去除热原；体积小，可通过普通滤器；可溶于水，生产中可用无热原水冲洗以除去热原；可被树脂等吸附；不挥发；可被强酸碱破坏，也可被氧化剂破坏（30％双氧水浸泡 4 小时可完全破坏）。

本法系将一定剂量的供试品静脉注入家兔体内，在规定时间内，观察家兔体温升高的情况来判定供试品中所含热原是否符合规定的实验方法。

1. 实验材料及用具

实验器材包括天平、电子秤、电热干燥箱、恒温水浴箱、热原测温仪或肛门体温计、兔固定架、时钟、棉球等。

须去热原的器具：注射器、烧杯、三角瓶、吸管、移液管、表面皿、玻璃棒、广口试剂瓶、镊子、金属制密封容器。

试剂：75％乙醇、凡士林或者 50％甘油、生理盐水。

2. 实验动物

供试用家兔应健康合格，体重 1.7 kg 以上（用于生物制品检查用的家兔体重为 1.7～3.0 kg），雌兔应无孕。预测体温前 7 天即应用同一饲料喂养，在此期间体重不应减轻，精神、食欲、排泄等不得有异常现象。未曾用于热原检测的家兔、供试品判定为符合规定，但组内升温达 0.6 ℃的家兔，或 3 周内未使用的家兔，均应在检查供试品前 7 天内预测体温进行挑选。挑选实验的条件与检查供试品时相同，仅不注射药液，每隔 30 分钟测量体温 1 次，共 8 次，8 次体温均在 38.0～39.6 ℃范围内，且最高与最低体温相差不超过 0.4 ℃的家兔方可供热原检查使用。用于热原检查后的家兔，如果供试品符合规定，则至少应休息 48 小时方可再供热原检查使用，其中升温达 0.6 ℃的家兔应休息 2 周以上。如果供试品判定不合格，则组内全部家兔不可再使用。

3. 实验前的准备

在做热原检查前 1～2 天，供试用家兔应尽可能处于同一温度环境中。实验室和饲养室的温度相差不得大于 3 ℃，实验室的温度应在 17～25 ℃。在实验全部过程中，应注意室温变化不得大于 3 ℃，防止动物骚动并避免噪音干扰。家兔在实验前至少 1 小时开始停止给食并置于适宜的装置中，直至实验完毕。家兔体温应使用精密度为±0.1 ℃的测温装置。肛温计插入肛门的深度和时间各兔应相同，深度一般约 6 cm，时间不得少于 90 秒，每隔 30 分钟测量体温 1 次，一般测量 2 次，两次体温之差不得超过 0.2 ℃，以此两次体温的平均值作为该兔的正常体温。当日使用的家兔，正常体温应在 38.0～39.6 ℃的范围内，且各兔间正常体温之差不得超过 1 ℃。与供试品接触的实验用器皿应无菌、无热原。

4. 检查法

（1）选取符合规定的家兔 3 只，实验前测量体温 2 次，间隔 30 分钟，以 2 次体温的平均值作为该家兔的正常体温。

（2）在测定其正常体温后 15 分钟内，自耳缘静脉缓缓注入规定剂量并温热至约 38 ℃的供试品溶液。

（3）注射后每隔 30 分钟测量体温一次，共 6 次，以 6 次体温中最高的一次减去正常体温作为该家兔体温的升高温度（如果 6 次体温均低于正常体温，则升高温度记为 0 ℃）。

（4）如 3 只家兔中有 1 只温度升高 0.6 ℃ 或 0.6 ℃ 以上，或 3 只家兔体温升高均低于 0.6 ℃，但体温升高的总和达 1.3 ℃ 以上，应另取 5 只家兔复试，检查法同上。

5. 结果判断

（1）在初试的 3 只家兔中，体温升高均低于 0.6 ℃，并且 3 只家兔体温升高总和低于 1.3 ℃；或在复试的 5 只家兔中，体温升高 0.6 ℃ 或者 0.6 ℃ 以上的家兔不超过 1 只，并且初试、复试合并 8 只家兔的体温升高总和为 3.5 ℃ 或 3.5 ℃ 以下，均判断为供试品的热原检查符合规定。

（2）在初试 3 只家兔中，体温升高 0.6 ℃ 或 0.6 ℃ 以上的家兔超过 1 只，或在复试的 5 只家兔中，体温升高 0.6 ℃ 或 0.6 ℃ 以上的家兔超过 1 只；或初试、复试合并 8 只家兔的体温升高总和超过 3.5 ℃，均判断为供试品的热原检查不符合规定。

6. 不同药典中热原检查法的比较

不同药典中热原检查法的比较如表 7-5、表 7-6、表 7-7 和表 7-8 所示。

表 7-5　不同药典中的动物初筛

各类药典	体重	性别	选择条件	饲养温度	试验温度
中国药典	≥1.7 kg	不限，雌兔应无孕	1. 7 天预养期内未见异常的未试动物 2. 已试动物结果符合热原规定，且休息不小于 3 天；其中升温达 0.6 ℃ 的家兔应休息 2 周以上 3. 不使用热原试验不合格的动物	17～25 ℃	在饲养温度的基础上变化≤3 ℃
美国药典	≥2.0 kg			20～23 ℃	
欧洲药典	≥1.5 kg			20～23 ℃	

表 7-6　不同药典中的动物体温筛选

各类药典	时间	给药	测量次数	选择条件
中国药典	主试验前 7 天内	—	8 次，30 分/次	8 次体温均在 38.0～39.6 ℃，且最高与最低体温相差≤0.4 ℃；个体间体温差≤1 ℃
美国药典	主试验前 7 天内	—	8 次，30 分/次	体温不超过 39.8 ℃，个体间体温差≤1 ℃
欧洲药典	主试验前 1～3 天	10 mL/kg 生理盐水（38.5 ℃）	10 次，30 分/次，舍去前 2 次	体温在 38.0～39.8 ℃，个体间体温差≤1 ℃

表 7-7　不同药典中的初试结果判断

各类药典	合格	复试	不合格
中国药典	3 只动物体温升高均低于 0.6 ℃，且 3 只动物体温升高总和低于 1.3 ℃	3 只动物出现体温升高高于 0.6 ℃，或者 3 只动物体温升高总和高于 1.3 ℃	体温升高≥0.6 ℃ 的动物数量超过 1 只
美国药典	3 只动物体温升高均低于 0.5 ℃	3 只动物出现体温升高高于 0.5 ℃	—
欧洲药典	3 只动物体温升高总和≤ 1.15 ℃	1.15 ℃<3 只体温升高总和≤2.65 ℃ 2.80 ℃<6 只体温升高总和≤4.30 ℃ 4.45 ℃<9 只体温升高总和≤5.95 ℃	3 只动物体温升高总和>2.65 ℃

表 7-8　不同药典中的复试结果判断

—	实验步骤	合格	不合格
中国药典	另取 5 只动物进行复试，试验方法同初试	复试 5 只动物中体温升高≥0.6 ℃ 的动物数不超过 1 只，合并初试 3 只动物，体温升高总和≤3.5 ℃	复试 5 只动物中体温升高>0.6 ℃ 的动物超过 1 只；或合并初始、复试 8 只动物体温升高总和>3.5 ℃
美国药典	另取 5 只动物进行复试，试验方法同初试	合并初试、复试 8 只动物，体温升高超过 0.5 ℃ 的动物数≤3 只，或者超过 3 只，但体温升高总和≤3.3 ℃	合并初试、复试 8 只动物，体温升高超过 0.5 ℃ 的动物数>3 只，体温升高总和>3.3 ℃
欧洲药典	加试 3 只动物，最多加试 3 组，合并初试共 12 只动物	6 只动物体温升高总和≤2.80 ℃ 9 只动物体温升高总和≤4.45 ℃ 12 只动物体温升高总和≤6.60 ℃	6 只动物体温升高总和>4.30 ℃ 9 只动物体温升高总和>5.95 ℃ 12 只动物体温升高总和>6.60 ℃

三、新的热原检查方法的研究进展

家兔法能检查出各种热原，但灵敏性受动物品系、年龄、试验条件等限制，也不能定量和很好地标准化，重复性较差；很多药品亦不适用家兔法，如对中枢和外周体温调节机制有作用的药物。

细菌内毒素检查法具有经济、快捷、简便、可定量、标准化等优点，但鲎试剂只能特异性地检查革兰阴性菌的内毒素，而且鲎试剂检查结果易受多种物质干扰，表现为增强（高蛋白含量的样品、蛋白酶）和抑制作用（钙镁离子螯合剂如 EDTA、柠檬酸盐、蛋白酶抑制剂等）。此外，鲎作为一种远古生物，因不合理利用已濒临灭绝。

为弥补现有热原检查方法的不足，一些结合了细菌内毒素检查法体外高灵敏度和家兔法宽检测谱优点的新方法被提出来：① 人外周血单核细胞-白细胞介素-6（PBMC-IL-6）法；② 人全血-IL-1β（WBT-IL-1β）法；③ 人全血-IL-6（WBT-IL-6）法；④ MM6-IL-6 法；⑤ THP-1-Neo（新蝶呤）法；⑥ THP-1-TNF 法；等等。

根据国内外的研究，新的热原试验方法重现性好，检测限满足热原检查要求，检测谱广，不仅能用于热原检查，还能用于退热药、抗炎药物及部分免疫药物的筛选，有较好的应用前景。

（张同成　梁　羽　阳艾珍）

参考文献

［1］国家药典委员会. 中华人民共和国药典 四部［M］. 北京：中国医药科技出版社. 2015.

［2］张同成，米志苏. 一次使用性输液器污染原因调查［J］. 中国消毒学杂志，1995，12（4）：246.

［3］张志荣. 药剂学［M］. 北京：高等教育出版社，2007.

［4］张同成，殷秋华，米志苏. 一次性医疗用品的卫生学管理和监测［M］. 北京：原子能出版社，1989.

［5］左金龙，崔福义. 饮用水中污染物质及处理工艺的研究进展［D］. 哈尔滨：哈尔滨工业大学市政环境工程学院，2000.

［6］国家食品药品监督管理局. GB/T 16886.12，医疗器械生物学评价 第12部分：样品制备与参照样品［S］. 北京：中华人民共和国国家质量监督检验检疫总局，中国国家标准化管理委员会，2017.

第八章

无菌医疗器械灭菌、包装与留样

第一节　无菌医疗器械消毒、灭菌的基本概念

在无菌医疗器械的生产工艺流程中，洁净厂房的净化，生产人员、操作场所的清洁卫生以及无菌医疗器械的最终处理等，均涉及消毒与灭菌。现将有关内容介绍如下：

1. 消毒

消毒是指采用物理或化学的方法，清除或杀灭外环境（传播媒介）中的病原微生物或其他有害微生物。外环境系指无生命的物体及其表面，为叙述的方便，人体体表皮肤的消毒除菌也放入此列。对消毒意义的理解，有两点需要注意：其一，不必清除杀灭所有微生物，主要是针对病原微生物；其二，消毒是相对的，只要将微生物减少到无害化的程度。

2. 消毒剂

消毒剂是指用于杀灭微生物的化学药物，如碘类（碘伏、碘酊）、醇类（乙醇、异丙醇）、季铵盐类（新洁尔灭）等。

3. 灭菌

灭菌是指用物理和化学的方法杀灭一切活的微生物（包括病原微生物和非病原微生物、繁殖型或芽孢型微生物），其概念是绝对的。然而，由于种种原因及遵照概率函数，一些微生物总是以有限的机会得以生存，因此灭菌的要求只是把微生物的存活概率降低到最低限度。据此，工业化生产的灭菌，允许将灭菌概率标准规定为 10^{-6}，即在 100 万个试验对象中，可有 1 个以下的有菌生长，就可认为该批产品是无菌的。

4. 灭菌剂

灭菌剂是指能杀灭一切微生物的药物，如过氧化物类（过氧化物、过氧乙酸、臭氧、二氧化氯）、醛类（甲醛、戊二醛、乙二醛）、烷基化类（环氧乙烷、乙型丙内酯）、含氯类（漂白粉、次氯酸钠、次氯酸钙、二氯异氰尿酸钠）等。

5. 无菌

无菌是指物体或任一介质中没有活的微生物的存在，即无论用何种方法，检不出活的微生物。

6. 无菌操作

无菌操作是指在操作中，采用或控制一定条件，尽量避免产品污染微生物的一种操

作方法。为此目的，所用的一切物品、环境，均应事先灭菌，操作也应在无菌操作室中进行。

根据上述定义，消毒与灭菌是两个不同的概念，消毒处理不能达到灭菌的程度，而灭菌则一定能达到消毒之目的。

无菌医疗器械生产过程中的消毒与灭菌，与一般微生物学上有所不同。微生物学上的消毒与灭菌，只要求杀灭和清除一切病原性微生物，使其不成为传染源，也即无害化处理，而无菌医疗器械生产过程中的消毒与灭菌，因灭菌后直接用于人体，故除要灭菌外，尚需要考虑：① 微生物的污染数量，如大量污染，即使灭菌，其尸体、毒素仍然可对人体造成危害；② 所选方法对其内在质量有无影响（如热力灭菌处理一次性塑料输液器，会使器材变形，故不宜采用）；③ 所用方法灭菌后有无残留毒性，对于关键性的无菌医疗器械，要求更应严格，如环氧乙烷用于灭菌后，必须按标准检测环氧乙烷及2-氯乙醇残留量。

第二节　物理与化学消毒灭菌法

消毒与灭菌的方法，按其性质可分为物理法和化学法两类。

一、物理消毒灭菌法

利用物理因素作用于微生物，将之杀灭或清除，称为物理法。常用的物理法有机械法、热力法、光法、电法、声法及辐射灭菌法。

（一）机械法

此方法不是真正的杀灭微生物，而只是机械排除，如刷、冲洗、擦拭、吸附、过滤等。上班前进入洁净室的洗手，也属于机械消毒法。反复冲洗、擦刷可使细菌机械地被排除。实验证明，用 8 分钟流水冲洗可除菌 80%，15 分钟可除菌 99%。

过滤除菌是用物理阻留的方法除去微生物，如用砂滤法制备生活饮用水，厂房空气净化设施以及戴口罩等，都是利用过滤除菌的有效方法。目前，滤膜器孔径最小可达 $0.01\,\mu m$，能制取优质的注射用水。空气净化设施可将空气处理到 100 mL 中只有 1 颗 $0.3\,\mu m$ 尘粒的超净水平。

（二）热力法

在所有消毒与灭菌的方法中，热力是一种应用最早、效果最可靠、使用最广泛的方法。热杀灭微生物的机制是损伤微生物的细胞壁、细胞膜，破坏微生物的蛋白质（凝固或变性），从而导致其死亡。热力灭菌的方法分为干热和湿热两类。

1. 干热灭菌

（1）灼烧。灼烧是直接用火焰灭菌，如微生物实验室接种针、接种环、涂菌棒等不怕热的金属器材的灭菌。在没有其他办法灭菌的情况下，对于器械亦可用灼烧法灭菌。灼烧法灭菌温度很高，效果可靠，但对器械有破坏性。

（2）干烤。干烤灭菌是在烤箱中进行的，适用于高温下不损坏、不变质物品的灭菌。例如玻璃制品（平板、试管、吸管、玻璃注射器等）均可用此法灭菌，一般在180 ℃下干烤 1～2 小时。

（3）注意事项：① 玻璃器皿应完全洗净，以免吸附物高温时炭化。洗净后完全干燥，再放入烤箱内。② 物品包装不宜过大，放置物品不宜超过烤箱高度的三分之二。物品间应留有空隙，以利于热空气对流。③ 灭菌过程中不得中途打开烤箱放入新物品，以免突然冷却致使物品爆裂。④ 在高温下易损坏的物品，如纸、棉织品、塑料制品、橡胶制品不可放入烤箱内灭菌。⑤ 灭菌时间应从烤箱内温度达到所需温度时算起。

2. 湿热灭菌

（1）煮沸法。煮沸法是使用最早的灭菌方法之一。由于其方法简单、方便、经济、实用、效果好，故至今仍是一种常用的方法。

煮沸法杀菌的能力较强，一般在水沸腾后再煮 5～15 分钟，即可达到杀菌目的。100 ℃几乎能立即杀灭细菌繁殖体、真菌、立克次体、螺旋体和病毒等。芽孢型菌则抗煮沸能力较强，一般要 1 小时以上，甚至长达 8 小时之久才能将其灭杀。如能在煮沸时加入增效剂，可以增强煮沸杀菌效果，如在煮沸针尖时，加入 1%～2% 碳酸钠，煮沸 5 分钟即可达到灭菌要求，同时还可防止其生锈，保持它的锋利。

（2）高压蒸气灭菌。目前常用下排气式高压灭菌器，主要部件和使用方法等介绍如下。

手提式高压灭菌器是实验室、卫生医疗单位常用的小型灭菌器。它由铝合金材料制成，为单层圆筒，内有一铝质的盛物桶，直径 28 cm，深 28 cm，容积约 18 L，全重18 kg，使用压力<1.4 kg/cm²。主要部件有：压力表 1 个，指示高压锅内压力；排气阀 1 个，下接排气软管，伸至盛物桶下部，用以排除冷空气；安全阀 1 个，当高压锅内压力超过 1.4 kg/cm² 时，可自动开启排气。使用方法：在高压锅内放入约 4 cm 深的清水，将消毒物品放入盛物桶内，装物不宜太多，且应使物品间留有空隙，盖上锅盖，注意将排气软管插入盛物桶壁上的方管内，拧紧螺丝。当加热到表压为 0.35～0.7 kg/m²（5～10 磅/平方英寸）时，打开排气阀。放冷空气，至有蒸气排出，即关闭排气阀，待上升至所需压力，调节热原，维持到预定时间。结束后排气至表压为 0，打开盖子，取出物品。消毒液体时，最好慢慢冷却，以免减压过快液体外溢或瓶破裂。

（3）注意事项。高压灭菌应注意以下几点：① 必须将灭菌器内冷空气抽尽或排尽，空气的排尽程度与温度的关系极为密切（见表 8-1）。② 合理计算时间。时间的计算应从灭菌器内达到温度要求时算起，至完成灭菌为止。一般情况下排气式高压灭菌器的灭菌设置为 121 ℃ 15 分钟或 115 ℃ 30 分钟。③ 包装与容器不宜过大、过紧，也不宜将物品放于铝饭盒内。④ 合理布放物品。物品不宜过多，一般为 85%，且物品间留有空隙。⑤ 注意安全操作，每次灭菌前应检查灭菌器是否处于良好的工作状态，尤其是安全阀是否良好，盖是否关紧。加热宜均匀，灭菌后减压不可过猛。压力表退回"0"处才可打开盖。⑥ 为监测灭菌效果，可采用留点温度计或嗜热脂肪芽孢菌生物指示菌片。

表 8-1 高压灭菌器内压力和冷空气排放与温度的关系

表压		排出不同程度冷空气时高压锅内温度（℃）				
磅/平方英寸	kg/cm²	全排出	排出 2/3	排出 1/3	排出 1/3	未排出
10	0.70	115	109	105	100	90
15	1.05	121	115	112	109	100

注：1 磅＝0.453 592 37 kg；1 英寸＝25.4 mm。

（三）紫外线法

1. 杀菌原理与作用

紫外线可分为长波段、中波段和短波段 3 组，以短波段 250～265 nm 的杀菌力最强，一般多以 253.7 nm 作为紫外线杀菌波长的代表。

紫外线照射能量较低，不足以引起原子的电离，仅产生激发作用，使电子处于高能状态而不脱开。当微生物被照射时，此作用可引起细胞内成分，特别是核酸、原浆蛋白与酶的化学变化，从而使微生物死亡。

各种微生物对紫外线的耐受力不同，真菌孢子对紫外线的耐受力最强，芽孢菌次之，细菌繁殖体最差。但也有例外，如橙黄八叠球菌的耐受力反比枯草杆菌芽孢高。

因紫外线是一种低能量的电磁辐射，穿透力极差，空气湿度、尘粒对其均有影响；在液体中，其穿透力亦随深度增加而降低。各种杂质（盐、有机物等）均可影响紫外线作用，紫外线不能透过固体物质。普通玻璃中有氧化铁，可阻挡紫外线。因此，紫外线无法透过 2 mm 厚的窗玻璃，但能透过石英，糊窗纸可透过 20%～40%；聚氯乙烯薄膜，开始时可透过 30%，但 6 小时后，由于薄膜变质，透过率可以降至 3% 以下。

2. 消毒应用

（1）空气消毒。紫外线的空气消毒，主要是利用局部空气先行照射消毒，然后随着空气的对流而使全室空气得到消毒。为获得最大的反射率，充分发挥紫外线的作用，紫外线灯上须装反光性强的铝制（优于涂漆的）反光罩。

① 固定式照射：将紫外灯固定于天花板上，略高于人的头顶，向下照射；或固定于墙壁上，侧向照射。每分钟照射产生的效果相当于换气 1～3 次。每换气 1 次约可清除原菌数的 63.2%。因紫外线对人体有害，此类消毒适用于无人在的情况。若消毒必须在室内有人的情况下进行，则可用向上照射法，即将紫外灯固定于天花板或墙壁上，离地 2.5 m 左右，灯管下安装金属反光罩，使光线反射到天花板上。一般为防止损害人的健康，每立方米的功率不超过 1 W。在 10～15 m² 的房间安装 30 W 紫外线灯管 1 支。照射时，每次 40～120 分钟，间隔 1 小时。用这样的方法，可使空气中微生物减少50%～70%，甚至达 90% 以上。

② 移动式照射：将 4 支 30 W 紫外线灯管装于直径为 0.3 m 的铝制圆筒内，在一端装以28 m³/min 流量的风扇，即制成了移动式紫外线空气消毒设备。这种装置依靠风扇，使空气流经紫外线通道而将之消毒。此法可用于生活用房及缓冲间等消毒灭菌。在体积较小的房间，1 小时照射可相当于换气 27 次。

（2）对水的消毒。紫外线消毒清水，照射强度为 90 000 μW/cm² 时，对大肠杆菌、伤寒杆菌的灭活指数可达 10^{30}。装置的设计应使灯管不浸于水中。常用的直流式消毒装置呈管道状，紫外线灯管固定于液面上 1 cm 左右处。水由一端进入，一端流出，流过的水层不宜太厚，一般不超过 2 cm。

（3）对污染表面的消毒。一般采用吊装灯管，应在上部安装反光罩，将紫外线反射到污染的表面。照射时，灯管与污染表面不宜超过 1 m，所需时间 30 分钟，消毒有效区为距离灯管 1.5～2 m 处。

3. 使用注意要点

（1）灯管表面应经常（一般 2 周左右 1 次）用酒精棉球轻轻擦拭，除去表面的灰尘与污垢，以减少对紫外线穿透的影响。

（2）紫外线肉眼看不见，灯管放射出的蓝紫色光线并不代表紫外线强度。有条件的可用紫外线强度仪测定其强度，无条件者可逐月记录使用时间。紫外线灯的平均寿命（每 3 小时开启 1 次）可达 2 500 小时以上。

（3）消毒时，室内应保持清洁、干燥。空气中不应有灰尘或水雾，如果空气中含尘粒 800～900 粒/米³，则降低灭菌效率 20%～30%；湿度 45%～65%，紫外线照射 3 小时，空气中细菌减少 80%～90%，若相对湿度增到 80%～90% 时，则降低灭菌效率 30%～40%，一般相对湿度不宜超过 40%～60%。

（4）不透紫外线的表面，只有直接照射才能达到消毒目的，因此要按时翻动，并且室内不能放置过多不必要的物品。

（5）紫外线对人体有一定的危害，直接照射（1 m 距离）1～2 分钟，可使皮肤产生红斑，对眼睛直射 30 秒可产生刺激症状，剂量再增大会引起紫外线眼炎。因此，应避免直接照射或眼睛直视。

（6）温度对紫外线有一定影响，一般适用温度为 15～35 ℃，若室温为 -4～0 ℃，紫外线即失去作用。

（7）紫外线的灭菌效能与投射角度也有关系，在等距离内，每相差 30°，则照射强度相差很多。如 90° 直射强度为 4.8 mW/cm²；倾斜 30° 时强度减至 2.7 mW/cm²；若再倾斜 30°，则强度减少到 0.56 mW/cm²。

（四）电消毒法

臭氧是以无声放电法产生的。在一对交流电极之间隔以介电体，当空气或氧气通过高压电极（6 000～8 000 V）时，在具有足够动能的放电电子中，氧分子电离，一部分氧分子聚合为臭氧。臭氧有很强的杀菌力，高效、广谱。臭氧消毒是通过各种臭氧发生器现场产生臭氧，立即应用于灭菌的。

1. 理化性质

臭氧又名三氧，分子式为 O_3，常温下为淡蓝色气体，味臭，相对密度为 1.658，有爆炸性，为已知最强的氧化剂。臭氧极不稳定，可自行分解为氧分子和氧原子，无法贮存。臭氧的半衰期随温度变化，4 ℃ 时半衰期为 132 分钟，10 ℃ 时为 128 分钟，20 ℃ 时为 27 分钟，30 ℃ 时为 6 分钟。

2. 实际应用

（1）饮用水消毒：臭氧用于消毒饮用水，作用速度快，效果可靠，能脱色除臭，降低水的浑浊度。水中余臭氧质量浓度保持在 0.1～0.5 mg/L，维持 5～10 分钟可达消毒目的。

（2）物体表面、空气消毒：采用 30 mg/m³ 质量浓度的臭氧作用 15 分钟，对自然菌杀灭率可达 90％以上。若要求空气中细菌总数≤500 CFU/m³，可采用臭氧消毒，要求臭氧质量浓度 20 mg/m³，在相对湿度 70％条件下消毒时间≥30 分钟。

3. 使用注意要点

（1）臭氧具有毒性，吸入臭氧后，可引起呼吸加速、变浅、胸闷等症状，进而脉搏加速，头痛。严重时可发生肺气肿，甚至死亡。为此，作业场所臭氧质量浓度不能超过国家允许标准（0.2 mg/m³）。用臭氧进行空气消毒必须在密闭空间、人不在现场的条件下进行。消毒后至少过 30 分钟人才能进入。

（2）臭氧为强氧化剂，对多种物品有损坏作用，如臭氧可使橡胶制品变脆、变硬，加速老化；使铜片出现绿色锈斑；使织物漂白、褪色等。

（3）臭氧杀灭微生物的程度与臭氧浓度有关，与时间关系不大；臭氧杀灭微生物需要较高的相对湿度，若相对湿度小于 35％，即使臭氧浓度较高，对空气中细菌的杀灭率也很低。

（4）有机物可减弱臭氧对微生物的杀灭作用。

（五）辐射灭菌法

1. 概况

1957 年，美国强生（Johnson）公司的一个分公司（Ethicon）首先应用辐照技术进行了手术缝合线的灭菌。1958 年，丹麦建立了第一个钴-60 辐射灭菌装置。由于采用该方法灭菌比热力灭菌、环氧乙烷法更具优势，即灭菌彻底、不污染环境、无残留毒性、能耗低、更适用于热敏怕湿材料的灭菌等，因此，该方法发展非常迅速。据 1980 年欧美的资料显示，辐照灭菌的无菌医疗器械已占 50％，到 1990 年已达 80％。有专家估计，在发达国家中，辐照灭菌将成为无菌医疗器械的主要灭菌方法。

2. 电离辐射的类型

通常用于灭菌的射线是 γ 射线和电子射线。γ 射线是钴-60 和铯-137 发出的电磁波，不带电荷，穿透力强，适用于较厚或包装后产品的灭菌。电子射线是由电子加速器产生的高能电子束，穿透力较弱。这两种射线都不会产生感生放射性。目前，用于工业规模的辐射装置绝大多数采用钴-60 辐射源。

无菌医疗器械辐射灭菌的装置，常用的有钴-60γ 射线辐射装置和电子加速器产生电子束射线辐射装置。γ 射线辐射装置又可分为静态堆码翻转方式和传输带悬挂链连续运行方式。我国多数辐照中心采用传输带悬挂链连续运行方式。

3. 机制

电离辐射对微生物的致死效应可归纳为两种不同类型的反应机制。第一机制是射线直接冲击细胞内部的靶分子，微生物遭受这种方式的打击，失活的主要原因很可能是 DNA（脱氧核糖核酸）内部分子键的断裂。第二机制是细胞遭到辐射所产生的自由基或其他化合物，如过氧化物的破坏。大约一半的放射生物效应是由水产生的自由基引起的，这些致死性化合物可在细胞内部及其附近形成。

4. 灭菌剂量的选择

作为一种可靠的无菌医疗器械的灭菌方法，辐射灭菌经历了 50 多年国际间的协作，灭菌剂量设定方法也随着研究和实践的深入而发展。辐射灭菌方法已日趋成熟、规范、统一。

辐照灭菌的剂量设定方法是严格依据产品携带生物负载的数量和抗性进行剂量确定的方法，在 ISO 11137-2 标准收集的 9 种辐照灭菌剂量设定方法（见表 8-2）中，有 7 种方法均给出了生物负载数量的限度要求。剂量设定中依据生物负载测定的数量，查表选定验证剂量（SAL 10^{-2} 或 SAL 10^{-1}），根据验证剂量辐照产品的无菌试验结果，再在同一行中进行最低灭菌剂量（SAL 10^{-6}）的外推选定。

表 8-2　剂量设定方法（ISO 11137-2—2006）

标准条款	方法名称	批次	生物负载要求	样本数	验证剂量	辐照样品数	无菌试验解释（通过）	SAL10^{-6}（查表）
7.2	方法 1	多	≥1.0	40	SAL10^{-2}	100	100≤2	5
7.3	方法 1	单	≥1.0	20	SAL10^{-2}	100	100≤2	5
7.4	方法 1	单多	0.1～0.9	40/20	SAL10^{-2}	100	100≤2	6
8.2	方法 2A	—	—	280	—	—	—	7
8.3	方法 2B	—	—	260	—	—	—	8
9.2	VD$_{max}^{25}$	多	0.1～1 000	40	SAL10^{-1}	10	10≤1	9
9.3	VD$_{max}^{25}$	单	0.1～1 000	20	SAL10^{-1}	10	10≤1	9
9.4	VD$_{max}^{15}$	多	0.1～1.5	40	SAL10^{-1}	10	10≤1	10
9.5	VD$_{max}^{15}$	单	0.1～1.5	20	SAL10^{-1}	10	10≤1	10

5. 使用评价

优点：① 灭菌效果可靠；② 不引起温度升高，是一种"冷处理"灭菌；③ 节约能源；④ 不破坏包装，可长期保存；⑤ 穿透力强，适用于封装灭菌；⑥ 无残留毒；⑦ 处理过程干燥，无灭菌剂的沾污；⑧ 可连续灭菌；⑨ 无环境污染。

缺点：① 一次性投资大；② 必须有经过专门训练的技术人员管理。

二、化学消毒灭菌法

（一）气体消毒灭菌法

气体消毒灭菌法是指用化学制剂的气体或蒸气对物品进行的消毒、灭菌。常用的化学制剂为环氧乙烷、甲醛、过氧乙酸、丙二醇、乳酸、戊二醛等。

1. 环氧乙烷

环氧乙烷又名氧化乙烯，分子式为 C_2H_4O，相对分子质量为 44.05。环氧乙烷在室温、常压下为无色气体，具醚样臭，可闻出的气味阈值为 700 ppm，沸点为 10.8 ℃。当温度低于 10.8 ℃时，环氧乙烷气体液化成无色透明液体，能溶于水、乙醇和乙醚。液态和气体环氧乙烷都能溶解天然和合成的聚合物，如橡胶、皮革、塑料等。

环氧乙烷具较强的扩散和穿透能力，作用快，对细菌芽孢、真菌和病毒等各种微生物均有杀灭作用，属于广谱灭菌剂。

（1）灭菌机制：环氧乙烷属烷化剂，它能与微生物的蛋白质、DNA等发生非特异性的烷基化作用，对细菌的代谢产生不可逆性破坏。

（2）应用范围：环氧乙烷可用于对热敏感的塑料制品、橡胶制品、皮革制品、聚乙烯等包装的某些药品、工作衣、敷料等的灭菌。

（3）注意要点：① 环氧乙烷具可燃性和可爆性，当与空气混合，空气含量达3%（体积分数）时即可爆炸。故应用时可用惰性气体如二氧化碳稀释，配成环氧乙烷加二氧化碳的混合气。② 环氧乙烷对塑料、橡胶、纸板等穿透力强，亲和力也强。故灭菌完毕后须通空气或采用排除毒性气体装置，将被某些材料吸收的环氧乙烷降到最低浓度。环氧乙烷200 mg/L、25 ℃、作用24小时的条件下，一些材料吸收环氧乙烷的情况列于表8-3。③ 为保障操作人员和使用者的健康安全，灭菌环境中环氧乙烷浓度应按规定监控，注意灭菌过程中的有效解析以及环境方面的保护。④ 应经常检查有无漏气处，以便及时处理。

表8-3　一些材料对环氧乙烷的吸收情况

材料	每克材料吸收环氧乙烷的量（mg）
聚乙烯	2
聚氯乙烯	19.2
纸板	10.4
丁腈橡胶	15.2

（4）毒性：现已证实，环氧乙烷具致突变和致癌作用。动物长期处于环氧乙烷较多的空气中（30 ppm），可引起组织癌变。人吸入过量环氧乙烷，可引起急性中毒，表现为头晕、头痛、恶心、呕吐，严重者引起肺水肿以至死亡。皮肤、黏膜接触环氧乙烷液体，可引起烧伤、红肿、起疱。环氧乙烷进入血液会引起溶血。另外，环氧乙烷可形成氯乙醇，这种物质对人的毒性比环氧乙烷还要大，在安全使用环氧乙烷上是一个应予重视的问题。人嗅出环氧乙烷的阈值为700 ppm，这样就有一种危险性，即环氧乙烷灭菌的操作者、运送者和保存环氧乙烷灭菌物品的人，可能并不知道自己正暴露在环氧乙烷的有害浓度下。因此，灭菌场所空气中的环氧乙烷浓度以及灭菌后物品的残留量应经常检测，严加控制，以策安全。

（5）使用评价：

优点：① 对各种微生物有较高的杀灭率，可作为灭菌剂；② 气体的穿透力强，随着多孔透气包装材料的开发，灭菌效果明显加强。

缺点：因该化合物易燃、易爆，对人有一定的毒性，污染环境等，故使用受到了影响。

2. 甲醛

甲醛又名蚁醛，是一种有强烈刺激臭味的无色气体。甲醛易溶于水，常温下在水中的溶解度为37%左右，36%～40%（质量分数）的甲醛水溶液又叫福尔马林。

（1）灭菌作用：对各类微生物都有高效的杀灭作用，包括繁殖体、芽孢、真菌和病毒，可作为灭菌剂。

（2）杀菌机制：① 凝固蛋白质；② 还原氨基酸；③ 使蛋白质分子烷基化。

（3）影响灭菌作用的因素：① 温度：有明显影响，随着温度的升高，杀菌作用加强（一般室温 15～35 ℃）。② 浓度与作用时间：溶液中含量愈高，时间愈久，其杀菌作用愈好。③ 相对湿度：过高过低均有影响，小于 60％ 时甲醛气体失去杀菌作用。一般杀菌浓度宜维持在 70％～90％。④ 其他：有机物的存在可使药液不易渗透，影响效果，多孔性物品可吸收甲醛气体，减少空气中甲醛浓度，如遇此类物质，可酌情增加用药量。

（4）应用：广泛应用于无菌操作室的灭菌。有关使用方法介绍于下。

① 甲醛气体产生法：

a. 福尔马林加热法：将福尔马林置于玻璃、陶瓷或金属容器中，直接在火上加热蒸发。用量可视房间表面及空气污染程度，取 2～30 mL/m³（36％～40％甲醛液）不等。必要时为增加湿度，可加 2～6 倍水，以便使相对湿度保持在 70％～90％。使用完毕，及时撤离火源，以防烧坏容器或引起火灾，保持 2～12 小时后送入净化空气。

b. 氧化法：福尔马林为还原剂，当与氧化剂如高锰酸钾、漂白粉等接触时，即可发生化学反应产生大量热和甲醛气体。操作时，先将氧化剂放于容器中，然后注入福尔马林。当反应开始时，药液沸腾，短时间内即可将甲醛蒸发完毕。由于产热较高，容器不要直接放于地板上，以免烧坏。容器宜深，药液应徐徐加入，防止反应过猛。为减慢反应速度和调节空气中的湿度，可加一定量水于福尔马林中，一般用量为福尔马林的 50％。

加热法与氧化法相比，更加简单、方便、清洁，且能保持理想的湿度；氧化法在反应中可产生二氧化锰小黑点。

② 消除气味的方法：甲醛气体灭菌后，常有遗留的刺激性的甲醛气味。消除方法一是自然通风（需洁净空气），二是中和。前者所需时间久，若急于除掉气味，可用 25％ 氨水加热蒸发，用量为福尔马林的一半。中和时间需 10～30 分钟。使用中应注意：甲醛有一定毒性，如对皮肤、黏膜有刺激作用，可引起过敏性皮炎等。

此法用于空气的灭菌比较彻底，可以根据洁净室菌落计数和芽孢菌情况决定频数，一般每月进行 1 次。

（二）表面消毒

大多数化学消毒剂仅能杀灭微生物的繁殖体，而不能杀灭芽孢，故一般用于表面消毒，即在控制的环境中减少细菌，维持正常的洁净状态。选择的消毒剂必须是抗菌谱广的或有针对性的。

1. 理想的化学消毒剂应具备的性质

理想的化学消毒剂应具备以下性质：使用情况下的高效、有效浓度低、作用速度快、性质稳定、无腐蚀性、低毒、易溶于水、可在低温下使用、不易受外界理化因素影响、无色、无味、无臭、无残留毒性、使用无危险性、价廉。

2. 常用的消毒剂

（1）醇类消毒剂：醇类消毒作用较快，性质稳定，无腐蚀性，无毒性，能去污，起清洁作用，价廉易得。

目前国内使用最为普遍的醇类消毒剂是乙醇，国外是异丙醇。醇类消毒剂属中效消毒剂，可杀死各种微生物，但不能杀灭细菌芽孢、乙肝病毒。杀菌机制是使菌体蛋白质变性。使用浓度70％～90％。常用于皮肤及手的消毒。取常用浓度，仅10秒就能杀灭绿脓杆菌、大肠杆菌、葡萄球菌、伤寒杆菌等。

（2）表面活性剂类消毒剂：带阳电荷的季铵盐类化合物能被牢固地吸附于带有负电荷的细菌表面，破坏细菌质膜，使菌体成分漏出。这类化合物对细菌繁殖体有广谱杀灭作用，作用快而强，毒性亦较小，属于低效消毒剂（可杀灭细菌繁殖体、真菌和亲脂病毒，但不能杀灭芽孢、结核杆菌和亲水病毒）。

目前，国内外普遍使用的溴化二甲苄基烷铵（新洁尔灭常用浓度0.1％～0.2％）、十二烷基二甲基乙苯乙基溴化铵（杜灭芬常用浓度0.01％～0.02％）、双氯苯双胍己烷（洗必泰常用浓度0.1％～0.2％）属于此类药物。使用时应注意，配制消毒液时不宜用硬水，最好用纯化水。高浓度在低温时易发生浑浊或析出，宜置于温水（约40℃）中使其混匀溶解澄清，再配制所需浓度。

新洁尔灭等虽属低效消毒剂，但在无菌医疗器械生产环境中，鉴于此类药物杀菌浓度低、价廉，常作为综合消毒措施中的补充，减少生产环境中的细菌数量，有实用价值。

此类消毒剂常用于手、皮肤及操作台面等的消毒。

（3）含氯类消毒剂：消毒剂溶于水中能产生次氯酸者称含氯消毒剂。含氯消毒剂是广谱消毒剂，也是目前使用量最大和品种最多的消毒剂，常用于水的消毒。

一般认为含氯类消毒剂杀菌机制是通过次氯酸的形成，由次氯酸分解形成新生态氧以及由消毒剂中含有氯的直接作用。次氯酸不仅与细胞壁作用，而且因其分子小，不带电荷，易于侵入细胞内与菌体蛋白质或酶发生氧化作用，而使微生物死亡。

含氯类消毒剂分为无机物和有机物两类。

无机类含氯消毒剂有次氯酸钠、次氯酸钙、漂白粉、漂白精、氯化磷酸三钠等。此类消毒剂杀菌作用快，但性质不稳定。为了提高无机含氯消毒剂的稳定性，可以添加稳定剂。有一种含次氯酸钠、表面活性剂（作增效剂）、磷酸钠、磷酸氢二钠（作稳定剂）的消毒剂，据称有效期可达1～1.5年。

有机类含氯消毒剂有二氯异氰尿酸钠、三氯异氰尿酸、氯胺T、84消毒液、金星消毒液、万福金安消毒液等。新的含氯消毒化合物有氯化甘脲、氯溴氰尿酸、二氯一碘异氰尿酸等。含氯消毒剂的商品品种很多，常加入各种不同的添加剂。表面活性剂如甲醇、十二烷基磺酸钠，通常具有增效的作用；稳定剂可以使用碳酸钠、磷酸钠、磷酸氢二钠等；利用缓冲溶剂可以使溶液保持稳定的弱碱性，使金属离子形成沉淀；也可使用络合剂使重金属离子形成稳定的络合物以减少对消毒剂的催化分解作用。

影响含氯类消毒剂的因素：药液浓度愈高，杀菌效果愈好；pH值愈高，杀菌效果愈差；温度增高，可加强杀菌作用；有机物存在可消耗氯，影响其杀菌作用；水质硬度由1 ppm增至400 ppm，对杀菌作用影响不大。

毒性：次氯酸盐释放出的氯可引起流泪、咳嗽，并刺激皮肤和黏膜，严重者可使人产生氯气急性中毒，表现为躁动、恶心、呕吐、呼吸困难，甚至窒息死亡。含氯消毒剂的干粉和溶液溅入眼内可导致灼伤，使用时务必注意。

（4）过氧化物消毒剂：过氧化物消毒剂是强氧化剂，具有较好的广谱消毒作用，主要有过氧化氢和过氧乙酸。过氧化氢即双氧水，具有高效、广谱、无色、无臭、无公害的特点，主要用于体内埋植物、不耐热的塑料制品、隐形眼镜的消毒。过氧乙酸的杀菌作用强，抗菌谱广。用 2% 的过氧乙酸制成的溶液喷雾防腐效果好，且处理后无残留毒物，应用经济。0.1%～0.5% 的过氧乙酸溶液可用于环境、耐酸设备及用具的消毒。

第三节　环氧乙烷灭菌确认和过程控制

一、环氧乙烷灭菌简介

1. 环氧乙烷灭菌的原理

环氧乙烷是一种有机化合物，化学式是 C_2H_4O，英文简称为 EO 或 ETO。环氧乙烷在低温下为无色透明液体，在常温下为无色带有醚刺激性气味的气体。环氧乙烷气体的蒸气压较高，在 30 ℃ 时可达 141 kPa。这种高蒸气压决定了环氧乙烷熏蒸消毒时穿透力较强。环氧乙烷可以杀灭大多数病原性微生物，包括细菌繁殖体、芽孢、病毒和真菌孢子，是一种广谱杀菌剂。环氧乙烷作用过程中与微生物发生非特异性烷基化作用，对微生物细胞的代谢产生不可逆转的破坏，从而达到灭菌作用。环氧乙烷气体灭菌是目前最广泛使用的低温灭菌技术之一，广泛应用于医疗器械、医疗用品、化妆品、文物、标本、资料文件及档案等物品的灭菌。

2. 环氧乙烷灭菌设备

根据 YY 0503—2016《环氧乙烷灭菌器》的分类，环氧乙烷灭菌器根据功能和容积大小可以分为 A 类和 B 类。A 类灭菌器是指容积＞1m³，用户可对其进行编程的灭菌器，适用于在工业生产中进行灭菌。B 类灭菌器是指容积≤1m³，具有一种或多种预置灭菌周期的、尺寸限定的灭菌器，适用于临床医疗器械灭菌。

A 类灭菌器通常包括（但不限于）以下几个主要部件：

（1）柜体：用于装载灭菌物品，为环氧乙烷灭菌提供足够的空间。

（2）门及其连锁装置：用于保证柜体内空间的密封性，保证环氧乙烷灭菌过程中的安全性。

（3）加热及热循环系统：通常包括加热水箱、热水循环管路管道以及配套的循环水泵。用于为柜体内空间加热，为环氧乙烷灭菌提供适宜的温度。

（4）真空系统：通常由真空泵及管路组成，用于对柜体进行抽真空，为环氧乙烷灭菌提供适宜的压力。

（5）加湿系统：通常由蒸汽发生器以及管路、过滤器等组成，用于调节柜体内环境相对湿度，保证灭菌效果。

（6）加药系统：通常由气化装置和加药管路组成，用于向柜体内注入环氧乙烷气体。环氧乙烷在运输和保存时是以液态方式存放于钢瓶中的，所以需要气化装置提供热量供环氧乙烷气化。

（7）监视、测量和控制系统：通常由工业控制计算机、可编程控制模块、电控系统、传感器以及仪器仪表组成，是整个灭菌器的核心部分。监视、测量和控制系统在灭菌过程控制中起着非常重要的作用，它通过温度、相对湿度、压力等各种传感器的实时反馈信息自动控制环氧乙烷灭菌过程中的各项重要参数以及各种可能存在的故障及参数偏差，保证了在经过确认的灭菌工艺流程下，灭菌器能有效地完成灭菌作业；同时它的数据记录及储存功能能够按照设定的时间间隔，将全过程的各项参数记录并储存下来，供实时查看、生成灭菌批次报告以及后期追溯，以保证环氧乙烷灭菌过程的有效性及可追溯性。

B 类灭菌器具有预设的灭菌周期，容积较小，操作也较为简便，过程较 A 类灭菌器相对简单，故本篇不多做叙述。

上述系统组成了最基本的环氧乙烷灭菌器设备，随着技术的发展和医疗产业的快速升级，各行业对于环氧乙烷灭菌的要求也越来越高，基于这种现状和要求，许多能够提高环氧乙烷灭菌安全性和有效性的新功能、新配置也不断出现，大大丰富了环氧乙烷灭菌的技术满足方式。

3. 环氧乙烷灭菌的配套设施

如上所述，在科技高速发展的今天，环氧乙烷灭菌的理念在不断更新，相对应的配套设备设施也不断完善，现将目前几种常用的配套设施设备介绍如下。

（1）预处理房（柜）：预处理是指在灭菌周期开始前，在房间或柜室内对产品进行处理，以达到预定的温度和相对湿度的一个过程。在以往的实践中，灭菌周期中有处理阶段（在加入环氧乙烷之前，对灭菌周期内的产品进行处理，以达到预定温度和相对湿度），但使用者往往忽略预处理的重要性。从预处理和处理的定义可以看到，两种工序的目的和方式是相同的，区别仅在于预处理是在灭菌周期开始前，而处理是在灭菌周期之中。由于要完全满足处理的要求，达到预定温度和相对湿度所需的时间较长，导致整个灭菌流程所需的时间大幅增加，工厂的生产效率降低。而如果缩短处理时间，则会增加灭菌失败的风险，尤其在冬季低温干燥的外部环境条件下，不进行足够时间的处理，出现灭菌不合格的情况会明显增加，这在实际的操作过程中经常发生。基于这种状况，兼顾灭菌效果与灭菌效率的预处理房（柜）就应运而生了。预处理房是单独设置的一个空间，通常由彩钢板搭建而成，配置加热、加湿及空气循环系统，用一种较灭菌柜内的预处理更为适宜的方式，快速调理正在进行预处理的产品，使其在最短的时间内符合灭菌要求，同时不影响正在灭菌器内进行灭菌的产品，使整个灭菌生产能流畅运行，在充分保障灭菌有效性的前提下，极大地提升了灭菌的生产效率。预处理柜与预处理房的工作原理相同，不同之处在于使用与灭菌器相同规格的单独柜体对产品进行预处理，其密封、保温、保湿能力以及加温速率等都优于预处理房，但成本也较预处理房更高。

（2）解析房（柜）：通风是灭菌过程的一部分，是指产品中吸收和吸附的环氧乙烷和/或其反应产物被解析吸附至预定水平的过程。通风（解析）是相对复杂的一个过程，其速率与环境温度、湿度、压力、产品包装材料、包装方式、产品材料、产品结构等诸多因素都有关系，但总体而言通风（解析）至预定水平的时间都较长，通常都明显多于环氧乙烷作用时间。与处理相同，在灭菌器内进行此过程会影响灭菌生产效率。因此，解析房（柜）也开始被用于实际的生产中。解析过程分自然解析与强制解析两种形式。自然解析是指将灭菌后的产品置于通风条件良好的解析库中，通过一段时间（通常需要超过一周）使残留在产品和包装中的环氧乙烷自然挥发至空气中。强制解析是指将产品放置于解析房（柜）内，在适宜的温度条件下，提高环氧乙烷的活性，使之较快地从产品中挥散出来，并按时对空间内的空气进行置换，创造一切适宜环氧乙烷快速解析的条件。解析房和解析柜的区别与预处理房和预处理柜的区别相同，如何选择，需要在成本与效率之间进行综合考量。实际操作中，解析房（柜）能将解析时间缩短至 1/3 或更少。

（3）柜内强制循环系统：随着国内医疗器械行业的发展，相关企业对环氧乙烷灭菌柜的规格需求越来越大，尤其是生产无菌医疗用品的企业，其产品包装体积相对较大，更需要大规格的灭菌设备。与小规格的灭菌设备相比，大规格灭菌设备的空间可能导致柜体内温度、相对湿度及环氧乙烷浓度的均匀性受到影响。基于这些因素，柜内强制循环系统被引入。该系统由风机及风管组成，目的在于通过风机的运转，使柜内空气处于一种流动的状态，能够有效地平衡柜体内的温度、相对湿度、环氧乙烷浓度的均匀性。

（4）环氧乙烷尾气处理设备：环境保护是全世界都关注的焦点问题，国内更是如此。配置符合排放要求的环氧乙烷尾气处理设备，是环氧乙烷灭菌器使用者首要考虑的因素。

4. 环氧乙烷灭菌的主要步骤

环氧乙烷灭菌周期相对比较固定，使用者更需要关注的是每个流程所需要的环境状态及参数指标的开发及验证。通常环氧乙烷的灭菌周期包括的阶段以及每个阶段应考虑的性能因素如下：

（1）抽真空：在注入环氧乙烷之前，排出柜体内的空气。需要考虑达到真空的程度（ΔP 或最终压力）和速率（ΔP/时间）。

（2）泄漏测试：在抽真空达到预设值后，会进行一段时间的泄漏测试，在设定时间内压力变化量小于预设值，可以认为灭菌器的密封性能在当前状态是良好的，可以进行环氧乙烷注入。但要关注稳定期和/或驻留时间以及测试期间的压力变化。

（3）处理（若采用）：对负载进行加热加湿，使之达到预设温度和相对湿度的过程。需要考虑注入蒸汽达到的压力升高值（ΔP 或最终压力）或是相对湿度和达到压力的速率（ΔP/时间）。

（4）环氧乙烷注入：按照工艺要求将定量的环氧乙烷注入灭菌柜，常用压差法和称重法两种形式确定注入环氧乙烷的重量。需要关注压力、压力升高值（ΔP）和环氧乙烷注入后达到规定压力的速率（ΔP/时间），以及这些指标值与监测环氧乙烷浓度的方法之间的相关性。

（5）灭菌：环氧乙烷在灭菌器中实际作用的时间段。需要注意柜室内各项参数的稳定性。

（6）排气：环氧乙烷作用完成后，通过抽真空将柜体内的环氧乙烷气体抽出。需要考虑排出环氧乙烷达到真空的程度（ΔP 或最终压力）和速率（ΔP/时间）；

（7）清洗：排气阶段完成后，在抽真空的同时打开进气阀，使柜内空气流通，进一步排除柜内及包装内的环氧乙烷气体。需要考虑压力升值和达到的速率，去除环氧乙烷达到真空的程度（ΔP 或最终压力）和速率（ΔP/时间），以及重复次数和连续重复中的变化。

（8）周期结束：在上述操作完成后，最终向柜内加注空气使柜室内外气压达到平衡。灭菌周期结束后，控制系统输出本批次灭菌作业的数据记录报表。要考虑加注惰性气体或空气达到的压力（ΔP 或最终压力）和速率（ΔP/时间），以及重复次数和任何连续重复中的变化。

除上述过程之外，还可以引入惰性气体（如制氮机制备氮气）替代各过程中可能使用的空气。另外，在抽真空阶段还可以增加氮气置换步骤，最大限度减少柜体中空气含量，确保灭菌过程的安全性。

5. 环氧乙烷灭菌的安全操作

（1）危险概述：环氧乙烷属于易燃、易爆、有毒气体，可被人体吸入或经皮肤吸收。吸入可引起头晕、头痛、倦睡、刺激呼吸道、恶心呕吐，皮肤接触可引起皮肤发红、起水疱，眼睛接触可引起眼睛发红、视力模糊，高浓度的会引起烧灼伤感。

（2）急救措施：如皮肤接触，应立即脱去污染衣物，用大量流动清水冲洗被接触处15 分钟后立即就医。如眼睛接触，应立即翻起眼帘，用大量流动清水彻底冲洗 15 分钟后迅速就医。如吸入，应迅速离开现场至空气新鲜处，用自来水漱口数次，喝大量的白开水。若出现呼吸困难，应立即输氧，急送就医。

（3）消防措施及危险特性：环氧乙烷遇明火即燃爆，与空气混合的爆炸极限为 3%～100%（体积分数）。灭菌车间要采取消防措施，严禁明火。灭菌车间如遇设备安装、检修，必须由企业相关部门协调停产、环氧乙烷撤离、人员撤离。灭菌车间安装的电器、照明灯具、排风扇等必须是防隔爆型。要保持灭菌车间空气流通，消防通道畅通。常用的灭火剂为干粉、二氧化碳、水。

二、环氧乙烷灭菌过程的确认

1. 灭菌过程确认的意义

无菌保证水平（Sterility Assurance Level，SAL），是指物品灭菌后微生物存活的概率。"无菌"是指微生物存活概率低于 10^{-6}，即 SAL=10^{-6}。这种存活概率由微生物的数量、抗性以及在灭菌处理过程中微生物所处的环境确定。对每个灭菌批产品而言，要证明达到无菌保证水平，势必要对每件产品进行检验，这在实际工作中是不可能的。ISO 13485/YY/T 0287 标准将那些其结果不能用随后的产品试验来充分证实的过程称为"特殊过程"。灭菌就是这样一个特殊过程，因无菌检验属于破坏性检查，产品受到各方面因素的影响，要对产品的安全性、有效性做出判断，其过程的功效不能通过对产品的后续检验加以证实，所以对灭菌过程需要进行确认。而后续的生产过程中，产品的放行通常是基于灭菌参数的符合性，所以一个经过确认的、有效的灭菌过程工艺是非常重要的。我国于 2000 年将 ISO 11135《医疗器械环氧乙烷灭菌确认和常规控制》标准等同转化为 GB 18279 标准以来，国内无菌医疗器械制造商普遍接受了国际上灭菌控制技术中对微生物控制的理念和技术，这对医疗器械灭菌技术的发展起到了较大的促进作用。目前最新版本的 ISO 11135—2014 标准已经实施，对于灭菌的确认和常规控制提出了更多新的要求，制造商要认真学习，严格按照要求进行过程确认。

2. 灭菌产品和灭菌过程的定义

在进行灭菌过程确认（安装验证、运行验证、性能验证）时，需要对灭菌产品和灭菌过程进行定义。

（1）灭菌产品的定义：包括产品灭菌前的微生物性质、产品的包装形式、灭菌时的装载方式、被灭菌医疗器械必要的信息文档（如是否全新的或改动的产品）。医疗器械的产品定义包括器械本身，器械的无菌屏障系统，以及任何附件、仪器及其他在包装中的物品；也包括医疗器械的预期功能、对制造和灭菌过程的说明。产品定义过程应该考虑其是全新设计的产品还是目前产品家族的一部分。以下因素是产品定义的一部分：

① 医疗器械的物理属性（成分和配置）。

② 医疗器械的预期使用目的。

③ 医疗器械是一次性或是重复性使用。

④ 对灭菌过程的选择有影响的设计特征（如电池、光纤、计算机芯片）。

⑤ 可能影响微生物质量的原材料/制造条件（如材料的自然来源）。

⑥ 需要的无菌保证水平（SAL）。

⑦ 包装。

⑧ 装载配置，包括对于特定的装载或是混合装载配置，或是一系列可接受的装载配置的要求。

⑨ 对于环氧乙烷或是其气体混合物和过程条件的相容性（预处理、灭菌和通风过程）。

被灭菌产品的设计、包装的设计以及装载方式的设计都应与参考的灭菌物品进行比对，对于有显著差别的内容需要进行相关的研究以确定该内容对灭菌过程的影响，并在灭菌过程确认中做相应的应对。引入过程挑战装置（Process Challenge Device，PCD），分为内部过程挑战装置（Internal Process Challenge Device，IPCD）和外部过程挑战装置（External Process Challenge Device，EPCD）。如使用 PCD，应确定 PCD 的适宜性。PCD 对过程的挑战性应大于等于产品中最难灭菌的部分。准备 PCD 通常有以下几种方式：

a. 接种产品：使用灭菌的产品来准备 PCD，进行直接或间接接种。

b. 接种仿真产品：使用仿真产品来准备 PCD，进行直接或间接接种。仿真产品包括部分医疗器械或是一些部件的组合，并且这些部件代表了对过程的最大抗性，且又能足够地代表产品家族中的所有产品。

c. 接种物体：如包装、器件或是管子，用于准备 PCD，进行直接或间接的接种。

在产品定义过程中要考虑产品的安全、质量和性能。选择的材料要能够承受由环氧乙烷和其他灭菌条件所引起的化学和物理变化。材料属性应满足产品性能的要求，如物理强度、可渗透性、物理尺寸和弹性均要在灭菌后进行评估。暴露于灭菌过程引起的材料退化效应，如开裂和脆化等因素要加以考虑，以确保材料可以使用。多次暴露于灭菌过程引起的其他效应也应加以评估。

规定的灭菌过程应不影响产品的功能性，要通过对产品和其包装系统的功能性测试或其他相关测试来证明。这些测试可以通过在灭菌器或是其他环境中模拟规定的灭菌过程来进行，可以进行简单的外观检查和相应的专项测试。可能影响安全、质量或性能的因素包括：

a. 可能影响无菌屏障系统密闭性的周期压力变化。

b. 环氧乙烷作用时间、温度、湿度和在灭菌混合气体（如适用）中的任何成分的影响。

c. 引入会导致环氧乙烷更多残留的新材料。

d. 包装特性。

e. 润滑剂的存在，特别是在配合面区域上。

f. 医疗器械是否需要拆卸或是清洁。

g. 安全性危险（如浸出性材料、电池，或是可能渗漏或爆炸的密封的液体）。

h. 灭菌循环次数。

对微生物的性质也需要进行研究，以规定和维护一个系统，确保用于灭菌的微生物性质和清洁度处于受控状态且不会降低灭菌过程的有效性。在产品定义完成时，医疗器械生产商应形成如下文件：

a. 产品配置和其进行环氧乙烷灭菌的方式（包装和装载配置）的描述，包括需要的 SAL 和产品对于灭菌过程相容性的证据或评估。

b. 对于新的或是改动的产品与目前已确认的产品相比较的结果，应清晰证明产品的复杂性、材料、包装和装载配置均已被评估。

c. 产品的生物负载和其相较于内置 PCD 抗性的证据或评估。

d. 对于新的或是改动的产品可归入其产品家族或过程类别的文件结论（参考目前对于达到规定 SAL 的确认研究）。该结论应包括或参考任何附加的补充，以及目前确认研究的测试和任何进一步的确认或验证，还有产品从目前已确认的灭菌循环中常规放行的测试（如残留测试、功能测试）。

上述的文件应被批准保存并可被获取。

（2）灭菌过程的定义：其目的是在验证研究中，获得适用于已定义产品灭菌的过程规范。应建立适用于已定义产品的灭菌过程，包括新的或更改的产品，以及包装或装载方式。

在过程定义中，生产商应使用微生物测试和其他分析工具来帮助建立合适的灭菌过程。建立灭菌过程的参数包括：

① 预处理室（若采用）的温度范围。

② 预处理室（若采用）的相对湿度范围。

③ 预处理室（若采用）的时间设定点和范围。

④ 灭菌柜室的真空和压力水平以及压力变化速率。

⑤ 在灭菌剂驻留期间柜室内的再循环操作（若采用）的确认。

⑥ 灭菌柜室的时间设定点和范围。

⑦ 灭菌柜室内的湿度控制点（压力或是%RH）和范围。

⑧ 环氧乙烷和稀释气体（若采用）注入压力的设定点和范围。如果环氧乙烷分析

设备安装在灭菌柜室上，则还须包括环氧乙烷浓度。

⑨ 环氧乙烷驻留时间。

⑩ 在从灭菌柜室中移除产品之前的柜室内气体的换气设定（若采用）。

⑪ 通风房间内的温度设定点和范围（若采用）。

⑫ 通风房间内的时间设定点和范围（若采用）。

灭菌过程定义工作应对已通过安装验证（IQ）和运行验证（OQ）程序的灭菌柜室（开发柜室或生产柜室）进行，用于建立灭菌过程的生物指示物（BI）须放置于过程挑战装置（PCD）内，应符合 ISO 11138-2 标准第 5 条和第 9.5 条的要求，且具有至少与被灭菌产品的生物负载相等的环氧乙烷抗力。灭菌过程定义所使用的生物指示物应符合 ISO 11138-1 标准的要求。如果灭菌过程定义使用化学指示物，应符合 ISO 11140-1 标准的要求（注意：化学指示物不可作为建立灭菌过程的唯一方式，也不可作为无菌保证水平已经达到的指示物）。如果灭菌过程定义包含无菌测试，则应符合 ISO 11737-2 标准的要求。

3. 灭菌过程确认的方法

环氧乙烷灭菌过程确认包括安装验证（IQ）、运行验证（OQ）和性能验证（PQ）。ISO 11135《医疗保健产品灭菌　环氧乙烷　医疗器械灭菌过程开发、确认和常规控制要求》标准给出了灭菌过程确认的要求以及指导原则，无菌医疗器械制造商可参照标准的要求开展环氧乙烷灭菌的过程确认活动。

（1）安装验证（IQ）。

安装验证的目的是证明灭菌过程的设备及附件符合设计规范及相应的安全标准（详见 IEC 61010-2-040）。通常情况下安装验证活动可由灭菌设备生产供应商和使用者共同实施。灭菌设备生产供应商应提供全部设备和附件的图纸、有关设备的警告和规定，以及设备操作程序文件，这些文件应包括但不限于以下范围：

a. 逐步的操作指导。

b. 故障条件、故障显示方式和处理措施。

c. 维护和校准说明。

d. 技术支持联系方式。

安装验证的支持文档还应包括设备（含附加设备）的物理特性和操作特性。相关的文档包括设计规范、原始采购单、用户要求规范和功能设计规范。设备组件应被验证，以确保设备已经按照相关规范和要求安装。涉及的设备组件有：

a. 柜室和柜门结构。

b. 柜室和管道结构。其密封和连接应能维持规定的压力和真空极限。

c. 气体和液体的供给系统（空气、氮气、蒸汽、环氧乙烷和水），包括过滤器（若使用）。

d. 电源。电源须足够和稳定地供给设备和仪器正常操作需要的动力。

e. 各处的气体循环系统。

f. 气体加注系统。

g. 真空系统，包括泵、泵冷却系统和管道。

h. 排气系统、排放控制和消除系统。

i. 其他可能影响过程状态的关键系统，如过程自动化系统、安全系统等。

j. 用于监测、控制、指示或记录参数（如温度、湿度、压力和环氧乙烷浓度）的仪器，如传感器、记录器、量表和测试仪器。

设备的安装须与建筑图纸和工程图纸一致。安装必须符合有关的国家和地区的法规。安装指导应形成文件，包含与人员健康和安全相关的指导。为了保护人员的健康和安全，探测空气中环氧乙烷或混合气体水平的设备应安装在靠近灭菌器和任何有潜在暴露风险的地方。环氧乙烷安全性的实现和维护应通过如下方面达成：

a. 系统和设备的正确设计、安装和维护。

b. 符合关于职业健康安全和环境保护的相关法规。

c. 开发和实施支持劳动安全的策略和程序。

d. 对可能出现环氧乙烷暴露的区域进行空气监测。

e. 使用适当的人员监测设备。

f. 人员的培训。

g. 对设备、人员和过程进行周期性的审核，确保符合设计规范。

除环氧乙烷的安全性保障外，还应对环氧乙烷的安全储存条件予以规定，保证其质量和成分符合规范。环氧乙烷的储存条件应符合环氧乙烷生产商的推荐和相关的法规。

安装验证前，应确认安装验证中所有使用的测试仪器的校准状态。图纸、过程和仪器图标、原理图应根据安装配置来检查或更新。设备图纸和部件列表应包括：

a. 管道和仪器的原理图纸（如过程和仪器图表）。

b. 其他相关的机械和电气图纸与位置的列表。

c. 关键仪器和器械的列表，特别是影响过程控制和产品物理特性的性能申明（如精度、可重复性、尺寸和型号）。

d. 支持验证必需的过程控制逻辑或软件文档，包括控制系统布局、控制逻辑图表和相关软件（计算机测量和控制系统），如程序列表、流程图、适当情况下的梯形逻辑图和策略图表。

安装验证是实施运行验证和性能验证的基础，只有确认灭菌过程的设备及附件符合设计规范、安装与工程图纸一致并符合相应的法规后，医疗器械制造商才具备进行运行验证的条件。

（2）运行验证（OQ）。

运行验证的目的是证明已安装的设备符合操作规范。在运行验证之前，应确认用于监测、控制、指示或记录的全部仪器（包括测试仪器）的校准状态。灭菌设备的运行验证应使用空柜或含有合适的测试材料的灭菌器来进行，以证明设备能够提供符合过程规范的操作参数范围和极限。参数的范围和操作极限应包括过程定义中规定的最初灭菌过程。运行验证也应判定相关附属系统的性能，同时软件系统（计算机测量和控制系统）应被确认。运行验证中建议的传感器数量如下：

a. 温度传感器：在OQ中推荐每 2.5 m^3 使用一个温度传感器来建立房间或柜室的温度分布模型，以采集潜在的冷热点位置。监测范围必须包括不止一个的平面和靠近门的地点。对于PQ，每立方米的产品体积需要一个温度传感器，最少需要 3 个温度传感器。对于 PQ，温度传感器应尽可能放在灭菌装置的包装内，可以通过将传感器放置在无菌屏障系统内或产品单位包装之间来实现。计算结果应上浮取整数。温度传感器的最低推荐数量如表 8-4 所示。

表 8-4　温度传感器的最低推荐数量

体积（m³）	OQ 中的数量 （体积指可用的柜室/房间容积）			PQ 中的数量 （体积指被灭菌产品的体积）		
	预处理	处理/灭菌	通风	预处理	处理/灭菌	通风
≤1		3			3	
10		4			10	
15		6			15	
20		8			20	
25		10			25	
30		12			30	
35		14			35	
40		16			40	
50		20			50	
100		40			100	

b. 湿度传感器：推荐每 2.5 m³ 使用一个湿度传感器来建立区域或产品的湿度分布模型，以采集湿度水平的潜在变化。最小的传感器数目是两个，计算结果应上浮取整数。对于 PQ，湿度传感器应尽量放在灭菌装置的产品包装中，可以通过将传感器放在无菌屏障系统内或是产品的单位包装之间来实现。湿度传感器的最低推荐数量如表 8-5 所示。

表 8-5　湿度传感器的最低推荐数量

体积（m³）	IQ/OQ 过程所需数量 （体积指可用的柜室/房间容积）			PQ 过程所需数量 （体积指被灭菌产品的体积）		
	预处理	处理/灭菌	通风	预处理	处理/灭菌	通风
≤1		2			2	
10		4			4	
15		6			6	
20		8			8	
25		10	无		10	无
30		12			12	
35		14			14	
40		16			16	
50		20			20	
100		40			40	

在一个预定周期中 OQ 可以包括以下阶段：

① 预处理阶段。

a. 决定放置灭菌装置区域空气循环的方式，可以通过烟雾测试结合换气速度的计算和风力测定进行。

b. 整个预处理区域的温度和湿度应被监测足够的时间段，以证明数值维持在需要的范围内。应决定预处理区域内各分布点的温度和湿度。

② 灭菌阶段。

a. 如果使用惰性气体而不是环氧乙烷，在评估结果时应考虑相对热容的不同。

b. 温度/湿度分布：温度/湿度传感器应放置于能代表最大温度差异的位置，如靠近柜室的未加热部分或柜门，或者靠近蒸汽或气体入口。剩下的温度传感器应均匀分布于柜室的可用容积之内。

c. 在空载的 OQ 中，经过平衡阶段后，环氧乙烷或惰性气体作用期间在每个时间点记录的柜室可用容积内的温度范围应在该时间点平均值的 $\pm 3\,^{\circ}\mathrm{C}$ 之间。当加入灭菌装置后，可能会达不到 $\pm 3\,^{\circ}\mathrm{C}$ 的公差要求。

d. 灭菌柜泄漏率：在低于大气压的真空循环下，或在真空下和高于大气压的压力循环下进行。

e. 在处理阶段蒸汽注入时的压力升值。

f. 注入环氧乙烷气体的温度应在蒸发器规定范围内或环氧乙烷的沸点（大气压力下为 $10.7\,^{\circ}\mathrm{C}$）之上。

g. 加入环氧乙烷时的压力升高和达到规定压力的速度及环氧乙烷浓度监控因素之间的关系。

h. 去除环氧乙烷所用的真空程度和达到真空的速率。

i. 加入空气或其他气体时的压力升高和达到规定压力的速率。

j. 最后两阶段的重复次数及连续重复之间的任何变化。

k. 过滤空气、惰性气体、水和蒸汽供应的可靠性。

l. 应重复运行周期，证明控制的可重复性。

m. 应进行柜室壁温度的研究，验证夹层加热系统提供足够的温度一致性。该研究应定期进行温度分布比较，以确保系统能不断有效运行。

③ 通风阶段。

当进行通风时，通风区域的温度分布可参照预处理区域，应同时判定区域内的气流速度和气流形式。

（3）性能验证（PQ）。

性能验证须在 IQ 和 OQ 完成和审核之后进行。性能验证应使用能代表常规灭菌的产品或材料，该产品或材料应至少具有日常生产中最大灭菌挑战性。要确定产品适用于灭菌的方式和产品的装载方式，以证明设备能持续按照预定的准则运行，灭菌过程能够生产合规的无菌产品。性能验证包括微生物性能验证和物理性能验证。

① 微生物性能验证（MPQ）。

微生物性能验证应证明灭菌过程后，规定的无菌要求已得到满足。应根据过程定义和相关的 IQ 和 OQ 中的结果来设定 MPQ 的参数，作用时间是微生物验证中的关键参数。除了作用时间以外，MPQ 选择的其他参数应保持固定。MPQ 中定义的微生物挑战应设计成对于所有产品的装载配置都能确保达到 SAL 要求。通常使用过程挑战装置（PCD）或最差情况的产品来代表环氧乙烷灭菌产品族。PCD 应放置在产品容器内，在灭菌装置中均匀分布，包括最难达到灭菌条件的位置，使用的位置包括温度监测的位置。对于托盘化装载的产品，这些位置应包括托盘的顶端和底端，以确保柜室内所有潜在的分层均能被评估。推荐的生物指示物（BI）的最低使用数量如下（见表 8-6）：

a. 对于被灭菌产品的体积为 10 m³ 的 MPQ，每立方米使用 3 个 BI，总数最少 5 个。

b. 对于被灭菌产品的体积超过 10 m³ 的 MPQ，每增加 1 m³ 加 1 个 BI。

c. 如果 BI 用于常规控制，则使用量相比 MPQ 中减半，最多使用 30 个。计算结果上浮取整数。

表 8-6　生物指示物（BI）的最低推荐数量

产品体积（m³）	MPQ	常规控制（若采用）
≤1	5	3
10	30	15
15	35	18
20	40	20
25	45	23
30	50	25
35	55	28
40	60	30
50	70	30
100	120	30

② 物理性能验证（PPQ）。

物理性能验证应证明产品在常规过程中满足规定的接受准则且过程能够再现。物理性能验证包括在同一次研究中连续至少 3 次有计划的验证周期，其中所有规定的接受准则均应达到。物理性能验证可以与微生物性能验证同时进行。如果物理性能验证与至少 3 次微生物性能验证同时进行，则必须至少再加一次满足全过程规定的物理性能验证。如果有一次与正在验证的过程有效性并不相关的失效，则可记录为与过程性能不相关，且不需要再进行连续 3 次成功的运行。此类失效类型包括但不限于电力中断、其他服务的缺失、外部监测设备失效。物理性能验证应确认：

a. 建立进入灭菌过程产品的最低温度和达到要求的条件。

b. 在设定的预处理（若采用）时间结束时，灭菌物品的温度和湿度已建立。

c. 所规定的预处理（若采用）结束至灭菌周期开始之间的最大时限是适当的。

d. 在处理（若采用）时间结束时，灭菌物品温度和湿度已建立。

e. 如果采用参数放行，灭菌柜室内的湿度被记录。

f. 环氧乙烷气体已进入灭菌柜室。

g. 灭菌柜室内压力上升时所用环氧乙烷质量或柜室内环氧乙烷浓度已建立。

h. 灭菌周期中，灭菌柜室内的温度、湿度（如果被记录）和其他相关的过程参数已建立。

i. 灭菌作用期间，灭菌产品的温度已建立。

j. 在通风阶段（若采用），灭菌产品的温度已建立。

4. 产品放行方法

环氧乙烷灭菌的产品放行方式有两种：依据生物指示剂结果放行和参数放行。参数放行由于具有低成本、低风险、耗时短的优势，被制造商广泛采用。以往使用参数放行的确认方法只有直接列举或部分阴性法，这两种确认方法实施难度较大，实施成本较高，需要时间较长。ISO 11135-1：2007 标准实施后，过度杀灭法也被认可作为参数放行的确认方法之一，大大降低了确认的难度，缩短了确认的时间。

过度杀灭法验证的灭菌过程通常具有保守性，所用的处理水平可能超过了达到无菌要求所需的处理水平。过度杀灭法的程序包括：

① 创建过程挑战装置（PCD），包括一系列已知环氧乙烷抗性的微生物，在产品中最难达到灭菌条件的位置放置生物指示物或接种微生物来对灭菌过程进行挑战。如果监测位置不是最难灭菌的位置，应确定其与最难灭菌位置的关系。

② 使用的 PCD 应被证明对于灭菌过程具有不低于产品要求的微生物抗性。应关注包装的影响和从 PCD 中去除灭菌剂。

③ 在灭菌装载内或物品上的适当位置放置 PCD。

④ 使用比规定灭菌过程的致死性较小的条件将灭菌装载暴露于环氧乙烷中。

⑤ 对于周期计算法，如果一系列已知微生物的灭活已经被确认，则可通过推断已知的微生物存活预期的可能性，并考虑所需的 SAL，确定灭菌过程处理的范围。

过度杀灭法的详细指南参见 ISO 14161 标准。

三、环氧乙烷灭菌过程的控制

1. 过程控制的意义

"无菌"是指微生物存活概率低于 10^{-6}。这种存活概率由微生物的数量、抗性以及在灭菌处理过程中微生物所处的环境来确定。对一个灭菌批产品而言，要证明达到这样的无菌保证水平，势必要对每件产品进行检验，但这在实际工作中是不可能的，因为无菌检验是一种破坏性检验。ISO 913485/YY/0287 标准将那些其结果不能用随后的产品试验来充分证实的过程称为"特殊过程"。灭菌就是这样一个特殊过程，因无菌产品受到各方面因素的影响，要对产品的安全性、有效性做出判断，其过程的功效是不能通过对产品的后续检验加以证实的。所以对灭菌过程需要进行确认，并对确认过的过程性能进行常规监测。

2. 过程控制的方法

（1）灭菌过程控制的质量体系要求。

无菌医疗器械制造商应按照 ISO 13485/YY/0287 标准适用的条款建立灭菌开发、确认、常规控制和产品放行等过程控制形成文件的程序，包括环氧乙烷采购控制程序、灭菌过程控制程序、产品标识和可追溯性控制程序、不合格品控制程序、纠正和预防措施控制程序等。用于满足 ISO 11135/GB 18279《医疗器械环氧乙烷灭菌确认和常规控制》标准要求的所有设备、监视和测量装置、仪器仪表的校准过程控制应符合 ISO 13485/YY/0287 或 ISO 10012《测量控制系统》标准适用条款的要求，规定实施和满足 ISO 11135/ GB 18279 标准要求的相关人员职责和权限，所有标准要求的文件和记录应由指定人员进行审核和批准。

因环氧乙烷灭菌是一个特殊过程，要规定对相关人员培训的要求，由有资格的人员负责设备维护、灭菌过程的确认和常规控制及产品放行工作。负责下列工作的人员应接受培训并且具有必要的资历：

① 微生物学试验。

② 设备安装。

③ 设备维护。

④ 物理性能鉴定。

⑤ 灭菌器日常操作。

⑥ 校准。

⑦ 灭菌过程设定。

⑧ 设备技术支持。

（2）过程有效性的维护。

为确保灭菌过程能持续提供所需的产品 SAL，必须评估产品和包装、过程和设备的任何变动。对用于控制和监测灭菌过程的仪器，形成文件的校准程序是必要的，以确保该过程能持续提供所需产品的 SAL 和性能特征，同时应按形成文件的程序计划和实施预防性维护并保存维护记录。未经校准或未适当维护的灭菌设备在灭菌周期中可能会产生不精确的过程参数，如果这些数据用于产品放行，可能导致放行的产品并没有达到足够的灭菌水平。应在规定的时间间隔内由专人对维护计划、维护程序和维护记录进行审核，审核的结果应形成文件并根据数据做出调整。

日常的设备维护和/或校准可以包括但不限于以下的预处理/处理柜室和通风设备：

① 垫圈和密封。

② 监测仪表。

③ 环氧乙烷监测设备（如环境的和/或灭菌柜室内的）。

④ 柜门安全互锁。

⑤ 压力释放安全阀或安全膜片。

⑥ 滤网器（定期更换）。

⑦ 蒸发器。

⑧ 灭菌柜室内衬套的再循环系统。

⑨ 灭菌柜室内的衬套系统。

⑩ 声音和可视的警报。

⑪ 温度传感器和湿度传感器。

⑫ 蒸汽和热力供应的锅炉系统。

⑬ 排空设备（真空泵）。

⑭ 重量秤。

⑮ 阀门。

⑯ 压力传感器。

⑰ 定时器。

⑱ 记录器。

⑲ 空气/气体循环系统。

（3）重新确认。

IQ、OQ、PQ 和后续的重新确认需要进行年度审核，以确定重新确认的范围，应包括评估通过微生物学研究重新确认产品的无菌保证水平（SAL）的需要。IQ 的审核应包括控制和监测设备可接受的校准状态的确认，对改动的控制和预防性的维护程序表明没有可能影响过程的灭菌设备的改动或重大变化。OQ 的审核应包括设备性能和工程变化以确保原始 OQ 的结果仍然有效。PQ 的审核应包括评估灭菌过程对于指定的产品仍然有效。

执行重新验证是为了确认微小变化的累积效应不会影响灭菌过程的有效性，需要重新验证的事件包括但不限于：

① 灭菌器的大修和更改（更换控制，重要的重新建造或重要的新部件的安装）。

② 建筑的变动或设备迁移。

③ 常规灭菌中不能得到解释的无菌状态失效。

④ 产品的改动。

⑤ 包装的改动。

⑥ 灭菌剂和/或其呈现方式的改动。

⑦ 产品在灭菌中呈现的方式或装载配置的改动。

⑧ 装载密度的改动。

要考虑在任何重新验证中使用的参考装载物已进行的改动，以确保参考装载物能够代表改动过的产品或配置。当对装载进行重新评估，且装载配置有变动，该变动对灭菌过程的有效性会产生影响时，这些变动应输入到重新验证中。

（4）常规监测和控制。

常规监测和控制的目的是证明被确认的和被规定的灭菌过程已被实施在产品中。应记录并保存每一灭菌周期的数据，以证明已达到灭菌过程规范要求。这些数据应至少包括下列内容：

① 进入灭菌周期产品的最低温度和/或达到环境要求所需定义的条件。

② 预处理区（若采用）的温度和湿度（在规定的位置进行监测和记录）。

③ 每一灭菌装载预处理开始和移出预处理区的时间（若采用）。

④ 灭菌装载移出预处理区（若采用）至灭菌周期开始经过的时间。

⑤ 通过压力或压力升值测定和/或直接测定的处理阶段和/或湿度保持阶段的柜室湿度。

⑥ 处理时间。

⑦ 在环氧乙烷注入和气体作用阶段，柜内气体循环系统（若采用）运作正常的指示。

⑧ 整个灭菌周期柜室内的温度和压力。

⑨ 如果压力作为主要的控制量，下列至少一项必须独立地作为确认环氧乙烷已经进入的第二控制量：

a. 所用环氧乙烷的质量。

b. 灭菌器柜室中的环氧乙烷浓度的直接测量值。

c. 所用环氧乙烷的体积。

⑩ 环氧乙烷注入时间。

⑪ 惰性气体注入时间（若采用）。

⑫ 作用时间。

⑬ 排空柜室气体所用的时间。

⑭ 作用后换气的时间和压力变化。

⑮ 通风阶段的时间、温度、压力变化（若有变化）。

常规监测中使用的生物指示物应符合 ISO 11138-1 标准适用条款的要求以及 ISO 11138-2 标准第 5 条和第 9.5 条的要求，且具有至少与被灭菌产品的生物负载相等的环氧乙烷抗力。常规监测中使用的化学指示物应符合 ISO 11140-1 标准的要求，应注意化学指示物不能代替生物指示物进行产品放行或用于支持参数放行。

四、环氧乙烷灭菌确认方案的编写示例

无菌医疗器械环氧乙烷灭菌是一个特殊的过程，制造商应策划灭菌过程确认活动，形成灭菌确认计划，组织相关人员编写灭菌确认方案。本示例为灭菌确认方案的编写提供了以下参考提纲。

环氧乙烷灭菌确认方案编写参考性提纲

1. 前言（描述灭菌确认基本概况）

2. 确认的目的

评价灭菌工艺参数是否能使产品达到无菌要求。按预处理、加热、装载方式等确认项目依据 ISO 11135 标准要求进行验证，根据验证所得到的数据，形成灭菌验证报告，编制灭菌工艺文件。

3. 验证依据

（1）ISO 11135—2014《医疗保健产品灭菌　环氧乙烷　医疗器械灭菌过程开发、确认和常规控制》。

（2）ISO 7886-1—1997《一次性使用无菌××××××》。

（3）ISO 11138-1—2006《医疗保健产品灭菌 生物指示物 第 1 部分：一般要求》。

（4）ISO 14161—2009《医疗保健产品灭菌 生物指示物 选择、使用及检验结果判断指南》。

（5）ISO 11737—2006《医疗器械的灭菌 微生物方法 第 1 部分：产品上微生物总数的测定》。

（6）ISO 10993-7—2008《医疗器械生物学评价 第 7 部分：环氧乙烷灭菌残留量》。

（7）EN 1422—2014《医用消毒器 环氧乙烷灭菌器 要求和测试方法》。

（8）其他相关标准、制造商内控标准或程序。

4. 验证对象

（1）环氧乙烷灭菌柜。

（2）一次性使用无菌医疗器械的灭菌过程。

5. 验证小组成员及分工

参加灭菌过程验证的人员应经过培训，了解灭菌产品、灭菌设备的性能和灭菌过程的控制要求，并要明确分工职责，对灭菌全过程进行控制，以确保灭菌产品满足规定的要求。

6. 灭菌确认产品、设备、器具、材料

将灭菌确认过程中可能用到的产品、设备、器具、材料的详细信息（如制造商名称，设备型号等）予以记录。

7. 灭菌验证项目

（1）产品预处理过程验证（是否在独立的预处理区域进行）。

（2）安装验证（IQ）。

（3）运行验证（OQ）。

（4）性能验证（PQ）。

① 物理性能验证：确定灭菌过程参数（预处理、处理、灭菌、通风），全部记录应保存。

② 微生物性能验证：确认产品灭菌过程的有效性。利用试运行和物理性能鉴定获得的结果，如温度的冷点、产品中最难灭菌的位置、灭菌柜体内冷点位置。若采用模拟替代品，则必须证实模拟替代品与灭菌产品等效，且摆放方式与常规灭菌相同。生物指示物应放置于产品中最难灭菌的部位。另外，要确定温度传感器、湿度传感器放置点数和放置位置。常规情况下温度传感器、湿度传感器应放置在产品的初包装内。

生物指示物应符合 ISO 11138-1 标准的要求，化学指示物应符合 ISO 11140-1 标准的要求。

8. 环氧乙烷灭菌确认工艺参数范围

（1）工艺参数设置。

① 产品预处理参数设置。（若在独立预处理区域进行）

a. 温度。

b. 湿度。

c. 时间。

d. 产品移出预处理区至灭菌周期开始之间的最大时间间隔。

② 灭菌过程控制工艺参数的设置。

a. 灭菌器的技术性能要求（参考 EN 1422 标准）。

b. 灭菌器的体积。

c. 工艺参数的验证设置范围：

灭菌温度：××℃；

灭菌湿度：××RH；

加药量：××kg（环氧乙烷浓度××％）；

灭菌作用时间：××h；

最大装载密度：××％（占柜体容积的百分比）；

换气次数：××次。

（2）环氧乙烷残留量测试评价。

根据 ISO 10993-7 标准采用气相色谱法测试。

（3）产品初始污染菌检测。

按照 ISO 11737-1 标准要求，对外购配件、初包装和灭菌前的产品进行初始污染菌测试，以确保初始污染菌数符合规定要求。此外，通过短周期灭菌，分别检测产品和菌片上存活的菌数，以证明菌片对环氧乙烷的抗性大于产品的初始污染菌对环氧乙烷的抗性。

9. 灭菌验证方法

（1）产品预处理验证。

产品预处理可以在独立的预处理区域或灭菌柜室内进行。应根据设定的预处理温度、湿度条件，记录加温的开始时间和结束时间，观察各时间段最高点和最低点的温度变化，其两点的温度允差不应超过±5℃，湿度不应超过±15％，确认温度和湿度是否在设置的条件范围内。

（2）安装验证与确认。

① 灭菌设备的安装确认包括：

a. 设备的安装位置。

b. 设备的整机布局。

c. 设备的电器线路、水路、汽路，环氧乙烷的输送管路。

d. 设备的安全设施。

e. 设备的控制系统。

② 进行试运行，检验灭菌器的基本功能。

③ 辅助设备的运行验证。

辅助设备包括真空泵、气泵、气化装置、加热系统等。根据辅助设备的工作特性，分别接通电源试运转，验证辅助设备运转的有效性。

④ 电器控制系统的运行验证。

电器控制系统包括加热系统、压力系统、气化系统。开机运行验证加热灭菌温度、灭菌压力、汽化器温度的上下限控制。要求仪表控制正确、可靠。

⑤ 报警系统的运行验证。

分别设定温度和压力，验证灭菌室超高温报警、灭菌室超高压报警、汽化器超高温报警、计时器超时报警及开关门报警。要求报警装置正确、有效。

⑥ 计算机系统的运行验证。

开机运行验证计算机系统各部件，包括主机、显示器、打印机、UPS、控制机箱等运行的正确性。要求各部件能正常运行，达到预期功能。

⑦ 计量仪器、仪表的校准或检定。

a. 灭菌器温度控制系统仪表的校准：灭菌设备上用于监控、记录整个灭菌过程的所有温控设施，均应经第三方授权检定机构校准，出示校验合格证，其允许误差值应 $\leqslant \pm 1\ ℃$。

b. 灭菌器压力表的校准：灭菌设备上用于监控、记录整个灭菌过程的所有压力控制设施，均应经第三方授权检定机构校准，出示校验合格证，其允许误差值应 $\leqslant \pm 1.5\ kPa$。

c. 灭菌器湿度仪表的校准：灭菌设备上用于监控、记录整个灭菌过程的所有湿度控制设施，均应经第三方授权检定机构校准，出示校验合格证，要求分辨率达 $1\% RH$，误差 $< 10\% RH$。

d. 环氧乙烷作用时间控制仪（定时钟）的校准：灭菌设备上用于监控、记录整个灭菌过程时间的定时、指示、记录设施，其时间测量精度为所测时间的 $\pm 2.5\%$ 以内。

（3）物理性能验证。

① 灭菌器真空试验。

a. 将灭菌器加热至设定的灭菌温度后抽真空至设定的负压状态，并保持 60 min，负压泄漏率应 $\leqslant 0.1\ kPa/min$。

b. 灭菌器自动记录负压及保持 60 min 过程中负压与时间的数据。

c. 整理、分析数据，分别找出抽真空至各负压过程的时间及保持 60 min 后的压力，计算负压泄漏率。

d. 进行两次试验后，将数据进行对比，验证其准确性。若相差较大，则应查找原因，重新试验。

② 灭菌器正压泄漏试验。

a. 将灭菌器加热至灭菌温度，给灭菌室加压（允许用空压泵加入压缩空气）至 $+50\ kPa$，并保持 60 min，正压泄漏率应 $\leqslant 0.1\ kPa/min$。

b. 自动记录加压及保持 60 min 过程中，正压与时间的数据。

c. 整理分析数据，并计算灭菌柜正压泄漏率。

d. 进行两次试验后，将数据进行对比，验证其准确性。若相差较大，则应查找原因，重新试验。

③ 抽真空速率验证。

a. 根据真空泵的抽真空速率对环氧乙烷灭菌柜进行预真空，记录每分钟的抽真空速率，对产品抽真空后的包装质量进行验证。

b. 根据抽真空速率验证产品的质量情况，确定灭菌后空气置换次数、速率及真空压力。

④ 灭菌器负载不同位置升温速率验证。

灭菌器负载后，观察温度传感器的温度变化，记录灭菌柜升温较快的位置和升温较慢的位置，确认温度的波动范围是否符合≤±5℃的要求。

⑤ 灭菌器箱壁温度均匀性试验。

a. 将灭菌器内体积划分为五个部分，放置温度传感器进行测试，绘制传感器位置图。

b. 给灭菌器加热，温度控制在60～65℃，在加热过程中记录各测量点的温度。

c. 对记录的数据进行整理分析，列表比较最低温度点与最高温度点是否达到设定范围。

⑥ 灭菌器空载温度均匀性试验。

a. 将经校准的温度传感器按布点要求放置于灭菌柜体内，绘制传感器位置图。

b. 关闭灭菌器前后门并加热，温度应控制在设定的范围。

c. 列表比较最低温度点与最高温度点，其温度差应在±3℃范围内，并确定最高温度点与最低温度点随时间变化的升温速率。

⑦ 灭菌器负载温度均匀性试验。

a. 确定产品的装载模式，绘装载模式图。

b. 确定温度传感器放置位置。产品装柜完毕后按照设定时间给灭菌室加热（所装入的产品应是预处理已完成的产品）。

c. 列表比较最低温度点与最高温度点，其温度差应在10℃范围内。

d. 对数据进行分析，确定最高温度点与最低温度点随时间变化的升温速率。

⑧ 灭菌器负载湿度验证。

a. 湿度传感器测量范围：0～100％RH；控制湿度范围：40％～70％RH。

b. 在温度恒定条件下记录湿度值，对数值进行分析，应在40％～70％RH范围内。

（4）微生物性能验证。

① 按照 ISO 11135 标准的方法进行，可选择其中的一个。

a. 存活曲线法（至少5点）。

b. 部分阴性法（至少7组）。

c. 半周期法。

② 生物指示剂：枯草杆菌黑色变种芽孢（ATCC 9372）菌片。

③ 生物指示剂数量按照灭菌柜室体积确定。将生物指示剂放置在待灭菌产品的初包装内，根据不同的分布点放置并与待灭菌产品一起灭菌。

④ 灭菌过程对产品的影响。

产品灭菌完成后，应对产品的性能和包装的完整性进行检测，以评估灭菌过程对最终产品的影响。

10. 灭菌验证确认报告

（1）灭菌验证试验完成后，由相关职能部门根据灭菌过程的记录进行数据分析并以文件的形式形成灭菌验证确认报告。

（2）参与灭菌验证确认的技术、质量、生产等职能部门应根据灭菌验证确认的工艺参数条件编制灭菌过程控制作业指导书。

（3）灭菌验证确认报告经验证小组确认后应得到最终审批，并由编制、审核、批准人员签字。

（4）由验证确认结果所引起的文件资料的更改，执行质量管理体系中有关文件和资料的控制程序，并保存物理性能验证和微生物性能验证的全部记录。

（5）重新确认：灭菌过程的重新确认应包括微生物学重新鉴定、过程控制和监测。

（6）附件：

① 验证确认方案参考文献。

② 灭菌验证时间安排表。

③ 验证确认方案涉及的记录表格一览表。

④ 灭菌验证确认人员资格的证明，包括所有人员的培训手册与记录。

第四节　湿热灭菌确认和过程控制

湿热灭菌是医疗器械灭菌的方法之一，主要应用于医疗器械生产企业、医院供应室、手术室、制药厂及科研单位实验室等场所，可用于耐温耐湿的医疗器械、食品和药品等产品的灭菌。湿热灭菌采用蒸汽或蒸汽混合物作为灭菌因子，既不会对环境造成污染，也不会让产品残留化学成分。另外，湿热灭菌设备投资相对较小，操作方便，所以湿热灭菌用途较广。

一、湿热灭菌的基本原理

湿热灭菌的基本原理为：在湿热的环境中，蒸汽或蒸汽混合物使微生物的蛋白质发生变性和凝固，致使微生物死亡，从而使环境达到无菌保证水平（SAL）。湿热灭菌的效果由灭菌时间与灭菌温度决定。灭菌过程中微生物对灭菌蒸汽的抵抗力取决于原始存在的群体密度、菌种或环境赋予菌种的抵抗力。为了对较难灭菌的负载进行彻底灭菌，通常采用机械排汽法，其工作原理是采用设备自身的真空系统强制抽出灭菌室内的空气，再导入饱和纯蒸汽并维持一定的时间、温度、压力，当饱和纯蒸汽与被灭菌负载接触时，利用散热原理导致微生物的蛋白质变性，进而导致微生物死亡，从而达到灭菌的作用。当灭菌过程结束后，排出灭菌室内的蒸汽，启动真空系统对内室抽真空，抽出内室的蒸汽及灭菌负载内的水分，以起到对灭菌负载干燥的作用。

为达到灭菌效果，通常引入 D 值和 F_0 值。

D 值（耐热值）表示为对数形式，是以分钟为单位的一个生物指标，即为某一个微生物的数量在规定条件下，减少一个数量级或 90% 所需要的时间。D 值越大，则表明该微生物的耐热性越强，不同的微生物在不同环境条件下具有各不相同的 D 值。在湿热灭菌条件下，D 值主要与灭菌温度相对应。暴露在持续的热致死条件下的微生物死亡过程，被证明可描述成一种一阶动力学反应，引导出以下的结论：死亡基本上是一种单分子的反应。微生物的死亡速率是微生物耐热值和致死率的函数。微生物的存活曲线可以用下面的半对数式表示：

$$\log N_F = \frac{F_{(T,Z)}}{D_T} + \log N_0$$

式中，N_F 为被灭菌负载暴露 F min 后残留微生物的数量；

$F_{(T,Z)}$ 为灭菌周期中经计算得到的等效致死率，以一定温度下的时间（min）表示；

D_T 为一定温度（T）下微生物的耐热值，单位为 min；

N_0 为灭菌周期开始前物品原有的微生物数量。

F_0 值（F 值，致死因子）是灭菌效力的评价值。F_0 值是指灭菌过程对微生物的致死量相当于在 121.1 ℃灭菌时的灭菌时间，一般称为标准灭菌时间。Z 值是使某一微生物下降一个对数单位（即灭菌时间减少到原来的 1/10），所需升高的灭菌温度的度数。F 值为通过相应的 Z 值经计算得到的等量致死率，为在一定温度下将某微生物全部杀死所需的时间。致死速率（L）由相关温度（T_0 为标准灭菌温度，T 为设定的灭菌温度）和 Z 值通过以下等式计算得到：

$$L = 10^{\left(\frac{T-T_0}{Z}\right)}$$

F_{BIO} 值也是描述致死率的值。这个致死率通过实际杀灭的微生物测得或在生物指示剂挑战试验中测得。F_{BIO} 值由 D 值与灭菌工艺中微生物或生物指示剂实际的对数减少量（$\log N_0 - \log N$）计算得到：

$$F_{BIO} = D \times (\log N_0 - \log N)$$

F_0 值是 Z 值为 10 K，D 值为 1 min 时，在 121.1 ℃下计算出的 F 值。

根据上面公式的推导，结合湿热灭菌的特点，国际上公认的湿热蒸汽灭菌温度为 121 ℃、126 ℃和 134 ℃时，维持时间分别不小于 15 min、10 min 和 3 min。

为了保证灭菌效果，灭菌过程中的温度不得低于灭菌温度，也不应超过灭菌温度上限 4 ℃，否则会引起灭菌不彻底或过度灭菌。在灭菌维持时间内，灭菌内室和被灭菌负载任意两点之间的温差不应超过 2 ℃。

二、湿热蒸汽灭菌设备的分类

根据灭菌设备的灭菌原理、灭菌方法、灭菌容积、结构特点等，蒸汽灭菌器分类如下：

（1）按排汽方法分为重力排汽式（下排汽式）灭菌器、机械排汽式灭菌器。机械排汽式灭菌器又分为预真空式灭菌器、脉动真空式灭菌器。

（2）按门的结构形式分为自动门灭菌器、手动门灭菌器。

（3）按门的多少分为单开门灭菌器、双开门灭菌器。

（4）按门的开启方向分为立式灭菌器、常规灭菌器。

（5）按缸体形状分为方形灭菌器、圆形灭菌器。

（6）按灭菌内容积大小分为小型灭菌器和大型灭菌器。其划分界线为容积大于等于 60 L 为大型灭菌器，容积小于 60 L 为小型灭菌器。

（7）按控制原理分为自动控制型灭菌器、手动控制型灭菌器。

根据上述分类，我国制订了多个蒸汽灭菌器的国家标准和行业标准，如 GB 8599《大型蒸汽灭菌器技术要求 自动控制型》、YY 0731《大型蒸汽灭菌器 手动控制型》、YY 646《小型蒸汽灭菌器 自动控制型》、YY 1007《立式压力蒸汽灭菌器》、YY 0504《手提式蒸汽灭菌器》等。

三、湿热灭菌过程控制

湿热灭菌是利用饱和蒸汽对卫生材料、手术器械、药品等进行灭菌。为确保灭菌过程的实现，生产企业应根据蒸汽灭菌设备的特点，编制灭菌过程的 SOP（标准作业程序）文件，对影响灭菌过程的人（人员）、机（机器）、料（材料）、法（方法）、环（环境）、测（测量）等进行控制，确保最终灭菌的效果符合要求，保障灭菌过程的安全、可靠。

1. 灭菌过程的文件控制

灭菌过程的技术文件包括灭菌器的设计文件、灭菌验证文件、灭菌工艺文件（灭菌过程作业文件）等。

灭菌器的设计文件包括灭菌器设计资料，如设计任务书、设计计算书、产品设计图、电气控制图等。随机文件包括使用说明书、装箱单、合格证、备件明细表、检验报告等。安装文件包括设备安装图、电气原理及接线图、管路图等。设计文件是灭菌器从产品设计到产品安装和产品验收等整个过程的全套文件。

灭菌验证文件包括验证计划、验证方案、验证报告和验证记录。

灭菌工艺方法和技术参数经过验证、评估后，输入到工艺文件中。灭菌工艺文件应详细描述灭菌的工艺过程、主要参数、操作步骤、注意事项等。当灭菌工艺、设备、灭菌负载等灭菌条件发生变化时，应对灭菌过程进行再确认，并及时修改工艺文件。

2. 灭菌负载的放置方法

灭菌负载要按设备使用说明书规定的方式放入灭菌器内，正确放入的方法如下：

（1）注意灭菌负载摆放的均匀性，每层每包之间应留有足够的缝隙，以有利于蒸汽对被灭菌负载的穿透。

（2）灭菌负载的包装要尽量小，且要宽松放入。

（3）灭菌包装物应为耐高湿、耐高温、耐高压和透气性好的材料。应验证包装物在灭菌过程中的可靠性，防止包装物（如塑料袋等）损坏。

（4）不要将太潮湿的灭菌负载放入，否则不利于物品的干燥。

（5）对于液体或无法抽真空的物品，应使用重力排气程序或液体运行程序。

3. 灭菌参数设定

在设定灭菌参数前，要认真阅读设备使用说明书，根据灭菌负载过程的参数要求，正确设定灭菌程序。通常设定的灭菌参数包括：

（1）脉动真空次数：设备在抽真空过程中，运行抽真空的次数。

（2）干燥时间：灭菌器运行干燥程序的总时间。

（3）灭菌温度：灭菌时的最小有效控制温度，如设定为 132 ℃时，则在灭菌过程中不允许内室温度低于此温度。

（4）灭菌时间：灭菌过程中累积控制的有效总时间，灭菌过程总时间不得低于灭菌时间。

（5）进汽脉动次数：在重力排气程序中，内室进蒸汽置换内室空气的次数。

（6）灭菌内室的压力：饱和蒸汽灭菌温度和灭菌压力有一定对应关系，在灭菌过程中可选择使用。

4. 灭菌过程失效判断

灭菌过程中，灭菌设备因受灭菌负载、设备性能、工艺参数和操作人员等因素的影响，可能导致灭菌过程失败。常见灭菌过程失效表现为布维-狄克试验（B-D试验）不合格、升温时间过长或温度达不到灭菌温度、灭菌不彻底等。B-D试验不合格的主要原因有下列三种：

（1）冷空气的存在。

冷空气的存在导致灭菌失效的三个因素为：第一，形成空气蒸汽混合团，产生负压，降低灭菌室内的灭菌压力，不利于温度的提升，使腔室内在一定的压力下达不到应有灭菌温度。第二，冷空气团阻隔蒸汽接触灭菌负载，不利于灭菌负载的热穿透。第三，减少内室的水分，不利于微生物的杀灭。

造成冷空气团存在的主要原因有：

① 真空泵的性能下降，使真空度达不到B-D试验要求。

② 门体的密封性能不好，导致门体泄漏或轻微泄漏。

③ 管路漏气，导致腔室内有空气渗入，排除不彻底。

④ 进气口与排气口的位置不合理，使内室的温度分布不均匀，导致温度虚假。

⑤ 内室的压力测量系统失灵。

⑥ 蒸汽质量差，含水量过多。

⑦ 空气起始温度低，重力作用明显，B-D试验前不进行预热，致使送入锅内的蒸汽压力过高或速度过快，将过多的空气挤入试验包。

⑧ 试验包与柜室容量相比过小，产生"小装量"效应。

⑨ 自制B-D试验包不标准，布巾过紧或过松、过重或过轻；新制的B-D试验包布巾脱浆不彻底；B-D试验包使用频率过高，织物纤维老化收缩，透气性能降低，影响蒸汽穿透B-D试验包；试验包用后不按时清洗或洗后未进行热熨、烘干；布巾含水过少；布巾折叠不平整，皱褶部位所接触区域测试纸的颜色变浅。

⑩ 温度升得过快导致三次真空时进蒸汽未来得及对试验包渗透，原因为：疏水器性能下降，导致内室的水分含量过大。

（2）过度暴露。

过度暴露是指内室的温度或压力超过所需要的实际测试温度或压力，或者灭菌时间过长，导致过度灭菌。其主要原因有：

① 蒸汽过饱和。

② 控制系统的温度和压力失真。

③ 测试过程出现温度下降，导致灭菌时间过长。

（3）其他不确定原因。

其他不确定原因主要有：

① 试验包过大。

② B-D 测试纸不符合要求。

③ 包装物过分潮湿，棉布上的水分与 B-D 测试纸接触时吸热，导致实际温度达不到要求或 B-D 测试纸出现斑点。

四、湿热灭菌过程的确认

湿热灭菌应按照 YY/T 0287 标准要求开展工作。GB 18278.1 提供了灭菌过程的开发、确认和常规控制要求，确认目的是通过一系列验证试验和提供足够的数据证明文件，证明灭菌器及灭菌过程是否符合验证方案的规定，是否满足法规和标准的要求，是否满足用户的要求。在进行灭菌确认前要编制确认方案，确认方案内容包括：

（1）设备基本信息：设备型号、设备编号、灭菌室容积、是单门还是双门、制造厂家等。

（2）灭菌负载基本信息：需灭菌的物品、放置位置、装置方式等。

（3）验证目的。

（4）验证范围。

（5）参加人员及分工。

（6）安装确认方案。

（7）运行确认方案。

（8）性能确认方案。

（一）安装确认（IQ）

安装确认（IQ）是指灭菌器安装后，根据灭菌设计方案、法规和验收标准，以及灭菌器管路图、电器图和设备总装图等对已安装灭菌器进行全面的检查，判断安装设备是否符合要求，包括所有的设备附件、仪表和维修设备是否有标识和符合文件规定。安装确认方案的内容如下：

1. 现场确认

（1）确认安装设备规格型号。

（2）确认主要机械零件和结构的完整性。

（3）安装位置和空间是否满足设备操作、清洗和维修的需要。

（4）安装管路（水路、气路等）是否符合工艺要求；若适用，排气效果是否符合要求。

2. 文件确认

（1）文件资料是否齐全。检查使用说明书、装箱单、主要零部件清单等。

（2）设备是否经过检测。主要检查压力容器设计证书、压力容器制造证书、检验报告、合格证、压力容器质量保证书等。

（3）设备安装、维护所需技术资料是否正确。检查设备安装图、电气原理图、电气接线图、备件明细表、易损件目录等。

（4）操作和测试设备是否经过校验。根据操作和测试设备清单，检查仪表的检定证书和检定合格证。

（5）是否建立了操作规程，包括设备操作规程、维护检修规程等。

3. 形成确认记录和结论

安装确认实施完成后，应形成确认记录，并做出安装确认结论。表 8-7 为压力蒸汽灭菌安装确认方案示例。

表 8-7　蒸汽灭菌器安装确认方案

1　安装确认

对欲安装确认的设备规格、安装条件、安装过程进行确认，证实所供应的设备规格符合要求，设备所应备有的技术资料齐全，开箱验收合格。确认安装条件及整个安装过程符合设计规范要求。

1.1　安装确认所需文件资料

在开箱验收后，建立设备档案，整理使用手册等文件资料，归档保存。

文件名称	文件编号	资料存放处
灭菌器说明书		
压力容器质量保证书		
产品及附件合格证		

检查人：　　　　　　　　　　　　日期：　　年　　月　　日

1.2　设备材质和质量

项目		标准	检查结果
材质	灭菌器体内壳	耐腐蚀不锈钢	符合 □　不符合 □
	灭菌器管路	耐腐蚀不锈钢	符合 □　不符合 □
	灭菌器密封门内板	耐腐蚀不锈钢	符合 □　不符合 □
外观质量		灭菌器无外观缺陷和损坏	符合 □　不符合 □
结论			

检查人：　　　　　　　　　　　　日期：　　年　　月　　日

1.3　安装质量

项目	技术要求	检查结果
灭菌器安装	安装牢固	符合 □　不符合 □
安全阀及仪表安装	符合设计要求	符合 □　不符合 □
灭菌器各接口安装	符合设计要求	符合 □　不符合 □
灭菌器主电源与控制	连接正确	符合 □　不符合 □
结论		

1.4　水、电、气连接

1.4.1　电源

续表

项目	技术要求	检查结果
电压	380 V 三相	符合 □ 不符合 □
功率		符合 □ 不符合 □
频率	50 Hz	符合 □ 不符合 □
接地保护	可靠接地	符合 □ 不符合 □
结论		

检查人：　　　　　　　　　　　日期：　　　年　　月　　日

1.4.2 蒸汽

项目	依据技术要求	检查结果
汽源压力	0.3～0.5 MPa	符合 □ 不符合 □
减压阀	在输送管路安装减压阀，保证汽源压力波动≤10％	符合 □ 不符合 □
管道连接	有无渗漏	符合 □ 不符合 □
管道材料	316 不锈钢	符合 □ 不符合 □
压力表	按照使用说明书要求	符合 □ 不符合 □

1.4.3 冷却水

项目		依据技术要求	检查结果
水源压力		0.15～0.30 MPa	符合 □ 不符合 □
管道连接		有无渗漏	符合 □ 不符合 □
管道材料		316 不锈钢	符合 □ 不符合 □
压力表		按照使用说明书要求	符合 □ 不符合 □
质量要求	pH 值	按照使用说明书要求	符合 □ 不符合 □
	游离氯	按照使用说明书要求	符合 □ 不符合 □
	微生物限度	按照使用说明书要求	符合 □ 不符合 □

1.4.4 压缩空气

项目	依据技术要求	检查结果
压缩空气气源压力	按照使用说明书要求	符合 □ 不符合 □
管道连接	有无渗漏	符合 □ 不符合 □
管道材料	按照使用说明书要求	符合 □ 不符合 □
空气过滤器	按照使用说明书要求	符合 □ 不符合 □

1.5 仪器仪表的校验

仪器仪表名称	数量	生产厂家	检查结果
温度记录仪			符合 □ 不符合 □
铂电阻			符合 □ 不符合 □

仪器仪表名称	数量	生产厂家	检查结果
压力表			
结论			
检查人：		日期：　　年　　月　　日	

1.6　起草标准操作规程

标准操作规程名称	检查结果
压力蒸汽灭菌器使用及 维护保养标准操作规程	符合 □　　不符合 □

（二）灭菌运行确认（OQ）

运行确认是指为验证灭菌器达到设定要求而进行各种运行试验，以确认灭菌器运行符合规定要求。运行确认阶段应合理确认灭菌过程的初步参数，包括灭菌温度、灭菌压力、灭菌时间等变量，确定灭菌过程实施步骤和操作方法，以及如何对灭菌过程进行测量和监视。要合理选择测量设备，以保证设定灭菌参数的可靠性和准确性。运行确认过程中还要设定灭菌参数的上下限和最差环境，在这些条件下，通过对产品模拟灭菌，观察和测试导致产品不合格或工艺失败的条件。

1. 灭菌器性能确认

运行前，应对灭菌器各项性能进行确认：

（1）设备安装是否稳固。

（2）电气连接是否正确。

（3）蒸汽连接是否符合要求。

（4）是否提供冷却水连接。

（5）检查安全阀是否动作。

（6）检查门体密封性。

2. 灭菌器运行质量确认

（1）灭菌器运行时，检查容器及管路部分，并确认有无泄漏。

（2）空负荷运转，检查灭菌器及元器件（如灭菌门、真空泵）运行是否正常。

（3）设定灭菌过程的所有程序，检查灭菌器的各步程序运行是否正常，与标准操作说明是否相符。

（4）检查各电器部件工作是否正常，测试灭菌器的安全性能是否符合要求。

（5）通过温度控制系统、压力表等观察灭菌温度、压力、时间和真空度等是否达到要求，确认灭菌的各项技术指标是否符合要求。

新购置的灭菌器使用前、灭菌器改造后、工艺条件变化或对新产品进行灭菌等情况下，必须进行运行确认。完成灭菌运行确认后，应提供设备的操作规程和工艺文件，这些文件是对操作者进行培训的基础，以帮助操作者成功地操作设备。最后将验证过的灭菌工艺和灭菌参数应用到被灭菌物品的灭菌过程中。

3. 形成确认记录和结论

运行确认的实施完成后，应形成确认记录，并做出运行确认结论。表 8-8 为压力蒸汽灭菌运行确认方案示例。

表 8-8　蒸汽灭菌器运行确认方案

1 运行确认
按草拟的标准操作规程，在空载情况下确认灭菌器各部分功能正常，符合设计要求。

1.1　功能测试前灭菌器各项操作工作的确认

项　目	标　准	检查结果
设备安装稳固性	安装稳固	符合 □　不符合 □
电气连接	电气连接正确	符合 □　不符合 □
蒸汽连接	管道连接无渗漏	符合 □　不符合 □
冷却水连接	管道连接无渗漏	符合 □　不符合 □
安全阀检查	安全阀位置正确	符合 □　不符合 □
门密封检查	门密封	符合 □　不符合 □
结论：		
检查人：	日期：　年　月　日	

1.2　设备运行质量确认

项　目	要　求	检查结果
清洗灭菌器主体及管路部分，检查并确认有无泄漏	灭菌器主体及管路已清洗，无泄漏	符合 □　不符合 □
启动灭菌温度等显示	符合说明书要求	符合 □　不符合 □
检查灭菌器电器部件工作是否正常	电器部件工作正常	符合 □　不符合 □
检查灭菌器的各步程序运行是否正常，与标准操作说明是否相符	灭菌器的各步程序运行正常，与使用说明书相符	符合 □　不符合 □
温度控制系统	工作正常	符合 □　不符合 □
压力表	压力显示正常	符合 □　不符合 □
结论：		
检查人：	日期：　年　月　日	

1.3　起草标准操作规程

压力蒸汽灭菌器清洁标准操作规程	符合 □　不符合 □
检查人：	日期：　年　月　日

（三）灭菌性能确认（PQ）

性能确认是在安装确认和运行确认结果合格后进行的。性能确认是指通过观察、记录、取样检测等方法，搜集分析数据，检查并确认灭菌参数的稳定性、灭菌结果的重现性，证明灭菌器在正常操作方法和工艺条件下能持续有效地符合标准要求。完成性能确认时，应对所有数据进行评审、批准。在对灭菌器进行可能影响工艺过程的维修时，或改变灭菌工艺、灭菌系统（软件和硬件）、产品或包装等条件时，必须进行再确认。再确认必须有文件化规定。灭菌性能确认的内容如下：

1. 验证使用的仪表校准

在每次试验前，对确定验证使用的设备仪表进行校准，以保证其准确性。校准应溯源到国家标准。通常，灭菌器热分布测试选择温度验证仪，在验证时应确定传感器的数量。

2. 空载热分布和满载热分布试验

空载热分布试验是指灭菌器内不装灭菌负载情况下，对灭菌内室温度均匀性的确认。满载热分布试验是指在灭菌器内装入灭菌负载，模拟灭菌过程测量灭菌内室温度均匀性的确认。热分布确认的参数包括每种装载容器的每种装载方式、每种方式的运行次数、每种方式的冷点位置等。在负载运行条件下，通过对灭菌负载灭菌，证明整个灭菌室和装载的温度均匀性在规定极限内，证明满载情况下设定的控制参数和实际测得的参数之间的关系。装载和装载模式的一致性，在很大程度上决定了所需温度传感器的数量。应根据灭菌室容量配置相应的温度传感器（每 100 升应配置一个），要充分评估一个灭菌周期，最少要有 5 个传感器。使用蒸汽—空气混合气体和（或）混合装载时，可要求增加使用传感器的数量。至少应有一个温度传感器放在监测和控制传感器旁。灭菌室空档区应放置一个传感器，同时，至少应有一个传感器放置在灭菌室内侧的非加热部分，还有一个传感器用于测定对夹套装载的影响。整个确认过程的质量取决于所测得温度与压力的精确性和可靠性。

3. 负载热穿透试验

负载热穿透试验是在热分布试验的基础上，确定装载中的"最冷点"并确认该点在灭菌过程中获得充分的无菌保证值。开启灭菌器，连续运行数次，以检查其重现性。

4. 装载能力确认

装载能力确认是为了证明灭菌器能对装载物进行充分灭菌，可以通过灭菌过程中相同产品装载或不同产品混合装载可接受极限的确认，证明灭菌器可接受的最大装载量和最小装载量。由于装载对灭菌工艺有极大的影响，应对不同的装载和装载改变作评价，以确定灭菌器装载量和载量范围。应关注某些装载和装载模式在湿热灭菌工艺中不能被灭菌。通常情况下单一装载较易确定，并可减少确认工作；而混合装载（如纺织品和金属器械混合）则要求有一个测量范围，以保证任何混载情况都可接受。性能确认应基于装载的预定方案。

5. 运行结果的重复性确认

运行结果的重复性是指蒸汽灭菌器依据验证方案经多次验证运行后，在相同的测量条件下对灭菌结果进行测量，经连续测量的灭菌结果在规定范围内。通常测量的重复性是指采用相同的测量程序，由相同的观察者在相同的条件下使用相同仪器设备，在短期内进行测量的结果。

6. 其他性能确认

用替代物或实际生产原材料按设定的程序进行系统性运行，必要时应进行挑战性试验、负载运行的可靠性试验和安全性能试验等。性能确认的实施完成后，应做出性能确认结论，并形成过程记录。

综合上述，湿热灭菌过程是一个特殊过程。能否杀灭产品中的微生物，蒸汽灭菌器的确认、灭菌运行的确认、灭菌的性能确认是灭菌控制的关键。在验证前要编制可行的验证计划和验证方案，按验证计划和方案对灭菌过程进行验证，最后将验证获得的可靠结果输入作业文件中，作为灭菌过程操作和控制的依据。通过设定不同的灭菌程序、不同的灭菌参数，对不同灭菌负载进行多次灭菌验证，确认灭菌运行的可靠性和重现性，找到最有效、最合理的灭菌工艺和工艺参数，作为饱和蒸汽灭菌验证的依据。要定期进行灭菌过程的再确认，通常每年进行一次，可保证灭菌过程持续可靠。

表 8-9、表 8-10、表 8-11 和表 8-12 为压力蒸汽灭菌性能确认方案示例。表 8-13 是经过确认后编制的压力蒸汽灭菌器验证报告示例。

表 8-9　蒸汽灭菌器性能确认方案（以 0.4 m³ 为例）

1　性能确认

检查并确认压力蒸汽灭菌器对灭菌程序的适用性。性能确认包括、空载热分布试验、满载热分布试验和负载热穿透试验，各项试验连续运行 3 次，以确认设备性能的重现性。

1.1　验证设备的校正

验证设备	型号	数量	校正结果	
			验证前	验证后
铂电阻	Pt100	16		

校正人：		日期：　　　年　　月　　日	

1.2　空载热分布试验

1.2.1　测试过程：将 1 支探头置于饱和蒸汽进口处，1 支探头置于冷凝水排放口处，其余探头均匀分布在灭菌器内室各处。开启灭菌器，连续运行 3 次，以检查其重现性。

1.2.2　温度探头分布：

探头号	探头位置	探头号	探头位置	探头号	探头位置
1	A-Ⅰ-5	7	A-Ⅲ-5	13	E-Ⅴ-1
2	A-Ⅰ-1	8	E-Ⅲ-5	14	E-Ⅴ-5
3	E-Ⅰ-1	9	B-Ⅲ-5	15	E-Ⅴ-3
4	E-Ⅰ-1	10	C-Ⅲ-5	16	D-Ⅲ-2
5	C-Ⅰ-3	11	A-Ⅴ-5		
6	B-Ⅲ-5	12	A-Ⅴ-1		

温度探头分布图

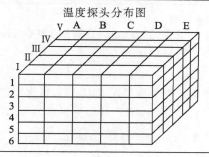

1.2.3　运行结果：见空载热分布测试记录。

1.2.4　合格标准：腔室平均温度与最冷点温度之差≤2.5℃。

1.2.5　结果分析及评价：见空载热分布试验记录。

1.3　满载热分布

1.3.1　测试过程：

将1支探头置于蒸汽进口处，1支探头置于冷凝水排放口，1支探头置于灭菌器温度控制和记录探头处，其余探头均匀分布在腔室装载各处。开启灭菌器，连续运行3次，以检查其重现性。

1.3.2　温度探头分布：

探头号	探头位置	探头号	探头位置	探头号	探头位置
1	A-Ⅰ-5	7	A-Ⅲ-5	13	E-Ⅴ-1
2	A-Ⅰ-1	8	E-Ⅲ-5	14	E-Ⅴ-5
3	A-Ⅰ-1	9	B-Ⅲ-5	15	E-Ⅴ-3
4	E-Ⅰ-1	10	C-Ⅲ-5	16	D-Ⅲ-2
5	C-Ⅰ-3	11	A-Ⅴ-5		
6	B-Ⅲ-5	12	A-Ⅴ-1		

1.3.3　运行结果：见装满载热分布试验记录。

1.3.4　合格标准：腔室平均温度与最冷点温度之差≤2.5℃。

1.3.5　结果分析及评价：见满载热分布试验记录。

1.4　负载热穿透试验

负载热穿透试验是在热分布试验的基础上，确定装载中的"最冷点"并确认该点在灭菌过程中获得充分的无菌保证值，即 $F_0 > 8$ min。开启灭菌器，连续运行3次，以检查其重现性。

1.4.1　测试过程：

灭菌器内装载的物品类型：最大装载。

灭菌程序：121℃×30 min。

1.4.2　温度探头分布：

探头号	探头位置	探头号	探头位置	探头号	探头位置
1	A-Ⅰ-5	7	A-Ⅲ-5	13	E-Ⅴ-1
2	A-Ⅰ-1	8	E-Ⅲ-5	14	E-Ⅴ-5
3	E-Ⅰ-1	9	B-Ⅲ-5	15	E-Ⅴ-3
4	E-Ⅰ-5	10	C-Ⅲ-5	16	D-Ⅲ-2
5	C-Ⅰ-3	11	A-Ⅴ-5		
6	B-Ⅲ-5	12	A-Ⅴ-1		

1.4.3　运行结果：见热穿透试验记录。

1.4.4　合格标准：腔室平均值 F_0 之差≤2.5 min，且最冷点能够保证 $F_0 > 8$ min。

1.4.5　结果分析及评价：见热穿透试验记录。

2　生物指示剂试验

2.1　生物指示剂

生物指示剂为非致病性嗜热脂肪杆菌芽孢（ATCC7953）制成的蓝紫色液体，芽孢含量为 5×10^6/支。

2.2　测试过程

2.2.1　在灭菌柜热分布、热穿透试验合格的基础上对模拟产品进行灭菌。

2.2.2 灭菌后将生物指示剂取出，另取 1 支未灭菌生物指示剂作为阳性对照品，统一编号后于 56～60 ℃下培养 48 h，观察生物指示剂颜色变化。

2.2.3 合格标准：阳性对照生物指示剂 24 h 内颜色发生变化，灭菌后的生物指示剂应无颜色变化。

2.2.4 连续运行 3 次，以检查其重现性。

3 验证周期

验证小组负责根据灭菌器的运行情况，拟订设备的验证周期报告。

仪表校正应至少每年进行一次；生物指示剂试验应每季度进行一次；热分布试验应每年进行一次；任何重大变更，如改变装载状态，改变灭菌时间，更换灭菌负载，或重大的维修项目完成后，均要进行验证；设备停止运行超过 3 个月，应在正式生产前进行再验证。

4 结果评价和建议

验证小组在验证结束后，对验证结果进行评价和建议，得出验证结论，对验证结果的评审应包括：验证测试项目是否有遗漏；验证实施过程中验证方案有无修改，若有修改，须说明修改原因、依据及是否经过批准；验证记录是否完整；验证结果是否符合标准要求，偏差及对偏差的说明是否合理，是否需要进一步实施验证。

5 验证进度安排

××××年×月×日—××××年×月×日进行安装确认。

××××年×月×日—××××年×月×日进行运行确认。

××××年×月×日—××××年×月×进行性能确认验证工作。

6 验证记录及验证报告

表 8-10 设备空载热分布试验记录

设备名称							设备编号								
设备型号							系列号								
灭菌时间	各探头温度（℃）																
	T_1	T_2	T_3	T_4	T_5	T_6	T_7	T_8	T_9	T_{10}	T_{11}	T_{12}	T_{13}	T_{14}	T_{15}	T_{16}	T_{min}	T_{max}
灭菌腔冷点：							冷点温度：					℃			

续表

测试结论：				
			操作人：	
验证结果评定	检查人：		日期： 年 月 日	
	复核人：		日期： 年 月 日	

表 8-11　设备满载热分布试验记录

设备名称																		
设备型号							系列号											
灭菌时间	各探头温度（℃）																	
	T_1	T_2	T_3	T_4	T_5	T_6	T_7	T_8	T_9	T_{10}	T_{11}	T_{12}	T_{13}	T_{14}	T_{15}	T_{16}	T_{min}	T_{max}

灭菌腔冷点：		冷点温度： ℃	
测试结论：			
		操作人：	
验证结果评定	检查人：	日期： 年 月 日	
	复核人：	日期： 年 月 日	

表 8-12 设备热穿透试验记录

设备名称							设备编号										
设备型号							系列号										
负载名称																	
负载形式																	

灭菌时间	各探头温度（℃）																
	T_1	T_2	T_3	T_4	T_5	T_6	T_7	T_8	T_9	T_{10}	T_{11}	T_{12}	T_{13}	T_{14}	T_{15}	T_{16}	T_{min}	T_{max}

灭菌腔冷点：　　　　　　　　　　　冷点温度：　　　℃

测试结论：

操作人：

验证结果评定					
	检查人：	日期：　　年　　月　　日
	复核人：	日期：　　年　　月　　日

表 8-13　蒸汽灭菌器验证报告

设备编号		设备型号	
验证报告编号			

参加验证人员：

验证实施时间：
安装确认：　　年　　月　　日—　　年　　月　　日
运行确认：　　年　　月　　日—　　年　　月　　日
性能确认：　　年　　月　　日—　　年　　月　　日

验证内容	验证项目	检查结果
	文件资料配备情况	
	安装环境位置	
	设备质量及部件安装	
	主要参数的确认	
	公用介质	
	开机停机检查	
	运行检查	
	空载热分布试验	
	满载热分布试验	
	热穿透试验	
	生物指示剂试验	

偏差处理：

结果评价及结论：

验证周期：仪表校正应至少每年进行一次；生物指示剂试验应每季度进行一次；热分布试验应每年进行一次；任何重大变更，如改变装载状态，改变灭菌时间，更换灭菌物品，或重大的维修项目完成后，均要进行验证；设备停止运行超过 3 个月，应在正式生产前进行再验证。

最终结论：

起草人：	批准人：
日期：　　年　　月　　日	日期：　　年　　月　　日

五、湿热灭菌效果试验

湿热灭菌效果试验用于测定蒸汽灭菌器对细菌芽孢的杀灭效果，以作为评价其灭菌性能是否符合设计规定的参考。

1. 实验器材

（1）指示菌株：耐热的嗜热脂肪杆菌（ATCC 7953）芽孢，每个菌片含菌量为 $1.0×10^6～5.0×10^6$ CFU，或嗜热脂肪杆菌芽孢灭菌指示物，在（121±0.5）℃条件下，存活时间≥3.9 min，杀灭时间≤19 min，D 值为 1.3～1.9 min。

（2）使用说明书中规定蒸汽灭菌器可以处理的物品（装填灭菌器，使达满载要求）。

（3）培养基：溴甲酚紫葡萄糖蛋白胨水培养基。

（4）（56±1）℃恒温培养箱。

2. 实验步骤

（1）将两个嗜热脂肪杆菌芽孢菌片分别装入灭菌小纸袋内，或将两个嗜热脂肪杆菌芽孢灭菌指示物置于标准试验包中心部位。

（2）对预真空和脉动真空式蒸汽灭菌器，应在蒸汽灭菌器内每层各放置标准测试包。对下排汽式蒸汽灭菌器，还应在灭菌器室内排气口上方放置一个标准试验包。测试包放置数量可根据灭菌器的容积大小确定，GB 8599《大型蒸汽灭菌器技术要求　自动控制型》、YY 0731《大型蒸汽灭菌器　手动控制型》、YY 646《小型蒸汽灭菌器　自动控制型》和 YY 1007《立式压力蒸汽灭菌器》等标准给出了放置数量和操作方案。

（3）灭菌结束后，在无菌条件下，取出标准试验包或通气贮物盒中的指示菌片，放入溴甲酚紫葡萄糖蛋白胨水培养基中，经（56±1）℃培养 7 d（自含式生物指示物的培养按说明书执行），观察培养基颜色变化。检测时设阴性对照和阳性对照。

3. 评价规则

在试验中，阳性对照管中溴甲酚紫葡萄糖蛋白胨水培养基变黄，每个对照菌片的回收菌量均应达 $1×10^6～5×10^6$ CFU，阴性对照管中应无菌生长（溴甲酚紫葡萄糖蛋白胨水培养基颜色不变），每个指示菌片接种的溴甲酚紫蛋白胨水培养基或生物指示物颜色不变（紫色），判定为蒸汽灭菌器灭菌效果合格。

4. 注意事项

（1）所用生物指示物和试验菌片须经卫生部门认可，并在有效期内使用。

（2）若检测到样本检测被污染，即可将灭菌成功的结果全部否定，故试验时必须注意防止环境的污染并严格遵守无菌操作技术规定。

（3）蒸汽灭菌器内满载与非满载，结果差别较大，故正式试验时必须在满载条件下进行。

5. 灭菌产品的放行

无菌医疗器械生产企业应按 YY/T 0287 标准的要求建立和保持灭菌后产品的放行体系，该体系应保证灭菌过程控制和产品放行的管理，以确保待灭菌产品与已灭菌产品被正确标识和严格划分。每个灭菌批次的产品均应做无菌试验，试验合格的产品才能放行，不合格产品应按 YY/T 0287 标准的要求进行隔离、标识、处理。

6. 灭菌记录

灭菌过程应按照 YY/T 0287 标准的要求形成记录，这是追溯产品灭菌质量事故的主要证据，也是产品工艺验证和工艺改进的主要参考资料。通过灭菌过程记录的收集、分析、处理、贮存，可保证灭菌过程在受控状态下进行。

第五节　辐射灭菌确认和过程控制

一、概要

医疗用品辐射灭菌是指利用放射性核素产生的伽马射线、电子加速器产生的电子束或电子束转换成的 X 射线杀灭医疗用品中存活微生物的过程。

在辐射灭菌领域，钴-60 伽马装置占主导地位。电子加速器在近十年中发展势头强劲。电子束转换成 X 射线的技术正在开发中。目前已投入使用的工业规模的 X 射线装置由 IBA 公司制造，位于欧洲，于 2011 年开始运行。

与环氧乙烷灭菌法相比，辐射灭菌具有工艺控制简单、可靠，灭菌彻底，无环境污染等优点（见表 8-14），得到了广泛的应用，已占据灭菌市场 50% 的份额。

鉴于钴-60 辐射灭菌工艺成熟、控制简单，占据辐射灭菌的主导地位，本节主要论述钴-60γ 射线辐射灭菌的确认和过程控制。

表 8-14　环氧乙烷法与辐射灭菌法比较

工艺条件	环氧乙烷法	辐射灭菌法
控制参数	温度、湿度、环氧乙烷浓度、时间、真空度、压力	时间
灭菌程度	器件夹缝处有时会留有未杀灭的微生物	彻底
灭菌后处理	环氧乙烷解析	不需要
无菌检查	每批抽样检查	无
检疫存放期	至少 7 天	不需要
原材料密度	有影响	有一定的影响
透气问题	存在	不存在
包装材料选择	有特殊要求	有较宽的选择性
分批或连续处理	分批	两者皆可
环境污染	有	无
可靠性	好或较好	非常好
与产物的作用	羟乙基化	材料的辐射分解

注：摘自赵文彦、潘秀苗主编的《辐射加工技术及其应用》，兵器工业出版社 2003 年出版。

二、辐射灭菌的机理和装置

1. 辐射灭菌的机制

高能射线对微生物的杀灭效应分为直接作用和间接作用。直接作用是高能射线与细胞中的 DNA 链作用，导致 DNA 断裂；间接作用是高能射线与细胞中或细胞邻近物质作用，产生活性粒子，这些活性粒子攻击 DNA 链，导致 DNA 损伤。例如，射线与细胞中的水分作用，产生次级活性粒子 $H \cdot$、$OH \cdot$ 和 e_{sov}^{-}，这些活性粒子与 DNA 反应而导致其损伤。

2. 影响辐射灭菌的主要因素

（1）细胞中 DNA 的大小和结构。

（2）与 DNA 结合的化合物，如肽、核蛋白、RNA、脂、脂蛋白和金属离子，这些物质会影响间接作用。

（3）氧气。辐照时氧气的存在可以增加微生物的致死效应，在完全无氧状态下辐照，某些细菌繁殖体辐射抗性（D_{10}）与有氧状态相比，会增加 $2 \sim 5$ 倍。

（4）水分。在干燥条件下辐照，微生物的抗性（D_{10}）会增加，此时缺少水的辐解产生的自由基，从而导致间接作用的减少。

（5）温度。温度越高，如高于 45 ℃，可显著增加辐射对细菌繁殖体的致死作用；在冰点以下时，致死作用降低，这是因为结冰后，辐射产生的活性粒子的运动受到限制，降低了攻击 DNA 的概率，从而降低了间接作用。

（6）介质。微生物周围的介质成分具有重要的微生物学作用，不同的介质可能会导致抗性的差异。

（7）辐照后的环境条件：与未辐照相比，辐照后存活的微生物对环境条件（如温度、pH 值、营养物）等更加敏感。

3. 无菌保证水平（SAL）及微生物辐射抗性

（1）无菌保证水平。

如同其他物理和化学灭菌法，电离辐射对微生物的杀灭作用也遵循指数关系，绝对无菌在实际上是不可能的，尽管随着灭菌程度的增大，微生物存活的概率趋于零。为描述产品的无菌状况，引入了"无菌保证水平"概念，以表示产品中微生物存活的概率，通常以 10^{-n} 来表达。例如，SAL $= 10^{-6}$，表示在单件产品中，存活微生物的概率不大于百万分之一，或在一百万件产品中，呈现阳性的产品数不超过一件。微生物成活概率取决于产品上初始菌数量、种类、灭菌工艺的致死性（抗性）以及环境条件。

（2）微生物辐射抗性（D_{10} 值）。

在辐射灭菌中，用 D_{10} 值表示微生物的抗性，定义为杀灭 90% 微生物所需的吸收剂量。电离辐射对微生物的杀灭作用遵循指数关系，可表示为：$N = N_0 10^{-D/D_{10}}$，其中，N_0 为初始污染菌数，D_{10} 为微生物的辐射抗性，D 为吸收剂量。

有时，剂量-成活图在低剂量区会出现"肩部"，如图 8-1 所示，这是微生物的修复作用所致。

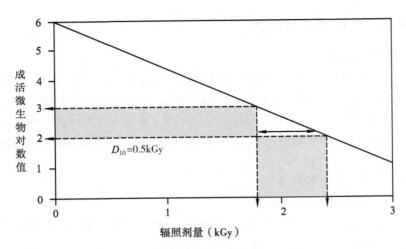

图 8-1　均一微生物剂量-成活示意图

不同菌种或相同菌种在不同环境条件下的 D_{10} 值不同，甚至相同菌种不同菌株的 D_{10} 值也会有差异，因此，阐述 D_{10} 值时，应注明测定时的条件。

D_{10} 值的大小取决于以下因素：

① 直接作用损伤的性质和数量。

② 辐射引发的化学反应的性质、数量和时长。

③ 细胞对损伤的耐受程度和修复能力。

④ 细胞内外环境条件。

通常情况下，微生物的辐射抗性具有以下规律：

① 细菌芽孢的抗性高于繁殖体。

② 对于细菌繁殖体，革兰阳性菌的抗性高于革兰阴性菌。

③ 球菌的抗性高于杆菌。

④ 霉菌的抗性大小类似于细菌的以上规律。

⑤ 酵母菌的抗性高于霉菌和细菌繁殖体。

4. 钴-60 辐照装置

（1）钴-60 核素的性质。

从图 8-2 可见，钴-60 核素发生一次衰变，放出 2 个伽马光子，能量分别为 1.173 MeV 和 1.332 MeV，最终变成稳定的镍-60。钴-60 的半衰期为 5.27 年，每年衰变约 12%。一百万居里的钴-60 放出的辐射能为 14.8 kW。

（2）钴-60 辐射源。

钴的稳定同位素钴-59，用锆合金包覆后置于反应堆中接受中子照射，照射时间为 18～24 个月，部分钴-59 转变成钴-60，然后，移出反应堆，在热室中对钴-60 元件进行整合，并用防腐不锈钢再次包覆。目前世界上有 3

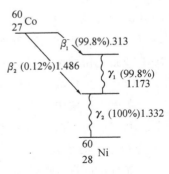

图 8-2　钴-60 衰变图

家生产工业用钴-60辐射源的单位，分别为加拿大 Nordion 公司、英国 Revis 公司和中国同兴公司，所制造的辐射源的规格几乎相同，长约 45 cm，直径约 1 cm，单根源棒活度约 1 万居里（见图 8-3）。辐射源的使用期为 15～20 年，到期后，由供源单位回收。

图 8-3　工业用辐射源

（3）钴-60 辐照装置的结构。

　　钴-60 辐照装置由控制系统、辐射源架、源架升降装置、产品传输系统、安全联锁系统、贮源井、井水处理系统、仓库等组成。辐照装置的设计、安装和运行必须严格遵守 GB 17568—2008《γ 辐照装置设计安装和使用规范》，运行单位和放射性工作人员必须拥有环境部门颁发的辐射安全许可证和辐射安全培训证书。图 8-4 和图 8-5 是典型的辐射源架和辐照装置示意图。

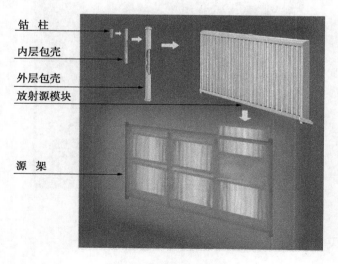

钴 柱
内层包壳
外层包壳
放射源模块
源 架

图 8-4　辐照源架示意图

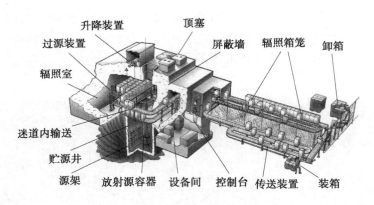

图 8-5　钴-60 辐照装置示意图

注：图 8-4、图 8-5 摘自 "Trends in Radiation Sterilization of Healthcare Products，IAEA 2008"。

5. 电子束辐照装置

加速器是电子束装置系统的核心，所有其他组件都用于支持它。电源提供加速器所需的电压；电缆套管组件用于传输高压电源到加速器；电源柜为电源输入正确的功率；控制柜保持所需的电子束，同时监视系统的各个方面，以确保安全、可靠运行；波形发生器连同扫描室引导电子束使其成为有用的加工手段；真空系统保持所需的高真空，使电子自由流动；屏蔽室安全阻止未用电子和 X 射线泄露出扫描室；安全系统确保屏蔽室在操作过程中不受干扰；束下处理系统把产品输送到电子束下加工。电子束辐照装置见图 8-6。

图 8-6　电子束辐照装置

三、辐射灭菌的确认

医疗产品辐射灭菌应遵循 ISO 11137《医疗用品灭菌　辐射灭菌》，GB 18280 等同采用此标准。ISO 11137 标准结合了 ISO 13485/YY/T 0287《医疗器械　质量管理体系用于法规的要求》的要素。

辐射灭菌的确认应包含产品鉴定、安装鉴定（IQ）、运行鉴定（OQ）和性能鉴定

（PQ）等。

1. 产品鉴定

产品鉴定的目的是进行产品材料和包装对辐射灭菌工艺适宜性的研究，建立灭菌剂量和最大可接受剂量（最大允许剂量），并以文件形式保存。产品鉴定由医疗用品生产厂家负责实施。

（1）最大可接受剂量的建立。

因为电离辐射会导致材料的降解或交联反应，从而改变材料原有的物理、化学和生物学性能，影响产品的预期使用功能，所以必须进行产品耐辐照试验。此外，包装是维持内容物完好的保障，也应进行相应的性能测试。

产品耐辐照试验的过程为：

① 根据文献知识和经验，判断可能最大辐照剂量的范围。

② 在此范围内，以一定的剂量间隔，确定辐照剂量组别。

③ 样品分组辐照。

④ 测试：测试的项目包括外观和颜色、强度、韧度等，应根据各产品的标准确定测试项目。

⑤ 评估：根据测试结果，设定最大允许剂量。实践中为防止辐射工艺中可能出现的过度照射而导致产品报废，可下降一定的剂量值来设定最大允许剂量。

由于知识所限或新材料的出现，耐辐照试验可能会进行多次，以筛选出合适的剂量范围。表 8-15 列出了部分材料的性能。

表 8-15　塑料类聚合物性能

材料名称	熔融转变温度 T_m（℃）	热变形温度（0.46 MPa）T_d（℃）	密度（g/cm³）	辐射效应
聚乙烯（Polyethylenes）				
茂金属催化聚乙烯（mPE）	60～105	—	0.870～0.915	交联
低密度聚乙烯（LDPE）	98～115	40～44	0.917～0.932	交联
线性低密度聚乙烯（LLDPE）	122～128	55～62	0.918～0.940	交联
高密度聚乙烯（HDPE）	130～137	79～91	0.952～0.965	交联
超高分子量聚乙烯（UHMWPE）	125～135	68～82	0.940	交联
乙烯/乙烯乙酸酯共聚物（EVAs）	61～105		0.925～0.960	交联
乙烯/丙烯酸共聚物（EAAs）	94～102		0.924～0.958	交联

材料名称	熔融转变温度 T_m（℃）	热变形温度 (0.46 MPa) T_d（℃）	密度（g/cm³）	辐射效应
乙烯/甲基丙烯酸酯共聚物（EMAs）	75～102	—	0.928～0.945	交联
乙烯/己基丙烯酸酯共聚物（EEAs）	95～98	31～33	0.930～0.931	交联
乙烯/丁基丙烯酸酯共聚物（EBAs）	86～93	—	0.926～0.928	交联
乙烯/乙烯醇共聚物（EVOHs）	156～191	80～100	1.120～1.200	—
聚丙烯（Polypropylenes）				
茂金属催化聚丙烯（mPP）	149	94	0.900	断裂
均聚聚丙烯（PP）	168～175	107～121	0.900～0.910	断裂
乙烯/丙烯共聚物（EPCs）	131～164	71～115	0.890～0.910	交联/断裂
卤化烯烃聚合物（Halogenated polymers）				
未增塑聚氯乙烯（PVC-U）	75～105	57～82	1.300～1.580	交联/断裂
聚偏二氯乙烯（PVdC）	—	150	1.600～1.780	断裂
硬质透明塑料（Rigid clear plastics）				
聚苯乙烯（PS）	83～100（Tg）	78～103	1.040～1.080	稳定
聚甲基丙烯酸甲酯（PMMA）	100～105（Tg）	80～103	1.150～1.190	断裂
聚对苯二甲酸乙二醇酯（PET）	243～250	68～72	1.300～1.330	稳定
聚碳酸酯（PC）	143～150（Tg）	115～143	1.170～1.450	稳定

注：① Tg：玻璃化温度；② 摘自 Trends in Radiation Sterilization of Healthcare Products，IAEA 2008。

（2）包装性能测试。

① 用选定的最大可接受剂量，对包装进行照射。

有时产品本身为耐辐照材料，最大允许剂量较高，这种情况下以高剂量照射包装显然是不适宜的，建议医疗用品制造商与辐照工厂合作，确定实际辐照过程中达到的最大剂量，以此剂量来进行照射。也可对包装材料的物理性能进行测试，根据材料和包装形式的不同，选择相应的剂量标准。

② 测试：包装的测试主要包括封口性能测试、阻菌性能测试等。

（3）生物学性能测试。

由于辐射会引起被照射产品的分解反应，产生新的物质，因而应对辐照产品进行生物学评估。常用的评估方法为生物相容性的检测，特殊要求可根据相关标准或药典确定。

（4）灭菌剂量的设定。

灭菌剂量是到达规定的 SAL 所需的最低剂量。GB 18280-2 标准中对灭菌剂量设定的方法有 3 种，分别为方法 1、方法 2、VD_{max} 法。

方法 1 是基于产品上的菌落数来确定灭菌剂量，应用较广。方法 2 是基于产品上微生物的抗性，通过递增剂量组照射，推算出 $SAL=10^{-2}$ 时的 D_{10} 剂量，再根据灭菌要求的 SAL 值，推算出要达到此 SAL 时的剂量。此方法所需样品量大，计算烦琐，较少采用。VD_{max} 法是选定 25 kGy 或 15 kGy 作为 $SAL=10^{-6}$ 的灭菌剂量，通过试验来验证此剂量的有效性，有较广的应用范围。

对于灭菌剂量设定，可以把相同的产品系列归类为产品族，设定灭菌剂量时应选取代表性产品。代表性产品应充分考虑产品微生物负载、产品密度等。

应重点关注的是，在某个辐照装置中设定的最大剂量、灭菌剂量和验证剂量，转移到其他辐照装置实施时，必须重新评估其有效性。通常钴-60 装置之间、相同运行参数的加速器之间或相同运行参数的 X 射线装置之间是相互有效的，而在三者之间的转移必须评估剂量率和温度等对灭菌效果的影响。

2. 安装鉴定

安装鉴定是文件化验证灭菌设备和辅助设施已按规定提供并安装。安装期间发生的改动均应形成书面记录；验收可分为到供应商厂家验收和现场验收。

（1）γ 辐照装置安装鉴定内容。

① 厂房建筑平面图。

② 辐射安全设备的描述和符合性。

③ 控制系统的符合性及软件验证。

④ 辐照场的描述，包括贮源井尺寸、源架结构、放射源种类、排布、源架提升时间、源架到位率、加源方式等。

⑤ 产品通道。

⑥ 传输装置、传输速度或主控时间的符合性。

⑦ 辐照容器尺寸和材质。

⑧ 所有设备的操作规程、注意事项和维护程序。

⑨ 安装期间的改动。

⑩ 其他，如设备的校验记录等。

（2）电子束辐照装置安装鉴定内容。

① 辐照装置及其特征。

② 电子束的特点（电子的能量、平均电子流、扫描的宽度和均匀度）。

③ 平面图，包括辐照装置的位置。

④ 辐照产品与已辐照产品的隔离方法。

⑤ 相关传输系统的结构和操作说明。

⑥ 传输路径和传输速度的范围。

⑦ 辐照容器的尺寸、材料和结构的说明。

⑧ 辐照装置及其相关的传输系统的运行和维护方式的说明。

⑨ 指示电子束和传输系统正在运行的方式。

⑩ 如果传输装置发生故障而影响剂量，停止辐照的方式。

⑪ 如果电子束发生故障，停止传输装置运动的方式并识别受其影响的产品。

3. 运行鉴定

运行鉴定旨在证明辐照装置在可接受标准内运行，并证明装置有能力实施灭菌过程要求的剂量范围。在实施运行鉴定之前，所有的设备均应通过校验。运行鉴定通过剂量分布测定来实施，其实施过程为：

（1）至少选用两种均匀密度的模拟材料（可以是聚乙烯泡沫、纸板或木板）分别做剂量分布试验。密度的选择通常为接近实际产品密度范围的低限和高限。

（2）对于每种密度，至少选择 3 个辐照容器充满模拟材料，在辐照容器内以间隔 10 cm 的三维网格式布放剂量计，同时在辐照场内布满相同密度的辐照容器，以确定最低和最高吸收剂量区域，作为性能鉴定布放剂量计和设定灭菌参数的参考依据，同时可测定不同辐照容器之间的剂量差异。

（3）应确定运行中断、不同密度和未充满辐照容器（可选项）对剂量的影响。

（4）应记录辐照容器、辐照装置运行条件、被辐射的材料、剂量测量和得出结论的描述。

（5）对于 γ 辐照装置，应确定时间设定或传输装置速度和剂量间的关系。

（6）对于电子束辐照装置，应确定电子束的特征、传输装置速度和剂量间的关系。

4. 性能鉴定

性能鉴定针对特定产品或加工类别，按加工要求确定装载模式，进行剂量分布测定，确定最大、最小剂量值和位置，确定最大和最小剂量与日常监测位置剂量间的关系，确定加工参数，以持续授予产品合格的剂量。性能鉴定应由医疗用品制造商和灭菌工厂共同制定方案，确认并记录以下内容：

（1）产品包装箱的尺寸和密度、辐照容器、装载模式。

（2）辐照传输路径、辐照装置运行条件，包括产品通道、传输速度或主控时间等。

（3）最大、最小剂量以及它们的比值（即剂量分布的均匀度，DUR）。

（4）常规监控点的剂量值及与最大、最小剂量的比值。

（5）未充满辐照容器的剂量分布以及对相邻辐照容器剂量分布的影响。

（6）平行辐照容器之间的剂量差异。

四、确认的评估和辐照工艺文件的建立

对 IQ、OQ 和 PQ 的鉴定结果应进行评审，并形成灭菌工艺文件。灭菌工艺文件和合同等其他信息一起形成产品主文档。

1.γ辐照的工艺文件

（1）对包装产品的描述，包括尺寸、密度和包装中产品的位置摆放及可接受的偏差。

（2）产品包装在辐照容器中的装载模式。

（3）辐照传输路径、辐照装置运行条件。

（4）最大可接受剂量和灭菌剂量。

（5）对于支持微生物生长的产品，从制造到完成辐照之间的最大时间间隔。

（6）常规剂量计监测位置。

（7）监测位置的剂量与最大、最小剂量的关系。

（8）对于多次辐射的产品，每次辐射再定位的要求。

（9）加工类别的规定（加工类别定义为可归类一起辐照加工的产品系列，应具有类似的密度、类似的剂量或剂量倍数）。

2. 电子束辐照的工艺文件

（1）对包装产品的描述，包括尺寸、密度和包装中产品的位置摆放。

（2）产品在辐照容器中的装载模式。

（3）使用的传输路径。

（4）最大可接受剂量。

（5）灭菌剂量。

（6）对于支持微生物生长的产品，从制造到完成辐射之间的最大时间间隔。

（7）常规剂量计监测位置。

（8）监测位置的剂量与最大、最小剂量间的关系。

（9）辐照装置的操作条件和限制。

（10）对于多次辐射的产品，每次辐射再定位的要求。

五、辐射灭菌过程控制

辐射灭菌过程控制流程如图 8-7 所示。

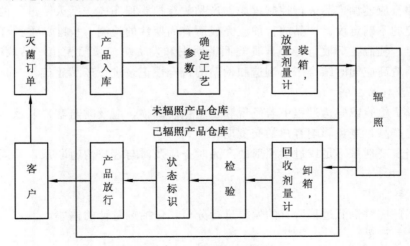

图 8-7　辐射加工流程图

1. 灭菌订单

医疗用品制造商应以文件的形式提交灭菌订单，订单上应注明产品名称、规格、批号、数量、产品包装箱尺寸和重量、灭菌剂量要求、送货时间、交货时间和其他要求。

辐照工厂接到订单后，对订单的实施能力进行评估，并及时反馈客户。同时，安排灭菌计划。

2. 产品入库

客户送货时，应附有送货单，送货单上应注明与订单类似的内容。

辐照工厂进行收货检验，核对批号、数量、尺寸、重量、包装箱的破损情况，不符之处应及时反馈客户，并粘贴辐照指示片，填写加工流转单。

3. 确定灭菌工艺参数

辐照工厂根据实际收货信息，建立灭菌工艺参数，包括灭菌时间表、主控时间或传输速度、装载模式、剂量计布放要求、灭菌批号等，并填写加工流转单，形成可追溯的记录。

4. 装载和布放剂量计

按第 3 条的要求装载和放置剂量计，并填写加工流转单。

5. 辐照

辐照期间若发生辐照中断，应及时记录并采取措施。

6. 卸箱和回收剂量计

辐照完成后按要求卸箱和回收剂量计。

7. 检验

质控人员应及时做好剂量计的检测，并对辐照中断的影响进行评估。仓管人员应做好数量的清点，检查辐照指示片是否变色以及包装箱破损情况，并填写加工流转单。

8. 状态标识

仓管人员应根据剂量检测的进度和结果，在产品堆放区及时放置"待检""合格""不合格"等标识牌。

9. 已辐照产品的放行

产品放行应遵循产品放行控制程序。产品放行控制程序应包括灭菌过程的合格标准及测量系统的不确定度。产品放行前应完成所有周期性的检测、校准、维护任务和必要的重新鉴定。辐照工厂放行时应开具辐照证明书和发货单。参照无菌产品放行的规定，医疗用品制造商应同时结合产品制造和检验的符合性记录进行产品放行。

10. 不合格品控制

（1）收货检验或搬运过程中若发现和发生包装破损，应及时与客户联系，以便更换包装或替代产品，避免影响客户的交货期。

（2）当发现剂量不足或过度照射的产品时，应及时与客户沟通联系，共同商量处置措施。

11. 偏差控制

灭菌工厂应对辐照过程所有的偏差进行分析，包括剂量计的偏差。

12. 文件记录

产品放行后或以不合格处置后，灭菌加工过程中所形成的文件，包括灭菌订单、送货单/留存单、工艺参数单、灭菌加工流转单、辐照证明留存单、发货单/留存单或不合格品的处置表单等，应形成此批灭菌产品的批记录并保存。

六、灭菌过程有效性的保持

鉴于辐射灭菌是一个特殊过程，后续的检查和产品测试均不能充分验证过程的有效性，因此必须对灭菌过程实施验证、常规监控和对设备进行维护，以保持灭菌过程持续有效。

1. 灭菌剂量有效性的保持

（1）医疗用品生产厂家应实施严格的环境控制程序，原材料、人员、设备和环境均应列入控制范围；应建立对产品微生物检测的程序，如发现产品微生物负载有异常波动，应调查原因并及时采取纠正或预防措施。

（2）剂量审核。

剂量审核是检测产品上微生物辐射抗性是否改变的有效方法。剂量审核的周期通常为3个月。只有在连续4次的剂量审核均通过、检测结果表明产品上微生物水平持续稳定、生产处于受控状态时，才可以延长剂量审核的周期，但最长不得超过1年。

如果剂量审核失败，则需要按 GB 18280-2 标准的要求增加灭菌剂量，或重新实施灭菌剂量设定，但是必须调查原因，并采取纠正或预防措施。此时剂量审核周期不得大于3个月。

2. 加工类别有效性的保持

产品族中的代表产品可用于剂量设定和剂量审核。为了保持代表产品在产品族中的代表性，应定期对产品族内所有的产品进行评审，评审周期每年至少一次，评审的内容包括产品微生物负载、产品密度、产品大小、产品的包装形式、产品的复杂程度、生产环境、原料来源和产品的变更情况等因素。若以上因素有较大改变，应考虑重新选择代表产品。

3. 设备的维护

（1）应定期对设备进行校验，并实施预防性维护。

（2）剂量检测设备应能溯源，定期与国家实验室标准进行比对，并建立剂量不确定度评估方法。

4. 设备的重新鉴定

（1）γ辐照装置的重新鉴定与放射源的补给有关。γ辐照装置变更鉴定指南如表 8-16 所示。

表 8-16　γ辐照装置变更鉴定指南

辐照装置变更	安装鉴定	运行鉴定			
	安装测试和设备文件化	设备测试	设备校准	辐照装置的剂量场测试	剂量场的测试类型
放射源的增加、移除或重新排布	√			√	达到设计限值的材料

续表

辐照装置变更	安装鉴定	运行鉴定			
	安装测试和设备文件化	设备测试	设备校准	辐照装置的剂量场测试	剂量场的测试类型
装载载体/辐照容器重新设计	✓	✓		✓	达到设计限值的材料
在辐照室内移动或重新设置传输系统	✓	✓		✓	达到设计限值的材料
移动或重新设置关键产品路径内的停止单元	✓	✓		✓	达到设计限值的材料
移动或重新设置关键产品路径外的停止单元	✓	✓			
更换源链（钢丝绳）	✓	✓			
源的驱动系统的重新设计				✓	附加剂量
产品和源之间的距离的重新设计	✓	✓		✓	达到设计限值的材料
源架系统的重新设计	✓	✓		✓	达到设计限值的材料
辐照装置周期定时器类型的变更	✓	✓	✓		
辐照装置辐射安全监测设备类型的变更	✓	✓	✓		
辐照装置贮源水井监测设备类型的变更	✓	✓	✓ 如适用		

（2）电子束装置应每年执行一次重新鉴定。电子束辐照装置变更鉴定指南如表 8-17 所示。

表 8-17　电子束辐照装置变更鉴定指南

辐照装置变更	安装鉴定	运行鉴定			
	安装测试和设备文件化	设备测试	设备校准	辐照装置的剂量场测试	剂量场的测试类型
加速器的校正	✓			✓	电子束扫描方向的扫描均匀度和电子束行进方向的深度剂量
控制或调焦磁铁系统的变更	✓			✓	电子束扫描方向的扫描均匀度和电子束行进方向的深度剂量
偏转磁铁系统的变更	✓		✓	✓	电子束扫描方向的扫描均匀度和电子束行进方向的深度剂量

续表

辐照装置变更	安装鉴定	运行鉴定			
	安装测试和设备文件化	设备测试	设备校准	辐照装置的剂量场测试	剂量场的测试类型
射束电流监测系统的变更	✓		✓	✓	产品行进方向的扫描均匀度
扫描磁铁系统的变更			✓		电子束扫描方向的扫描均匀度
传输装置速度的监测和/或控制线路的变更	✓		✓		产品行进方向的扫描均匀度过程中断测试
传输系统的发动机、传送带和传动装置的变更	✓	✓			

注：运行鉴定剂量分布测试的结果可能导致重新进行性能鉴定。

第六节 包装过程控制

无菌医疗器械的包装是一个非常重要的特殊过程，为确保无菌医疗器械产品的安全性和有效性，必须对包装过程加以严格的控制。因此，制造商应按照 GB/T 19633/ISO 11607《最终灭菌医疗器械的包装》对包装过程进行确认。

ISO 11607 标准考虑了材料范围、医疗器械、包装系统设计和灭菌方法等，规定了预期用于最终灭菌医疗器械包装系统的材料、预成形系统的基本要求。ISO 11607 标准分为两个部分。第 1 部分：材料、无菌屏障系统和包装系统要求；第 2 部分：成形、密封和装配过程的确认要求。ISO 11607 标准与欧盟 EN 868-1 标准协调后规定了所有包装材料的通用要求，而 EN 868-2 至 EN 868-10 则规定了常用包装材料的专用要求。这两类标准基本满足了欧洲医疗器械指令的基本要求。目前，ISO 11607 的两个部分标准和 EN 868 系列标准已经转化成我国医药行业标准。

一、为什么要进行包装过程控制

最终灭菌医疗器械包装的目标是对产品进行灭菌，并在其使用前提供无菌保护，以保持无菌水平。不同的无菌医疗器械产品，其具体的特性、灭菌方法、预期用途、失效日期、运输和贮存等相关因素都会对包装系统的设计和材料选择带来一定的影响。包装为产品提供了一个无菌屏障系统，是最终灭菌医疗器械产品安全的基本保证，世界上许多国家或地区把销往医疗机构用于内部灭菌的预成形无菌屏障系统也视为医疗器械。政府行政管理机构和医疗器械制造商之所以将无菌屏障系统视为医疗器械的一个附件或一个组件，正是因为充分地认识到了无菌屏障系统的重要性。

一次性使用无菌医疗器械，其质量受许多因素影响。如果内外包装材料不符合质量标准要求，以及受到生产环境因素的影响，或在运输、保管、发放过程中污染、混杂、错发、变质、损坏等，势必会直接影响产品质量。因此，与产品直接接触的初包装材料、容器等必须无毒，不得与产品发生化学作用，不得发生碎屑脱落，制造过程中不得被污染，且要适合于产品的包装、密封和灭菌过程。与产品非直接接触的外包装材料，如大号和中号包装袋、包装盒及外包装箱等，这一类包装材料必须有一定的强度，不仅要满足灭菌过程，还要适合于产品的运输、贮存和保管。

为了确保最终医疗器械产品的安全性，无菌医疗器械制造商必须对与产品直接接触的包装材料的生物相容性、预成形无菌屏障系统的完整性、初包装封口的密封性、包装形式、包装标识以及运输方法等进行确认，以保证产品在规定的有效期内和使用前保持其完整性和有效性。

无菌医疗器械产品的包装应具有以下两个基本功能：

（1）保护产品。

（2）保持产品的无菌状态。

无菌医疗器械包装材料选择、包装设计、过程验证、包装试验等活动都是围绕着这两个基本功能而展开的。进行包装验证确认是证实无菌医疗器械产品在有效期内保持其安全性和有效性的一个重要方法。

二、无菌医疗器械包装的基本要求

（一）无菌医疗器械的包装简介

1. 无菌医疗器械的包装分类

无菌医疗器械的包装一般可分为三种类型：

（1）一级包装（初包装）：直接与无菌医疗器械产品接触的包装，确保产品在使用之前是安全的，如医疗器械无菌包装。

（2）二级包装（中包装）：销售单元或使用单元采用的包装，保护一级包装在使用前的完整性，如纸盒、塑料袋。

（3）三级包装（大包装）：保护一、二级包装在物流过程中的完好无损，如瓦楞纸箱。

2. 无菌医疗器械常用的包装形式

无菌医疗器械包装的独特功能是可以随产品进行灭菌，能够阻隔细菌、微生物以保持产品的无菌状态，所以，这种包装被称为"无菌屏障系统"，而且医疗器械包装也是公认的"医疗器械组成的一部分"。目前常用的包装形式大概有以下几种：

（1）第一种形式是预成形的底盘加一个固定切制盖。

底盘通常用热成形或压成形工艺使其预成形。固定切制盖可以是透气的，也可以是不透气的。典型的结合方式是用热封剂将盖热封于底盘上。带固定切制盖的刚性底盘一般用于外形较大和较重的器械，如外科植入物和手术盒等。

底层材料：PA/PE、PP/PE、PP/PA/PE、PA/PP、EVA/Surlyn/EVA。

顶层材料：涂层/非涂层纸；涂层/非涂层 Tyvek®、易剥离薄膜（共挤 /复合）。

典型应用：适用于各种类型的医疗器械，如外科植入物、注射器、医用敷料、手术器械盒、各类医用导管等。

（2）第二种形式是软性剥开袋。

这种袋子的典型结构为一面是薄膜，另一面是薄膜、纸或非织造布。袋子常以预成形的形式供应，除了一个封口（一般是底封）外，其他所有的密封都已形成。保留的开口便于放入器械后在灭菌前进行最终封口。因这种袋子可以有不同的设计特征，其宽度、长度尺寸可以加工成各种规格，所以大量的各种不同类型的器械都采用这种袋子作为无菌屏障系统。

底层材料：PETG，APET，HIPS，PP。

顶层盖材：涂层 Tyvek®、涂层加强纸。

典型应用：适用于一般体积小和重量轻的小型医疗器械，如输液类器械、普通导管类器械、内外科用普通包类器械等。

（3）第三种形式是灭菌袋。

灭菌袋通常采用一种医用级多孔纸制成，经折叠形成一个长的卷筒状。卷筒沿其长度方向上用双线涂胶密封，然后切成所需规格，一端用一层或多层黏合剂密封，多次折叠可提高闭合强度。开口端通常有一个错边或一个拇指切口以便于打开，袋子的最终闭合在灭菌前形成。

典型应用：适用于包装一类或二类薄片式的医疗器械，或在医院进行灭菌的医用敷料。

（4）第四种形式是搭接袋。

搭接袋主要由两个不透气但相容的膜面组成，一个膜面通常有一个几厘米的缺口，将涂胶透气材料热封于缺口。透气材料可以在最后被剥开以进入袋体内部。

典型应用：适合于大型以及重型物品，如外科手术包、器械包等。

（5）第五种形式是成形、充装、密封（FFS）过程包装。

这种无菌屏障系统结构是在 FFS 过程中生产出来的，有袋子形式，也有带盖硬盘形式，还可以有一个被拉平或形成一定形状的软的底膜面。在 FFS 过程中，上、下包装型材放入 FFS 机器中，该机器对下包装型材进行成形，装入器械后盖上上包装面并密封。

典型应用：适合于大型以及重型物品，如植入类器械、起搏器、外科手术包等。

（6）第六种形式是四边密封（4SS）过程包装。

这种 4SS 是流水包装、不间断的包装过程。包装材料为网格涂层纸、纸/PE、PET/PE、PET/易撕薄膜。最常见的是使用一种旋转密封设备来形成密封。在 4SS 过程中，先把下包装材料放在 4SS 机器上，再把产品放在下包装材料上，然后上包装材料放在产品上，最后进行四边密封。

典型应用：适用于一类或二类器械，如创面敷料、医用手套等。

3. 医疗包装材料的要求

无菌屏障系统的初包装材料按用途一般分为三类：

（1）顶层材料：易剥离/不可剥离材料。

顶层材料一般采用可透气的非涂层纸/非涂层 Tyvek、可透气的涂层纸/涂层

Tyvek、非透气性涂层纸（纸/易撕膜以及纸/PE）、非透气性复合薄膜（PE/易剥离膜或 PET /PE）、非透气性共挤薄膜（易剥离膜或非易剥离膜）等（见表 8-18）。最常用的是可剥离的顶层材料，这种材料应具有以下性能：可以灭菌并且能保持产品的无菌状态；具有较为宽广的操作区间，表层密封均匀且清洁的；能够保持封口的完整性，无空白处，无缝隙；具有良好的可印刷性；能够适应高速包装生产线连续作业。

（2）底层材料：立体成型材料/平面非成型材料、易剥离/不可剥离材料。

底层材料一般采用三种材料：第一种是热吸塑型成形膜，这种材料具有以下性能：透明性较好，可成形性极佳，形状保持力极优（半硬性），物理特性极佳，转角成形良好，适合于硬质产品以及深度收缩加工。与其适应的灭菌方法为辐照和环氧乙烷灭菌。第二种是尼龙薄膜，这种材料可成形性良好，物理特性极佳，转角成形良好，形状保持力不足。与其适应的灭菌方法为辐照、环氧乙烷和蒸汽灭菌。第三种是由聚烯烃做成的膜，这种材料是供软质产品使用的一般性薄膜，如市场上销售的各种 PE 薄膜，可用于各种特殊的定制产品。与其适应的灭菌方法为辐照和环氧乙烷灭菌。

（3）袋或小袋材料：一般有通气型的和不通气型的薄膜袋，如透气袋、易撕袋、平面小袋等。

袋或小袋一般采用 PET/PE 或 PET/易剥离膜、铝箔复合膜、挤出涂层纸及复合纸等材料制作，包括透气型或不透气型的薄膜袋，薄膜以及撕裂口有多种多样的特征。如表 8-18 所示。

表 8-18　透气性的顶层材料加工性能分析

材料	热封温度范围	密封强度	物理特性
涂层 Tyvek	极佳	极佳	极佳
非涂层 Tyvek	一般	良好	极佳
涂层加强纸	极佳	极佳	良好
网格纸	良好	良好	可接受
表面处理纸	一般	一般	可接受
普通纸	一般	一般	一般

为了确保产品的无菌保证水平，无菌医疗器械生产企业必须对医用包装材料进行选择，初包装材料生产商应严格控制包装生产过程，按照 YY/T 0287/ISO 13485 标准建立质量管理体系，并通过质量体系认证。虽然不同产品都有许多相同的包装要求，如材质、内装物质、灭菌方法等，但在包装材料的选择上应考虑工厂的实际限制条件，包括现有的包装设备性能、经过验证和确认的辅助材料、包装成本费用等因素。

（二）无菌医疗器械的包装要求

1. 无菌医疗器械产品的包装

无菌医疗器械产品的包装应满足以下三个基本要求：

（1）与灭菌过程的适应性。

（2）与产品运输的适应性。

（3）在产品的货架寿命周期内能够阻隔微生物的进入。

2. 无菌医疗器械产品常用的包装与灭菌过程的适应性选择

无菌医疗器械常用的灭菌方法有以下几种：环氧乙烷（EO）；辐照（伽马射线、电子束）；蒸汽（高温湿热灭菌）。

（1）采用环氧乙烷灭菌时，因初包装中有残留气体，包装材料必须有良好的透气性能，一般采用多孔性材料。材料的耐热性应承受的介质温度为 30～70 ℃，并与其他多种材料具有良好的相容性。同时要关注过度灭菌会造成包装损坏。

环氧乙烷灭菌时通常采用的初包装材料有：透气性包装袋；强力薄膜结构封口涂层和不涂层 Tyvek®、涂层和不涂层纸；剥离式包装；一面为 Tyvek® 或纸的易剥离膜包装。

（2）辐照通常采用钴-60 为辐照源，灭菌机理主要是通过伽马射线穿透毁灭微生物的 DNA，以达到灭菌的效果。因伽马射线可以穿透多种材料，包装材料可不要求透气性。另外，辐照过程中可能会破坏包装材料性能，尤其是聚丙烯材料，还有可能会改变 PVC 类材料的外观性状，制造商在选择这种灭菌方法时应关注这些相关因素。

辐照灭菌时通常采用的包装材料有：透气和不透气的包装袋；强力薄膜结构封口涂层和不涂层 Tyvek®、涂层和不涂层纸；剥离式包装；多层箔膜包装。

（3）采用蒸汽灭菌时包装和产品的有关材料必须为多孔透析状且具备耐热、耐潮湿和耐高温特性。灭菌温度一般介于 121～134 ℃ 之间，视灭菌周期长短，最高温度可达 140 ℃。蒸汽灭菌大多数为医院或医疗诊所采用。

蒸汽灭菌时通常采用的包装材料有：PET、PP、PA 等普通网膜；多孔纸（带湿纸强度增强因子）；可使用 PVA 黏合剂（用于纸张/纸袋的典型类别）；在一定温度条件下（<127 ℃），有时可使用 Tyvek®。

三、无菌医疗器械的包装相关性能测试

（一）无菌医疗器械包装特性

无菌医疗器械包装的多样性决定了包装材料检测方法的多样化。确定无菌医疗器械包装特性主要包括以下几个方面：

（1）外观要求：应是完整的、美观的。

（2）物理性能：材料的强度、克重、黏合后的剥离强度、透气性。

（3）化学性能：pH 值、重金属。

（4）生物性能：初始污染菌、毒性试验。

（二）无菌医疗器械包装性能测试

ISO 11607-1《最终无菌医疗器材包装的要求　第一部分　材料　无菌屏障系统和包装系统的要求》附录 B 和附录 C 中列出了相关的试验项目和试验方法，涉及包装材料和无菌阻隔系统（SBS）。这些试验项目和试验方法引用了 ISO、EN、ASTM 等相关标准的要求。目前大部分试验标准已经转化成我国的国家标准或行业标准。

最终无菌医疗器械的包装性能测试大概包括以下几个项目：

1. 目力检测

目视检查医疗包装密封完整性的标准方法（ASTM F1886）：

（1）原理：提供了一个定性的目视检查方法，用于评估一个未打开的或完整的密封包装的外观，检测那些可能影响包装完整性的缺陷。

（2）适用范围：适用于至少有一面透明的软性或硬质的包装，因为一面是透明的，便于对密封区域进行检查。

（3）试验方法：距离样品 30～45 cm，目视观察整个密封区域。也可以借助放大镜进行观察，有利于分析缺陷的特点，可以更容易地观察到密封与未密封区域的差别。

2. 包装完整性测试/染色渗透

利用染料渗透法检测多孔性医疗包装密封泄漏的标准试验方法（ASTM F1929）：

（1）原理：使用染色渗透剂，在一定的时间内观测染料在包装袋体内渗透的状况。

（2）适用范围：适用于透明薄膜和多孔性的薄片形包装材料（材料通过封边预成形包装），或在 20 秒内保持染料渗透液并能阻止密封区域褪色的多孔性包装材料。

（3）试验方法：试验样品必须干燥，内外表面应清洁，在环境温度为 23 ℃、相对湿度（RH）为 50% 的条件下平衡 24 h。将染色渗透剂注入试验样品包装袋中，浸没包装袋的最长边，目视观察包装袋中的渗透剂溶液量高度约为 5 mm，使其充分接触密封边，保持时间为 5～20 s，观察染料渗透的情况。也可以借助放大镜进行观察，按照以上方法检查所有的密封边。

3. 密封抗拉强度

柔性阻隔材料的密封强度试验方法（ASTM F88）：

（1）原理：利用一个有效的测量装置测定密封部位的密封强度。

（2）适用范围：适用于两种柔性包装材料密封部位的密封测定，也可适用于柔性包装材料与硬性包装材料间密封部位的密封测定。

（3）试验方法：该试验通过拉伸测试一段密封部分来测量包装的密封强度。按照标准中给定的要求，设定材料试验设备的条件，包括位移速度、测力传感器量程，开启材料试验设备，保持材料试验设备的匀速运行，记录输出的结果数据，并观察密封区面的剥离状况，计算出平均值/最大值。在试验过程中要关注不同的夹持方式对试验结果的影响。

4. 透气性

透气性试验方法（本特生法）（ISO 5636-3）：

（1）原理：测定通过一定面积的规定压力的空气流量，评价多孔性纸张材料的空气穿透性。

（2）适用范围：多孔性材料（高密度聚乙烯合成纸）。

（3）试验方法：该试验使用空气穿透性仪器或其他类似原理和特性的仪器，将样品放在仪器顶台中央的孔上，用向下的夹具和螺母固定样品，选择适宜的孔环安装在顶台下面。不同孔径的孔环适合于不同的透气范围，测定一定面积规定压力的空气流量，评价多孔性纸张材料的空气穿透性能。

5. 微生物屏障（阻菌性）试验

多孔包装材料的微生物评级的标准试验方法（ASTM F1608）：

（1）原理：将一定浓度的微生物悬液通过被测定的多孔材料，同时用装有一定体积收集液的采样瓶收集穿透的微生物，并对其进行培养计数，评价供试材料阻隔微生物的穿透性能。

（2）适用范围：多孔性材料阻隔空气中微生物的能力。

（3）试验方法：国际上公认的方法是 ASTM-F1608，该方法对透气性材料微生物屏障进行定量分级，可根据被灭菌物品的性质进行选择。

6. 包装老化性试验

无菌医疗器械包装的加速老化试验指南（ASTM F1980 YY/T 0681.1）：

（1）原理：包装老化性试验包括实时老化试验和加速老化试验。加速老化试验反映了温度和时间的关系，促进加速老化材料或包装指通过调整时间来影响那些涉及安全和功能的重要性能。其试验目的是缩短实时老化时间，有利于了解和分析包装状况，确保产品满足安全性和功能性以及上市的要求。

（2）适用范围：适用于评价最终灭菌的包装材料及其组成成分的物理性质受时间和环境的影响状况。

（3）试验方法：加速老化后取 10 件样品，观察距离 30~45 cm，在放大镜下目视检查整个封口区域的完好性、均匀性以及有无贯通整个封口的通道。加速老化试验不可替代，也不完全等效实际寿命周期试验。在进行加速老化试验时，实时老化试验也应同步进行。

综上所述，无菌屏障系统的完好性在灭菌后可采取物理试验、多孔包装材料的微生物屏障试验等方法来证实无菌屏障系统保持无菌水平的能力。性能试验应在规定的成形和密封的极限条件下，经过灭菌后的最坏状况下的无菌屏障系统上进行。在没有适用的无菌屏障系统完好性评价试验方法时，可通过对包装材料的微生物特性评价、密封和闭合的完好性来确定包装系统的微生物屏障特性。

四、无菌医疗器械的包装设计

无菌医疗器械包装系统的设计，应结合产品的具体结构形式、性能要求、灭菌方法以及国家或地区行政法规等相关要求进行。无菌屏障系统应能进行灭菌并与所选用的灭菌方法、灭菌过程相适应；应能提供无菌保护并保持无菌屏障系统的完好性；应确保内装物在使用前或有效期内保持其无菌水平；应确保在特定的使用条件下对使用者或患者所造成的安全危害降至最低。无菌医疗器械制造商应论证，产品的最终包装在销售、贮存、处理及老化全过程中，只要包裹是未损坏或未打开的，在制造商规定的储存条件下，其包装的完整性至少可以维持至无菌医疗器械要求的贮存期限。

包装系统的设计和开发应考虑众多因素，包括但不仅限于：

（1）顾客要求。

（2）产品的质量和结构。

（3）锐边和凸出物的存在。

（4）物理和其他保护的需要。

（5）产品对特定风险的敏感性，如辐射、湿度、机械振动、静电等。

（6）每个包装系统中产品的数量。

（7）包装标签的要求。

（8）环境限制。

（9）产品有效性的限制。

（10）运输和贮存环境。

（11）灭菌适应性和残留物。

无菌医疗器械包装系统的设计开发应形成文件。设计开发过程的结果应形成记录和进行验证，并在产品放行前得到批准。包装材料、预成形无菌屏障系统或无菌屏障系统随附的信息应符合国家法规或产品进入市场必须提供的相关信息要求。

五、无菌包装过程的确认

（一）包装过程确认的范围

预成形无菌屏障系统和无菌屏障系统制造过程应得到确认。过程确认是通过获取、记录和分析所需的结果，证明某个过程能一贯持续生产出符合预先确定的技术规范要求的产品。这些过程包括安装鉴定、运行鉴定和性能鉴定。ISO 11607-2《最终无菌医疗器械的包装 第 2 部分：成形、密封和装配过程的确认要求》给出相关确认的指南，无菌医疗器械制造商可参照该标准的要求进行包装确认。

1. 安装鉴定（IQ）

安装鉴定是获取设备按其技术规范提供并安装的证据且形成文件的过程。安装鉴定过程应考虑：

（1）设备试验特点。

（2）安装条件，如布线、效用、功能等。

（3）设备安全性。

（4）设备在标称的设计参数下运行。

（5）随附的文件、印刷品、图纸和手册。

（6）配件清单。

（7）软件确认。

（8）环境条件，如洁净度、温度和湿度。

（9）形成文件的操作者的培训要求。

（10）操作手册和程序。

安装鉴定过程中应规定关键过程参数，并对关键过程参数进行控制和监视，设备报警和警示系统、正常或故障停机应在关键过程参数超出预先确定的事件中得到验证。对关键过程进行控制的监视仪器、传感器、显示器、控制器等应建立校准时间计划并经过校准后使用，校准宜在性能鉴定前和鉴定后进行。对于设备中已安装的程序逻辑控制、数据采集、检验系统等软件的应用，要进行功能试验，以验证软件、硬件，特别是界面是否有正确的功能。安装鉴定过程应经过核查，如输入正确和不正确的数据、模拟输入电压的降低，以测定数据或记录的有效性、可靠性、一致性、精确性和可追溯性。另外，应建立书面的设备维护保养计划，保持相关的维护保养记录。

2. 运行鉴定（OQ）

运行鉴定是获取安装后的设备按运行程序使用时是否在预期确定的范围内的证据并

形成文件的过程。对过程运行参数在上、下极限参数范围条件下进行所有预期生产条件的挑战性试验，以确保能够稳定地生产满足规定要求的预成形无菌屏障系统和无菌屏障系统。运行鉴定时应考虑以下质量特性：

（1）对于成形和组装：

① 完全形成/装配成无菌屏障系统。

② 产品适于装入该无菌屏障系统。

③ 满足基本的尺寸。

（2）对于密封：

① 规定密封宽度的完整密封。

② 通道或开封。

③ 穿孔或撕开。

④ 材料分层或分离。

注：密封宽度技术规范的示例见 EN 868-5 标准。

（3）对于其他闭合系统：

① 连续闭合。

② 穿孔或撕开。

③ 材料分层或分离。

3. 性能鉴定（PQ）

性能鉴定是获取安装后并按运行程序运行过的设备持续按预先确定的参数运行，能生产出符合技术规范要求的产品的证据并形成文件的过程。性能鉴定应证实该过程在规定的操作条件下能持续生产符合要求的预成形无菌屏障系统和无菌屏障系统。

（1）性能鉴定应包括：

① 实际或模拟的产品。

② 运行鉴定中确定的过程参数。

③ 产品包装要求的验证。

④ 过程控制和能力的保证。

⑤ 过程重复性和重现性。

（2）性能鉴定中对过程的挑战性试验应包括生产过程中可能发生的和预期遇到的各种状况，包括机器设置和变化程序、过程开机和再开机程序、动力故障和变化、多次传送等。挑战性试验过程应至少包括三组模拟生产运行，用适宜的抽样分析方法来证实一个运行过程中的变异性和多个运行过程间的重现性。正常情况下，一个模拟生产运行的周期应能说明过程的变化状态，这些变化包括机械平衡、间断和传送变化、正常开机和停机，以及包装材料的批间差异。

性能鉴定过程应得到控制并能持续生产出符合预定要求的产品。医疗器械制造商应建立性能鉴定过程中成形、密封和组装操作的形成文件的程序和技术规范，并监视、记录这些过程的变化情况。

（二）包装材料

包装过程确认应充分考虑所选择的包装材料的类型，这些材料类型包括但不限于：

（1）刚性和软性的泡罩成形。

（2）袋、卷或袋成形和密封。

（3）成形/充装/密封自动过程。

（4）套装组合和包裹。

（5）盘/盖密封。

（6）重复性使用容器的充装和闭合。

（7）灭菌纸片的折叠和包裹。

（三）包装过程确认

包装过程确认应依次进行安装鉴定、运行鉴定、性能鉴定。

现有产品的确认可利用以前的安装和运行鉴定数据，这些数据可用于确定关键参数的公差。过程确认时要关注不同规格预成形无菌屏障系统之间所具有的相似性，当确认相似的预成形无菌屏障系统和无菌屏障系统的制造过程时，对需要确认的相似性和最坏情况构型的说明应形成文件，至少应使最坏情况构型按 ISO 11607-2 标准进行。另外，过程开发不作为过程确认的部分，但可认为是成形和密封的一个组成部分，详见 ISO 11607-2 标准附录 A。

六、包装过程确认方案的编写示例

无菌医疗器械包装是一个特殊过程，制造商应策划包装过程确认活动，形成验证确认计划，组织相关人员编写验证方案。本示例为包装验证确认方案的编写提供了参考提纲。

包装验证确认方案编写参考性提纲

一、前言（描述包装验证确认基本概况）

1. 无菌医疗器械包装的两个基本功能

（1）保护产品。

（2）保持产品的无菌状态。

为确保实现这两大功能，使无菌医疗器械产品安全有效，必须进行包装验证确认，这是唯一的方法。

2. 包装验证确认的内容

（1）包装材料的选择。

（2）包装成形和密封过程的开发和验证（参考标准 EN 868、ISO 11607 等）。

二、包装材料的选择

1. 通用要求

无菌医疗器械包装生产者和无菌医疗器械制造者应采用共同约定的方法评价包装材料的下列特性：

（1）微生物屏障。

（2）材料毒性。

（3）物理和化学特性。

（4）与材料所用的灭菌过程的适应性。

（5）与成形和密封过程的适应性。

（6）包装材料灭菌前和灭菌后的贮存寿命。

2. 确认要求

（1）物理特性：外观、克重、厚度、透气性、耐水性、撕裂强度等。

（2）化学特性：薄膜的溶出物指标、pH 值、氯含量、硫含量等。

三、包装材料的评价项目

1. 包装材料与内装无菌医疗器械产品的适应性评价

（1）物理相容性：包装空间、是否有锐边、保护特性等。

（2）化学相容性：包装材料和医疗器械的化学指标的测定，如溶出物指标是否符合标准要求。

（3）生物相容性：包装材料和医疗器械的生物性能的试验，如细胞毒性、致敏、急性全身毒性、皮内刺激、溶血、热原等。

2. 包装材料的微生物屏障特性

（1）确认内容：对成形后的薄膜和纸进行微生物屏障特性试验。

（2）确认方法：评价薄膜的不渗透性，参照 ISO 11607 标准附录 C《染色渗透试验》。

3. 包装材料与灭菌过程的相适应性

（1）确认内容：

① 包装材料对空气或灭菌剂的良好穿透性。

② 在整个灭菌过程中，包装材料的物理特性应不受到有害影响。

③ 包装材料灭菌后易于释放出灭菌剂（适用于环氧乙烷灭菌）。

（2）确认方法：

① 产品初始污染菌的测定和无菌试验。

② 经一次或多次灭菌后，评价包装材料的物理特性。

③ 灭菌剂（如环氧乙烷）残留量的测定。

4. 包装材料与标签系统的相适应性

（1）确认内容：对灭菌后的产品及包装材料进行物理、化学及生物性能试验，以确认标签系统不会对包装材料及相应的灭菌过程产生不利影响。

（2）确认方法：对灭菌产品在灭菌后及搬运后的标签系统进行外观、粘贴性的检查。

5. 包装材料与贮存运输过程的相适应性

（1）确认内容：对灭菌后的包装产品进行模拟运输试验及贮存条件试验，确认包装材料的物理性能（如外观、透气性、耐水性、撕裂强度等）是否符合标准的要求。

（2）确认方法：

① 模拟装卸（装货、卸货、振动、冲击）。

② 评估产品/包装在封包后所承受的不同运输方法（公路、铁路、海运、空运以及快递配送等）对产品/包装所产生的动态挤压和冲击的危害。

③ 评估集装箱的强度能否经受配送过程中的挤压负载和垂直堆码共振所产生的

危害。

④ 评估包装后的产品从不同的高度自由落体过程中的耐冲击性能。

⑤ 评估不同的贮存环境条件（温度、湿度等）对产品的影响。

四、包装成形和密封过程的开发验证

1. 设备鉴定

（1）目的：确认设备（如热封机）是否能满足过程开发的要求。

（2）鉴定内容：

① 设备安装、调试及成形/密封系统的检测。

② 设备监测关键参数的确认。

③ 形成文件的防护计划和清洁程序的制定。

④ 操作人员的培训。

⑤ 相关监测仪器仪表（如温度、压力、时间等）校准规程的制定，并进行校准。

（3）过程设计步骤：

① 对材料特性进行评价，确认影响成形、密封过程的关键性设备参数（如温度、压力和时间）。

② 设置其中两个以上参数（如压力、时间）为常量、另一参数（如温度）为变量进行验证，重复三次且具有重现性。

③ 进行包装失败分析，记录热封试验得出的热封成功的温度范围和热封失败的临界温度，观察热封后的包装外观，获取热封过程条件。

2. 运行鉴定

（1）目的：对过程设计所获取的热封过程条件进行验证，以确保过程条件的完整性。

（2）步骤：

① 在过程的极限条件下进行试生产：

a. 在过程的上下限及中心值（如温度上下限及中心值）三个条件下进行包装热密封的试生产。

b. 根据产品批量的大小及 GB 2828 标准的抽样方案和检查水平确定每种条件的样品数量。

c. 必要时应在过程的临界上下限（导致不合格的限值）进行试生产。

② 对每种条件下的包装进行物理性能试验，验证过程是否合格。

③ 对灭菌后的包装进行以下物理性能试验：

a. 外观。

b. 渗漏试验。

c. 剥离强度试验。

d. 爆破压力试验。

④ 抽样方案：按 GB 2828 标准确定抽样检查方案。

⑤ 试验标准：视不同的包装材料和包装形式情况确定，必要时在包装老化后进行上述试验。

3. 性能鉴定

（1）目的：在经验证的过程条件下对多个生产运转过程进行鉴定，以证实过程的有效性和稳定性。

（2）方法：

① 制定性能鉴定实施计划书。

② 按照过程鉴定验证通过的过程热封条件进行1～2批产品的热封包装试生产。

③ 生产部门应对过程的稳定性进行监控，确认有无异常情况发生。

④ 灭菌后按照过程鉴定的包装性能测试项目要求进行抽样检测，以确认能否通过性能鉴定。

五、包装验证的实施

包装验证实施过程中应对每一验证项目制订详细的验证计划，保存包装验证过程的记录，并完成包装验证报告。包装验证过程应明确相关的职责和要求，人员要经过培训合格。实施的责任部门一般为：

① 包装材料选择——技术部、采购部。

② 设备鉴定——设备部、生产部。

③ 过程鉴定——技术部、生产部。

④ 性能鉴定——质量部、技术部。

第七节　无菌医疗器械产品留样管理

我国《医疗器械生产质量管理规范》中规定："企业应当根据产品和工艺特点制定留样管理规定，按规定进行留样，并保持留样观察记录。"产品留样指生产企业按照规定保存的、用于质量追溯或调查以及产品性能研究的物料、产品样品。产品留样有助于在医疗器械产品质量追溯和不良事件调查中查找问题根源、明晰事故责任，也可为确认或修改产品技术指标提供数据支持。

一、留样目的

生产企业应当根据产品特性、工艺特点、临床应用等，明确产品留样的目的。留样目的不同，留样量及观察项目也将不同。常见的留样目的有以下几种：

1. 用于医疗器械产品质量追溯

生产企业可根据产品常见质量问题、临床使用风险以及产品特点明确可追溯项目，如无菌性能、物理性能。

2. 用于医疗器械产品原材料质量追溯

对产品质量有关键影响的原材料，生产企业可将原材料留样，用于成品质量部分性能指标追溯或原材料质量追溯。

3. 用于稳定性研究

生产企业开发新产品、新工艺或变更产品有效期等指标时，产品留样可用于考察产品稳定性。

二、留样样品

通常情况下应选取成品留样。考虑部分医疗器械产品成本、产量等因素，生产企业可结合留样目的、留样检查项目等因素，采取其他留样方式，如原材料留样、产品替代物留样等。留样样品应能够代表被取样批次的产品。生产企业应明确留样样品的规格型号。

（1）采取成品留样的，必须是经检验合格的产品。应当从已经完成全部生产工序的成品批次中随机抽取。留样的包装形式应当与产品上市销售的单包装形式相同。

（2）采取原材料留样的，应当将对产品质量有重要影响的原材料留样。原材料应能够反映成品的部分可追溯性能指标。

（3）采取产品替代物留样的，应考虑原材料、生产工艺、生产环境以及灭菌工艺、产品或部件结构等因素。产品替代物的形式可以为典型组件、残次品、样块等。

三、留样室（区）

生产企业应当有相对独立的、足够的留样室（区）用以存放留样样品。留样样品的保存条件应当与相应成品、半成品、原材料规定的存放条件一致。留样室（区）内面积应当与生产品种及生产规模相适应。

留样室（区）应配备满足产品质量特性要求的环境监测设备，定期进行监测，并保存环境监测记录。

四、留样比例或数量

生产企业应根据留样目的、检测项目以及留样样品的不同，明确具体留样样品的留样比例或数量。留样比例或数量由生产企业自行确定，但应当满足以下要求：

（1）至少能支持一次质量可追溯检测。

（2）对于无菌产品，每个生产批或灭菌批均应留样。

（3）对于因新产品、新工艺或变更产品有效期等指标留样的，应单独计算留样量，不得影响质量追溯检测。

五、留样检验或观察

企业应根据留样管理制度，定期进行留样检验或观察，并保留留样观察记录。

1. 应当根据留样目的，明确留样检验或观察的频次或周期

（1）留样观察时间不短于产品的有效期。

（2）对于用于稳定性研究的留样，可适当延长留样观察时间和（或）增加观察频次。

（3）留样原材料的，应考虑生产批次因素，留样观察时间应确保满足使用该批次原材料的最后一批产品的可追溯性要求。

（4）如果不影响留样的包装完整性，保存期间内至少每年对留样进行一次目测

观察。

2. 留样检验或观察项目

应明确留样检验或观察的项目、检测方法及判定标准，并具备相应的检验能力。留样期内的检验或观察项目可与留样期满的检验或观察项目有所不同。

3. 留样记录

应建立留样品台账，保存留样观察记录或留样检验记录，并形成留样检验报告。留样观察或检验记录应注明留样批号、观察日期、观察人、观察结果等内容。留样检验报告应注明留样批号、有效期、检验日期、检验人、检验结论等内容。

4. 留样情况汇总

体外诊断试剂产品，留样期满后应对留样检验报告进行汇总、分析并归档。其他类产品也可参照执行，以评价产品质量，考察产品质量的稳定性。

5. 特殊项目的处理

在留样检验或观察过程中发现检测项目不合格时，应依据相关制度进行处理并查找和分析不合格原因。如果该批次产品都将出现类似不合格的，应依据不合格品或退货、召回等相关制度处理。

6. 留样样品的处理

对于留样期满后，留样检验剩余的样品，应按照相关制度予以处理，防止留样样品的非预期使用。

无菌医疗器械的留样对于产品的生产、销售和使用都是一个非常重要的环节，便于产品质量追溯或调查、不良事件的调查等。当发生产品质量纠纷时，可以对留样的产品进行检测，了解产品历史质量情况，以便于质量纠纷的处理。也可以在规定的条件下和规定的期限（有效期）内对产品进行有效性的验证，为改变工艺路线、合理规定使用期限提供科学依据。为此，无菌医疗器械的生产企业应做好产品的留样管理工作。

（张同成　郭新海　刘振健　王春雷　顾铖　张华青　吴珂）

参考文献

[1] 张同成，殷秋华，米志苏，等. 医疗用品辐照灭菌的效应研究 [J]. 苏州医学院学报，1988，8（1）：40—42，45，86.

[2] 张同成，滕维芳. 生物指示剂与无菌试验在辐照灭菌中的应用 [J]. 上海预防医学，1993，5（8）：16.

[3] 米志苏，张同成，代金贤，等. 一次性医疗用品最低辐照灭菌剂量研究 [J]. 中国公共卫生学报，1996，15（5）：317.

[4] 林琴，张同成，刘清芳，等. 宠物饲料辐照保鲜技术的研究 [J]. 苏州大学学报（医学版）. 2002，22（1）：38—39.

[5] 张同成，钟宏良，刘清芳，等. 医疗产品辐照灭菌剂量设定的研究 [J]. 辐射研究与辐射工艺学报，2002，20（2）：103—107.

[6] 张同成，钟宏良，王春雷，等. 采用初始污染菌法设定医用敷料辐射灭菌剂量

[J]. 中国消毒学杂志，2002，19（2）：69—72.

[7] 国家食品药品监督管理局广州医疗器械质量监督检验中心，杭州电达消毒设备厂，国家食品药品监督管理局济南医疗器械质量监督检验中心，山东新华医疗器械股份有限公司. GB 18279—2000 医疗器械 环氧乙烷灭菌确认和常规控制 [S]. 北京：中国标准出版社，2000.

[8] 山东省医疗器械产品质量检验中心，广东省医疗器械监督检验所. YY/T 0681.1—2009 无菌医疗器械包装试验方法 第1部分：加速老化试验指南 [S]. 北京：中国标准出版社，2009.

[9] 扬子石油化工有限公司和上海石油化工有限公司. GB/T 13098—2006 工业用环氧乙烷 [S]. 北京：中国标准出版社，2006.

[10] 南京特种气体厂有限公司，光明化工研究设计院，天津联博化工股份有限公司，西南化工研究设计院. GB/T 6052—2011 工业液体二氧化碳 [S]. 北京：中国标准出版社，2011.

[11] 国家食品药品监督管理局广州医疗器械质量监督检验中心，洁定贸易（上海）有限公司，山东新华医疗器械股份有限公司，连云港千樱医疗设备有限公司. GB 8599—2008 大型蒸汽灭菌器技术要求——自动控制型 [S]. 北京：中国标准出版社，2008.

[12] 国家食品药品监督管理局广州医疗器械质量监督检验中心，连云港千樱医疗设备有限公司，上海华线医用核子仪器有限公司. YY 0731—2009 大型蒸汽灭菌器——手动控制型 [S]. 北京：中国标准出版社，2009.

[13] 连云港千樱医疗设备有限公司，国家食品药品监督管理局广州医疗器械质量监督检验中心，山东新华医疗器械股份有限公司，北京麦迪锦诚医疗器械有限责任公司. YY 0646—2008 小型蒸汽灭菌器——自动控制型 [S]. 北京：中国标准出版社，2008.

[14] 国家食品药品监督管理局广州医疗器械质量监督检验中心，上海华线医用核子仪器有限公司，连云港千樱医疗设备有限公司. YY 1007—2010 立式压力蒸汽灭菌器 [S]. 北京：中国标准出版社，2010.

[15] 国家食品药品监督管理局广州医疗器械质量监督检验中心，山东新华医疗器械股份有限公司，江苏华菱集团医疗设备制造有限公司. GB 18278—2000 医疗保健产品灭菌 确认和常规控制要求 工业湿热灭菌 [S]. 北京：中国标准出版社，2000.

[16] 核工业第二研究设计院，国家环境保护部核与辐射安全中心，核工业标准化研究所，中国同位素与辐射行业协会辐射加工专业委员会. GB 17568—2008 γ 辐照装置设计建造和使用规范 [S]. 北京：中国标准出版社，2008.

[17] 北京市射线应用研究中心，华西医科大学. GB 18280—2000 医疗保健产品灭菌 确认和常规控制要求 辐照灭菌 [S]. 北京：中国标准出版社，2010.

第九章

工艺用水、工艺用气

第一节 工艺用水基础知识

一、工艺用水的定义

工艺用水是医疗器械产品实现过程中使用或接触的水的总称，以饮用水为原水，主要包括采用一定工艺制得的纯化水、注射用水和灭菌注射用水，还包括体外诊断试剂用纯化水、血液透析及相关治疗用水、分析实验室用水等。

工艺用水的制备、检测、储存、输送等过程不仅影响工艺用水的质量，也直接或间接地影响医疗器械的产品质量。医疗器械生产过程中使用的工艺用水由于产品本身特性及生产工艺的不同而具有一些自身的特点。

纯化水为饮用水经蒸馏法、离子交换法、反渗透法或其他适宜方法制得的水，不含任何添加剂，其质量应符合《中国药典》对纯化水的规定。

注射用水为纯化水经蒸馏、超滤或其他方法制得的水，其质量应符合《中国药典》对注射用水的规定。

灭菌注射用水为注射用水按照注射剂生产工艺制备所得，其质量应符合《中国药典》对灭菌注射用水的规定。

体外诊断试剂生产用的纯化水应满足标准 YY/T 1244《体外诊断试剂用纯化水》的规定。

用于血液透析的水应满足标准 YY 0572—2015《血液透析及相关治疗用水》的规定。

分析实验室用水应满足标准 GB/T 6682—2008《分析实验室用水规格和试验方法》的规定。

2015 版《中国药典》中纯化水和注射用水的主要区别如表 9-1 所示。

表 9-1　纯化水和注射用水的主要区别

项　目	纯化水	注射用水
微生物	＜100 CFU/mL	＜10 CFU/100 mL
细菌内毒素	—	＜0.25 EU/mL
生产方法	饮用水经蒸馏、离子交换、反渗透或其他适当的方法	纯化水经蒸馏、超滤或其他适当的方法
使用保存	不超过 24 小时或循环	制备后 12 小时内使用 或＞80 ℃保温 或 70 ℃循环保温 或＜4 ℃存放

另外，医疗器械在使用分析实验室用水时，可按《分析实验室用水规格和试验方法》（GB/T 6682）管理。分析实验室用水分为三级，其规格如表 9-2 所示。一级水用于有严格要求的分析实验，包括对颗粒有要求的试验，如高效液相色谱分析用水；二级水用于无机痕量分析试验，如原子吸收光谱分析用水；三级水用于一般化学分析试验。

表 9-2　分析实验室用水规格

指标名称	一级	二级	三级
pH 值（25 ℃）	—	—	5.0～7.5
电导率（25 ℃）（mS/m）	≤0.01	≤0.10	≤0.50
可氧化物质含量（以 O 计）（mg/L）	—	≤0.08	≤0.40
吸光度（254 nm，1 cm 光程）	≤0.001	≤0.01	—
蒸发残渣（105 ℃±2 ℃）含量（mg/L）	—	≤1.0	≤2.0
可溶性硅（以二氧化硅计）含量（mg/L）	≤0.01	≤0.02	—

注：① 由于在一级水、二级水的纯度下难以测定其真实的 pH 值，因此对一级水、二级水的 pH 值范围不做规定。

② 由于在一级水的纯度下难以测定可氧化物和蒸发残渣，因此对其限定不做规定，可用其他条件和制备方法来保证一级水的质量。

二、工艺用水的用途

根据医疗器械生产管理的相关法规要求，工艺用水主要适用于无菌医疗器械、植入性医疗器械、体外诊断试剂产品生产过程中的产品清洗、配制、洁净服清洗、工位器具清洗、环境清洗等环节，以及作为检测试剂制备的底液等。

（一）工艺用水的主要用途

（1）纯化水：主要用于零部件的清洗、生产工艺用冷却水、洁净区（室）工位器具清洗、洁净区（室）工作台面清洗、洗手、洁净工作服清洗、消毒液配制、部分内包装容器清洗以及作为工艺配料用水等。

（2）体外诊断试剂用纯化水：主要用于体外诊断试剂生产、实验室试剂配制、仪器及器械清洗等。

（3）注射用水：主要用于与药液直接接触的零配件的末道清洗、产品配料用水、储水器清洗、部分内包装容器清洗、无菌工作服清洗等。

（4）灭菌注射用水：主要用于配料用水。

（5）透析用水：主要用于透析液的制备、透析器的再处理、透析浓缩液的制备和在线置换液的制备。

（6）分析实验室用水：主要用于实验室一般试剂配制、仪器及器械清洗等。

（二）工艺用水使用的其他要求

水质污染会给医疗器械生产环境及产品带来影响。如工位器具、洁净工作服使用了不符合标准的水清洗，势必会增加自身的菌落数，污染医疗器械生产环境。

《医疗器械生产质量管理规范》规定：对于直接或间接接触心血管系统、淋巴系统或脑脊髓液或药液的无菌医疗器械，若水是最终产品的组成成分，应使用符合《中国药典》要求的注射用水；若用于末道清洗，应使用符合《中国药典》要求的注射用水或用超滤等其他方法产生的同等要求的注射用水；与人体组织、骨腔或自然腔体接触的无菌医疗器械，末道清洗用水应使用符合《中国药典》要求的纯化水。

《无菌医疗器具生产管理规范》（YY 0033）规定：设备和工装上与产品直接接触的部位及工作台面、工位器具应定期清洗、消毒，保持清洁。洁净区（室）内的工位器具应在洁净区（室）内用纯化水进行清洗、消毒。

（1）最终包装容器包装的医疗器械若直接与血液或药液接触，或是植入人体的无菌医疗器械，则此包装容器的末道清洗应用注射用水。用何种工艺用水清洗工位器具和洁净工作服，总的原则是要与物品所处的洁净区（室）的洁净级别相匹配，分别清洗，不得对所接触零配件造成污染。

（2）洁净工作服的末道清洗要使用纯化水，无菌工作服的末道清洗应使用注射用水。工位器具的清洗用水要视洁净级别和接触部件的用途而定，但末道清洗至少要使用纯化水。在预装末道清洗用注射用水的部件时，末道清洗应使用注射用水。

（3）对于无菌植入性器械，若水是最终产品的组成部分，应用注射用水。

（4）制造商外协或采购半成品、零部件和内包装材料（吸塑盒）时，应识别半成品、零部件和内包装材料的供应状态，确定是否需要采用工艺用水清洗。

（5）无菌医疗器械过程检验中，如涉及使用工艺用水进行测漏，应针对产品的特性和用途，使用相应的工艺用水。

（6）有些产品因材质特殊而不能使用工艺用水，如可吸收缝合线、吸收性止血材料等。这些产品均具有遇水则溶的特点，可采用有机物质，如使用酒精代替工艺用水进行清洗。

医疗器械制造商应严格按照《医疗器械生产质量管理规范》《无菌医疗器具生产管理规范》（YY 0033）规定的要求，做好工艺用水的辅助使用工作。以洁净工作服清洗为例，可以直接使用纯化水对洁净工作服进行清洗，也可先使用饮用水对洁净工作服进行清洗，再用纯化水进行漂洗。对此，医疗器械制造商应结合自身实际情况制订清洗作业指导书。

三、工艺用水的制备方法

（一）纯化水的制备方法

纯化水制备的原水应采用符合 GB 5749《生活饮用水卫生标准》的生活饮用水，使用合适的单元操作或组合操作的方法制备，如过滤、离子交换、反渗透、去离子等方法。

对管道直接供应的饮用水，应定期向供水方索取水质检测报告，应符合 GB 5749 要求。对于二次供水，还应该做到：① 保持水箱周围环境清洁；② 水箱和管道材质不得对水质造成影响；③ 定期对饮用水进行检查。

制备纯化水的一般步骤：去除悬浮的固体（包括降低浊度）、微生物控制、去除微生物抑制剂、去除溶解的和悬浮的有机无机杂质、去除溶解的气体、去除微生物（包括细菌、热原和内毒素）等。

1. 过滤

利用不同直径的介质过滤饮用水中的大颗粒、悬浮物、胶体和泥沙等；利用活性炭去除水中的游离氯、色度、微生物、有机物和部分重金属等；利用膜孔径的大小去除水中的微生物、热原等。

不同过滤方法的特点：

（1）多介质过滤器：① 通过不同直径的介质过滤除去原水中的大颗粒、悬浮物、胶体及泥沙；② 常用的介质：无烟煤、石英砂、树脂、陶瓷、活性炭等；③ 判断过滤效果的参数：浊度或污染指数（一般浊度<1 NTU；污染指数<5）；④ 定期反洗。

（2）活性炭过滤器：① 去除水中的游离氯、色度、微生物、有机物以及重金属等有害物质；② 过滤介质通常是由颗粒活性炭（如椰壳、褐煤或无烟煤）构成的固定层；③ 判断过滤效果：余氯和强氧化剂量≤0.1 ppm；④ 定期反洗、消毒；⑤ 可以采用加药（亚硫酸氢钠）方式替代活性炭，去除水中的余氯等有害物质。

（3）膜过滤：① 微滤、纳滤、超滤三个级别；② 可以作为反渗透的前处理，去除水中的有机物、细菌以及病毒和热原等；③ 可以作为特殊要求使用点的过滤装置。

2. 离子交换法

离子交换法（混合床）是指水依次通过装有氢型阳离子交换树脂的阳床和装有氢氧型阴离子交换树脂的阴床的系统，用以除去水中的阴、阳离子。

离子交换法的特点：① 设计和维护比较简单，投资费用较低，不受进水流速变化的影响；② 可以去除溶解的气体，包括氨和二氧化碳等；③ 介质为树脂，主要是钠型阳离子树脂，用钠离子交换出钙、镁离子，降低水的硬度；④ 效果判断：出水硬度一般<1.5 ppm；⑤ 离子交换树脂需要用8％～10％氯化钠溶液进行再生。

离子交换技术需要的附属装置较多，包括中间储罐、再生装置、消毒装置等；再生程序复杂，操作费用较高，对环境有污染；非连续再生，水质没有保证；缺乏对微生物的控制，目前在医药行业中用得较少。

3. 电渗析法

电渗析法利用电流的作业，使溶液中的带电溶质粒子（如离子）通过膜而迁移脱盐。

由于水中都有一定量的盐分，而组成这些盐的阴、阳离子在直流电场的作用下会分别向相反方向的电极移动。由于离子交换膜具有选择透过性，即阳离子交换膜只允许阳离子自由通过，阴离子交换膜只允许阴离子自由通过。如果在一个电渗析器中插入阴、阳离子交换膜各一个，这样在两个膜的中间隔室中，盐的浓度就会因为离子的定向迁移而降低，而靠近电极的两个隔室则分别为阴、阳离子的浓缩室，最后在中间的淡化室内达到脱盐的目的。

电渗析法的特点：① 不需要消耗化学药品；② 设备简单，操作方便；③ 膜不需要再生。

电渗析法在制水过程中原水排放量大，水源消耗多。制备淡水时多使用电渗析法，制备纯化水时一般将电渗析法和其他单元操作方法一起使用。

4. 反渗透（PO）法

反渗透法是采用从水中去除溶解的有机物和无机物的半渗透膜的一种加压方法，主要任务是脱盐。

反渗透是压力驱动工艺，利用半渗透膜去除水中溶解盐类，同时去除一些有机大分子、前阶段没有去除的小颗粒等。半渗透膜可以渗透水，不可以渗透其他物质，如很多的盐、酸、沉淀、胶体、细菌和内毒素。

水的反渗透处理的基本原理：纯化水和盐水被理想半透膜隔开，理想半透膜只允许水通过而阻止盐通过，此时膜纯化水侧的水会自发地通过半透膜流入盐水一侧，这种现象称为渗透。若在膜的盐水侧施加压力，那么水的自发流动将受到抑制而减慢。当施加的压力达到某一数值时，水通过膜的净流量等于零，这个压力称为渗透压力。当施加在膜盐水侧的压力大于渗透压力时，水的流向就会逆转，此时，盐水中的水将流入纯化水侧，从而生产出大量的纯化水。

通常情况下，反渗透膜单根膜脱盐率可大于 99.5%。一般经过反渗透膜过滤后的纯化水，电导率能达 $5\ \mu S/cm$；如果采用二级反渗透，水电导率能小于 $1\ \mu S/cm$。

反渗透法的特点：① 温度为 $5\sim28\ ℃$；② pH 值为 $4\sim11$；③ 余氯$\leqslant0.1$ ppm；④ 硬度<2 ppm；⑤ 有效去除和减少化学残留，浊度<1 NTU，或污染指数<5；⑥ 比离子交换法更好地控制微生物，可以去除多种污染物，包括离子型与非离子型的，如细菌、内毒素和可溶性有机物等。

反渗透膜不能完全去除水中的污染物，甚至不能去除极小分子量的溶解有机物；由于不重复利用，水量消耗大；能量消耗比离子交换大，低于蒸馏；对溶解的气体不能去除，比如二氧化碳和氨。

5. 电去离子（EDI）法

电去离子法是将电渗析和离子交换相结合的除盐工艺，取两者之长，可利用离子交换的深度处理，又不用药剂进行再生，可以连续生产高纯水（$1\sim18\ M\Omega$）。

EDI 技术是一种离子交换膜技术和离子电迁移技术相结合的纯化水制备技术。它利用两端电极高压使水中带电离子移动，并配合离子交换树脂及选择性树脂膜以加速离子移动，从而达到纯化水的目的。

在 EDI 脱盐过程中，离子在电场作用下通过离子交换膜被清除，同时水分子在电场作用下产生氢离子和氢氧根离子，这些离子对离子交换树脂进行连续再生，使离子交换树脂保持最佳状态。

电去离子法的特点：① 可以提供电导率很低的水；② 无须化学处理和与其相关的消耗；③ 无须外部维护，如再生、管理的消耗等；④ 去除电离物质，包括弱电离，如二氧化碳、氨和一些电离的有机物。

EDI 技术对进水的水质有严格要求，而且每个供应商的设计不同、型号不通用，需要紫外线照射或过滤进一步除去微生物，化学冲洗过程需要几个小时才能达到低电导率和低 TOC（总有机碳），且需要连续运行。

（二）注射用水的制备方法

注射用水的制备应以纯化水为原水，并采用蒸馏或反渗透的方法制备。

1. 蒸馏法

蒸馏是通过气液相变法和分离法来对原水进行化学和微生物纯化的工艺过程。水被蒸发后产生水蒸气从水中分离出来，未蒸发的水则溶解固体、不挥发物质和高分子物质。但在蒸馏过程中，低分子杂质可能以水雾的形式被夹带在水蒸气中，需要增加一个分离装置来分离去除细小的水雾及夹带的杂质，包括内毒素。蒸馏的方法可以减少99.99％的内毒素。

制备注射用水常用的蒸馏方法有单效蒸馏、多效蒸馏和热压式蒸馏。

2. 超滤法

《医疗器械生产质量管理规范　无菌（植入）医疗器械现场检查指导原则》规定的注射用水生产方法除符合《中国药典》要求的蒸馏法外，还可以用超滤等方法生产同等要求的注射用水。《美国药典》规定生产注射用水的方法是蒸馏法和反渗透法。

超滤是一种加压膜分离技术，通过膜表面的微孔结构对物质进行选择性分离。即在一定的压力下，使小分子溶质和溶剂穿过一定孔径的特制的薄膜，而使大分子溶质不能透过，留在膜的一边，从而实现纯化。超滤法能除去水中的有机物、细菌、病毒、热原等。

超滤不能完全去除水中的污染物，一般可用作反渗透的前处理。反渗透脱盐效果好，但过滤也不完全，一般采用至少两组，同时使用配套措施：紫外灯杀菌、精密过滤、用热交换器把水加热到 75～80 ℃，以便将微生物污染降到最低。

四、工艺用水的制备流程及储存

（一）制备流程

纯化水常见的制备流程有四种，如表 9-3 所示。

表 9-3　获得纯化水的不同的制备流程

制备方法	A	B	C	D
工艺流程	饮用水 ↓ 预处理 ↓ 一级反渗透 ↓ 二级反渗透 ↓ 储罐 ↓ 紫外杀菌 ↓ 精滤 ↓ 纯化水	饮用水 ↓ 预处理 ↓ 一级反渗透 ↓ EDI ↓ 储罐 ↓ 紫外杀菌 ↓ 精滤 ↓ 纯化水	饮用水 ↓ 预处理 ↓ 双级反渗透 ↓ EDI ↓ 储罐 ↓ 紫外杀菌 ↓ 精滤 ↓ 纯化水	饮用水 ↓ 预处理 ↓ 膜过滤 ↓ RO 或 EDI ↓ 储罐 ↓ 紫外杀菌 ↓ 精滤 ↓ 纯化水

其中，预处理是通过物理方法（如澄清、沙滤、活性炭）、化学方法（如加药杀菌、混凝、络合、离子交换）、电化学方法（如电凝聚）去除原水中的悬浮物、胶体、微生物，并降低原水中过高的浊度和硬度。脱盐过程典型的处理方法为反渗透、膜过滤、EDI 等；该过程结束后即可制得纯化水。后处理过程典型的方法包括紫外灯杀菌和过滤除菌等。

注射用水的制备方法有蒸馏和超滤、反渗透。可以从纯化水开始，纯化水经过蒸馏，可以得到注射用水；也可以采用超滤、反渗透的方法制得同等质量的符合《中国药典》要求的注射用水。

（二）储存要求

水的储存和分配系统不具备处理能力，为防止微生物滋生和避免二次污染，对管道和储罐的材质、焊接以及管道处理方法等都有一定的要求，对工艺用水的储罐和管道要求定期清洗和消毒。

纯化水储存时间不应大于 24 小时，如超过 24 小时应复检或循环。无菌医疗器械生产企业应对纯化水制备后存储的相关要求进行验证并确认，并提供验证确认报告。

注射用水必须贮存在无毒、无腐蚀的不锈钢（或耐腐蚀搪瓷、玻璃）密闭容器中，不能存放在塑料容器中［若将不锈钢对注射用水的污染程度当作 1，则 PVC（Polyvinylchloride，聚氯乙烯）的污染程度就为 7.6］。注射用水应在制备后的 12 小时内使用。如贮存时间需要超过 12 小时，则必须在 80 ℃以上保温、70 ℃以上循环保温、4 ℃以下存放，或用其他适宜方法无菌贮存在优质不锈钢贮槽中，贮槽必须密闭，排气口应有无菌过滤装置。

五、制水设备管理要求

（一）制水设备的材质要求

工艺用水的贮罐、管件、管道应选用符合医疗卫生标准的无毒、耐腐蚀材料。一般来说，304不锈钢能满足纯化水的管道要求，316L不锈钢或有更高抗热性的聚偏氟乙烯（PVDF）可用于注射用水系统。通常在反渗透之前的水是不符合药典要求的水，其储存容器的材料没有必要完全采用300系列的不锈钢，可以使用聚丙烯（PP）、聚氯乙烯（PVC）、工程塑料（ABS）等材料。对于软化器附件而言，由于盐溶液的存在，使用不锈钢可能是不利的。

由于管道内需要钝化处理，在整个分配、储存和处理系统中，材料的选择最好一致（都是304或都是316L）。同时，外壳的夹套材料也应当匹配，以免焊接区域脱落。

（二）制水设备的结构组成

一般情况下，纯化水制水设备主要包括原水预处理部分、脱盐部分、后处理部分和贮存分配部分。原水一般为生活饮用水；预处理部分包括原水储罐、多介质过滤器、活性炭过滤器、树脂软化器（或加药阻垢设备）、精密过滤器（5 μm）等；脱盐部分主要为反渗透装置或EDI设备（或离子交换器）等；后处理部分包括紫外线和臭氧发生器等消毒杀菌装置；贮存分配部分包括纯化水储罐和输送泵等（如图9-1所示）。注射用水制水装置除具备纯化水制水设备外还包括蒸馏器，贮存分配部分还包括注射用水储罐。

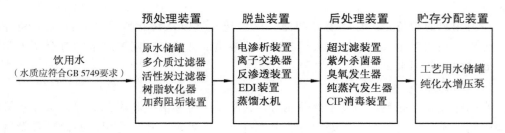

图 9-1　制水设备结构组成图

1. 预处理设备的配备

原水中悬浮物含量较高时，需要有砂滤（多介质）装置；原水硬度较高时，须增加软化工序；原水中有机物含量较高时，须增加凝聚、活性炭吸附工序，若选用活性炭过滤器，要求设置对有机物反冲、消毒的装置；原水中氯离子浓度较高时，为防止对后工序如离子交换、反渗透的影响，须加氧化－还原（NaHSO$_3$）处理；原水中CO$_2$含量高时，须采用脱气装置；原水中细菌多时，须采用加氯或臭氧（或紫外线）灭菌。

2. 脱盐设备的配备

去离子装置应在线再生，酸和碱的装卸、贮存、输送所需罐、泵、管材、阀、计量仪表须防腐。若采用反渗透装置，其进口处须安装3～5 μm过滤器。通过混床的水直接进入纯化水罐前，应设3～5 μm滤器，以防止细小树脂残片进入，过滤器应设置压差表。通过混床的纯化水可保持循环流动，使水质稳定，循环管线上应设置电导仪。

3. 后处理设备的配备

紫外线灭菌的光强度随时间衰减，应有光强度检测或时间记录仪，以便定期清洗或更换紫外线灯管。阴、阳离子混床及反渗透装置和 EDI 装置，应设置反洗装置。前处理的管道材料多选用 ABS 工程塑料等耐压、耐腐蚀材料，在反渗透高压泵等精处理设施后，管道通常选用不锈钢材料。

（三）制水设备组件的作用（见表 9-4）

表 9-4　制水设备组件的作用

制水设备主要组件	作用	适用的制备方法
原水储罐	缓冲市政供水水量波动	通用
多介质过滤器	截留水中细小颗粒杂质，降低浊度	通用
活性炭过滤器	过滤吸附水中的有机物、色度、异味、余氯	通用
树脂软化器	去除钙、镁离子，降低水的硬度	通用
加药阻垢装置	防止钙、镁、铁、锰等离子在反渗透膜上结垢	反渗透法
5 μm 过滤器	保证反渗透膜不被大颗粒的固体物划伤	反渗透法
电渗析装置	脱除水中阴、阳离子	离子交换法
离子交换器	脱除水中阴、阳离子	离子交换法
反渗透装置	去除水中离子、胶体、细菌和内毒素	反渗透法
EDI 装置	脱除水中阴、阳离子	反渗透法
蒸馏水机	脱除水中阴、阳离子和细菌内毒素等	离子交换法
超过滤装置	脱除水中细菌、内毒素等	通用
紫外杀菌器	在线杀灭水中微生物	通用
臭氧发生器	杀灭供水系统中滋生的微生物	通用
纯蒸汽发生器	杀灭制备、供水系统中滋生的微生物	通用
CIP 消毒装置	杀灭制备、供水系统中滋生的微生物	通用
工艺用水储罐	缓冲用户工艺用水水量波动	通用
纯化水增压泵	为工艺用水设备提供必要的压力	通用
换热装置	将工艺用水升温或降温	通用

（四）制水设备管道的清洗消毒方法

不锈钢管道的初次清洗可先用浓度为 10% 的硫酸钠溶液在 70 ℃下循环 30 分钟去污，然后用 2% 浓度的硝酸在常温下循环 30 分钟除锈，接着用饮用水冲洗，再用纯化水冲洗至中性后，进行钝化处理。采用 8% 化学纯的硝酸在 49～52 ℃温度下循环 60 分钟，在不锈钢的表面形成一个"氧化铬"工艺保护层，再用纯化水冲洗，检查出水口的水为中性即为合格。

日常清洗也可以用 1% 氢氧化钠溶液在 70 ℃下循环 30 分钟，然后用纯化水冲洗干净。注射用水管道的清洗最后还要用 121 ℃纯蒸汽冲洗 30 分钟消毒。

水系统常用的消毒灭菌方法：

1. 热力消毒法

巴氏消毒：80 ℃保温循环 1 小时以上，适用于活性炭过滤器、软化器和储存循环管路，纯化水系统采用。

2. 热力灭菌法

高温灭菌：121 ℃，30 分钟以上，杀灭所有存活的微生物体，适用于耐压容器和管道，如注射用水储存分配系统。应用该方法的贮罐和管道须有灭菌、消毒接口，若采用蒸汽灭菌，应设置足够的疏水器。适用于耐压容器和管道。

3. 化学消毒法

一般采用氧化剂，如次氯酸钠、过氧化氢、高锰酸钾、过氧乙酸等，其中过氧化氢使用较多，浓度 3％，消毒时间 0.5 小时以上，多用于前处理阶段。常用化学消毒剂如表 9-5 所示。

表 9-5　常用化学消毒剂

分　类	消毒剂	有效浓度	作用时间
非膜系统	次氯酸钠	100～200 ppm	30～60 min
膜系统	过氧化氢	3～5 ppm	30 min
	过氧乙酸	1.00％	30 min

注：如采用化学消毒方法，应规定消毒后残留化学消毒剂的冲洗方法。

4. 臭氧消毒法

臭氧消毒法目前是纯化水系统中能连续去除细菌和病毒的最好方法，但需要在使用点前安装紫外线灯。适用于纯化水管道的消毒。

5. 紫外线消毒法

波长 200～300 nm 的紫外线有较强的杀菌能力，253.7 nm 的光线效果最好。当水以控制的流速暴露在紫外线下时，紫外光可以消灭微生物，包括细菌、病毒、真菌等。安装位置离使用点越近越好，其后安装除菌级滤器。可与热消毒法或化学消毒法配合使用，有利于过氧化氢和臭氧的降解。

紫外线不能完全灭菌，对水的流速有严格的要求。紫外灯灭菌的光强随时间衰减，应配有光强度检测仪或时间记录仪，以便定期更换紫外灯管。

工艺用水储罐和管路的清洗和消毒可采用纯蒸汽消毒、巴氏消毒等。当储罐和管路的化学指标不合格时，可考虑选用化学试剂（如氢氧化钠）对其进行清洗。纯化水系统停用再次启用前，应对管路进行清洗。

日常运行时，要定期监测水系统运行情况，做好维护及监测记录，根据检测结果确定是否需要处理、更换各种组件。

（五）制水设备的日常维护要求

水系统的日常管理包括运行、维修，它对验证及正常使用影响极大。应建立监控与维修计划，确保水系统的运行始终处于受控状态。制水设备的日常维护有如下要求：

（1）建立系统操作维护规程。

（2）关键水质参数和运行参数的检测计划应包括仪表的校准。

（3）定期消毒灭菌。

（4）建立系统设备的预防性维修计划。

（5）建立关键设备包括主要的零部件、管路分配系统及运行条件变更的管理规程。

（6）记录、回顾水的检查结果，并做趋势分析。

（7）当检查结果超过可接受标准时应记录，调查原因和采取纠正措施。

（8）水系统维护和保养的内容有：石英砂、活性炭过滤器的冲洗和更换，树脂的再生，滤芯/滤膜（保安过滤器的滤芯、反渗透膜等）、在线灭菌部件的更换等。

（9）维护保养的频次规定以部件生产厂商的规定为依据，企业可依据制水系统的使用频次和制水量的大小等因素进行维护保养频次的规定，必要时形成验证文件。

（10）制水设备的清洗消毒：贮水桶、输送管道等清洗、消毒、灭菌后应对制备的工艺用水进行检验，验证效果，必要时应形成清洗、消毒或灭菌有效性的验证报告。

纯化水、注射用水制备系统的日常检查和维护如表 9-6 和表 9-7 所示。

表 9-6　纯化水、注射用水制备系统的日常检查

部　位	检查项目	检查周期
饮用水	防疫站全检	至少一次/年
机械过滤器	$\triangle P$，SDI（污染指数）	一次/2 h
活性炭过滤器	$\triangle P$	一次/2 h
	余氯	一次/2 h
RO 膜	$\triangle P$，电导率，流量	一次/2 h
紫外灯管	计时器时间	二次/天
注射用水温度	储灌回水温度	一次/2 h

表 9-7　纯化水、注射用水制备系统的日常维护

部　位	维护项目	维护周期或维护要求
原水箱	罐内清洗	一次/季
机械过滤器	正洗，反洗	$\triangle P>0.08$ MPa 或 SDI>4
活性炭过滤器	清洗	$\triangle P>0.08$ MPa 或每 3 天
	余氯	<0.05 mg/L
活性炭	消毒，更换	每 3 个月消毒，每年更换，定期补充
RO 膜	2% 柠檬酸清洗	$\triangle P>0.4$ Mpa 或每半年
	消毒剂浸泡	停产期
纯化水罐、管道	清洗，消毒	一次/月
紫外灯管	定时更换	进口 7 000 h，国产 2 000 h

部　位	维护项目	维护周期或维护要求
注射用水罐、管道	清洗，灭菌	一次/周
除菌过滤器	在线消毒灭菌，更换	每月检测，每年更换
呼吸器	在线消毒灭菌，更换	每2个月检测，每年更换

（六）制水设备的安装、调试、运行要求

设备安装应由生产厂家进行，应根据使用单位自身情况确定安装方案。

（1）工艺管路的安装宜采用由顶棚穿越进入用水点，不得从地面穿出，以避免工艺用水在管道中的滞留；循环回路不宜安装过低，进水管路安装也不宜过低，否则可能造成双向污染的风险；管道的设计和安装应避免死角、盲管；水平安装的管路应设置成倾斜角度；管路上应有一定的倾斜度，以便于排放存水；使用点安装阀门处的死角长度不应大于支管内径的3倍；终端出水口一般采用循环管路。

（2）选用质量可靠的隔膜阀和内表面抛光的管路，并做钝化处理，保证储水管道的管内流动速度大于2 m/s。

（3）管路采用热熔或氩弧焊接连接，或采用卫生夹分段连接。管道安装必须保证所有管内的水都能排净；坡度一般规定为管长的1%，对注射用水和纯化水管道均适用；管内如有积水，必须设置排水点或排水阀；排水点数量应尽量做到最少。设备运行按照制水设备使用说明书进行操作。

（4）系统运行按照工艺用水系统使用说明书进行操作。

（5）透析用水的制水设备还必须满足相关标准：① YY 0793.1—2010《血液透析和相关治疗用水处理设备技术要求——多床水处理设备》；② YY 0793.2—2011《血液透析和相关治疗用水处理设备技术要求　第2部分：用于单床透析》；③ YYT 1269—2015《血液透析和相关治疗用水处理设备常规控制》。

（七）自动化监控系统的应用

通过自动化监控系统可以对制水设备运行过程进行高精度的监控，以各种传感器为反馈传送元件，及时检测水质情况，对设备的操作参数进行显示，报警、行动、工艺设定点和工艺数值应在操作人员界面终端上显示。有些设备如西门子自动化产品MD720-3还可以发送手机短信，实时将数据发送到控制系统、维护人员的手机上，以便及时进行预报检修。自动化监控系统的应用可以减少工人劳动强度，降低损失，提高资源利用率。

第二节　纯化水和注射用水的监测

一、监测项目比较

列入《中华人民共和国药典》（2015版）第二部规定的纯化水、注射用水监测项目如表9-8所示。

表 9-8　中国药典（2015 版）纯化水、注射用水监测项目

项目	纯化水	注射用水
来源	生活饮用水经蒸馏法、离子交换法、反渗透法或其他适宜的方法制得的工艺用水，不含任何添加剂	为纯化水蒸馏所得的水
性状	无色澄明液体、无臭、无味	无色澄明液体、无臭、无味
酸碱度（pH 值）	应符合规定（定性检测）	5.0～7.0（附录ⅥH）
硝酸盐	0.06 mg/L	0.06 mg/L
亚硝酸盐	0.02 mg/L	0.02 mg/L
氨	0.3 mg/L	0.2 mg/L
电导率	应符合规定（附录ⅧS）	应符合规定（附录ⅧS）
总有机碳	≤0.50 mg/L（附录ⅧR）	≤0.50 mg/L（附录ⅧR）
易氧化物	应符合规定（定性检测），与总有机碳选做一项	—
不挥发物	10 mg/L	10 mg/L
重金属	0.1 mg/L	0.1 mg/L
微生物限度	100 CFU/mL	10 CFU/100 mL
细菌内毒素	—	<0.25 EU（附录ⅪJ）

二、监测指标的作用和检测目的

纯化水和注射用水的监测指标的作用和检测目的如表 9-9 所示。

表 9-9　监测指标的作用和检测目的

监测项目	作用	检测目的
pH 值	判定水中酸碱度	这些指标直接影响终端产品的化学性能，如不有效控制将导致产品达不到标准要求
硝酸盐	判定水中硝酸盐含量	
亚硝酸盐	判定水中亚硝酸盐含量	
氨	判定水中氨含量	
易氧化物	判定水中易氧化物含量	
不挥发物	判定水中不挥发物含量	
重金属	判定水中重金属含量	
细菌内毒素	判定水中细菌内毒素限量	水中细菌内毒素超标可能导致产品细菌内毒素超标
微生物限度	判定水受微生物污染的程度	降低产品的初始污染菌

三、监测周期

一般而言，工艺用水的水质监测分为日常监测和周期监测。日常监测为每次制水的监测，监测项目包括 pH 值、电导率和氨。周期监测为全性能监测，包括全部水质监测项目。纯化水和注射用水水质监控要求如表 9-10 所示。

表 9-10　纯化水和注射用水水质监控要求

水质类别	监控检查项目及要求	频次
纯化水	pH 值、电导率	1 次/班
	全性能：符合《中华人民共和国药典》	1 次/周（月）
注射用水	pH 值、氨、电导率	1 次/班
	全性能：符合《中华人民共和国药典》	1 次/周

纯化水的日常监测取样点如表 9-11 所示。

表 9-11　纯化水日常监测

取样位置	取样频率	检测项目	检测标准
制备系统/原水罐	1 次/年	饮用水[1]	饮用水标准
制备系统/机械过滤器	1 次/季	污泥污染指数	<4[2]
制备系统/软化器	1 次/季	硬度	<1[2]
制备系统/产水	1 次/周	全检	药典或内控标准
储罐、分配系统总供与总回	1 次/周	全检	药典或内控标准
分配系统各使用点	1 次/月	全检	药典或内控标准

注：① 可以使用国家检测检疫部门的检测报告；② 具体的标准可参照设备厂家的使用说明。

注射用水的日常监测取样点如表 9-12 所示。

表 9-12　注射用水日常监测

取样位置	取样频率	检测项目	检测标准
制备系统原水	1 次/周	全检	纯化水药典标准
制备系统出口	1 次/周	全检	药典或内控标准
储罐、分配系统总供与总回	1 次/周	全检	药典或内控标准
分配系统各使用点	1 次/周	全检	药典或内控标准

四、工艺用水系统的确认

无菌医疗器械制造商应对日常生产过程中使用的工艺用水系统进行验证确认，主要包括以下几个方面：

1. 设计确认（DQ）

由使用者提出相关要求，包括用户要求说明（URS）、功能要求（FS）等。设计确认是对水系统的设计文件进行完整性和准确性的检查，以确保系统的设计能满足要求。水系统的设计基于最终使用者的平均和瞬时用水量以及质量要求，需要满足的要求包括：

（1）《医疗器械生产质量管理规范》要求。

（2）安全要求。

（3）控制系统要求。

（4）检测系统要求。

（5）灭菌消毒要求。

（6）管线材质要求。

（7）施工焊接要求。

（8）文件系统要求。

2. 安装确认（IQ）

安装确认的内容包括：

（1）设计图纸确认：竣工图纸应有相关人员的签字，图纸和设计一致并满足工艺要求。

（2）设备或管道组件安装：所有关键设备和管道组件的安装符合安装图和技术说明。

（3）仪器仪表的检定校准：关键仪表组件要有检定校准证明。

（4）管线材质证明：证明文件应有供应商和工程人员的签字。

（5）焊接文件检查：保留焊工资质和焊接成型质量评价报告。

（6）清洗钝化文件检查：清洗钝化已按批准的文件进行。

（7）盲管死角：FDA 推荐 6D，ISPE 推荐 3D，ASME 推荐 2D，WHO 推荐 1.5D。

（8）管道坡度检查：管道有适当的坡度有助于系统关闭时低点排放或者去除钝化溶液，对于循环分配系统，排放不是必需的。

（9）检漏实验：静压力试验。

（10）空气过滤器：$0.2\ \mu m$ 除菌过滤器，完整性测试合格。

（11）系统控制软件确认：控制面板功能正常，关键过程运行参数报警和连锁功能正常。

（12）相关文件确认。

3. 运行确认（OQ）

运行确认的内容包括：

（1）功能测试。

（2）报警测试。

（3）软化器运行确认。

（4）活性炭过滤器运行确认。

（5）热力消毒确认。

（6）安全级别确认（授权）。

（7）生产能力确认。

（8）产水质量（电导率）测试：在峰值需要和较小用水量条件下，系统仍能连续提供满足技术要求的水。

（9）取样：试运行期间的取样是用于判断系统能否按设计运作。对不锈钢系统的取样应在清洗和钝化工作之后。对预处理、终处理、储存和分配环节的取样应在单体设备的入口和出口分别取样以确定其性能，还应在最高流量和最低流量下取样。

（10）预验证：在系统稳定连续运行阶段，对系统进行取样，证明系统能够进行性能确认。

（11）系统控制软件备份。

4. 性能确认（PQ）

对水系统运行所需的程序、人员、材料等进行确认，通过此阶段证明系统能够连续、稳定地提供满足要求的工艺用水。性能确认分三个阶段进行：

（1）第一阶段：2～4周，本阶段考察系统各功能段的功能情况，确定合适的运行范围，制定操作、清洗和维护程序，证明所生产和输送的水符合质量要求。在这个阶段，系统应该能无故障、无性能偏差连续运行。该阶段需要进行下列测试和操作：

① 按预定计划进行化学和生物测试。

② 每日在每个纯化工艺步骤后取样。

③ 每日在总出水口取样以确认其质量。

④ 每日在每个用水点和其他取样点取样。

⑤ 形成正确的操作规范文件。

⑥ 形成和确定运行、清洁、消毒和维护的程序，包括消毒方法和频次的验证。

⑦ 证明系统能制备和分配符合要求的水质和水量。

⑧ 制定临时的警戒线和行动限。

（2）第二阶段：2～4周，取样安排与第一阶段一致，此阶段的水可用于生产。

① 证明在已确定范围内运行的一致性。

② 证明系统按标准操作程序运行时制备和分配的水质和水量都符合要求。

（3）第三阶段：从第一阶段开始一年，此阶段的水可以用于生产，取样的位置、取样频率和测试可以基于第一阶段和第二阶段制定的程序，简化到正常的例行模式。

① 证明性能长期稳定可靠。

② 确保季节变化的因素得到评估和处理。

各阶段应根据制订好的取样计划对系统进行取样，按照设定的检验标准进行检测。

5. 最终确认报告

水系统的确认可以由独立的几个工艺步骤、子系统或单个设备的 DQ、IQ、OQ、PQ 等组合。最终确认报告应为确认工作提供证据并要得到批准。确认报告的内容包括：

（1）所有方案中定义的活动已经完成和被证实，结果符合验收标准。

（2）使用了规范的文件。

（3）所有的测试结果符合验收标准。

（4）需要确认的组件和系统所要的标准操作程序、预防性维护程序、培训材料和备件要求已经编制并得到批准。

（5）确认结论已经完成，包括确认过程中发现的偏差及解决办法的评价，以及确认组件和系统的状态评价。

6. 再确认

水系统的再确认可以是进行部分项目测试的局部确认，主要包括：

（1）系统关键设备、部件和使用点的变更等。

（2）系统长时间停机后重新启动。

（3）系统运行过程中出现重大性能偏差，维护后重新启用。

（4）生产一定周期后，应每年对工艺用水系统进行再确认，或采取对历史数据的回顾和总结的方式对水系统进行再确认。

7. 定期性能评估

结合实际生产需要对工艺用水质量进行定期分析，编写分析报告，有助于判断是否需要做出改进，包括控制程序、设备配置、监测计划、再确认、警戒线等。

（1）用分析结果评估趋势。

（2）与历史数据进行对比，确定变化。

（3）评估水系统的控制状态。

（4）评估变更对系统的影响。

（5）评定监控频率。

五、性能确认的取样点及检测计划

在性能确认过程中，纯化水制备系统产水、储罐、分配总供水和总出水口应每天取样全检，各使用点每周最少取样 2 次。纯化水性能确认取样点及检测计划如表 9-13 所示。

表 9-13　纯化水性能确认取样点及检测计划

阶段	取样位置	取样频率	检测项目	检测标准
第一阶段	制备系统/原水罐	1次/月	饮用水[①]	饮用水标准
	制备系统/机械过滤器	1次/周	污泥污染指数	<4[②]
	制备系统/软化器	1次/周	硬度	<1[②]
	制备系统/产水	1次/天	全检	药典或内控标准
	储罐、分配系统总供与总回	1次/天	全检	药典或内控标准
	分配系统各使用点	1次/天	全检	药典或内控标准

续表

阶段	取样位置	取样频率	检测项目	检测标准
第二阶段	制备系统/原水罐	1次/月	饮用水	饮用水标准
	制备系统/机械过滤器	1次/周	污泥污染指数	<4[②]
	制备系统/软化器	1次/周	硬度	<1[②]
	制备系统/产水	1次/天	全检	药典或内控标准
	储罐、分配系统总供与总回	1次/天	全检	药典或内控标准
	分配系统各使用点	2次/周	全检	药典或内控标准

注：① 可以使用国家检测检疫部门的检测报告；② 具体的标准可参照设备厂家的使用说明。

注射用水制备系统产水、储罐、分配总供水和总出水口应每天取样全检，各使用点每天取样，微生物和内毒素应每天检测，其余检测项目每周最少检测 2 次。注射用水性能确认取样点及检测计划如表 9-14 所示。

表 9-14　注射用水性能确认取样点及检测计划

阶段	取样位置	取样频率	检测项目	检测标准
第一阶段	制备系统原水	次/周	纯化水药典标准	纯化水药典标准
	制备系统出口	次/天	全检	药典或内控标准
	储罐、分配系统总供与总回	次/天	全检	药典或内控标准
	分配系统各使用点	次/天	微生物、内毒素	药典或内控标准
		2次/周	化学项目	
第二阶段	制备系统原水	次/周	纯化水药典标准	纯化水药典标准
	制备系统出口	次/天	全检	药典或内控标准
	储罐、分配系统总供与总回	次/天	全检	药典或内控标准
	分配系统各使用点	次/天	微生物、内毒素	药典或内控标准
		2次/周	化学项目	

六、工艺用水制备系统的风险分析

1. 水系统工艺过程和功能的要素

对于无菌医疗器械生产过程中的工艺用水，不仅要考虑水系统本身的风险，还要考虑《医疗器械生产质量管理规范》的要求。生产企业对于水系统的工艺过程、功能要非常清楚，包括以下要素：

（1）交叉污染。

（2）微生物污染。

（3）材料的选择。

（4）排水。

（5）温度、压力。

（6）流量、速度。

（7）清洁。

（8）取样。

2. 需要关注的问题

（1）工艺用水是否用于清洗、消毒。

（2）工艺用水是否与产品接触。

（3）数据是否用于产品放行。

（4）工艺过程是否得到控制。

（5）工艺用水的检测是否能满足要求。

3. 对确认文件起草人员的要求

工艺用水确认文件应由具备基本的物理、化学、微生物、医疗器械法规和生产等方面的知识和检验能力，且熟悉《医药工艺用水系统设计规范》等要求的人员编写，编写过程中要注意以下方面：

（1）确认文件的逻辑性，设计检查分析中可能出现的错误，对照 GMP 规范要求、使用失效分析模块 FEMC 等进行分析。

（2）明确草案和报告的区分。

（3）草案批准后，在执行前要对相关人员进行培训。

（4）所有的使用点应在一个月内取样。

（5）洁净区取样与生产过程操作要一致。

4. 制水过程中的风险点评价

（1）软化过程的风险点。

① 过滤效果：根据 SDI 确定过滤介质等。

② 除氯的方式：化学除氯、热力消毒。

③ 硬度测试：硬度计的校验、络合滴定液的有效期。

（2）反渗透和电子除盐的风险点。

① 反渗透前是否加絮凝剂。

② 反渗透膜的正常运行参数。

③ 连续除盐正常运行参数。

④ 反渗透和连续除盐的回路控制。

⑤ 反渗透和连续除盐的微生物控制。

⑥ 反渗透和连续除盐的人力消毒对寿命的影响。

（3）纯化水/注射用水的回路、储罐的风险点。

① 回路不能使用球阀，应使用隔膜阀。

② 不能有螺纹连接，应用法兰，如伞叶法兰。

③ 管道内表面粗糙度 Ra<0.5 μm（纯化水管道采用 304 不锈钢、注射用水管道采用 316 L 不锈钢）。

④ 新系统要做清洗钝化处理。

⑤ 管道死角为 3 至 6 倍管道直径。

⑥ 回水进罐要装喷淋球。

⑦ 主管路的坡度：泵口为最低点，管路中的水能在泵口处完全排掉。

⑧ 回路上水阀门应 45°安装。

⑨ 仪表连接应采用卫生接口。

⑩ 呼吸器应采用不脱落的疏水性材料，定期测试更换。

⑪ 紫外杀菌灯的灯管应定期更换。

⑫ 水管路要有流量计、恒压装置控制流速。

⑬ 洁净区取样与生产过程用水必须一致。

⑭ 回路和使用点不宜安装 0.2 μm 的过滤器。

⑮ 储存时循环的管理温度要符合要求。

⑯ 连接在使用点的软管用水后应立即拆掉、清洗、干燥。

七、纯化水与注射用水的检测方法

采购注射用水和灭菌注射用水的企业，应参照《医疗器械生产企业供应商审核指南》（国家食品药品监督管理总局 2015 年第 1 号通告）的有关要求，重点检查供方的质量管理体系认证、资质、工艺用水检验报告和（或）验证报告，明确运送载体材质、工艺用水的储存条件、储存时间等要求，并保存相关记录，确保采购的工艺用水满足产品生产和使用要求。

纯化水与注射用水的检测方法详见本书第十三章、第十四章。

第三节　工艺用气基础知识

医疗器械工艺用气是高风险医疗器械生产检验过程中不可或缺的组成部分，尤其是在洁净室（区）环境下使用的医疗器械工艺用气，由于与医疗器械产品使用表面直接或间接接触，其制备、检验等要求均影响着医疗器械产品的质量，且洁净室（区）环境下使用的医疗器械工艺用气使用后排放到洁净室（区）内，不加控制势必影响洁净室（区）环境，从而对医疗器械产品造成影响。因此，洁净室（区）内使用的压缩空气等其他工艺用气均应当经过净化处理。

一、工艺用气定义

医疗器械工艺用气指在产品生产过程中，为满足产品不同工序的质量要求，通过一定的设备和装置生产出的供使用或接触的各种工艺用气的总称。

无菌医疗器械生产检验过程中最常用的工艺用气为压缩空气。除压缩空气外，常见的工艺用气一般包括工业氮气、工业氧气、工业氩气、工业二氧化碳及惰性气体等。

二、工艺用气的用途

无菌医疗器械由于不同的生产工艺可能用到不同的工艺气体，这些气体一般起到保护、清洁、燃烧和动力驱动作用。其中，压缩空气通常是将来自室外或室内的空气进行净化并通过管路传输到洁净室（区）内后使用，主要涉及以下环节：

（1）与医疗器械直接接触，如喷涂、吹扫、焊接、气割、除水、气密性检验等。

（2）与医疗器械间接接触，如对接触医疗器械的工位器具的吹扫、除水等。

（3）不与医疗器械接触，仅为洁净室（区）内的设备的气动元件提供驱动动力，如注塑工序、印刷工序、组装工序、包装成型等。

上述情形使用的压缩空气最终均会释放到洁净室（区）内，因此要对压缩空气进行控制，使之不能对洁净环境造成影响。

三、工艺用气的制备方法

（一）压缩空气的制备方法

1. 制备流程

一般情况下，洁净室（区）内使用的压缩空气制备流程为：压缩机—储气罐—冷干机—前置过滤器—吸附式过滤器—粉尘过滤器—高效过滤器—活性炭过滤器—除菌过滤器—使用点。

2. 制备方法

用于生产、处理和储存压缩空气的设备所组成的系统称为气源系统。典型的气源系统一般包括空气压缩系统、干燥系统、净化系统和分配系统4个部分，主要设备包括空气压缩机、后部冷却器、缓冲罐、过滤器（主要用于油水分离、除油、除尘、除菌等）、干燥机（冷冻式、吸附式）、稳压储气罐、自动排水排污器及输气管道、管路阀件、仪表等。实际生产中可根据工艺流程的不同，选择上述部件中需要的部分组成完整的气源系统。

（1）空气压缩系统。

空气压缩系统主要部件为空气压缩机。为防止负荷过高影响压缩机性能，可在压缩机前增加吸气过滤器，对空气中的颗粒物进行初步过滤。为保证压缩空气的洁净程度，可选用无油压缩机。空气压缩机排出的压缩空气中主要有水（包括水蒸气、凝结水）、悬浮物、油（包括油雾、油蒸气）等污染物。这些污染物对提高产品质量是不利的，因此需要对压缩空气进行干燥及净化处理。

（2）干燥系统。

采用压缩空气干燥系统的目的是分离出压缩空气中的气体水。根据工作原理不同，干燥系统可分为不同种类。常用的干燥原理分为冷冻和吸附两种，相应的压缩空气干燥设备也分为冷冻式干燥机和吸附式干燥机两种类型。

可结合实际需求并参考以下原则选择压缩空气干燥工艺：

① 根据待处理空气的湿度、处理量、压缩空气的露点要求选择适宜的工艺，可采用冷冻干燥工艺、吸附干燥工艺或二者组合的工艺。

② 对无热再生及有热再生吸附干燥，选择时应当考虑空气系统供需平衡情况、气源压力、干燥前后的含湿量等参数及用户的要求。

（3）净化系统。

采用压缩空气净化系统的目的是以过滤的形式去除压缩空气中存在的游离状态的灰尘、微粒，以及气溶胶状态的油、烟和雾等。压缩空气的净化装置按照净化目的可分为除尘滤器、除菌滤器、终端过滤器等。其中，过滤微生物常用微孔过滤器，过滤粒子常用活性炭过滤器。

可结合实际需求并参考以下原则选择压缩空气净化工艺：

① 应根据所使用的气源参数（如压力、温度、湿度及杂质的组成、含量等）、需要处理的空气量以及用户对压缩空气的要求（如允许的阻力损失、露点、过滤精度、残余油分等），经综合比较后确定适宜的干燥净化工艺及其设备。

② 应根据具体要求，如针对过滤精度要求高的净化系统，设置多级过滤器。

③ 应选择合适材质和结构的过滤器，避免因过滤元件本身产生的尘埃、内外渗漏而引起系统的二次污染。

④ 对于有无菌要求的压缩空气，应选择本身材质具有抑制细菌繁殖作用的过滤器滤芯，避免过滤元件在使用过程中成为系统的污染源。

（4）分配系统。

建立分配系统时应按照《洁净室施工和验收规范》（GB 50591）标准要求，考虑压缩空气系统材质、传输形式等。压缩空气必须储存在耐压的容器及储罐内；分配系统应使用符合医疗卫生标准的 304、316L 不锈钢材质或其他符合标准的管材，采用管道传输压缩空气；排放要求应符合国家环保要求。

（二）工业氮气制备方法

1. 深冷法

深冷法空气分离的原理是：在 120 K 以下的温度条件下，先将空气压缩、冷却并使空气液化，利用氧、氮组分的沸点的不同（在大气压下氧的沸点为 90 K，氮的沸点为 77 K），在精馏塔的塔盘上使气、液接触进行质、热交换，高沸点的氧不断从蒸气中冷凝成液体，低沸点的氮不断转入蒸气中，使上升的蒸气中的含氮量不断提高，而下流液体中含氧量越来越高，从而使氧、氮分离，得到氮气或氧气。

2. 变压吸附法

变压吸附法（PSA 法）基于吸附剂对空气中的氧、氮组分选择性吸附而使空气分离得到氮气。当空气经过压缩通过吸附塔的吸附层时，氧分子优先被吸附，氮分子留在气相中而成为氮气。吸附达到平衡时，利用减压将分子筛表面所吸附的氧分子驱除，恢复分子筛的吸附能力，即吸附剂解析。为了能够连续提供氮气，装置中通常设置两个或两个以上的吸附塔，一个塔吸附，一个塔解析，按适当的时间切换使用。

（三）工业氧气制备方法

1. 空气冷冻分离法

空气中的主要成分是氧气和氮气。利用氧气和氮气的沸点不同从空气中制备氧气的方法称为空气分离法。首先，把空气预冷、净化，去除空气中的少量水分、二氧化碳、乙炔、碳氢化合物等气体和灰尘等杂质，然后进行压缩、冷却，使之成为液态空气。然后，利用氧和氮的沸点的不同，在精馏塔中把液态空气多次蒸发和冷凝，将氧气和氮气分离开来，得到纯氧（可以达到99.6%的纯度）和纯氮（可以达到99.9%的纯度）。将由空气分离装置产出的氧气用压缩机进行压缩，最后将压缩氧气装入高压钢瓶贮存，或通过管道直接输送到工厂、车间使用。

2. 分子筛制氧法（吸附法）

分子筛制氧法是指利用氮分子大于氧分子的特性，使用特制的分子筛把空气中的氧分离出来的方法。具体操作为：用压缩机迫使干燥的空气通过分子筛进入抽成真空的吸附器中，空气中的氮分子即被分子筛所吸附，氧气进入吸附器内。当吸附器内氧气达到一定量（压力达到一定程度）时，即可打开出氧阀门释放氧气。经过一段时间，分子筛吸附的氮逐渐增多，吸附能力减弱，产出的氧气纯度下降，需要用真空泵抽出吸附在分子筛上面的氮，重复上述过程。这种制氧方法亦称吸附法。

3. 电解制氧法

把水放入电解槽中，加入氢氧化钠或氢氧化钾以提高水的电解度，然后通入直流电，水就分解为氧气和氢气。电解法不适用于大量制氧。另外，同时产生的氢气如果没有妥善的方法收集，在空气中聚集起来，如与氧气混合，容易发生剧烈爆炸。

（四）工业氩气制备方法

制备氧气时，从空气分馏塔抽出含氩的成分经氩塔制成粗氩，再经过化学反应和物理吸附方法分出纯氩。

（五）工业二氧化碳制备方法

工业制取二氧化碳是用高温煅烧碳酸钙制得二氧化碳。其化学方程式：$CaCO_3 \xrightarrow{\text{高温}} CaO + CO_2 \uparrow$。因为碳酸钙是大理石、石灰石等低成本的物质，所以采用这种方法。

除压缩空气外，上述工艺用气采用购买方式获得，采购企业应重点关注购买气体的管理要求、气瓶承装气体首次购入时进行质量检验的要求等。

四、压缩空气系统的设计安装和日常维护

（一）压缩空气系统的设计安装要求

压缩空气系统安装由制造商负责，应根据企业具体情况确定安装方案，参见《压缩空气站设计规范》（GB 50029）、《工业企业设计卫生标准》（GBZ 1）、《洁净室施工和验收规范》（GB 50591）等标准。压缩空气系统的设计安装要求如下：

（1）干燥净化设备之间应保持一定间距，设备与内墙应保持一定间距，能够满足设备零部件抽出、检修所需的操作距离。

（2）设备布置应当便于操作管理，当双排布置时，两排设备间要保持一定间距。

（3）对集中或处理量较大的净化设备应按上述要求布置，但对分散或小型净化单体则应根据现场条件，以满足操作维修的要求进行设置为宜。

（4）对于向多场所供应干燥空气的情况，特别是耗气量较大时，为方便运行管理，可采用空压站内集中设置。

（5）针对对于使用压缩空气品质既有一般的又有干燥净化的要求，而其中干燥净化

的压缩空气仅为部分或个别设备使用的情况，宜采用车间管道入口处集中布置，这样可以减少室外输配管道的投资。

（6）对于干燥空气使用点不多或工艺设备用气干燥度有特殊要求的场合，为确保工艺设备的运行和产品质量，宜采用分散设置，将干燥设备布置于工艺设备附近。

（7）干燥净化设备的二级设置，其方式属集中及分散设置的综合形式，主要用于压缩空气干燥度参数有两种或两种以上的用户。

（8）当仪表系统、测量系统、控制系统使用有净化要求的压缩空气时，应设置过滤器，过滤精度一般小于等于 $1\ \mu m$。

（9）应在吸附型干燥器之后设过滤器。

（10）对于系统有分级过滤要求的场合，应当设置多级过滤器。

（11）净化过滤设备布置也分为集中、使用车间、分散、多级串联等四种形式。

（二）压缩空气系统的日常维护要求

1. 制气系统的维护和保养

制气系统的维护和保养项目有：油位、显示屏读数、冷却水水量核对，冷却器清洁，冷却水排放，储气罐手动排水，空气过滤器吹洗，冷却器吹洗，皮带更换，油过滤器芯、空气过滤器、油气分离器芯的更换，专用润滑油更换，调整皮带轮的平面度或联轴器的同轴度，清洗回油管路滤网，检查进气控制阀、最小压力控制阀、温控阀、安全装置等。

维护保养的项目、频次以部件生产厂商的规定为依据，用户可依据制气系统的使用频次和制气量的大小等因素规定维护保养频次，必要时形成验证文件，应保管好设备使用说明书。

2. 干燥系统的维护和保养

干燥系统的维护和保养项目有：冷干机系统要定期对压缩机、蒸发器、冷凝器、排水器进行检查；吸干机应定期对介质性能进行确认；对吸附再生之间的切换功能进行检查；对排水器进行检查；定期更换干燥机吸附剂。

3. 净化系统的维护和保养

用户可根据日常监测结果、部件生产厂商的规定等，确定过滤器更换频次和管路清洁频次。

4. 分配系统的维护和保养

分配系统的维护和保养项目有：直接接触产品的使用点应在使用位置前加装 $0.22\ \mu m$ 除菌过滤器；过滤器应根据使用频率及使用情况定期更换；过滤器安装后应对该位置进行压缩空气测试，以确认新安装的过滤器能够起到对应的净化作用，必要时过滤器拆卸后应进行完整性测试，以确认其使用周期中的效果；压缩空气使用点位置建议采用医用卫生级阀门，如隔膜阀，以防止引出其他外源污染物，降低污染风险。由设备制造商提供的维修保养服务，应在与厂家签订的质量协议中明确维护保养项目、职责分工等，必要时对设备制造商开展定期评价。

5. 储气罐的维护和保养

储气罐属于压力容器，其使用维护应按照国家相应的法规执行。

第四节 工艺用气的监测

一、工艺用气的监测指标

（一）压缩空气的技术指标

压缩空气应符合《压缩空气 第 1 部分：污染物净化等级》（GB/T 13277.1）及《压缩空气 第 1 部分：杂质和质量等级》（ISO 8573-1）标准。

与产品直接接触的压缩空气，包含与内包装直接接触的压缩空气，应检验水分、油分、尘埃粒子数和微生物数。

不与产品直接接触而间接影响产品质量的压缩空气，如排放到洁净室（区）内从而对洁净环境造成影响的压缩空气，包含直接进入洁净室（区）内的压缩空气，应检验尘埃粒子数和微生物数。

表 9-15、表 9-16、表 9-17、表 9-18、表 9-19 规定了压缩空气的相关参数。

表 9-15 压缩空气标准状态

空气温度	20 ℃
空气压力	0.1 MPa（绝对压力）
湿度	0% RH

表 9-16 压缩空气固体颗粒等级

等 级	每立方米最多颗粒数				颗粒尺寸（μm）	浓度（mg/m³）
	颗粒尺寸 d（μm）					
	≤0.10	0.10<d≤0.5	0.5<d≤1.0	1.0<d≤5.0		
0	由设备使用者或制造商制定的比等级 1 更高的要求					
1	不规定	100	1	0	不适用	不适用
2	不规定	100 000	1 000	10		
3	不规定	不规定	10 000	500		
4	不规定	不规定	不规定	1 000		
5	不规定	不规定	不规定	20 000		
6	不适用				≤5	≤5
7	不适用				≤40	≤10

注：涉及颗粒尺寸等级的过滤比（β）是过滤器逆流颗粒数和顺流颗粒数之间的比率。过滤比用（$\beta=1/P$）表示，其中 P 代表粒子的渗透，用顺流颗粒浓度和逆流颗粒浓度的比率表示。颗粒尺寸等级作为一个指数使用，如 $\beta_{10}=75$，表示在过滤器中，尺寸大于等于 10 μm 的颗粒中，逆流颗粒数是顺流颗粒数的 75 倍。

表 9-17　压缩空气湿度等级

等　级	压力露点（℃）
0	由设备使用者或制造商制定的比等级 1 更高的要求
1	≤－70
2	≤－40
3	≤－20
4	≤＋3
5	≤＋7
6	≤＋10

表 9-18　压缩空气液态水等级

等　级	液态水浓度 C_W（g/m³）
7	$C_W \leqslant 0.5$
8	$0.5 < C_W \leqslant 5$
9	$5 < C_W \leqslant 10$

表 9-19　压缩空气油等级

等　级	油（气溶胶、液态油、油气）的总浓度（mg/m³）
0	由设备使用者或制造商制定的比等级 1 更高的要求
1	≤0.01
2	≤0.1
3	≤1
4	≤5

（二）氮气的技术指标

氮气根据纯度不同可分为工业氮气、纯氮、高纯氮、超纯氮，应符合《工业氮》（GB/T 3864）、《纯氮、高纯氮和超纯氮》（GB/T 8979）标准。表 9-20、表 9-21 规定了各等级氮气的相关参数。

表 9-20　工业氮技术指标

项　　目	指　　标
氮气（N_2）纯度（体积分数）/10^{-2}≥	99.2
氧（O_2）含量（体积分数）/10^{-2}≤	0.8
游离水	无

表 9-21 纯氮、高纯氮和超纯氮技术指标

项 目	指 标		
	纯氮	高纯氮	超纯氮
氮气（N_2）纯度（体积分数）/$10^{-2}\geqslant$	99.99	99.999	99.999 9
氧（O_2）含量（体积分数）/$10^{-6}\leqslant$	50	3	0.1
氩（Ar）含量（体积分数）/$10^{-6}\leqslant$	—	—	2
氢（H_2）含量（体积分数）/$10^{-6}\leqslant$	15	1	0.1
一氧化碳（CO）含量（体积分数）/$10^{-6}\leqslant$	5	1	0.1
二氧化碳（CO_2）含量（体积分数）/$10^{-6}\leqslant$	10	1	0.1
甲烷（CH_4）含量（体积分数）/$10^{-6}\leqslant$	5	1	0.1
水（H_2O）含量（体积分数）/$10^{-6}\leqslant$	15	3	0.5

（三）工业氧气的技术指标

工业氧气以空气为原料，不需要任何辅料，用变压吸附法将空气中的氧气与氮气分离，并滤除空气中的有害物质，从而获取符合医用标准的高浓度氧，应符合《工业氧》（GB/T 3863）标准。表 9-22 规定了工业氧气的相关参数。

表 9-22 工业氧技术指标

项 目	指 标	
氧（O_2）含量（体积分数）/$10^{-2}\geqslant$	99.5	99.2
水（H_2O）	无游离水	

（四）氩气的技术指标

氩气（Ar）根据纯度不同一般分为纯氩、高纯氩气，应当符合《热处理用氩气、氮气、氢气一般技术条件》（JB/T 7530）标准。表 9-23 规定了工业氩气的相关指标。

表 9-23 工业氩技术指标

名 称	技术指标（%）（V/V）					
	氩含量	氮含量	氢含量	氧含量	总碳含量（以甲烷计）	水含量
高纯氩气	$\geqslant$99.999	$\leqslant$0.000 4	$\leqslant$0.000 05	$\leqslant$0.000 15	$CH_4-CO+CO_2\leqslant$0.000 1	$\leqslant$0.000 03[a]
纯氩	$\geqslant$99.99	$\leqslant$0.005	$\leqslant$0.000 5	$\leqslant$0.001	$CH_4\leqslant$0.000 5 $CO\leqslant$0.000 5 $CO_2\leqslant$0.001	$\leqslant$0.000 03[a]

注：[a] 液态纯氩不规定水分含量。

（五）二氧化碳的技术指标

二氧化碳（CO_2）根据纯度不同分为工业液体二氧化碳和高纯二氧化碳，应当符合《工业液体二氧化碳》（GB/T 6052）、《高纯二氧化碳》（GB/T 23938）标准。表 9-24、

表 9-25 规定了二氧化碳的相关参数。

表 9-24　工业液体二氧化碳技术指标

项　　目	指　　标		
二氧化碳含量[a]（体积分数）/10^{-2}≥	99	99.5	99.9
油分	检验合格	检验合格	检验合格
一氧化碳、硫化氢、磷化氢及有机还原物[b]	—	检验合格	检验合格
气味	无异味	无异味	无异味
水分露点/℃≤		−60	−65
游离水	无	—	—

注：[a]焊接用二氧化碳含量应≥99.5×10^{-2}。
　　[b]焊接用二氧化碳应检验该项目；工业用二氧化碳可不检验该项目。

表 9-25　高纯二氧化碳技术指标

项　　目	指　　标		
二氧化碳（CO_2）纯度（体积分数）/10^{-2}≥	99.99	99.995	99.999
氢气（H_2）含量（体积分数）/10^{-6}≤	5	2	0.5
氧气（O_2）含量（体积分数）/10^{-6}≤	10	5	1
氮气（N_2）含量（体积分数）/10^{-6}≤	50	30	3
一氧化碳（CO）含量（体积分数）/10^{-6}≤	5	2	0.5
总烃（THC）含量（体积分数）/10^{-6}≤	5	3	2
水分（H_2O）含量（体积分数）/10^{-6}≤	15	8	3

二、压缩空气的检测方法

（一）水分检测

水分检测是测量压缩空气中的微量水分，检测方法主要分为定性法和定量法，企业可根据水分对产品、环境的影响程度或风险程度自行选定。

1. 定性法

定性法一般采用滤纸目测水分。滤纸目测操作方法：取一张干燥洁净的滤纸，放在压缩空气采样口处，打开压缩机开关，持续几分钟时间，目测观察或与另一张干燥洁净的滤纸进行空白对照。若滤纸干燥、无可见水渍即为合格。

2. 定量法

目前针对医疗器械使用的压缩空气水分检测尚无明确的质量标准，可参考《压缩空气　第 1 部分：污染物净化等级》（GB/T 13277.1）标准执行，常选择压力露点不高于 −20 ℃。

（1）检验仪器：露点仪，量程宜在 −60～20 ℃。

（2）检验方法：

① 将压缩空气采样口与流量调节器的一端相连接。

② 露点仪与流量调节器另一端相连接。

③ 记录露点仪检验值稳定后的数值。

（二）油分检测

油分检测是测量压缩空气中总含油量，检测方法主要分为定性法和定量法，企业可根据油分对产品、环境的影响程度或风险程度自行选定。

1. 定性法

定性法一般采用滤纸目测油分。滤纸目测操作方法：取一张干燥洁净的滤纸，放在压缩空气采样口处，打开压缩机开关，持续几分钟时间，目测观察或与另一张干燥洁净的滤纸进行空白对照。若滤纸干燥、没有明显的浸渍和变色即为合格。

2. 定量法

目前针对医疗器械使用的压缩空气水分检测尚无明确的质量标准，可参考《压缩空气　第1部分：污染物净化等级》（GB/T 13277.1）标准执行。

《压缩空气　第1部分：污染物净化等级》（GB/T 13277.1）标准规定了5个含油量等级。企业应根据产品质量和工艺要求确定合理的等级，常选择的油（气溶胶、液态油、油气）的总浓度为不大于 0.1 mg/m³。

（1）检验仪器：压缩空气质量检验仪。

（2）检验方法（以德尔格压缩空气质量检验仪为例）：

① 压缩空气气源接口和德尔格压缩空气质量检测仪应无尘无固体颗粒黏附。

② 松开减压阀进气一端保护盖，将连接处与压缩空气出口连接。

③ 将测量仪插入连接口与减压处连接。

④ 慢慢打开压缩空气，调节减压阀的手轮，使压力至（3±0.2）bars。

⑤ 连续空吹 3 min。

（3）德尔格油检测盒使用说明：

① 调节压力至（3±0.2）bars，则油检测口的流速为 4 L/min。

② 最大限度地将油检测盒推入适配器。

③ 将适配器按箭头方向插入油检测口。

④ 持续测量 5 min。

⑤ 移去油检测盒保护膜，读取油的浓度。如果没有油点，则油含量小于最小检测限 0.1 mg/m³；如果有油点，则按照油检测盒使用说明书上的图示读取油浓度，如 0.1 mg/m³、0.5 mg/m³ 或 1.0 mg/m³。

（三）尘埃粒子数检测

尘埃粒子数检测是测量压缩空气中的含尘量，检验方法为定量法，应按照《无菌医疗器具生产管理规范》（YY 0033）标准执行。尘埃粒子数应符合标准中相对应的产品生产洁净级别的要求。具体检验要求如下：

（1）检验仪器：尘埃粒子计数器，采样量至少为 2.83 L/min，粒径范围最少为 0.5～5 μm。

（2）检验方法：

① 将压缩空气采样口与流量调节器的一端相连接。

② 将尘埃粒子计数器采样管与流量调节器的另一端相连接。

③ 每次采样量必须满足最小采样量的要求，参照《洁净室施工和验收规范》（GB 50591）标准中表 E.4.2-2 的要求。

④ 每点采样次数应满足可连续记录 3 次稳定的相近数值，3 次的平均值代表该采样点的数值。

（3）表 9-26 和表 9-27 分别规定了尘埃数和尘埃采样量与洁净度等级对比要求。

表 9-26　尘埃数与洁净度等级对比表

洁净度等级	尘埃最大允许数（个/米³）	
	≥0.5 μm	≥5 μm
100 级	3 500	0
10 000 级	350 000	2 000
100 000 级	3 500 000	20 000
300 000 级	10 500 000	60 000

表 9-27　尘埃采样量与洁净度等级对比表

最小采样量（升/次）	洁净度等级			
	100 级	10 000 级	100 000 级	300 000 级
≥0.5 μm	5.66	2.83	2.83	2.83
≥5.0 μm	8.5	8.5	8.5	8.5

（四）微生物含量检测

微生物检测是测量压缩空气中的微生物含量，主要为浮游菌，检验方法为定量法，应按照《无菌医疗器具生产管理规范》（YY 0033）标准执行。微生物数应符合标准中相对应产品生产洁净级别的要求。具体检验要求如下：

（1）检验仪器：浮游菌采样器，分辨率最少为 1 L/min，精度优于 ±2.5%，流量至少为 100 L/min。

（2）检验操作方法：

① 将压缩空气采样口与流量调节器的一端相连接。

② 将浮游菌采样器的采样管与流量调节器的另一端相连接。

③ 将直径 90 mm 的培养皿放入浮游菌采样器中进行采样。

④ 培养皿应当使用胰蛋白酶大豆琼脂培养基（TSA）或沙氏培养基（SDA），必须留样作阴性对照。培养皿应当经适当的表面消毒清洁处理后放置在浮游菌采样器中。

⑤ 采样一次，应满足最小采样量的要求，参照《洁净室施工和验收规范》（GB 50591）标准中表 E.8.4 或《医药工业洁净室（区）浮游菌的测试方法》（GB/T 16293）标准。

⑥ 每次采样时间不宜超过 15 min，不得超过 30 min。

⑦ 采样后应将培养皿倒置摆放，并及时送入培养箱中，在培养箱外时间不宜超过 2 h。

⑧ 胰蛋白酶大豆琼脂培养基的培养温度为 30～35 ℃，培养时间不少于 48 h；沙氏培养基的培养温度为 20～25 ℃，培养时间不少于 5 天。

（3）表 9-28 规定了浮游菌与洁净度等级对比要求。

表 9-28　浮游菌与洁净度等级对比表

洁净度等级	微生物最大允许数	最小采样量（升/次）
	浮游菌（个/米^3）	
100 级	5	1 000
10 000 级	100	500
100 000 级	500	100
300 000 级	—	100

（五）检测周期

企业应确定洁净室（区）内所有压缩空气的使用点，结合对医疗器械质量的影响程度和对洁净环境的影响程度，定期抽取使用点进行检验，建议每季度抽取具有代表性的使用点进行 1 次压缩空气全项目检测。若新增压缩空气使用点，应予以验证。由于压缩空气为非循环输送，验证的使用点应包含洁净室（区）内所有不同的使用点。

三、压缩空气系统的风险分析

压缩空气系统的风险管理活动包括风险识别、风险分析、风险评价、风险控制、监控和评审、综合剩余风险的评价和风险管理报告等。压缩空气的风险通常采用风险优先系数来判定，根据风险大小，将风险的可能性（P）、严重性（S）、可检测性（D）分别赋予不同等级。

（一）基本概念

（1）风险的可能性（P）：危险情况导致伤害的可能性，其分级描述如表 9-29 所示。

表 9-29　风险的可能性分级描述

可能性等级	得分	评定标准
极高	4	极易发生，如复杂手工操作的人为失误
高	3	偶尔发生，如简单手工操作中因习惯造成的人为失误
中	2	很少发生，如需要初始配制或调整的自动化操作失败
低	1	极少发生，如标准设备进行的自动化操作失败

（2）风险的严重性（S）：潜在伤害对产品质量和数据的影响程度，其分级描述如表 9-30 所示。

表 9-30　风险的严重性分级描述

严重性等级	得　分	评定标准
关键	4	直接影响产品的安全有效以及质量数据的可靠性、可追溯性；可能导致产品不良事件，危害产品质量
高	3	直接影响产品的安全有效以及质量数据的可靠性、可追溯性；可能导致产品召回或退回，影响产品质量
中	2	间接影响产品的安全有效以及质量数据的可靠性、可追溯性，可能导致投诉，引起生产偏差
低	1	不影响产品的安全有效，可能影响质量数据的可靠性、可追溯性

（3）可检测性（D）：在潜在风险造成伤害前能检测发现的可能性，其分级描述如表 9-31 所示。

表 9-31　风险的可检测性分级描述

风险的可检测性等级	得　分	评定标准
极低	4	不存在能够检测到错误的机制
低	3	通过周期性控制可检测到错误
中	2	通过常规控制可检测到错误
高	1	自动控制能检测到错误

（4）风险优先系数（RPN）：将可能性、严重性、可检测性的得分相乘可得风险优先系数，即 RPN＝P×S×D。根据得分，规定风险水平和采取的措施，如：

① RPN＞16 或 S＝4，高风险水平，不可接受，必须尽快采取控制措施，降低风险。其中，S＝4 时，RPN≤8。

② 16≥RPN≥8，中等风险水平，如果采取的措施不能将风险降到可接受水平 8 以下，要进行风险和收益的评价。

③ RPN≤7，低风险水平，可以接受。

（二）常见的危险源、可能伤害及控制措施

压缩空气系统的设计、制备和使用过程中存在很多风险，下面对常见危险源分类介绍。

1. 设计过程的风险

在压缩空气系统的设计策划中，应基于产品和生产需求，设计压缩空气的产量和质量要求。应关注的因素有：压缩机的电机功率、储气罐的容积、过滤器的级别、冷冻干燥机的气体处理量、管道材质和各类组件的合格证等。一般来说压缩空气的质量指标有水分、油分、尘埃粒子、微生物等，如表 9-32 所示。

表 9-32　压缩空气的指标的作用和检验原因

检验项目	作　用	检验原因
水分	判定气体中的水分含量	液态的水滴存在于压缩空气中，导致管道阀门和设备产生锈蚀，水滴锈渍同样会污染产品，潮湿的环境利于微生物滋生
油分	判定气体中的油分含量	含油分的压缩空气直接与产品接触会对产品造成污染
尘埃粒子	判定气体中的尘埃粒子数	尘粒会直接影响产品质量，并影响环境洁净度
微生物	判定气体中的微生物数量	微生物不但会使产品本身染菌、变质，一旦误用微生物超标的产品更会影响人体健康，并影响环境洁净度

2. 制备过程的风险

压缩空气的制备过程中存在很多的风险点，常见的危险源和控制措施如表 9-33 所示。

表 9-33　压缩空气制备过程中的危险源和控制措施

制备过程		危险源	可能伤害	控制措施
压缩过程	制备	材质不适用	压缩空气不合格	接触空气的组件选用不锈钢材质
		产气量不足	影响正常使用	选用合适的压缩机和合适体积的储气罐
		压力不足	影响正常使用	设置合理参数，安装报警装置
		非无油压缩机	含油量不合格	换无油压缩机
	储存	压力不足	影响正常使用	检查压缩空气储罐的压力
		储气量不足	影响正常使用	检查压缩空气储罐的储气量
		储气罐泄露	影响正常使用	检查储罐密封性
干燥过程		散热或排水不及时，水分残留高	含水量不合格	定期预防性维护保养，确保散热、排水正常
净化过程		过滤效果不达标	质量指标不合格	定期检测质量指标，定期更换过滤器
		过滤速度慢	影响正常使用	增加压缩空气压力，定期更换过滤器。
分配过程		压缩空气被管道污染	质量指标不合格	选用合适材质的管道，定期检测质量指标，规定方法，定期清洁
		使用点压力不够	影响正常使用	定期检测管道的密封性

3. 使用过程的风险

在压缩空气的使用过程中，文件不合理和人员操作不当也可能产生风险，如表 9-34 所示。

表 9-34　压缩空气使用过程中的危险源和控制措施

使用过程	危险源	可能伤害	控制措施
操作人员	人员培训不到位	压缩空气不合格，损耗压缩机	人员培训考核合格后上岗
作业文件	作业指导书不合理	压缩空气不合格，损耗压缩机	按设备说明书和规范要求重新编制作业指导书，并经确认、批准

四、压缩空气系统的确认

压缩空气系统确认的具体要求可参照《药品生产验证指南》（2003 年版）执行。

（一）工作小组

进行压缩空气系统确认前应组建一个工作小组，以确保该项工作顺利、有效、科学地完成。小组的成员一般包括工艺设计人员、系统管理人员、操作维护人员、检验人员、使用人员、验证确认和管控人员等。应明确工作小组各个成员的职责。

工作小组应当确认压缩空气系统的需求和相关技术要求，制定确认方案，并按照方案完成确认工作，形成确认记录和确认报告。

（二）确认计划

应基于确认的评估，建立包含确认需求、确认活动和交付要求的确认计划。一般包括以下内容：

1. 压缩空气流程图

压缩空气流程图用于描述压缩空气系统的制备、储存和输送流程。

2. 确认需求和活动

压缩空气系统用于医疗器械的生产过程，其质量是不能直接被后续检查和测试的，因此系统应当对 IQ、OQ 和 PQ 过程进行确认。

3. 交付文件

确认完成后应形成以下文件：

（1）确认计划，包括确认方案（IQ、OQ、PQ）、接受标准、检测方法、作业文件、再确认周期等。

（2）确认实施记录。

（3）确认检测记录。

（4）确认检测结果。

（5）确认报告。

4. 安装确认（IQ）

安装确认旨在通过客观证据，证明压缩空气系统依据设计要求、制造商的建议和工艺要求正确安装。一般包括以下内容：

（1）设备或系统的制造商、品牌、型号、序列号或识别号（固定资产号）、安装位置，压缩空气系统的组成及配置。

（2）控制系统的硬件信息，包括计算机、可编程控制器（PLC）等硬件的制造商、型号和序列号。

（3）控制系统的软件信息，包括软件名称及版本号、供应商和被安装的设备；控制系统软件和软件备份恢复，包括现行版本软件的操作参数备份、软件的备份储存地点。

（4）压缩空气系统的相关图纸及附件资料，包括压缩空气系统的使用维护手册、工艺流程图、平面布置图、取样点和使用点分布图、电控系统原理图、电气接线图、管线走向图等。

（5）使用批准的工艺流程图和部件清单，核对各个部件、仪表和管路安装与图纸的一致性。重点关注各个部件和仪表的位置、标识、流向和取样点等。

（6）确认设备按照供应商的要求进行了正确的安装，并且有正确的标识及合理的维护操作空间。

（7）确认压缩空气系统的电源连接正确，安全防护功能正常，如报警和急停；检查确认贮气罐安全阀安装正确；对照压力容器证书，确认设定压力与证书要求相一致。

（8）核对相关检验仪表的清单，包括压力表、露点仪等。对于关键的在线检验仪表，应进行检定或校准，以确保计量仪表的准确性。对于无须检定或校准的非关键性仪表，应记录不需要校准的理由。

（9）核对与压缩空气接触的设备、部件和管道的材质证明，确保符合相关标准的要求。

（10）列出所有与设备相关的过滤器，包括产品描述、制造商、产品型号、编号、数量及合格证或合格报告书。检查过滤器的压降指示器是否正确安装；确认安装的过滤器的压降在可接受范围内。

（11）记录用于压缩空气系统所有设备的润滑剂和物料，并确认该物料在设备上的用途。

（12）确认进入洁净室（区）的相关设备和管道材料可耐受必要的清洁和消毒。

（13）确认设备安装所需的公用设施（如排水设施等）能满足设备的安装要求。

（14）确认管道焊接符合相关标准要求，每道焊缝必须有焊接记录。核对焊接程序、焊接人员的资质、焊接记录、焊接检查记录等。

（15）确认压缩空气管路打压试验合格，核对试验记录。

（16）确认压缩空气管路已吹扫、不锈钢组件已钝化，核对吹扫和钝化记录。

（17）确认设备的维护保养程序，记录维护保养信息，如维护保养任务计划、频次；确认设备维护保养已写进操作程序，并且符合设备制造商的建议。

（18）确认设备的操作程序和要求，包括设备运行、维护、软件和校准，以及所有现行的操作或管理程序。确认人员已得到相应的培训并合格。

5. 运行确认（OQ）

运行确认旨在通过客观的证据，确定压缩空气系统能够按照设定的参数运行，并在最差条件下生产出符合标准要求的压缩空气。一般包括以下内容：

（1）确定压缩空气系统的关键参数和接受准则，如露点（水分）、油分、非活性颗粒数和活微生物数等。接受准则应符合设计要求；非活性粒子数与活微生物数指标应不低于其使用环境的洁净度级别。

（2）确认压缩空气系统中设备的功能与说明书一致。自动控制系统的运转测试，一般包括控制面板功能和报警系统的灵敏性等。

（3）定时检验并记录检验仪表的数据，确认运行参数是否正确。

（4）模拟实际运行过程中可能遇到的各种情况，尤其是电源中断时系统的安全性。例如，设备重启、电源中断等情况下，仪器仪表、阀门应当处于安全的位置；恢复正常时，系统应当自动恢复到原有的工作状态。

（5）实施工艺限度挑战性试验，分别对系统中的最远端以及末端过滤器后最近的取样点，在设定压力参数的上下限分别进行取样测试。测试包括露点（水分）、油分、非活性颗粒数和活微生物数，测试结果应符合标准要求。每个测试点重复测试 3 次，每次间隔至少 8 小时，测试点应在工艺流程图上标注。

（6）确认过程中如果出现任何偏差，应予以记录、分析评估及采取纠正措施或预防措施。

（7）确认完成后应形成书面报告，得出是否合格的明确结论。

6. 性能确认（PQ）

性能确认旨在通过客观证据，证明在正常运行的条件下，压缩空气系统能持续地生产出合格的压缩空气。一般包括以下内容：

（1）本阶段应在正常使用和运行参数下，对所有使用点进行测试。测试应当进行 3 次，每次至少间隔 8 小时，以确认压缩空气系统的稳定性和可靠性。测试包括露点（水分）、油分、非活性颗粒数和活微生物数，测试结果应符合标准要求。测试点应在工艺流程图上标注。

（2）依据此阶段的测试结果，形成日常监测的程序要求，包括监测点、监测项目、监测频次、监测的警戒限度和纠偏限度，监测的结果应定期进行趋势分析。

7. 再确认

再确认是指一项生产过程、一个系统（设备）或一种原材料经过验证并在使用一个阶段以后，为证实其验证状态没有发生漂移而进行的确认。针对以下情况应当重新确认：

（1）日常检验的结果出现不良趋势时。

（2）生产一定周期后。

（3）压缩空气系统进行搬迁时。

（4）压缩空气系统的关键部件更换后。

（5）停产一定周期后。

（郭新海　刘　洋　方菁巍）

参考文献

[1] 国家药品监督管理局济南医疗器械质量监督检验中心. YY 0033—2000 无菌医疗器具生产管理规范 [S]. 北京：中国标准出版社，2000.

[2] 国药集团化学试剂有限公司. GB/T 6682—2008 分析实验室用水规格和试验方法 [S]. 北京：中国标准出版社，2008.

[3] 北京市医疗器械检验所，贝克曼库尔特实验系统（苏州）有限公司，中生北控生物科技股份有限公司，中山大学达安基因股份有限公司，中国食品药品检定研究院. YY/T 1244—2014 体外诊断试剂用纯化水 [S]. 北京：中国标准出版社，2008.

[4] 浙江省医疗器械研究所，国家食品药品监督管理局广州医疗器械质量监督检验中心. YY 0793.1—2010 血液透析和相关治疗用水处理设备技术要求　第1部分：用于多床透析 [S]. 北京：中国标准出版社，2010.

[5] 国家食品药品监督管理局广州医疗器械质量监督检验中心，浙江省医疗器械研究所. YY 0793.2—2011 血液透析和相关治疗用水处理设备技术要求　第2部分：用于单床透析 [S]. 北京：中国标准出版社，2011.

[6] 国家食品药品监督管理局，广州医疗器械质量监督检验中心，重庆山外山科技有限公司. YY/T 1269 血液透析和相关治疗用水处理设备常规控制要求 [S]. 北京：中国标准出版社，2015.

[7] 中国疾病预防控制中心环境与健康相关产品安全所. GB 5749—2006 生活饮用水卫生标准 [S]. 北京：中国标准出版社，2006.

[8] 何国强，易军，张功臣. 制药用水系统 [M]. 北京：化学工业出版社，2012.

[9] 国家食品药品监督管理局药品认证管理中心. 药品GMP指南厂房设施与设备 [M]. 北京：中国医药科技出版社，2011.

[10] 中国医药集团联合工程有限公司. GB 50913—2013 医药工艺用水系统设计规范 [S]. 北京：中国计划出版社，2013.

[11] 国家药典委员会. 中华人民共和国药典 [M]. 北京：中国医药科技出版社，2015.

[12] 国家食品药品监督管理局药品安全监管司，国家食品药品监督管理局药品认证管理中心. 药品生产验证指南（2003版）[M]. 北京：化学工业出版社，2003.

[13] 西南化工研究设计院，武汉钢铁集团氧气公司. GB/T 8979—2008 纯氮、高纯氮和超纯氮 [S]. 北京：中国标准出版社，2008.

[14] 西南化工研究设计院，武汉钢铁集团氧气公司，宝钢股份上海五钢气体有限责任公司等. GB/T 3863—2008 工业氧 [S]. 北京：中国标准出版社，2008.

[15] 西南化工研究设计院，武汉钢铁集团氧气公司. GB/T 3864—2008 工业氮 [S]. 北京：中国标准出版社，2008.

[16] 南京特种气体厂有限公司，光明化工研究设计院，天津联博化工股份有限公司，西南化工研究设计院. GB/T 6052—2011 工业液体二氧化碳 [S]. 北京：中国标准出版社，2008.

[17] 天津联博化工股份有限公司，杭州新世纪混合气体有限公司，西南化工研究设计院. GB/T 23938—2009 高纯二氧化碳 [S]. 北京：中国标准出版社，2009.

[18] 中国石化集团上海工程有限公司. GB 50457—2008 医药工业洁净厂房设计规范 [S]. 北京：中国标准出版社，2008.

[19] 合肥通用机械研究院. GB/T 13277.1—2008 压缩空气　第1部分：污染物净化等级 [S]. 北京：中国标准出版社，2008.

［20］中国机械工程学会热处理分会，中国航空工业第一集团公司北京航空材料研究院. JB/T 7530—2007 热处理用氩气、氮气、氢气一般技术条件［S］. 北京：机械工业出版社，2007.

［21］中国建筑科学研究院. GB 50591—2010 洁净室施工及验收规范［S］. 北京：中国建筑工业出版社，2010.

第十章

无菌医疗器械化学性能检测

在医疗器械广泛用于临床诊断和治疗的同时，医疗安全问题越来越受到国家卫生部门的高度重视。为保障医疗产品的质量和患者的人身安全，除了常规检测微生物学、物理学性能等指标外，还必须根据产品原材料的来源和生产工艺等流程对医疗器械进行严格的化学性能检测。2018 年，国家药品监督管理局就一次性使用输液器实施新标准发出通知，以新的 4 项国家标准取代原有标准，其中包括 3 项强制性标准和 1 项推荐性标准：

强制性标准有：一次性使用输液器（GB 8368—2008）；一次性使用无菌注射器（GB 15810—2001）；人体血液及血液成分袋式塑料容器　第 1 部分：传统型血型（GB 14232.1—2004）。

推荐性标准有：GB/T 14233.1—2008 医用输液、输血、注射器检验方法　第一部分：化学分析方法。

目前应用的 GB/T 14233.1—2008 标准规定了医用输液、输血、注射器具化学分析方法，适用于医用高分子材料制成的医用输液、输血、注射及其配套器具的化学分析，其他医疗器械材料的化学分析亦可参照采用。

中国药典 2015 年版四部通则 0631、0801 和 0821 分别针对 pH 值及还原物质检测、氯化物检测、重金属检测做了详细的阐述。

为满足医疗器械分类工作需要，原国家食品药品监督管理总局对医疗器械分类规则进行了修订，新医疗器械分类规则于 2016 年已正式实施，主要指导《医疗器械分类目录》的制定和确定新的产品注册分类。这对于医疗器械生产企业把握不同产品的分类检测要求具有重要的意义。

第一节　化学性能检测的意义和质量要求

医疗器械的原材料及各种成品部件的化学性能与其应用安全性有直接的关系，因此国家卫生管理部门对医疗器械材料化学性能的检测越来越重视，制定了医疗器械化学性能检测的相关要求与具体目标，通过简述化学性能分析的实验方法与操作技能论证医疗器械化学性能检测的重要性。无菌医疗器械由于其部件组成材料的复杂性，如高分子合成材料或天然的聚合物、金属、合金等均源自工业，因此不可避免地要面临化学物质残留、降解产物等问题。除此之外，无菌医疗器械无论是材料的选择，还是临床的应用，跨度都非常大，而应通过人体的医用材料还受到内、外环境复杂因素的影响。所以，对化学材料的人体安全性的评价显得尤为重要。

常用的输液、输血、注射器具被称为一次性使用无菌医疗器械，其医疗器械通过人体体表与输入液体的相互作用可直接产生影响，也可通过植入器械对机体血液、细胞、组织和器官长期发挥作用，产生药理学、免疫学或者代谢方面的问题，因此受到生产企业、卫生监督部门及临床使用单位的广泛重视。诸如此类产品的标准，严格规定了化学性能指标。

一、检测的意义

医疗器械作为近代科学技术的产品已广泛应用于疾病的预防、诊断、治疗、保健和康复过程中，成为现代医学领域中重要的医用部分。但是，与药品一样，医疗器械在使用过程中也存在一定的风险。为此，如何通过对医疗器械上市后不良事件的监督、监测和评价管理，最大限度地控制医疗器械潜在的风险，以保证医疗器械安全有效地使用，这是医疗器械生产、经营、使用单位和技术监测部门共同面临的问题。

在临床治疗疾病过程中，大多医疗器械与人体表面或体内血液、器官等直接接触，因此应保证其使用中的安全。正如 ISO 10993.1 中指出：在选择制造医疗器械所用材料时，应首先考虑材料的特点和性能，包括化学、毒理学、物理学、电学、形态学和力学等性能；器械总体化学性能的评价应考虑以下方面：

（1）产品所用的原材料：如高分子合成材料的生产工艺，通常分为制造基本原料单体、合成、聚合以及加工成型 4 个阶段。在原料 PVC 的生产过程中，聚合物中有游离的氯乙烯单体存在，由于工艺路线、化学原料和接触方式不同，会出现不同的卫生学问题。

（2）助剂、工艺污染和残留：在 PVC 加工过程中加入的稳定剂铅盐会对血细胞产生毒性作用，从而引起严重的贫血；重金属残留能抑制人体化学反应酶的活性，使细胞质中毒，从而损害神经组织，还可直接导致组织的中毒，损害人体内具有解毒功能的关键器官——肝、肾等。

（3）不溶性物质：医疗器械中的微粒检测已非常广泛应用，特别是从 20 世纪 90 年代开始应用于大输液中不溶性微粒的检测，之后在注射器、输液器、输血袋等一次性使用的医疗器械中使用。因为医疗器械中的微粒多为不溶性物质，不溶于水，不参与体内的代谢过程，一旦进入人体可形成终身残留。

（4）降解产物：降解产物可以由不同方式产生或是因器械与环境之间相互作用而从器械中释放出来，这些产物可能与环境中的各种成分发生反应，一旦产物聚集可对周围组织产生生物化学作用。可根据材料的特性和浓度确定其对机体的影响，从而决定是否进行检测。

（5）其他成分以及它们在最终产品上的相互作用。

（6）最终产品的性能与特点。

二、产品材料的质量要求

人们的健康长寿依赖于现代医学的发展。现代医学的发展和进步越来越依赖于生物材料及医疗器械的开发和利用。常用的医用高分子材料除了要符合生物相容性的要求外，还应具有化学稳定性，如耐生物老化性和耐生物降解性。目前临床上使用的医用高分子产品（输液输血器、注射器、输血输液袋）、高分子绷带材料（弹性绷带、高分子代用石膏绷带等）以及存储器械，对材料的耐热性、通气性等要求高于药液输入与存储器械。目前使用的 PVC 塑料，应用广泛，具有诸多优点，但其缺点是加入了酯类增塑剂和热稳定剂材料，因此当前 90％以上的 PVC 材料生产过程中加入了 DEHP（邻苯二甲酸酯的一种），下面介绍几种产品原材料：

1. PVC

PVC 具有良好的耐化学药品性、力学性能和电性能，但其耐光性和热稳定性差。经过加工改性的 PVC 塑料，可广泛用来制作贮血袋、输血袋，以及血液导管、人工腹膜、人工尿道、袋式人工肺、心导管及人工心脏等制品。

2. 高密度聚乙烯（High Density Polyethylene，HDPE）

HDPE 是一种结晶度高、非极性的热塑性树脂。原态 HDPE 的外表呈乳白色，在微薄截面呈一定程度的半透明状。HDPE 具有很好的电性能，特别是绝缘介电强度高，很适用于电线电缆。中高分子量的 HDPE 具有极好的抗冲击性，在常温甚至在－40 ℃低温度下仍能发挥良好的性能。HDPE 最高使用温度为 100℃，可以煮沸消毒，质坚韧，机械强度比低密度聚乙烯高。HDPE 主要用于制作人工肺、人工气管、人工喉、人工肾、人工尿道、人工骨、矫形外科修补材料及一次性医疗用品。

为了提高韧性，选择韧性较好的单线低密度聚乙烯树脂（LLDPE）作为载体树脂，填料填充 HDPE 后，会使材料的流动性变差，填充料的黏度提高，增加产品的稳定性。

3. 低密度聚乙烯（LDPE）

LDPE 实际上是由乙烯与少量高级烯烃在催化下于高压或低压下聚合而成的聚合物，是聚乙烯的第三大类品种。其结晶度约为 65％，软化点为 115％，主要适用于注塑、挤塑及吹塑；用于和其他塑料共混改性及制作医用包装袋、静脉输液容器等。

4. 医用聚丙烯（PP）

PP 是由丙烯聚合而制得的一种热塑性树脂。医用聚丙烯应满足高纯度、无毒害、无刺激性、化学稳定性好、不降解、不引起炎症、无过敏反应、生物相容性好、不致癌、不引起溶血和凝血等要求，并能经受环氧乙烷的消毒处理。此外还应具有所需的物理性能、化学性能和加工性能。通过表面改性，可提高材料与人体的组织相容性。

5. 聚氨酯弹性体（TPU）

在医疗领域，TPU 是 PVC 最佳的替代材料。TPU 材料具有优异的稳定性、生物兼容性、加工性能以及物理力学性能，在医学领域的开发更广阔，逐渐取代 PVC 成为制造医疗机械的主要原材料。TPU 的主要特点：

（1）TPU 管子插入体内前具有足够硬度，而进入机体后变得柔韧，该特性可确保患者感觉舒适。

（2）TPU 易于焚化，不会释放出腐蚀性物质以及焚烧 PVC 时会产生的其他危险化学物质。TPU 不需要专用设备加工或处理，可方便地使用各种方法进行消毒，如射线消毒、环氧乙烷消毒。

（3）TPU 的强度明显高于 PVC 和其他替代材料，能够制成抗内压强度更高的薄壁导管和医疗袋。与其他材料相比，使用 TPU 制作的医疗器械更耐用，用料更少。

（4）与其他材料相比，TPU 更加耐弯折，易于黏结，更易于与其他材料共挤，生物稳定性及兼容性更好。

第二节　化学物质的来源和特性

一、化学物质的来源

高分子合成材料的生产工艺，通常分为制造基本原料的单体、合成、聚合以及加工成型 4 个阶段。工艺路线不同，化学原料的存放和接触方式不同，会出现不同的卫生学问题。一般来说，高分子聚合物本身的化学性质在常态下比较稳定，对人体基本无明显毒害。但某些聚合物中的游离单体或合成材料在加热以及生产过程中使用的某些溶剂、催化剂、填充剂、添加剂和加工助剂等，都会接触到有害的化学物质。例如：PVC 加热到 $160\sim170\ ℃$，可分解出氯化氢气体；制造 PVC 使用的触煤氯化汞聚合引发剂偶氮二异丁腈（AIBN）以及加工成型过程中添加的含铅稳定剂和某些增塑剂等也具有相应的毒性。而且，添加剂如增塑剂、稳定剂等大多与聚合物的高分子仅仅是机械结合。因此，这类化合物和残留的游离单体就容易从高分子聚合物内部逐步移行至表面，从而与人体器官组织及体液接触，产生危害。有些稳定剂（如有机锡盐）在溶液中的溶解量较多，其表现是溶液残留物多，因此导致产品还原物质的检测中高锰酸钾的消耗量增加。

在世界范围内，从 20 世纪 50 年代至今，均采用软体 PVC 制造输液（血）医疗产品。PVC 属多组分塑料，它由氯乙烯单体聚合而成。和其他塑料一样，在原料 PVC 的生产中，聚合物中尚有游离的单体存在。常温下的 PVC 对人体是无害的，只有在 PVC 超过了极限温度，碳化分解成氯气后才会产生有毒物质。PVC 一般只要不在 200 ℃ 停留 20 分钟以上，不燃烧，就不会引起这种分解。而氯乙烯单体，自 20 世纪 70 年代以来国际癌症研究中心已确认其为一类化学致癌物，长期吸入，则有明显致癌作用，主要会引发肝血管肉瘤，还可能引发脑瘤、肺癌和肝癌等。作为医用级的 PVC，要求 PVC 树脂内氯乙烯单体的残留控制在 30 ppm 以内，这样的浓度含量，在塑化和成型加工中，可全部或大部分挥发掉。

再则，生产制造工艺过程中，接触化工、机械设备及腐蚀引入的重金属，含氮聚合物热解时产生的氨等，PVC 生产中降解生成的氯化物，用于零配件清洗水的污染，均可造成医疗产品化学性能质量的下降。我们注意做到，不同化工厂聚合的 PVC 原料，在同样的条件下取样检验，测试结果说明，有些化学物质的含量是有差别的。例如，在不同厂家不同生产批号的 PVC 粒料中，发现铵的含量相差一个数量级以上。因此，对于所购进的原料，除查看供料单位提供的质保书外，须对每批进料按国家标准规定的项目进行测试，加工成型后，再继续进行监测。只有这样，才能保证产品质量，做到万无一失，具体措施如下：

（1）通过选择合适的原材料、加工助剂、加工条件，使材料具有良好的加工性、稳定性、安全性，从而达到医用要求。

（2）通过表面改性，提高材料与人体的组织相容性。

（3）通过改性，提高材料的消毒性能，使材料可进行辐照消毒灭菌。

（4）研究应用特殊用途的聚烯烃共聚物。

（5）研制开发高精度、高自动化的成型加工设备。

二、无菌医疗器械化学性能检测的参考依据

无菌医疗器械化学性能检测的依据为 GB/T 14233.1—2008《医用输液、输血、注射器具检验方法 第 1 部分：化学分析方法》，另外，中国药典 2015 年版四部通则 0631 关于 pH 值及还原物质的检测、0801 和 0821 关于氯化物及重金属的检测同样作为样品检测的参考。

1. 一般要求

（1）室温：实验室温度 10～30 ℃。温度对实验结果会产生一定影响，现在许多单位对实验室温度和湿度的要求不是太严格，还是需要人工干预调节，不能实现对实验室温度和湿度的智能调节和控制。特别是检测样品，其存放环境是非常重要的，温度湿度直接影响产品的保存质量和使用安全。

（2）实验用水：二级水（GB/T 6682）。二级水的水质良好，用于无机衡量分析等试验，如原子吸收光谱分析用水。二级水可用多次蒸馏或离子交换等方法制取。二级水是通过反渗透技术生产出来的优质产品。该技术依靠渗透压的作用，将原水里的有机物、细菌、病毒和病原原生动物阻挡在反渗透膜的一侧，而通过反渗透膜流出的则是净化好的水，可直接饮用。另外，为防止产品的二次污染，在灌装过程中还采用了臭氧杀菌工艺，臭氧不但可以直接杀死水中的微生物，还可以增加二级水的含氧量。

（3）精确称量：指称重精确到 0.1 mg。

（4）恒重：质量法恒重系指供试品连续 2 次炽灼或干燥后的质量之差不得超过 0.3 mg；即干燥至恒重的第 2 次及以后各次称重均应在规定条件下继续干燥 1 小时后进行；炽灼至恒重的第 2 次称重应在继续炽灼 30 分钟后进行。

2. 分析结果

均以 2 次称重的算术平均值表示。若其中一份不合格，须重新测定。

第三节　化学试剂的配制及标准溶液的标定

一、普通溶液的配制

（一）配制试剂的基本知识

配制试剂溶液应该按照实际需要选用合适规格的试剂。精确度要求很高的分析实

验，应该选用高纯度的试剂；一般的分析实验，只要用一般纯度的试剂即可，但必须是标注分析用试剂。配制洗液、冷却浴或加热浴用药品，选用工业品即可。必须指出，不含杂质的试剂是没有的。即使是极纯的试剂，对某些特定的分析或痕量分析，并不一定能符合要求。例如，试剂中杂质含量尽管很少，但它所含杂质正是试样中欲测成分，特别是当这种成分在试样中的含量很少时，它所引起的干扰就会相当可观（如重金属测定等）。另外，试剂中杂质的实际含量是未知的，因为试剂规格中所示的是杂质的允许上限。至于重金属含量，是用盐酸浸取其蒸发残留物，用醋酸钠调节 pH 值之后，加硫化氢水溶液，按其浑浊的程度来确定的，至于所含重金属种类则完全不知。在这种情况下，进行痕量分析时，必须先对试剂的杂质进行分析，在确知不影响测定结果时方可使用。若有影响，要先进行纯化，然后才能用于正式试验。

如果所用试剂虽然含有某种杂质，但对所进行的检测结果不会造成影响，也就是说在事实上没有妨碍实验的进程，那就可以放心使用。例如，各种钠盐中常含有微量钾盐，钾盐中常含有微量钠盐，除了专门分析微量碱金属的前处理和标准试样的制备外，这种杂质一般是没有妨碍的。因此配制溶液的方法，也应该根据具体情况来选择。如定量分析用的标准滴定溶液，须精确配制；如果只作为控制反应条件和一般使用的近似浓度溶液，则只要粗略配制。必须指出，选择所用试剂的纯度等级，是根据实验工作的要求决定的，这与配制方法无关。例如，在某一分析工作中，作为控制反应条件用的溶液，它可以粗略配制，不必标定。但是，试剂纯度必须符合要求，不得有干扰物质进入。化学实验室配制试剂的基本要求如下：

（1）在实验室，将化学物品和溶剂（一般是指水）配制成实验需要浓度的溶液的过程就叫作配制溶液，特殊溶液或非水溶液应该注明。

（2）配制溶液前需要计算所用试剂的多少并对玻璃器皿进行清洗和干燥。对于临用前配制的试剂不宜配制过多，以免影响结果的准确性或造成浪费。

（3）配制标准溶液时，当量浓度、摩尔浓度等，必须使用电子分析天平称取，使用容量瓶配制。

（4）配制好的试剂瓶上必须标明名称、浓度、时间和用途。

（5）试剂一旦从试剂瓶取出后，不可再放回原瓶，防止不洁吸管污染瓶内试剂；标准溶液要先倒出后吸取，不可直接将吸管插入标准瓶液体中。

（6）试剂取出后要及时加盖塞紧，瓶塞不得污染。

（7）了解不同化学试剂的性质，分类别保管。

（8）配制稀酸时，从大瓶中取浓硫酸必须用虹吸管取，因为倾倒法会洒出酸液造成事故，取出后将虹吸管拔掉。除此之外，稀释硫酸时会产生大量热量，为避免飞溅，注意应将酸往水里缓慢倒入，切勿颠倒加入顺序。

（9）配制有毒试剂时，如氰化物，要注意避免污染周围环境，使用过的器皿不能随意丢弃，必须经过碱化等无毒处理，以免造成伤害。

（10）有机溶剂都是有毒性的，配制时须用水浴锅缓慢加热，切勿直接加热，操作时最好在通风橱里进行，并且远离明火。

（二）百分比浓度、摩尔浓度

1. 百分比浓度

百分比浓度即 100 份溶液中所含溶质的份数，常用以下几种方法表示：

（1）重量与体积之比（W/V）：即每 100 mL 溶液中所含溶质的克数。例如，0.85％氯化钠溶液，是取氯化钠 0.85 g，先溶于水中，后加水至 100 mL，而不是氯化钠 0.85 g 加水 100 mL。

（2）容量与容量之比（V/V）：即在 100 mL 溶液中含溶质之毫升数。例如，配制 75％乙醇，取无水乙醇 75 mL，加水至 100 mL 即可。

（3）重量与重量之比（W/W）：即每 100 g 溶液中所含溶质的克数。如过氧化氢水溶液的浓度，即用此法表示。

2. 摩尔浓度

摩尔浓度是指在 1 L 溶液中所含有溶质的物质的量。化学实验中常涉及溶液的配制和溶液浓度的计算，用物质的量浓度来表示溶液的组成比较方便。国际、国内及药典统一用 mol/L 来表示。例如，15.8 g 高锰酸钾溶于 1 L 水中，约为 0.1 mol/L；40 g 氢氧化钠溶于 1 L 水中，约为 1 mol/L。

二、标准溶液的标定

标准溶液是指含有某一种特定浓度参数的溶液。不同浓度的标准溶液可用来绘制标准曲线，从而可以用得到的标准曲线反查测试样品的浓度。常用的几种标准溶液的标定方法如下：

（一）0.1 mol/L NaOH 标准溶液的配制与标定

1. 目的

（1）掌握配制标准溶液和用基准物质标定标准溶液浓度的方法。

（2）掌握滴定操作和滴定终点的判断方法。

2. 基本原理

本实验选用邻苯二甲酸氢钾作为标定 NaOH 标准溶液的基准物质。它易于提纯，在空气中稳定，不吸潮，易于保存，摩尔质量大。化学计量点时由于弱酸盐的水解，溶液呈微碱性，应采用酚酞为指示剂。为了消除测定误差，原则上，标定和测定时所采用的标准溶液和指示剂，应尽可能一致。

3. 试剂的配制

（1）试剂要求：

① 氢氧化钠：AR。

② 邻苯二甲酸氢钾：AR。

③ 0.2％酚酞乙醇溶液：取 0.2 g 酚酞，用乙醇溶解，并稀释至 100 mL，无须加水。

（2）试剂的配制：

称取 110 g NaOH 溶于 100 mL 无 CO_2 的水中，摇匀，注入聚乙烯容器中，密闭放置至溶液清亮。按照表 10-1 配制 NaOH 标准溶液：用塑料管量取上层清液，用无 CO_2

的水稀释至 1 000 mL，摇匀。

表 10-1　NaOH 标准溶液的配制

NaOH 标准溶液/（mol/L）	NaOH 溶液/mL
1.0	54
0.5	27
0.1	5.4

4. 实验方法

按表 10-2 的要求量取各物质。将基准试剂邻苯二甲酸氢钾置于 105～110 ℃电烘箱中干燥至恒重，加无 CO_2 的水溶解，再加 0.2％酚酞指示剂 2 滴，用已配制的 NaOH 溶液滴定，使溶液由无色呈粉红色（30 s 不褪色），即为终点。同时做空白对照实验。

表 10-2　NaOH 标准溶液的标定方法

NaOH 标准溶液/（mol/L）	邻苯二甲酸氢钾/mg	无 CO_2 的水/mL
1.0	7.5	80
0.5	3.6	80
0.1	0.75	50

5. 数据记录和计算

按下式计算氢氧化钠标准溶液的浓度：

$$C（NaOH）=\frac{m\times 1\ 000}{(V_1-V_2)\ M}$$

式中：m 为邻苯二甲酸氢钾的质量（g）；

$\quad\quad V_1$ 为 NaOH 溶液的体积（mL）；

$\quad\quad V_2$ 为空白实验 NaOH 溶液的体积（mL）；

$\quad\quad M$ 为邻苯二甲酸氢钾的摩尔质量（g/mol）[$M（KHC_8H_4O_4）$＝204.22]。

6. 注意事项

（1）碱式滴定管的使用：

① 检漏：将碱式滴定管洗净，装入蒸馏水，置滴定台架上直立 2 分钟，观察有无水滴下滴。如有，则更换较大的玻璃珠。

② 赶气泡：将标准溶液充满滴定管后，应检查管下部是否有气泡，如有气泡，可将橡皮管向上弯曲，并在稍高于玻璃珠所在处用两个手指挤压，使溶液从尖嘴口喷出，即可除去气泡。

③ 滴定管的读数：将滴定管垂直夹在滴定管夹上，读数时，眼睛视线与溶液弯月面下缘最低点应在同一水平上，读取弯月面的下缘。

④ 碱管操作技能：左手无名指和小指夹住出口管，拇指和食指向侧面挤压玻璃珠所在部位稍高处的橡皮管，使溶液从空隙处流出。

（2）溶液配制后保存，储存时间长可能会变质，其原因有：

① 水和试剂（特别是碱性溶液）与玻璃表面接触或多或少会侵蚀玻璃，使溶液中出现钠、钙、硅酸盐等杂质。某些离子被吸附于玻璃表面，这对于低浓度的离子标准液不可忽略。故浓度低于 1 mg/mL 的离子溶液不能长期储存。

② 由于试剂瓶密封不严，空气中的 CO_2、O_2、NH_3 或酸雾侵入使溶液发生变化，如氨水吸收 CO_2 生成 NH_4HCO_3，KI 溶液见光易被空气中的氧氧化生成碘而变为黄色，$SnCl_2$、$FeSO_4$、Na_2SO_4 等还原剂溶液易被氧化。

③ 某些溶液见光分解，如硝酸银、汞盐等。有些溶液放置时间较长后逐渐水解，如铋盐、锑盐等。$Na_2S_2O_3$ 还会受到微生物的作用逐渐使浓度变低。

④ 某些配位滴定指示剂溶液放置时间较长后发生聚合和氧化反应等，不能敏锐指示终点，如铬黑 T、二甲酚橙等。

⑤ 易挥发组分的挥发使溶液浓度降低，导致实验中出现异常现象。

（二）草酸含量的标定

1. 目的

（1）掌握用酸碱滴定法测定草酸含量的原理和操作。

（2）掌握酚酞指示剂滴定终点的判断方法。

2. 基本原理

滴定是常用的测定溶液浓度的方法，利用酸碱滴定（中和法）可以测定酸或碱的浓度。将标准溶液加到待测溶液中（也可以反加），使其反应完全（即达终点），若待测溶液的体积是精确量取的，则其浓度即可通过滴定精确求得。

3. 试剂

（1）草酸（$H_2C_2O_4 \cdot 2H_2O$）样品。

（2）0.1 mol/L NaOH 标准溶液。

（3）0.2% 酚酞乙醇溶液：取 0.2 g 酚酞，用乙醇溶解，并稀释至 100 mL，无须加水。

4. 实验方法

取草酸约 0.12 g，精密称定，置于 250 mL 锥形瓶中，加水 50 mL 使其完全溶解，加酚酞指示剂 1~2 滴，用 0.1 mol/L NaOH 标准溶液滴定至溶液呈淡粉红色，经振荡粉红色不再消失即为终点。平行测定 3 次。

5. 数据处理及计算

实验的数据记录及处理详见表 10-3。

表 10-3　草酸含量标定的实验记录

测定次数	1	2	3
称量瓶＋草酸（倾出前）（g）			
称量瓶＋草酸（倾出后）（g）			
草酸（g）			
C_{NaOH}（mol/L）			

测定次数	1	2	3
V_{NaOH}（初）（mL）			
V_{NaOH}（终）（mL）			
V_{NaOH}（mL）			
$H_2C_2O_4 \cdot 2H_2O$（%）			
平均含量（%）			
相对平均偏差（%）			

注：$V_{NaOH} = V_{NaOH}$（初）$- V_{NaOH}$（终）。

（三）0.02 mol/L $KMnO_4$ 标准溶液的配制与标定

1. 目的

（1）掌握 $KMnO_4$ 标准溶液的配制方法与保存方法。

（2）掌握用 $Na_2C_2O_4$ 标定 $KMnO_4$ 溶液的原理、方法及滴定条件。

2. 基本原理

市售的 $KMnO_4$ 试剂常含有少量 MnO_4 及其他杂质，蒸馏水中也常含有少量有机物，这些物质都促使 $KMnO_4$ 还原，因此 $KMnO_4$ 标准溶液在配制后要进行标定。

配制所需浓度的 $KMnO_4$ 溶液，在暗处放置 7～10 天，使溶液中还原性的杂质与 $KMnO_4$ 充分作用，将还原产物 MnO_2 过滤除去，贮存于棕色瓶中，密闭保存。

标定 $KMnO_4$ 溶液的基准物质有 $H_2C_2O_4 \cdot H_2O$、$Na_2C_2O_4$、$(NH_4)_2Fe(SO_4)_2 \cdot 6H_2O$、$(NH_4)_2C_2O_4$、$FeSO_4 \cdot 7H_2O$ 和纯铁丝等。其中最常用的是 $Na_2C_2O_4$，它易于提纯，性质稳定。在酸性介质中 $KMnO_4$ 与 $Na_2C_2O_4$ 发生下列反应：

$$2MnO_4^- + 5C_2O_4^{2-} + 16H^+ \Longrightarrow 2Mn^{2+} + 10CO_2 + 8H_2O$$

上述反应进行缓慢，开始滴定时加入的 $KMnO_4$ 不能立即褪色，但一经反应生成 Mn^{2+} 后，Mn^{2+} 对该反应有催化作用，促使反应速度加快。通常在滴定前加热溶液，并控制在 70～85 ℃进行滴定。利用 $KMnO_4$ 本身的颜色指示滴定终点。

3. 试剂的配制

（1）试剂要求：

① $KMnO_4$：AR。

② $Na_2C_2O_4$：基准试剂。

③ 2 mol/L H_2SO_4 溶液。

（2）试剂配制：

① 0.02 mol/L $KMnO_4$ 溶液：称取 $KMnO_4$ 1.6～1.8 g 溶于 500 mL 新煮沸并冷却的蒸馏水中，混匀，置于棕色玻璃塞试剂瓶中，于暗处放置 7～10 天后，用垂熔玻璃漏斗过滤，存放于洁净棕色玻璃瓶中。

② 2mol/L H_2SO_4 溶液：取硫酸（AR 或 CP）112 mL，加水稀释至 1 000 mL。

4. 实验步骤

取于 $100\sim110\ ℃$ 条件下干燥至恒重的 $Na_2C_2O_4$ 基准物约 $0.13\ g$，精密称量，置于 $250\ mL$ 锥形瓶中，加新蒸馏水约 $20\ mL$，使之溶解，再加 $2\ mol/L H_2SO_4$ 溶液 $15\ mL$，迅速滴加 $0.02\ mol/L KMnO_4$ 标准溶液 $10\ mL$，加热至 $75\sim85\ ℃$，待褪色后，继续用 $KMnO_4$ 溶液滴定至溶液呈粉红色并保持 $30\ s$ 不褪，即为终点。平行测定 3 次。

5. 注意事项

（1）滴定时开始速度一定要慢，第一滴高锰酸钾褪色很慢，在第一滴没有褪色前不要加第二滴，否则会出现棕色浑浊现象；待 Mn^{2+} 形成后，有加速作用，可加快滴定速度，但在近终点时应小心慢加。

（2）滴定过程中锥形瓶不烫手了说明温度过低，应拿到水浴中再次加热。

（3）滴定结束时，溶液温度不应低于 $55\ ℃$，否则会因反应速度较慢而影响终点观察的准确性。

（4）操作中加热可使反应速度增快，但温度不可超过 $85\ ℃$，否则会引起 $Na_2C_2O_4$ 分解以及 $KMnO_4$ 转变成 MnO_2。

第四节　溶出物的制备

所谓溶出物系指用纯化水或萃取液按随机抽取的不同样品标准制样的要求进行常规浸泡不同时间以及萃取后所得液体。例如，检测无菌输液器或注射器的化学性能，首先按容量或面积的比例制备溶出液体，然后进行化学性能检验。该溶出液体又称检验液，或者称为萃取液。

在 GB/T 14233.1—2008 标准中化学部分检测方法所使用试剂若无特殊规定，均为分析纯；试验用水若无特殊规定，均应符合 GB 6682 中二级水的要求；所用玻璃器皿若无特殊规定，均为硅硼酸盐玻璃器皿。

一、检出液制备的影响因素

医用输液、输血、注射器具检验液应模拟体内使用过程中所处的环境（如器械存放体内所占的面积、停留时间及温度等）。当产品使用时间较长时（超过 24 小时），应考虑采用高温加速条件制备检验液，但需要对方法的可行性和合理性进行验证。

二、制备方法

制备检验液所用的萃取方法要保证被检验样品所测表面都被萃取到。常用的方法须按照产品在体内的滞留时间确定萃取的时间。

表 10-4 中的制备方法均需要将样品与检验液分离，并冷至室温，作为检验液备用。

表 10-4 部分无菌医疗产品检验液的制备方法

序号	适用产品		检验液制备方法
	名称	使用时间(h)	
1	体外输注管路（如输液器、输血器）	＜24	取 3 套输液器和烧瓶构成循环系统，加 250 mL 水，在 (37±1)℃下，通过蠕动泵，使用短的医用硅胶管，以 1 L/h 的流量循环 2 h，所得液体即为检验液。取同体积水置于玻璃烧瓶中，同法制作空白对照液。
2	体内导管	＜24	将样品切成 1 cm 段，加入玻璃容器。按样品内外总表面积（cm²）与水体积（mL）比为 2∶1 的比例加水，加盖。(37±1)℃下放置 24 h。取同体积水置于玻璃容器中，同法制备空白对照液。
3	使用时间长的产品（如血袋）	＞24	取厚度均匀部分切成 1 cm² 碎片，清洗后晾干，加入玻璃容器中，按样品内外总表面积（cm²）与水体积（mL）比为 5∶1（或 6∶1）的比例加水，加盖。置于压力蒸气灭菌器中，在 (121±1)℃下加热 30 min。取同体积水置于玻璃容器中，同法制备空白对照液。
4	容器类（如注射器）	＜1	加水至公称容量，在 (37±1)℃下恒温 8 h（或 1 h）。取同体积水置于玻璃容器中，同法制备空白对照液。
5	容器类（如营养输液袋）	＜24	加水至公称容量，在 (37±1)℃下恒温 24 h。取同体积水置于玻璃容器中，同法制备空白对照液。
6	小型不规则产品（如药液过滤器）	＜24	取样品，按每个样品 10 mL，或按样品重量 0.1～0.2 g/mL 的比例加水，在 (37±1)℃下恒温 24 h（或 8 h 或 1 h）。取同体积水置于玻璃容器中，同法制备空白对照液。
7	体积较大不规则产品	＜24	按样品重量 0.1～0.2 g/mL 的比例加水，在 (37±1)℃下恒温 24 h（或 8 h 或 1 h）。取同体积水置于玻璃容器中，同法制备空白对照液。
8	不规则产品	＞24	按样品重量 0.1～0.2 g/mL 的比例加水，在 (37±1)℃下恒温 72 h，或 (50±1)℃下恒温 72 h，或 (70±1)℃下恒温 24 h。取同体积水置于玻璃容器中，同法制备空白对照液。
9	吸水性材料	—	按样品重量（g）或表面积（cm²）加除去吸水量以外适当比例的水，(37±1)℃下恒温 24 h（或 72 h 或 8 h 或 1 h）。取同体积水置于玻璃容器中，同法制备空白对照液。

注：① 若使用括号中的检验液制备条件，应在产品标准中注明。② 0.1 g/mL 的比例适用于不规则形状低密度孔状的固体，0.2 g/mL 的比例适用于不规则固体。③ 尽量使样品所有被测表面都被萃取到。

第五节　化学性能检测

一、重金属检测

金属指示剂是一些具有络合能力的有机染料，可与金属离子形成有色配合物，其颜色与游离的指示剂的颜色不同，因而能指示出在滴定过程中金属离子浓度的变化情况。《中华人民共和国药典》2015 年版四部 0821 重金属检查法采用硫代乙酰胺试液或硫化钠试液作为显色剂，以铅的限量表示。如铬黑 T 在 pH 值为 8～11 时呈蓝色，它与 Ca^{2+}、Mg^{2+}、Zn^{2+} 等金属离子形成的络合物呈酒红色。如果用 EDTA 滴定这些金属离子，加入铬黑 T 指示剂，滴定前它与少量金属离子形成酒红色，绝大部分金属离子处于游离状态。随着 EDTA 的滴入，游离金属离子逐步被配位而形成络合物 M-EDTA。当游离金属离子配合物的条件稳定常数大于铬黑 T 与金属离子配合物的条件稳定常数时，EDTA 夺取指示剂配合物中的金属离子，将指示剂游离出来，溶液显示游离铬黑 T 的蓝色，指示出滴定终点将到来。

常用金属指示剂有铬黑 T、二钾酚橙、磺基水杨酸、钙指示剂等。还有一种 Cu-PAN 指示剂，它是 CuY 与少量 PAN 的混合物。将此指示剂加到含有被测金属离子的试液中时，试液则会发生颜色变化。

不同样品采用的实验方法不同，共有三种检测方法：第一种适用于水、稀酸或有机溶剂的产品，在酸性溶液中能够显色，检测重金属；第二种适用于难溶或不溶于水或稀酸或乙醇的产品，需要破坏有机物，然后在酸性溶液中进行显色，检测重金属；第三种适用于溶于碱而不溶于酸的样品中的重金属，根据药典规定的方法进行检测。

上述三种方法检测的结果均为微量重金属的硫化物微粒均匀混悬在溶液中所呈现的颜色；当重金属浓度高时，其显色时间长，可见硫化物沉淀下来。

重金属硫化物生成的最佳 pH 值是 3.0～3.5。实验证明，重金属检测以选用乙酸盐缓冲液（pH 值 3.5）2 mL 调节 pH 值为宜；显色剂硫代乙酰胺试液用量同样以 2 mL 为佳，显色时间为 2 min。在常规实验条件下，与硫代乙酰胺试液在弱酸条件下产生的硫化氢显色的金属离子包括铅、汞、银、砷、镉、铋等。

在医疗器械生产的过程中，为了提高产品质量，会加入一定量的稳定剂或增塑剂，因而遇到铅的机会较多，即可能造成铅的残留。在临床病例观察中发现，铅蓄积后对机体易产生毒性，因此，一般以铅作为重金属的代表进行检测。检测仪器及检测材料详见第十四章。

二、还原物质（易氧化物）检测

根据 GB/T 14233.1—2008 中的第 5.2 条对医疗产品中的还原物质进行（易氧化物）检测，所用溶液有：0.002 mol/L 高锰酸钾、0.01 mol/L 硫代硫酸钠、1 mol/L 硫酸、淀粉指示剂，还原物质的含量以消耗高锰酸钾溶液的量表示。

（一）天然水中的易氧化物

易氧化物是指在普通环境下容易与氧气发生化学反应的物质，常见的人们容易理解的就是易生锈的金属，如铁、铝、铜等。

天然水中通常含有下列 5 种杂质，它们均属于易氧化物：

（1）电解质，包括带电粒子。常见的阳离子有 H^+、Na^+、K^+、NH_4^+、Mg^{2+}、Ca^{2+}、Fe^{3+}、Cu^{2+}、Mn^{2+}、Al^{3+} 等；阴离子有 F^-、Cl^-、NO_3^-、HCO_3^-、SO_4^{2-}、PO_4^{3-}、$H_2PO_4^-$、$HSiO_3^-$ 等。

（2）有机物质，如有机酸、农药、烃类、醇类和酯类等。

（3）颗粒物。

（4）微生物。

（5）溶解气体，包括 N_2、O_2、Cl_2、H_2S、CO、CO_2、CH_4 等。

其中，Fe^{3+} 在水中是非常常见的，也是易氧化物的主要成分。一般的纯化水制备都是经过机械过滤、活性炭过滤、反渗透膜过滤后才进入离子交换柱，其中反渗透能够滤除 95% 以上的电解质和大分子化合物，使离子交换柱的使用寿命大大延长。如果易氧化物不合格，而反渗透没问题，一般是因为在制备离子交换水过程中离子交换柱交换能力下降，此时需要再生处理。

（二）易氧化物的来源

天然水中易氧化物的来源主要有以下 4 个方面：

（1）一次性塑料血袋一般由增塑的 PVC 软塑料制成。血袋在贮存过程中，袋体中的小分子有机物（易氧化物）会析出到血液保存液中，当用这些血袋贮存血液时，析出的易氧化物会降低血液中溶解氧的含量，不利于血细胞的有氧代谢和维持正常的 pH 值，从而会影响血液制品的质量。

（2）橡皮管输送热蒸馏水过程释出微量的易氧化物。

（3）大部分生产企业在生产一次性使用无菌注射器时采用环己酮黏接部件，而环己酮残留量超过一定限度，会对人体造成危害。因此，必须依据 GB 15810—2001 标准对注射器中的易氧化物进行测定。该方法不仅可以测定许多具有还原性质的金属离子、阴离子和有机化合物，而且可以通过与氧化剂或还原剂发生其他反应间接地进行测定。通常根据所应用的氧化剂和还原剂的不同，可将氧化还原滴定法分为高锰酸钾法、重铬酸钾法等，本章内容根据国家标准需要主要讨论高锰酸钾法，检测方法见第十四章。

（4）环氧乙烷法灭菌后，一次性使用无菌注射器橡胶活塞中的易氧化物含量值会增加；随着灭菌后停放时间的延长，易氧化物含量下降；不同灭菌条件对胶塞中的易氧化物有明显的影响；胶塞配方对灭菌前、后的易氧化物含量都有一定的影响，且灭菌前易氧化物含量高的灭菌后也高；灭菌后保存在 70℃ 条件下可以加速残留环氧乙烷的解析，也可使胶塞中的易氧化物含量降低。

依据上述易氧化物的来源检测医疗器械中易氧化物的含量是保障人体安全所必需的，也是非常必要的。检测还原物质（易氧化物）的详细方法见第十四章。

三、氯化物检测

人体内的氯化物，在无机化学领域里是指带负电的氯离子和其他元素带正电的阳离子结合而形成的盐类化合物，如氯元素以氯化钠的形式广泛存在于人体。一般成年人体内含有 75～80 g 氯化钠，其对人体内的水分平衡机制起着重要调节作用。另外，在人体的骨骼和胃酸里也含有氯化物，成年人比较合适的氯化钠日摄取量是 2～5 g。人体内缺少氯会导致腹泻、缺水等症状。有专家认为，体内过多的氯化钠摄取量会导致高血压。氯化物大多是无色的晶体，溶于水（氯化银、氯化亚汞、氯化铅在冷水中微溶），并形成离子，这也是氯化物溶液导电的原因。氯化物一般具有较高的熔点和沸点。硝酸银遇到氯离子会产生不溶于硝酸的白色氯化银沉淀，依据此特性可用来检验氯离子的存在。

微量氯化物在酸性（硝酸）溶液中与硝酸银作用生成氯化银混浊液，与一定量的标准氯化钠溶液在同一条件下生成的氯化银混浊液比较，可检查供试品中氯化物的限量。

某些金属与盐酸溶液反应，也可形成该金属的氯化物，属于还原反应。需要注意的一点，不是所有的金属都可以与盐酸反应形成盐，只有在金属活动性顺序列表中排在氢之前的金属才可以与盐酸反应而形成氯化物，比如钠、镁、铝、钙、钾等，而铜、铁、银等金属则不能与盐酸反应形成氯化物。

氯化物的具体检测方法见第十四章。

四、酸碱度（pH 值）测定

pH 值指酸碱度，是溶液中氢离子活度的一种标度，也就是通常意义上溶液酸碱程度的衡量标准。p 代表德语 Potenz，意思是浓度，H 代表氢离子。

1. 测量方法

（1）pH 值测定法是测定医疗器械检测液中氢离子活度的一种方法，是药品检查项下采用较多和重要的指标之一。pH 值即为水溶液中氢离子浓度（单位为 mol/L）的负对数。但是在实际测量中不能测得单个氢离子的活度，只能是一个近似的数值。常用的 pH 标度是 pH 的实用值，是以实验为基础的。

（2）测定 pH 值时须选择适宜的对氢离子反应敏感的电极与参比电极组成电池。常用的对氢离子敏感的电极有 pH 玻璃电极、氢电极、醌氢醌电极与锑电极等。常用的参比电极有甘汞电极、银氯化银电极等。最常用的电极为玻璃电极与饱和甘汞电极。

pH 值测定法测定水溶液的 pH 值应采用以玻璃电极为指示电极、饱和甘汞电极为参比电极的不低于 0.01 级的酸度计进行测定。

（3）pH 值对液体而言表示某溶液或物质所含酸或碱的成分。pH 值范围为 0～14，一般 0～7 为酸性，7～14 为碱性。在 25 ℃时，每升纯水的氢离子浓度是 10^{-7} mol/L，即 $[H^+] = 10^{-7}$，此时溶液为中性。酸和碱是生产、生活和科学实验中两类重要的化学物质。酸碱平衡是水溶液中最重要的平衡体系，是研究和处理溶液中各类平衡的基础，是酸碱滴定的理论基础。以酸碱反应为基础的酸碱滴定法是一种重要的、应用很广泛的滴定分析方法。

2. 仪器与性能测试

酸度计是专为应用玻璃电极测定 pH 值而设计的一种电子电位计。由溶液和电极组成的电池的电动势与 pH 值有关，在 25 ℃时，电池电动势每变化 0.059 V 相当于 pH 值变化 1 个单位。

酸度计主要由 pH 测量电池和 pH 指示器两个部分组成。玻璃电极是在一支厚玻璃管下端接一个特殊材料的玻璃球膜，其前端薄膜的厚度约为 0.2 mm，球中装有已知的 pH 缓冲液，并有一个电极电位已知的参比电极作为内参比，电极的导线绝缘电阻必须大于玻璃球电阻 1 000 倍以上，否则易引起漏电，造成读数不稳定。玻璃电极的电位随测试液体中氢离子浓度变化而变化，称为指示电极；甘汞电极为参比电极，具有稳定的已知电位，作为测定时的标准。甘汞电极由汞、甘汞糊和氯化钾溶液组成，按氯化钾浓度不同可分为饱和甘汞电极、1 mol/L 甘汞电极与 0.1 mol/L 甘汞电极。这三种电极由于电极电位不同，受到温度的影响亦不同，饱和甘汞电极受影响最大。

我国 JJG 119—2005《实验室 pH（酸度）计检定规程》规定，酸度计属于实行强制检定的计量器具，应当每年进行一次检定，共有 5 个级别（0.2、0.1、0.02、0.01、0.001）的检测项目。检定内容还包括标准缓冲液的配制，除用规定的 3～5 种标准缓冲液反复测量外，还要保障指示器刻度的正确性、温度补偿刻度的准确性等。具体测量方法见第十四章。

五、残渣试验

1. 炽灼残渣

《中华人民共和国药典》2015 年版四部通则 0821 中的"炽灼残渣"，是指将样品溶出物经加热灼烧完全成灰化，再加硫酸 0.1～1 mL 并灼烧（700～800 ℃）至恒重后残留的金属氧化物或其硫酸盐。

2. 蒸发残渣

利用样品主体与残渣挥发性质的差异，在水浴上将样品蒸干，并在烘箱中干燥至恒重，使样品主体与残渣完全分离，可用电子天平称出残渣的质量。

六、紫外分光光度法

紫外可见分光光度法是指通过被测物质在紫外光区或可见光区特定波长处或一定波长范围内的吸光度，对该物质进行定性和定量分析的方法。本法在样品检验中主要用于样品的检查和含量测定。

定量分析通常选择在物质的最大吸收波长处测出吸光度，以吸收系数计算出被测物质的含量。对已知物质定性可用吸收峰波长或吸光度比值作为鉴别方法。若物质本身在紫外光区无吸收，或杂质在紫外光区有相当强的吸收，或杂质吸收峰处样品无吸收，则可将本法用于杂质检查。

物质对紫外辐射的吸收是由于分子中原子的外层电子跃迁所产生的，因此，紫外线吸收主要取决于分子的电子层结构。有机化合物分子结构中如含有共轭体系、芳香环等发色基团，均可见紫外光区和可见光区产生吸收。通常使用的紫外线可见分光光度计的工作波长范围为 190～900 nm。

紫外吸收光谱为物质对紫外光区辐射的能量吸收图。朗伯-比尔定律为光的吸收定律，它是紫外分光光度法定量分析的依据。其公式为：

$$A = \lg \frac{1}{T} = Ecl$$

式中：A 为吸光度；T 为透射率；E 为吸收系数；c 为溶液浓度；l 为光路长度。

紫外分光光度法是利用物质被外能激发后所产生的原子发射光谱来进行分析的方法。原子由激发态回到基态（或跃迁到较低能级）时，若以光的形式放出能量，就得到了发射光谱。其谱线的波长取决于跃迁时的两个能级的能量差。光谱分析可用于进行定性、半定量、定量分析。

检测方法见第十四章。

附：

1. 化学试剂的分类

化学试剂可用于检验各种化学物质的质量标准，是一种重要的实际应用的化学物质。化学试剂通常可分为无机化学试剂、有机化学试剂和生化试剂三大类。这里主要讨论无机化学试剂。

（1）无机化学试剂通常有两种不同分类标准。其一是按用途分类。苏联化学家库兹涅佐夫在其所著的《化学试剂与制剂手册》中，从分析的角度出发，把无机试剂分为四大类：① 用作溶剂的试剂，包括各种酸类、碱类及各种不同的"熔合物质"，如焦硫酸盐、碱金属的碳酸盐、氟化物等；② 分离试剂，有沉淀试剂、提取溶剂等，如硫化物、碳酸盐、氢氧化物等；③ 用于检验的试剂，如氧化剂、还原剂、基准物质，以及用于分析中的各种试剂等；④ 辅助试剂，如络合物的形成剂，用作缓冲溶液的试剂、指示剂等。随着科学技术的发展，无机试剂的用途越来越广，又出现了电子工业试剂、仪器分析试剂、生化试剂等。其二是按无机试剂的性质，将其分为金属、非金属、化合物，又把化合物分为氧化物、酸、碱、盐等。苏联学者克留乞尼科夫所著《无机合成手册》中把无机试剂分为九类：① 金属，如锌、铜等；② 非金属，如硼、硅等；③ 氧化物，如氧化铁、二氧化钼等；④ 氢化物，如氢化锂、氢化钙等；⑤ 卤化物，如三氯化铁、四氯化硅等；⑥ 含氧酸，如高氯酸、钨酸等；⑦ 含氧酸盐，如硝酸钡、硫酸钠等；⑧ 硫化物、氮化物、碳化物及与它们类似的二元化合物，如碳化钙、氮化镁、硫化汞、碘化铝等；⑨ 络合物，如氯铂酸钾、三氟合锌酸钾等。

（2）根据化学试剂的纯度，按杂质含量的多少可将化学试剂分为四级：一级试剂为优质纯试剂，通常用 GR 表示；二级试剂为分析纯试剂，通常用 AR 表示；三级试剂为化学纯试剂，通常用 CR 表示；四级试剂为实验或工业试剂，通常用 LR 表示。

此外，根据特殊的工作目的，还有一些特殊的纯度标准，例如光谱纯、荧光纯、半导体纯等。使用时应按不同的实验要求，选用不同规格的试剂。

2. 固体试剂的溶解

较大的固体颗粒溶解前，应该先将其粉碎。固体的粉碎是在洗净和干燥的研钵中进行的。研钵中所盛固体的量不要超过研钵总容量的三分之一。溶解固体时，常用搅拌、加热等方法来加快溶解速度。搅拌液体时应手持搅拌棒并转动手腕，转动速度不要太快，也不要使搅拌棒碰在器壁上。搅拌试管中的液体时，搅拌棒可以转动，也可轻轻上下搅动，但不要用力过大，以免将试管弄破。还可用振荡试管的方法代替搅拌。

加热以加速固体溶解的方法与加热液体时相同，即一般有直接加热法和水浴加热法等。要视被加热物质的稳定性，而选用不同的加热方法。另外，还要注意在容器上盖表面皿，以防止液体蒸发。

3. 溶液的稀释

稀释是指向浓溶液中加入溶剂使其变成稀溶液的过程。稀释后，溶质的量未变：

$$溶质的量 = C_浓 \times V_浓 = C_稀 \times V_稀$$

式中，C 为浓度，V 为体积，即浓度与体积成反比关系。

4. 试剂配制注意事项

配制溶液时必须注意安全，不要贪图省事而马虎从事，下面介绍配制溶液时应该注意的安全常识。

（1）称量试剂的天平应保持清洁、干燥，避免潮湿及腐蚀性气体的侵蚀。在进行称量操作时，被称取的试剂应置于称量纸上或其他器皿内，不可在盘中直接称量。

（2）试剂瓶、量筒、容量瓶等，绝对不能用灯焰或热水加热。加热烧杯、烧瓶时，下面应当垫上石棉金属网，以免局部过热发生破裂。当用加热方法来加速物质溶解时，必须不断搅拌溶液，使物质处于悬浮状态，因底部有沉淀物的容器加热时容易发生破裂。热的玻璃仪器不能突然接触冷的物体，特别是冷水；过冷的玻璃仪器则不能突然加热。

（3）溶解和稀释化学药品，特别是配制固体苛性碱、浓硫酸之类的浓溶液，只能在耐热的玻璃容器（如烧杯、烧瓶）中进行，切不可在玻璃瓶（试剂瓶）、量筒中配制，这些物质溶解时放出的热量会使这些容器破裂。因此，溶解固体苛性碱、浓硫酸等必须在开口的耐热容器中进行，并用玻棒随时搅拌溶液。

（4）在配制药物溶液时，应考虑到实验动物内环境的稳定性以及动物离体器官或组织在实验条件下的正常功能。应力求达到与血液及体液呈等渗与等张以及等 pH 值和离子平衡状态，应使用生理盐水配制（温血动物用 0.9% NaCl，冷血动物用 0.6% NaCl）。

（5）配制溶液时，取用一切化学药品，均禁止用手直接拿取，这会造成试剂的污染或手的灼蚀。粉碎大块苛性碱（或其他腐蚀性试剂），必须戴上工作帽、护目镜和橡胶手套。因为粉碎时弹出来的小块苛性碱若落入眼内，能迅速溶解而引起眼球的化学灼伤。若落入头发内则会吸收从皮肤蒸发出来的水分和空气中的水分，逐渐使固体苛性碱变成浓溶液，从而开始损坏头发，继则剧烈地损伤皮肤。苛性碱能使皮肤剧烈肿胀，并逐渐变为黏性物体，而且肿胀的皮肤非常难以痊愈。

（6）搬动盛有强酸、强碱溶液（或其他有腐蚀性的液体，或易燃性的液体）的瓶子，必须托住瓶底，只拿住瓶颈是很危险的，因为遗留在瓶口的溶液会使玻璃表面变得很滑。平时应将瓶口周围擦干净。贮藏和搬移强酸，须将容器密闭，并另外用设备保护，以防破裂。搬动盛有溶液的薄壁玻璃器皿（烧瓶、烧杯）时也必须托住它们的底部。为了防止倾倒而发生事故，不要把腐蚀性试剂的溶液放在试剂架的顶层。

（7）倒取浓硝酸、溴水和氢氟酸等腐蚀性试剂溶液时，必须戴上橡胶手套。

（8）从大瓶中取用浓酸时，应该用虹吸管吸取，因为倾倒法会洒出酸液造成事故。取用完毕，把虹吸管拿掉。

（9）稀释浓硫酸时，会产生大量热量，为避免酸液飞溅，必须注意，只能把酸缓缓地倒入水中，并不断搅拌；绝对不能反过来，把水注入酸内。大多数酸用水稀释时，都会产生一定的热量，因此，需要把这一规则应用于一切酸类的稀释。

稀释硫酸时，如果硫酸量较大，为安全起见，应该预先把盛水的烧杯放在冷水中。一旦发现温度过高，应停止继续注入硫酸，待冷却后，再行稀释。最好是分几次进行稀释。

（10）量取少量浓酸、浓碱或有毒液体时，应尽可能使用量筒或滴定管。若要用移液管来量取上述危险性液体，绝对不可以用嘴吸取，而应使用吸管胶吸球、洗耳球或其他代用装置。

（11）在实验中，酸碱溶液是最常用的试剂，也最容易伤害皮肤和衣服。浓酸、浓碱和苯酚都会引起严重的烧伤。因此，皮肤或眼睛一旦沾上这些溶液，必须立即用大量水冲洗（这样可以大大减弱它们的伤害作用），并再用下法处理：若为酸溶液，可用2％左右的 $NaHCO_3$ 溶液洗涤；若为碱溶液，可用1‰醋酸溶液洗涤，再用水冲洗。

（12）用有机溶剂配制试剂（如指示剂溶液）时，若溶质溶解缓慢，应不时搅拌或在水浴上加热，切不可直接加热。

使用易燃溶剂时，应远离明火，并避免有机溶剂不必要的蒸发。

有机溶剂几乎都有毒，使用时应注意通风，最好在通风橱中操作。

（13）提高警惕，对有毒物质要严加保管。

第六节　危险化学试剂管理和使用

化学试剂是一类具有各种纯度标准，用于教学、科学研究、分析测试，并可作为某些新兴工业所需的纯和特纯功能材料及原料的精细化学品，一般可按组成和纯度来进行分类。化学试剂广泛应用于物质的合成、分离、定性和定量分析，分析各种物质以及制备预定化学物质或其混配物。危险化学试剂是指作用于环境、材料或动（植）物机体并造成机体损伤或功能改变、材料破坏或变性、污染环境的化学试剂。

一、危险化学试剂分类

在实验室检测分析工作中，要用到各种危险化学试剂。危险化学试剂可分为爆炸性试剂、压缩气体和液化气体、氧化剂、自燃性试剂、遇水燃烧性试剂、易燃试剂、有毒化学试剂和腐蚀性化学试剂、放射性试剂八大类。因这些危险化学试剂具有腐蚀性，有些还易燃易爆，因此，在工作中我们要加强安全意识，多学习安全防范知识。实验室中常用到的危险化学试剂主要包括剧毒品、强腐蚀品、易燃易爆品和强氧化剂四大类。

1. 剧毒品

剧毒品是指对人或生物以及环境有强烈毒害性的化学物质。常见的剧毒试剂有氰化物、砷化物以及汞等。

2. 强腐蚀品

强腐蚀品是指具有强烈腐蚀性，对人体和其他物品能因腐蚀作用造成破坏，甚至引起燃烧、爆炸或伤亡的化学物质，如强酸、强碱、无水氯化铝、甲醛、苯酚、过氧化氢等。

3. 易燃易爆品

易燃易爆品是指在空气中会自燃或遇其他物质容易引起燃烧，或者燃烧爆炸且放出大量有害气体的化学物质，主要有易自燃试剂（如黄磷）、遇水燃烧试剂（如钠汞齐）、易燃液体试剂（如苯和乙醚）、易燃固体试剂（如硫和铝粉）等。

4. 强氧化剂

强氧化剂是指具有强烈氧化性的物质，如三价钴盐、过硫酸盐、过氧化物、重铬酸钾、高锰酸钾、氯酸盐、浓硫酸等。

二、危险化学试剂管理

1. 采购

所有单位采购化学试剂都应该制定一套采购制度，并应向有资格经营化学试剂的部门或生产单位购买，保证进货渠道正规和试剂正规。采购时应重点关注产品的生产日期和保质期。实验室使用的化学试剂有的属于易制毒化学品范畴，如苯乙酸、三氯甲烷、乙醚、丙酮、硫酸、盐酸等，按《易制毒化学品管理条例》的要求，购买时须报当地公安部门备案，使用情况应详细记录。

2. 存储

化学试剂尤其是危险化学试剂由于性质不一，保管尤为重要。对于实验室管理员来说，必须针对不同的试剂，采用不同的储存条件，分类存储。

（1）危险化学试剂应储存在专用储存室（柜）内，并设专人管理。应根据试剂的分类、分项、容器类型、储存方式和消防的要求，分别存放并设置相应的安全防护设施。

（2）危险化学试剂的储存室应有相应的安全标志，应配备防毒、防盗、报警及隔离、消除与吸收毒物的设施。

（3）爆炸性试剂的储存，应遵循先进先出的原则，以免储存时间过长，导致试剂变质。对性质不稳定，容易分解、变质和引起燃烧、爆炸的化学试剂，应定期进行检查。

（4）剧毒品要求与酸类物质隔离，放于干燥、阴凉处。同时要严格管理，定期清查盘点，严禁外流。严格按规定执行"五双制度"，即双人保管、双人收发、双人领用、双本账、双锁管理。

（5）强腐蚀品搬运时应轻取轻放，严禁撞击、摔碰和强烈振动，严禁肩扛背负。强腐蚀品一定要放置在牢固的试剂柜内，不要放在顶层或内层等取用困难的位置。和其他危险品一样，强腐蚀品也要确保安全管理、安全取用，杜绝外流。

（6）遇水燃烧性试剂附近不得有盐酸、硝酸等散发酸雾的物质存在。遇水燃烧性试剂金属钠、钾等应浸没在煤油中保存，且容器不得渗漏。

（7）有毒化学试剂与腐蚀性化学试剂的储存地点应远离明火、热源、氧化剂、酸类，通风良好。

三、危险化学试剂的使用

单位应建立相关安全管理制度和操作规程，指导实验室工作人员正确使用危险化学试剂，制订消防和急救应急计划。使用中具体的注意事项如下：

（1）使用的危险化学试剂应有标识，操作人员应根据安全技术说明书操作。实验室用到的石油醚、汽油等是最易燃的液体，这些物质与一些强氧化剂（如硝酸盐、高锰酸钾、氯酸钾等）接触，遇有摩擦、碰撞等就能爆炸，一定要按规范操作。

（2）单位应根据危险化学试剂的种类、性能，配备相应的安全防护设施及个人防护用品，定期维护。固体易燃物，如白磷、金属钾、钠、镁、铝粉、硫黄等，其中有些物质有自燃性，许多物质对热、摩擦、碰撞极为敏感，大多数易燃物燃烧所释放的气体有毒，应特别注意防范。

（3）危险化学试剂，尤其是含有剧毒的化学试剂，单位要派专人看护、监督使用并登记详细的使用记录。

（4）实验室应配备专门的废弃物品回收装置，未经处理不应随意向环境排放有毒、有害废物。

（5）销毁、处理有燃烧、爆炸、中毒和其他危险的废弃化学试剂，应按地方政府主管部门的规定执行。

危险化学试剂管理和使用是一门专业且复杂的工作，从试剂采购到使用，各个环节都要认真对待。实验室管理人员也要随时掌握新品试剂的性质并对其进行合理保管，同时要加强自身的安全常识教育，随时提高警惕，杜绝安全事故的发生。

（刘芬菊　沈　明）

参考文献

［1］陈若愚，朱建飞．无机与分析化学［M］．大连：大连理工大学出版社，2007．

［2］徐秀林．无源医疗器械检测技术［M］．北京：科学出版社，2007．

［3］国家食品药品监督管理局．GB/T 14233.1—2008 医用输液、输血、注射器具检验方法　第 1 部分：化学分析方法［S］．北京：中国标准出版社，2008．

［4］中国药品生物制品检定所，中国药品检验总所．中国药品检验标准操作规范［M］．北京：中国医药科技出版社，2010．

［5］张同成，殷秋华，米志苏．一次性医疗用品的卫生学管理和监测［M］．北京：原子能出版社，1989．

［6］刘克良，苏燎原，王明锁，等．塑料输液（血）器辐照灭菌后的理化性质测定［J］．苏州医学院学报，1988，8（1）：43—45，86．

［7］中国石油和化学工业联合会．GB/T 601—2016 化学试剂　标准滴定溶液的制备［S］．北京：中国标准出版社，2016．

［8］杭州大学化学系分析化学教研室．分析化学手册（第二版）第一分册——基础知识与安全知识［M］．北京：化学工业出版社，2003．

［9］石油工业安全专业标准化技术委员会．SY 6014—2010 石油地质实验室安全规程［S］．北京：石油工业出版社，2010．

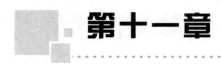

第十一章

无菌医疗器械生物相容性评价

第一节 概 述

一、定义

依据 ISO 10993-1，医疗器械的定义为：制造商的预期用途是为下列一个或多个特定目的用于人类的，不论是单独使用还是组合使用的仪器、设备、器具、机器、用具、植入物、体外试剂或校准物、软件、材料或者其他相似或相关物品。设计这些医疗器械的目的主要有：① 疾病的诊断、预防、监护、治疗或缓解；② 损伤的诊断、监护、治疗、缓解或补偿；③ 解剖或生理过程的研究、替代、调节或者支持；④ 支持或维持生命；⑤ 妊娠的控制；⑥ 医疗器械的消毒；⑦ 通过对取自人体的样本进行体外检查的方式提供医疗信息。

材料：任何用于器械及其部件的合成或天然的聚合物、金属、合金、陶瓷或其他无活性物质，包括无生命活性的组织。

生物材料：通常指能直接与生理系统接触并发生相互作用，能对细胞、组织和器官进行诊断治疗、替换修复或诱导再生的一类天然或人工合成的特殊功能材料，亦称生物医用材料。

生物相容性：国际标准化组织会议解释为生命体组织对非活性材料产生反应的一种性能。一般是指材料与宿主之间的相容性，包括组织相容性和血液相容性。

二、生物相容性评价

随着材料科学、医学、生命科学和其他相关学科的迅速发展及相互渗透，用于诊断、治疗和康复的医疗器械新品种、新材料不断涌现。筛选和评价医用材料的生物相容性，保证临床的安全使用，已成为世界各国十分关注的问题。

生物材料的特征之一是生物功能性，即能够对生物体进行诊断、替代和修复；其二是生物相容性，即不引起生物体组织、血液等的不良反应。

生物相容性评价的最基本内容之一是生物安全性，在广义上应包括对材料的物理性能、化学性能、生物学性能以及临床应用性能等方面的评价，狭义上则仅指生物学评价。目前，国际标准化组织、欧美、日本及我国的安全性评价主要指狭义的生物学评价。

生物安全性是指生物医用材料与人体之间相互作用时，必须对人体无毒性、无致敏性、无刺激性、无遗传毒性、无致癌性，对人体组织、血液、免疫等系统无不良反应。生物医用材料对人体造成的生物学危害包括两个方面：一是材料本身性质造成的生物学危害；二是材料的机械故障引起的生物学危害。生物学评价只涉及前者，后者是通过物理性能指标来控制的。

正如 ISO 10993-1 指出，"生物学危害的范围既广又复杂，在考虑组织与组成材料的相互作用时，不能决然脱离器械的总体设计，因此，在一个器械的设计中，在组织作用方面最好的材料未必能使器械有好的性能。材料和组织间的作用仅是在选择材料时要考虑的特性之一。生物学评价需涉及的是，在执行器械功能时材料预期与组织间的相互作用"。

"组织相互作用是指一种材料在某种应用中导致的不良反应，但在其他应用中未必会出现。生物学试验一般基于体外和半体外试验方法以及动物模型，不能完全断定在人体内也出现同样的反应。因此只能以警示的方式判断器械用于人体时的预期作用。另外，个体间对同种材料反应方式的差异性表明，即使是已证实是好的材料，也会有一些病人产生不良反应。"在我们监测检验的实际工作中，常有类似情况发生。这就需要在临床研究中进一步评价，以确保在大范围临床使用中的安全性。

生物相容性包括血液相容性（材料直接用于心血管系统或与血液直接接触，主要考察与血液的相互作用）和组织相容性（材料与心血管系统以外的组织和器官直接接触，主要考察与组织的相互作用），具体体现了生物体对材料产生反应的一种能力。当生物材料置于体内或与血液接触时，首先表现为生物体与生物材料表面的接触，具体反映了生物材料的生物相容性。其生物相容性不仅取决于生物材料本身的性能，而且与材料表面的性能也有着密切的关系。

（一）组织相容性

组织相容性要求医用材料植入人体后与人体组织、细胞接触时，不能被组织液所侵蚀，材料与组织之间应有一种亲和能力，无任何不良反应。医用材料植入人体某部位后，局部的组织对异物的反应属于一种机体防御性对答反应，植入物体周围组织将出现白细胞、淋巴细胞和吞噬细胞聚集，发生不同程度的急性炎症。当生物材料有毒性物质渗出时，局部炎症不断加剧，严重者出现组织坏死。长期存在植入物时，材料被淋巴细胞、成纤维细胞和胶原纤维包裹，形成纤维性包膜囊，使正常组织和材料隔开。如果材料无毒性，性能稳定，组织相容性良好，则半年、一年或更长时间后包膜囊变薄，囊壁中的淋巴细胞消失，在显微镜下只见到很薄的 1~2 层成纤维细胞形成的无炎症反应的正常包膜囊。如果植入材料组织相容性差，材料中残留毒性小分子物质不断渗出，就会刺激局部组织细胞形成慢性炎症，材料周围的包囊增厚，淋巴细胞浸润，逐步出现肉芽肿或发生癌变。

材料组织相容性的优劣，主要取决于材料结构的化学稳定性。材料稳定性与高聚物主链结构、侧链的基团关系密切。通常相对分子质量大、分布窄或有交联结构的材料，组织相容性好，其顺序是：硅橡胶＞聚四氟乙烯＞聚乙烯醇＞聚丙烯腈＞聚酰胺＞酚醛树脂、脲醛树脂、环氧树脂等。

众所周知，在合成和制造生物材料的工艺过程中，合成体系中往往需要添加一些添加剂（增强剂、交联剂、增塑剂），以满足材料性能的需求，但这些添加剂一般都属于小分子物质，如果它们在材料体系中存在，都将成为不同程度的潜在不利因素。可溶性成分可以从不溶性材料中萃取出来。Till 等（1982）发现化学物质由固体塑料材料向液体中转移取决于固体内的扩散阻力、化学浓度、时间、温度、液体的传质阻力、固体—溶剂界面的流动程度以及化学物质在溶剂中的分配平衡常数。如果高聚物结构的稳定性较差，存在于材料中的小分子物质（如残余单体、中间产物和添加剂等）易析出，它们都可作为抗原刺激机体产生反应。例如，聚氯乙烯的单体——氯乙烯具麻醉作用，会引起四肢血管的收缩而产生疼痛感；聚四氟乙烯单体中的氟，如果被人体吸入会发生类似流行性感冒的症状；脲醛树脂和酚醛树脂中甲醛的残留，易引起皮肤的炎症；甲基丙烯酸甲酯单体的吸入，会引起肺功能障碍；聚乙烯、聚苯乙烯单体对皮肤和黏膜均有刺激作用等。

2007 年 2—4 月，广东省珠海某医院在临床使用体外循环管道治疗期间引起数名患者肝功能异常。经检测确定该管道中含有 3 种化学毒物，对肝脏造成严重损害。该事件发生后，国家食品药品监督管理局紧急发布国食药监械〔2007〕314 号文，决定在全国范围内开展体外循环管道类产品再评价工作，其中原材料中的黏合剂为重点检查对象之一。国内主要体外循环血路生产企业常用的化学黏合剂有 1，2 -二氯乙烷、四氯化碳、四氢呋喃、环己酮等，其中环己酮的使用量较大。体外循环产品及输液、输血器中的黏合剂残留量如不加以控制，可能随血液循环进入人体，造成对人体的损害。

研究还表明，生物材料的组织相容性与其形状和表面粗糙程度有关。

动物实验证明，呈海绵状、纤维状的高聚物等不易诱发恶性肿瘤，而片状材料易诱发恶性肿瘤。有报道指出，材料植入机体内一年后，如果材料的外包膜厚度超过 0.25～0.3 mm，就有可能诱发恶性肿瘤。

对生物材料组织相容性的评价方法有很多，如急性或慢性全身毒性试验、植入试验、刺激试验、细胞毒性试验、遗传毒性试验和致癌试验等。这些试验均需要生物材料直接或间接与生物体或组织细胞接触，通过观察生物体或细胞的反应，来判别生物材料的组织相容性。

（二）血液相容性

生物医用材料与血液直接接触时，血液与材料之间将产生一系列生物反应。反应表现为材料表面的血浆蛋白被吸附，血小板黏附、聚集、变形，凝血系统、纤溶系统被激活，最终形成血栓。通常情况下，材料表面与血液接触的数秒钟内首先被吸附的是血浆蛋白（白蛋白、γ 球蛋白、纤维蛋白原等），接着发生血小板黏附、聚集并被激活，同时一系列凝血因子相继被激活，参与材料表面的血栓形成，以及免疫成分的改变、补体的激活等。血管内形成血栓将引起机体致命性后果。为此，与血液直接接触的生物医用材料必须具有良好的血液相容性。

为提高生物医用材料的生物相容性以及其他性能，满足医学临床的需要，除注重本体材料外，还应关注材料表面的性能，通过对其表面进行改性来提高生物材料的性能。

材料表面的改性是指在不改变材料及其制品本体性能的前提下，赋予其表面新的性能。对材料与生物体相互作用机制的大量研究表明：生物材料表面的成分、结构、表面形貌、表面的能量状态、亲（疏）水性、表面电荷、表面的导电特征等表面化学、物理及力学特性均会影响材料与生物体之间的相互作用。通过改性（采用物理、化学、生物等各种技术手段），可大幅度改善材料与生物体的相容性。例如，材料表面肝素化有明显的抗凝血和抗血栓性能，主要是通过肝素与血小板第Ⅲ因子（AT3）共同作用于凝血酶，抑制了纤维蛋白原向纤维蛋白的转化反应，以及阻止血小板在材料表面的黏附、聚集，达到抗凝血的目的。

经过数十年的不懈研究，血液相容性评价有了很大的发展，国际标准化组织发布了ISO 10993—4《医疗器械生物学评价　第 4 部分：与血液相互作用试验选择》，推荐了许多相应的实验方法，如溶血、血栓形成、凝血、血小板和血小板功能、血液学、补体系统等，来评价材料的血液相容性。

三、标准化工作的发展

生物医用材料是有别于一般工农业产品的特殊产品，其质量好坏直接关系到病人的生命安全。如何保证生物医用材料和医疗器材的安全、有效，这一重要问题也越来越受到各国政府和学术界的重视。

我国医用材料自 20 世纪 80 年代初开始进入快速发展期，尤其是江苏地区一次性使用输液器迅速地推广，对医用材料的发展起到了推波助澜的作用。各种医用材料和器材相继进入临床，这也给临床医疗带来了风险，如霉菌污染事件、金属医疗器械植入物断裂事件等。即使在生物医用材料及产品管理严格的美国，尚发生硅橡胶乳房假体失效事件，导致数十亿美元的商业赔款。因此，开展生物医用材料和医疗器材安全性评价标准化工作，加强售前审批、监管制度，将其纳入法制化轨道十分必要。

为保障医疗器械在临床使用的安全有效，美国是最早立法的国家。1976 年美国国会通过了《医疗器械修正案》，授权 FDA 管理医疗器械，建立并实行售前审批制度。随后西欧、日本、加拿大、澳大利亚等地区也相继进行强制性管理。

1979 年，美国国家标准局（ANSI）和牙科协会（ADA）首先发布了《口腔材料生物学评价标准》。

1982 年，美国材料试验协会（ASTM）发布了《医疗器械的生物学评价项目选择标准》。

1984 年，国际标准化组织发布了《口腔材料生物学评价标准》。

1984 年，加拿大发布了《生物材料评价试验方法标准》。

1986 年，美国、英国和加拿大的毒理学和生物学专家制定了《医疗器械的生物学评价指南》。

1989 年，国际标准化组织成立"194 技术委员会"，专门研究生物材料和医疗器材生物学评价标准。目前该委员会起草发布并在用的 ISO 10993 系列标准有 21 个，另有 1个标准 ISO 10993-23《医疗器械生物学评价　第 23 部分：医疗器械浸提液体外皮肤刺激试验（重组人表皮模型法）》正在准备草案阶段。上述 21 个标准如下：

ISO 10993-1 医疗器械生物学评价　第 1 部分：风险管理过程中的评价与试验

ISO 10993-2 医疗器械生物学评价　第 2 部分：动物福利要求

ISO 10993-3 医疗器械生物学评价　第 3 部分：遗传毒性、致癌性和生殖毒性试验

ISO 10993-4 医疗器械生物学评价　第 4 部分：与血液相互作用试验选择

ISO 10993-5 医疗器械生物学评价　第 5 部分：体外细胞毒性试验

ISO 10993-6 医疗器械生物学评价　第 6 部分：植入后局部反应试验

ISO 10993-7 医疗器械生物学评价　第 7 部分：环氧乙烷灭菌残留量

ISO 10993-9 医疗器械生物学评价　第 9 部分：潜在降解产物的定性与定量框架

ISO 10993-10 医疗器械生物学评价　第 10 部分：刺激与迟发型超敏反应试验

ISO 10993-11 医疗器械生物学评价　第 11 部分：全身毒性试验

ISO 10993-12 医疗器械生物学评价　第 12 部分：样品制备和参照样品

ISO 10993-13 医疗器械生物学评价　第 13 部分：聚合物医疗器械降解产物的定性与定量

ISO 10993-14 医疗器械生物学评价　第 14 部分：陶瓷降解产物的定性与定量

ISO 10993-15 医疗器械生物学评价　第 15 部分：金属与合金降解产物的定性与定量

ISO 10993-16 医疗器械生物学评价　第 16 部分：降解产物与可溶出物的毒性动力学研究设计

ISO 10993-17 医疗器械生物学评价　第 17 部分：可沥滤物允许限量的确立

ISO 10993-18 医疗器械生物学评价　第 18 部分：材料化学表征

ISO/TS 10993-19 医疗器械生物学评价　第 19 部分：材料物理化学、形态学和表面特性表征

ISO/TS 10993-20 医疗器械生物学评价　第 20 部分：医疗器械免疫毒理学试验原理和方法

ISO/TR 10993-22 医疗器械生物学评价　第 22 部分：纳米材料指导原则

ISO/TR 10993-33 医疗器械生物学评价　第 33 部分：遗传毒性评价实验指导原则（ISO 10993-3 增补）

我国在 20 世纪 70 年代后期开始研究生物医用材料和医疗器材的生物学评价方法，1987 年卫生部发布的《医用热硫化甲基乙烯基硅橡胶标准》（WS 5-1-87）中对一些生物学评价方法专门做了规定。国家标准局也相继公布了一些具体制品的标准，并涉及一些生物学评价方法。1996 年，我国开始系统建立生物医用材料和医疗器材的生物学评价项目选择和生物学试验方法的标准草案《生物材料和医疗器材生物学评价标准》。1997 年，我国开始将 ISO 10993 系列标准转化成国标 GB/T 16886 的工作，同时编写了《实施指南》，以开展 ISO 10993 系列标准的宣贯。

第二节　医疗器械生物学评价的基本原则与评价过程

为获得临床医疗安全、有效的医疗器械，建立一整套生物学评价程序、方法和原则来评判、选择医用材料、器械，这对企业准入、产品准入和产品上市至关重要。

一、材料和器械生物学评价的基本原则

1. 生物学评价的内容和要求

预期用于人体的任何材料或器械的选择与评价，须遵循 YY/T 0316 开展的风险管理过程中生物学评价程序原则（参见图 1-1）。生物学评价应由掌握理论知识和具有经验的专业人员来策划、实施并形成文件。

风险管理计划应对生物学评价所需的专业技术资质进行识别，并应对从事生物学安全评价的人员进行识别。

该评价程序应包括以文件形式发布的决定，评定下列内容的优缺点和适宜性：

（1）所选择材料的理化特性。

（2）临床使用史或人体接触数据。

（3）产品和组成材料、裂解产物和代谢物的任何毒理学及其他生物学安全性数据。

（4）试验程序。

生物学评价可包括相关的临床前和临床经验研究以及实际试验，采用此评价，如果材料与设计中器械在规定的使用途径和物理形态具有可证实的安全使用史，就可给出不必进行试验的结论。

2. 材料的选择

在选择制造器械所用材料时，应首先考虑材料的特点和性能，包括化学、毒理学、物理学、电学、形态学和力学等性能。

3. 器械总体生物学评价

器械总体生物学评价应考虑以下几个方面：

（1）生产所用材料。

（2）添加剂、加工过程中的污染物和残留物（参考 GB/T 16886.7）。

（3）可沥滤物质（参考 GB/T 16886.17）。

（4）降解产物（参考 GB/T 16886.9、GB/T 16886.13、GB/T 16886.14、GB/T 16886.15）。

（5）其他成分以及它们在最终产品上的相互作用。

（6）最终产品的性能与特点。

（7）最终产品的物理特性，包括但不限于多孔性、颗粒大小、形状和表面形态。

应在进行任何生物学试验之前鉴别材料化学成分并考虑其化学表征（参考 GB/T 16886.18）。如果器械物理作用影响生物相容性，应考虑材料物理化学、形态学和表面特性表征（参考 GB/T 16886.19）。

对于植入物，风险评价除应考虑全身作用外，还应考虑局部作用（参考 GB/T 16886.6）。生物材料类医疗器械则还应考虑评价免疫毒性（参考 GB/T 16886.20）。

4. 试验数据

在选择生物学评价所需的试验数据以及对其进行解释时，应考虑材料的化学成分，并根据接触状况和该医疗器械及其组件与人体接触的性质、程度、时间和频次以及对材料所识别出的危害来确定。

5. 产品的潜在生物学危害

对每种材料和最终产品都应考虑所有潜在的生物学危害，但这并不意味着所有潜在危害的试验都必须进行。试验结果不能保证无生物学危害，因此，生物学研究之后还要在器械临床使用中对非预期的人体不良反应或不良事件进行认真的观察。

6. 体外、体内试验的选择

所有体外或体内试验都应根据最终使用情况来选择。所有试验都应在公认有效的实验室质量管理规范（如 GLP 或 ISO/IEC 17025）下进行。试验数据应由有能力、有经验的专业人员进行评价。体外试验方法经过相应的确认，具有合理性、可操作性、可靠性和重复性，应考虑比体内试验优先选择使用。只要可能，应在体内试验之前先进行体外筛选试验，试验数据（其完整程度要能得出独特的分析结论）应予以保留。

7. 必要时重新评价

在下列任一情况下，应考虑对材料或最终产品重新进行生物学评价：

（1）制造产品所用材料来源或技术条件改变时。

（2）产品配方、工艺、初级包装或灭菌改变时。

（3）涉及贮存的制造商使用说明书或要求（如贮存期和/或运输条件）改变时。

（4）产品预期用途改变时。

（5）有证据表明产品用于人体会产生不良作用时。

8. 其他

按标准进行生物学评价应对生产器械所用材料成分的性质及其变动性、其他非临床试验、临床研究及有关信息和市场情况进行综合考虑。

二、生物学评价过程

（一）材料表征

生物学评价过程中的材料表征是至关重要的第一步。所需化学表征的程度取决于现有的临床前、临床安全和毒理学数据以及该医疗器械与人体接触的性质和时间；但表征至少应涉及组成器械的化学物和生产中可能残留的加工助剂或添加剂。

如果在其预期应用中所有材料、化学物和过程的结合已有确立了的安全使用史，则可不必进行表征和生物学评价。

宜对新材料和新化学物开展定性和定量分析。

对于已知具有与预期剂量相关的毒理学数据，并且接触途径和接触频次显示有足够安全限度的器械溶出物和可沥滤物，不必再进行试验。

对于已知含有可沥滤化学混合物的器械，宜考虑这些可沥滤化学混合物潜在的协同作用。

如果一个特定化学物总量超出了安全限度，应采用相应的模拟临床接触的浸提液试验来确立临床接触该化合物的速率，并估计总接触剂量。

如果认为某种特定化学物的溶出物总量超出了安全限度，在这种情况下，可采用相应的模拟临床接触的浸提液试验来估计临床接触这种化学成分的程度。应按 GB/T 16886.17 建立可沥滤物的可接受水平。

在器械的生产、灭菌、运输、贮存和使用条件下有潜在降解时，应按 GB/T 16886.9、GB/T 16886.13、GB/T 16886.14 和 GB/T 16886.15 对降解产物的存在与属性进行表征。

（二）生物学评价试验

对所有现有的合理并适用的信息进行分析，并与器械生物学安全性分析所需的数据进行比较。

除医疗器械生物学评价的基本原则外，作为风险管理过程的一部分，进行医疗器械生物学试验时还需要注意下述问题：

（1）试验应在灭菌后最终产品上，或最终产品上有代表性的样品上，或与最终产品同样方式加工（含灭菌）的材料上进行。

（2）选择程序应考虑：

① 该器械在预期使用中与人体接触的性质、程度、时间、频次和条件。

② 最终产品的化学和物理性质。

③ 最终产品配方中化学物的毒理活性。

④ 如果排除了可沥滤化学物的存在，或化学成分已按有关标准进行了评价和风险评估，可能不需要再进行某些试验。

⑤ 器械表面积与接受者机体大小的关系。

⑥ 已有的文献、先前的经验和非临床方面的信息。

⑦ 试验的灵敏性及其与有关生物学评价数据组的特异性。

（3）如果采用浸提液，所有溶剂及浸提条件宜与最终产品的性质和使用以及试验方法的预测性相适应。适当的时候宜使用阴性和阳性对照。

生物学评价所用试验方法应灵敏、精密并准确，所有试验都应在公认现行有效的良好实验室（如 GLP 或 ISO/IEC 17025）中进行。

（三）试验描述

1. 细胞毒性试验

体外细胞毒性试验是一种简便、快速、灵敏度高的检测方法，是国内外大多数学者推荐的敏感评价方法，也是各种医疗器械和生物材料安全性评价中第一阶段首选的试验方法。已有的经验表明，一种在体外试验最终被判定无细胞毒性的材料，在体内试验中也将是无毒的。本法是将试验材料或浸提液直接或间接接触单层培养的细胞，观察器械、材料和/或其浸提液引起的细胞溶解、生长抑制等毒性影响作用。根据 GB 16886.5，细胞毒性试验一般分为三类：浸提液试验、直接接触试验、间接接触试验，可根据被评价样品的性质、使用部位和使用特性选择试验类型。

2. 刺激与迟发性超敏反应试验

本部分用于评价从医疗器械中释放出的化学物质可能引起的接触性危害，包括导致皮肤与黏膜刺激、眼刺激和皮肤致敏反应。

（1）刺激（包括皮内反应）试验：用试验材料或其浸提液做试验，评价材料的潜在刺激原。根据材料的具体使用部位和临床接触方式，可选择进行皮肤刺激试验、皮内反应试验或黏膜刺激试验等。常用兔、金黄地鼠为实验动物。一般损伤表面接触类产品、植入产品或外部接入产品，考虑皮内反应试验。

（2）致敏试验：用材料或其浸提液做试验，经诱导和激发来评价材料的潜在过敏原。最常用的方法为豚鼠最大剂量法和封闭贴敷法。最大剂量法为最敏感的方法。小鼠局部淋巴结试验作为豚鼠试验的唯一替代试验用于检验单一化学物。对于材料浸提液的评价，一般使用最大剂量法，其敏感性较高，但如果材料浸提后无法进行皮内注射（如胶状物黏度太高），应采用其他替代方法。局部应用产品（如电极片、无纺布等），如果形状和尺寸适宜，也可选择封闭贴敷法。

3. 全身毒性试验

（1）急性全身毒性试验：用材料或其浸提液，通过单一途径或多种途径（静脉、腹腔等）用动物模型做试验，在 24 h 内一次、多次或持续接触试验样品后，测定其在 72 h 内发生的不良作用。试验动物常用小白鼠。

（2）热原试验：用于检测试验材料或其浸提液的致热反应。致热反应可能是由材料介导的、内毒素介导的或其他物质介导的。内毒素介导的致热性可采用内毒素试验（鲎试剂法）来进行评价。如果材料含有引起过热原反应的物质或化学成分，则应进行材料介导的致热性评价，一般采用家兔做热原试验。但单项家兔热原试验不易区分材料本身还是细菌内毒素所介导的致热性。

（3）亚慢性毒性、亚急性毒性或慢性毒性试验：实际可根据临床接触时间，选择亚急、亚慢或慢性毒性试验，以及相应的给药周期。

① 亚急性全身毒性试验：测定动物在 24 h～28 d 内多次或持续接触试验样品后发生的不良作用。亚急性毒性试验周期一般为 14～28 d，静脉给药途径一般大于 24 h，但小于 14 d。

② 亚慢性全身毒性试验：测定动物反复或持续接触试验样品后在其寿命期的某一阶段发生的不良作用（亚慢性毒性试验啮齿类一般为 90 d，静脉给药途径一般为 14～28 d）。

③ 慢性毒性试验：测定动物在其主要寿命期内反复或持续接触试验样品后发生的不良作用，一般 6～12 个月。该法时间长、成本高，一般持久接触器械才考虑该项试验。

给药途径的选择应根据产品的特点和用途，原则上选择与产品临床使用一致的接触途径，例如植入类材料选择与临床使用一致的植入方式；而血循环接触类，可选择浸提液静脉注射方式。常用实验动物为啮齿类（大鼠或小鼠），若接触途径为经皮或植入的可选择兔。如果可行，可将亚慢性（亚急性或慢性）全身毒性试验方案扩展为包括植入试验方案，来评价全身毒性和植入后局部作用。

4. 遗传毒性试验（包括细菌性基因突变试验、哺乳动物染色体畸变试验和哺乳动物基因突变试验）

遗传毒性试验是指用哺乳动物或非哺乳动物细胞、细菌、酵母菌或真菌测定材料、器械或浸提液是否引起基因突变、染色体结构畸变以及其他 DNA 或基因变化的试验。

遗传毒性试验的选择按 ISO 10993-3 最新要求，可按以下方案进行：

（1）细菌性基因突变试验（OECD 471），医疗器械若以浸提液测试，可参考 ISO/TR 10993-33 第 6 条款。

（2）哺乳动物基因突变试验（OECD 476），特别是小鼠淋巴瘤 TK 测定集落数，医疗器械若以浸提液测试，可参考 ISO/TR 10993-33 第 7 条款。

（3）哺乳动物染色体畸变试验（OECD 473），医疗器械若以浸提液测试，可参考 ISO/TR 10993-33 第 9 条款。

（4）哺乳动物细胞微核试验（OECD 487），医疗器械若以浸提液测试，可参考 ISO/TR 10993-33 第 8 条款。

如果以上方案中有 2 个体外试验均为阴性，可不必进行动物体内遗传毒性试验。如果任一体外试验为阳性，则应进行一系列风险评估，选择额外增加体外试验或进行动物体内试验。如果考虑影响遗传毒性活性的其他相关因素（如遗传毒性机制和药代动力学），可考虑体内试验，但须提供合理理由。

通常使用的体内试验包括啮齿类动物微核试验（OECD 474）、啮齿类骨髓染色体畸变试验（OECD 475）、转基因诱变性试验（OECD 488）。遗传毒性试验和致癌试验在某种程度上是相关联的，如果遗传毒性试验已证实有基因突变和染色体畸变，这说明已有 DNA 损伤，这种生物材料可能有潜在的致癌性，必须进一步做致癌试验。

5. 植入试验

将材料植入动物的合适部位（如肌肉或骨），观察一个周期后，评价对活组织的局部毒性作用。主要通过肉眼、病理切片观察组织的变化。

植入试验样品应为有代表性的最终产品。有些产品因本身外形或尺寸影响不能用于动物植入时，可考虑采用以相同工艺加工制成的适合植入的材料。产品的物理状态（如形状、表面光洁度）和灭菌方式都会对植入后生物学反应产生影响。例如，产品形状不规则或有锐角，长期植入会对组织产生机械损伤；高压灭菌可能会使不耐高温的材料产生化学改变；环氧乙烷灭菌可能会有环氧乙烷残留；化学物质也会影响材料本身所造成的生物学反应，从而影响评价结果。

6. 血液相容性试验

血液相容性试验是通过材料与血液接触（体内或半体内），评价其对血栓形成、血浆蛋白、血液有形成分和补体系统的作用。其中，溶血试验是最常用的试验。根据产品用途还可选择血栓形成试验、凝血试验，以及血小板、补体系统等试验。

7. 致癌性试验

以下材料或器械，如果没有其他来源的信息，应考虑检验材料/器械的潜在致癌性：缺乏人体应用有效数据的可吸收材料或器械，哺乳动物细胞遗传毒性试验中得出阳性结果的材料和器械，持续或累计接触时间≥30 天的材料和器械。致癌性试验应在实验动物的大部分寿命期内，测定一次或多次作用或接触医疗器械、材料或其浸提液潜在的致癌性。致癌性试验接触途径，宜与临床作用或接触的途径相适应，一般采用植入接触途径。植入不能代表最典型接触方式时，考虑采用其他方案。

8. 生殖与发育毒性试验

生殖与发育毒性试验用于评价医疗器械或其浸提液对生殖功能、胚胎发育（致畸性），以及对胎儿和婴儿早期发育的潜在作用。只有在器械有可能影响应用对象的生殖功能时才进行生殖与发育毒性试验或生物测定。另外，对于孕期使用的器械、材料宜考虑进行该类试验。当考虑进行试验时，器械的应用部位是主要考虑依据。

9. 生物降解试验

在下列情况下应考虑生物降解试验：

（1）器械设计成生物可降解的。

（2）器械预期植入 30 天以上。

（3）材料系统被公认为在人体接触期间可能会释放毒性物质。

各种医用材料（聚合物、陶瓷、金属和合金）潜在降解产物的试验也引起了人们的重视。这是因为用于制造医疗器械的材料处于生物环境中可能会产生降解产物，这些降解产物在体内与主体材料可能呈现不同的作用。降解产物可以不同方式产生，或者是机械作用（两个或多个不同组件之间的相对运动）、疲劳负荷（导致断裂）、因器械与环境之间相互作用而从器械中释放出来，或者是它们的综合作用。机械磨损主要产生颗粒碎片，而沥滤、结构的化学断裂或腐蚀所引起的物质从表面释出，则可产生自由离子或以有机或无机化合物形式出现的不同种类的反应产物。

10. 毒代动力学研究

在下列情况下应考虑毒代动力学研究：

（1）器械设计成生物可吸收性的。

（2）器械是持久接触的植入物，并已知或可能是生物可降解的或会发生腐蚀和/或可溶出物由器械向外迁移。

（3）在临床使用中可能或已知有实际数量的潜在毒性或反应性降解产物和可溶出物从器械上释放到体内。

如果根据有意义的临床经验，已判定某一特定器械或材料的降解产物和可溶出物提供了临床接触安全水平，或有该降解产物和可溶出物的充分的毒理学数据或毒代动力学数据，则不需要进行毒代动力学研究。

从金属、合金和陶瓷中释出的可溶出物和降解产物的量一般都太低，不能用于开展毒代动力学研究，除非将材料设计为生物可降解的。

毒代动力学研究中采用生理药代动力学模型来评价某种已知具有毒性或其毒性是未知的化学物的吸收、分布、代谢和排泄，参见 ISO 10993-16 和 GB/T 16886.16 标准方法。

11. 免疫毒性试验

GB/T 16886.20 给出了免疫毒理学有关参考文献。一般合成材料没有免疫毒性，但对改性的天然组织来源的植入体有必要进行免疫反应评价。另应根据器械材料的化学性质和提示免疫毒理学作用的原始数据，或任何化学物的潜在免疫原性是未知的情况下，应考虑免疫毒性试验。免疫毒性试验参照 ISO 10993-20、GB/T 16886.20 有关标准方法。

三、生物学评价试验项目选择

表 11-1 是一个生物学评定程序的框架，对一些特殊医疗器械，可能需要不同试验组合。除表 11-1 外，还宜在风险评定的基础上根据接触性质和周期考虑慢性毒性、致癌性、生物降解、毒代动力学、免疫毒性、生殖/发育毒性或其他器官特异性毒性。2016 年 6 月，美国 FDA 颁布了 ISO 10993-1 基于风险管理过程的生物学评价与测试的使用指南，除接触皮肤和短期黏膜接触外所有医疗器械增加热原试验检测，亦对一些风险较大产品增加了全身毒性、植入、致癌试验等评价终点。2018 年发布的新版 ISO 10993-1，在 2009 年版基础上生物学评价项目整体向 FDA 靠近，并将物理化学表征作为必需信息放入风险评估中，表 11-1 是 2018 年发布的 ISO 10993-1 和美国 FDA 颁布的 ISO 10993-1 使用导则的联合版本。

表 11-1　生物学评价试验

接触时间　A—短期（≤24 小时）；B—长期（24 小时～30 天）；C—持久（>30 天）

分类	接触	接触时间	物理/化学信息	细胞毒性	致敏	刺激或皮内反应	材料介导致热原[a]	急性全身毒性[b]	亚急性毒性[b]	亚慢性毒性[b]	慢性毒性	植入[b,c]	血液相容性	遗传毒性[d]	致癌性	生殖发育毒性[d,e]	降解[f]
表面器械	皮肤	A	X	E	E	E											
		B	X	E	E	E											
		C	X	E	E	E											
	黏膜	A	X	E	E	E											
		B	X	E	E	E	O	E	E			E					
		C	X	E	E	E	O	E	E	E	E	E		E			
	损伤表面	A	X	E	E	E	E	E									
		B	X	E	E	E	E	E									
		C	X	E	E	E	E	E	E	E	E	E		E	E		
外部接入器械	血路，间接	A	X	E	E	E	E	E					E				
		B	X	E	E	E	E	E					E				
		C	X	E	E	E	E	E	E	E	E	E	E	E	E		

续表

器械分类			生物学作用														
人体接触性质		接触时间 A—短期 （≤24小时） B—长期 （24小时～30天） C—持久 （>30天）	物理/化学信息	细胞毒性	致敏	刺激或皮内反应	材料介导致热原	急性全身毒性[a]	亚急性毒性[b]	亚慢性毒性[b]	慢性毒性[b]	植入[b,c]	血液相容性	遗传毒性[d]	致癌性[d]	生殖发育毒性[d,e]	降解[f]
分类	接触																
表面器械	皮肤	A	X	E	E	E	E	E									
		B	X	E	E	E	E	E	E				E		E		
		C	X	E	E	E	E	E	E	E	E		E		E	E	
	循环血液	A	X	E	E	E	E	E					E	E#			
		B	X	E	E	E	E	E			E		E	E			
		C	X	E	E	E	E	E	E	E	E		E	E	E	E	
植入器械	组织+/骨	A	X	E	E	E	E	E				E					
		B	X	E	E	E	E	E	E			E		E		E	
		C	X	E	E	E	E	E	E	E		E		E	E		
	血液	A	X	E	E	E	E	E				E	E	E			
		B	X	E	E	E	E	E				E	E	E			
		C	X	E	E	E	E	E	E	E	E	E	E	E	E		

注：X 表示风险评估必需的前置信息。

E 表示 ISO 10993-1：2018 推荐考虑的生物安全性评价所需的数据终点（通过已有数据或追加测试）。

O 表示 FDA 额外推荐考虑的生物安全性评价所需的数据终点。

＋：组织包括组织液和皮下组织。对于间接组织接触的气路装置器械可参考特定标准来评价，如 ISO 18562。

＃：适用于所有体外循环器械。

a：参考 ISO 10993-11：2017，附录 F。

b：若动物数量和时间点足够，急性、亚急性、亚慢性、慢性毒性试验和植入试验可综合考虑同时评价局部和全身毒性反应。

c：植入位置要结合临床接触部位综合考虑。

d：若含有已知致癌、致突变、致生殖毒性物质，应考虑相应风险评估。

e：生殖/发育毒性适用于新材料或已知具有生殖发育毒性的材料，适用于特定目标群体（例如孕妇）的器械，或有潜在可能性局部暴露于生殖器官的器械材料。

f：适用于任何具有降解性的与组织接触的器械或材料。

第三节　我国生物学评价基本情况

一、概况

为保障医疗器械在临床使用的安全有效，许多国家对其都实行了强制性管理。美国是最早立法的国家，1976 年美国国会通过了《医疗器械修正案》，授权 FDA 管理医疗器械，建立并实行售前审批制度。随后西欧、日本、加拿大、澳大利亚等政府也相继进行了强制性管理。其间国际各学术团体也进行了医疗器械安全性评价研究。1979 年美国国家标准局和牙科协会首先发布了《口腔材料生物学评价标准》。1982 年美国材料试验协会发布了《医疗器械的生物学评价项目选择标准》。1984 年国际标准化组织发布了《口腔材料生物学评价标准》。

我国医疗器械行业发展较晚，从 20 世纪 80 年代才开始，但行业整体发展速度较快，尤其是进入 21 世纪以来，产业步入高速增长阶段。产业的发展及应用市场的巨大潜力，必然导致产品质量问题的出现和器械应用的临床风险。

1987 年卫生部颁布的《医用热硫化甲基乙烯基硅橡胶标准》（WS 5-1-87）中对一些生物学评价方法专门做了规定。1987 年 12 月制定了《一次性注射器中华人民共和国专业标准》（ZBC 31009、31010）和《一次性输液（血）器中华人民共和国国家标准》（GB 8368、8369），为医疗产品的推广和安全使用提供了质量保证。随着一系列标准的逐步完善，产品质量也得到了大幅度提升。

自 20 世纪 80 年代起，原苏州医学院（后并入苏州大学）就利用医学学科优势和钴源装置资源，涉足医疗器械行业，进行了一次性使用医疗器械辐照灭菌和医疗器械生产过程的卫生学管理及监测的系列研究。开展了生产现场菌谱检查、微生物抗性（D_{10}）、辐照灭菌剂量设定、辐照灭菌前后医疗器械理化性能检测、无菌产品包装验证，尤其是在医疗器械生物安全性评价方面的研究，如细胞毒性试验、致敏试验、刺激试验、全身毒性试验、内毒素试验、热原试验、溶血试验、植入试验、遗传毒性（Ames 试验、染色体畸变试验、基因突变试验、微核试验）等，摸索研究出了一整套一次性使用输液器辐照灭菌以及临床安全使用的技术条件，制定了江苏省地方标准《一次性使用医疗用品的辐照灭菌法技术条件案》，以 DB/3205C1461—87 实施。

1985—1986 年，米志苏等进行了一次性使用的医用塑料输液管辐照灭菌后生物安全性评价，即对制备essa塑料输液管的聚氯乙烯经辐照灭菌后诱变性试验（Ames 试验）研究，论文发表后被收集世界范围内生命科学研究报告的《生物学文摘》（*Biological Abstracts*，Reporting Worldwide Research in Life Science）收录。

1998 年，原苏州医学院首先与欧盟 CE 认证机构（TUV 南德意志集团）合作，承担 CE 认证前医疗器械的生物相容性评价检测任务。随后，德国莱茵公司、上海优森德公司（比利时）、DNV 挪威船级社、英国 NQA 公司、捷克 ITC 公司、美国 IRC 公司等认证机构也相继委托苏州大学医学院评价检测任务。

针对出口产品的检测，2002 年 7 月—2004 年 12 月，苏州大学程海霞首次在国内按照 ISO 10993.5 标准对 102 家企业送检的 388 份医疗器械进行了细胞毒性试验专项统计分析，结果粗合格率为 73.97％。同时，对影响因素如 pH 值、防腐剂、杀菌剂、增塑剂、内毒素以及蛋白含量等进行了讨论。与此同时，韩蓉等依据 ISO 10993-1 标准，将生物医用材料检测样品分为三大类，即表面接触器械、外部接入器械和植入器械，通过生物相容性测试进行更全面的统计分析。详见表 11-2 和表 11-4。

近来，苏州大学再次对 2015—2017 年三年出口医疗器械产品检测结果进行统计分析，并针对不合格细胞毒性试验进行专项统计，试图分析影响实验结果的各种因素。详见表 11-3 和表 11-5。

按欧盟 CE 和美国 510（K）认证企业所送样品材料的不同，依据《生物医用材料学》将医用材料大致分为以下几类：

（1）金属材料：不锈钢、钴基合金、铂铱合金、镍钛合金、钛合金、形状记忆合金等。

（2）医用高分子材料：

① 塑料类：ABS、PVC、PP、EPE、PE、PU 等。

② 橡胶类：硅胶、硅橡胶、天然乳胶、丁腈橡胶等。

③ 纤维类：涤纶、尼龙、可吸收缝合线、水凝胶等。

④ 高分子胶黏剂：高分子聚氨酯、聚碳酸酯等。

⑤ 高分子涂料。

（3）医用无基非金属类：陶瓷、玻璃、骨水泥等。

（4）医用复合材料。

（5）生物医用衍生物：骨片、胶原类、透明质酸、海绵体等。

（6）仿生材料。

（7）纳米生物材料。

二、检测结果

1. 检测基本情况

受原江苏省医药管理局、TUV 南德意志集团等欧盟认证机构委托，苏州大学卫生与环境技术研究所较早在国内开展了医疗器械生物相容性评价检测工作。自 20 世纪 80 年代开始，对来自江苏及长三角地区、珠三角地区、京津地区等地的不同企业的多品种出口医疗器械产品进行了生物相容性评价检测。

2002 年 7 月—2004 年 12 月生物相容性检测样品包括：细胞毒性试验 1 360 份、致敏试验 1 189 份、皮肤刺激试验 1 160 份、急性毒性试验 160 份、溶血试验 175 份、植入试验 15 份、染色体畸变试验 15 份、微核试验 15 份、Ames 试验 16 份、热原试验 228 份。经检测，其中细胞毒性试验、致敏试验、皮肤刺激试验、溶血试验、热原试验的合格率分别为 80.88％、99.83％、99.74％、99.43％和 97.37％，其余 5 种生物相容性试验的合格率均为 100％。生物相容性试验总的合格率为 93.72％，不合格率为 6.28％（表 11-2）。

表 11-2　2002 年 7 月—2004 年 12 月生物相容性试验检测结果

检测项目	检测数	合格数（%）	不合格数（%）
细胞毒性试验	1 360	1 100（80.88）	260（19.12）
致敏试验	1 189	1 187（99.83）	2（0.17）
皮肤刺激试验（含皮内反应）	1 160	1 157（99.74）	3（0.26）
急性毒性试验	160	160（100.00）	0（0.00）
溶血试验	175	174（99.43）	1（0.57）
植入试验	15	15（100.00）	0（0.00）
染色体畸变试验	15	15（100.00）	0（0.00）
微核试验	15	15（100.00）	0（0.00）
Ames 试验	16	16（100.00）	0（0.00）
热原试验	228	222（97.37）	6（2.63）
合计	4 333	4 061（93.72）	272（6.28）

2015 年 1 月—2017 年 12 月生物相容性检测样品包括：细胞毒性试验 5 013 份、致敏试验 4 367 份、皮肤刺激试验 3 104 份、皮内反应试验 815 份、急性毒性试验 858 份、溶血试验 392 份、血栓形成试验 183 份、植入试验 66 份、染色体畸变试验 82 份、基因突变 56 份、微核试验 45 份、Ames 试验 95 份、热原试验 315 份、内毒素 1 250 份。其中，细胞毒性试验、致敏试验、皮肤刺激试验、皮内反应试验、急性毒性试验、溶血试验、血栓形成试验、植入试验、染色体畸变试验、基因突变试验、微核试验、Ames 试验、热原试验、内毒素试验的合格率分别为 74.59%、100.00%、99.87%、98.65%、98.83%、94.39%、90.16%、95.45%、100.00%、100.00%、100.00%、100.00%、97.78% 和 99.76%。生物相容性试验总的合格率为 91.88%，不合格率为 8.12%（表 11-3）。

表 11-3　2015 年 1 月—2017 年 12 月生物相容性试验检测结果

检测项目	检测数	合格数（%）	不合格数（%）
细胞毒性试验	5 013	3 739（74.59）	1 274（25.41）
致敏试验	4 367	4 367（100.00）	0（0.00）
皮肤刺激试验	3 104	3 100（99.87）	4（0.13）
皮内反应试验	815	804（98.65）	11（1.35）
急性毒性试验	858	848（98.83）	10（1.17）
溶血试验	392	370（94.39）	22（5.61）
血栓形成试验	183	165（90.16）	18（9.84）
植入试验	66	63（95.45）	3（4.55）
染色体畸变试验	82	82（100.00）	0（0.00）

续表

检测项目	检测数	合格数（%）	不合格数（%）
基因突变试验	56	56（100.00）	0（0.00）
微核试验	45	45（100.00）	0（0.00）
Ames 试验	95	95（100.00）	0（0.00）
热原试验	315	308（97.78）	7（2.22）
内毒素试验	1 250	1 247（99.76）	3（0.24）
合计	16 641	15 289（91.88）	1 352（8.12）

2. 不同材料检测情况

自 20 世纪 80 年代至今，苏州大学卫生与环境技术研究所检测出口的医疗器械材料几乎涉及《生物医用材料学》中的所有七大类医用材料，如不锈钢、钛、铝、钴基合金、铂铱合金、钛合金、形状记忆合金、PVC、PP、EPE、PE、PU、硅橡胶、天然乳胶、丁腈橡胶、涤纶、尼龙、可吸收缝合线、水凝胶、海藻酸盐、陶瓷、玻璃、银离子、骨水泥、骨片、胶原类、透明质酸、海绵体等。

对 2002 年 7 月—2004 年 12 月间不同材料细胞毒性检测结果进行统计分析，结果列于表 11-4。结果显示，生物医用金属材料类不合格率为 4.88%；生物医用高分子材料类中的塑料、橡胶和纤维类的不合格率分别为 18.41%、67.67% 和 41.58%；医用敷料类的不合格率为 2.45%；其他类为 18.02%。

表 11-4 2002 年 7 月—2004 年 12 月不同材料细胞毒性检测结果

检测项目材料		检测数	合格数（%）	不合格数（%）
金属材料		82	78（95.12）	4（4.88）
生物医用高分子	塑料类	364	297（81.59）	67（18.41）
	橡胶类	164	53（32.32）	111（67.67）
	纤维类	101	59（58.42）	42（41.58）
医用敷料类		327	319（97.55）	8（2.45）
其他类		222	182（81.98）	40（18.02）

在 2015 年 1 月—2017 年 12 月细胞毒性试验检测结果统计中，细胞毒性试验不合格率仍是最高的。针对 1 274 份不合格的细胞毒性试验样品进行统计分析，其中生物医用高分子材料中塑料类不合格率 39.01%，纤维类 20.49%，硅胶类 6.04%。如果单以生物医用高分子材料计算，细胞毒性试验不合格率高达 79.59%（1 014/1 274）。生物医用金属材料不合格率也达到了 6.12%，而一直沿用的传统的棉、布及纱布类也有 10.20% 的不合格率。结果详见表 11-5。

表 11-5 2015 年 1 月—2017 年 12 月 1 274 份不同材料细胞毒性检测结果

检测项目材料		不合格检测数	不合格占比（%）
金属材料		78	6.12
生物医用高分子	塑料类	497	39.01
	橡胶类	60	4.71
	硅胶类	77	6.04
	纤维类	261	20.49
	水凝胶	50	3.92
	高分子胶黏剂	21	1.65
	涂料、色粉、油墨等	11	0.86
	海藻盐、壳聚糖等	37	2.90
棉、布、纱布等		130	10.20
其他类		52	4.08

3. 分析

（1）金属材料。

从两次细胞毒性试验检测结果统计看，金属材料细胞毒性试验不合格率分别为 4.88% 和 6.12%。不合格的样品主要涉及不锈钢、镍、铝及铝合金等。据文献资料记载，不锈钢材料被植入体内后，因腐蚀和磨损等作用会逐渐破坏而释放金属离子，导致副作用。镍被认为是一种潜在的致敏因子，当镍离子在植入体附近组织中富集时可诱发毒性效应，导致细胞破坏，从而引发发炎等不良反应。已有研究报道了植入物释放出来的金属离子诱导炎症的过程。镍、钴、铬离子对人体都有很大的毒性和致敏效应。各类标准中对日用和医用金属材料中的镍含量限制越来越严格，标准文件中所允许的最高镍含量也越来越少。

铝合金植入人体时，表面钝化膜的不均匀可引起铝离子向周围组织渗透，导致毒副作用。因此在选择医用材料时对金属离子含量的检测应予以重视。

（2）医用高分子材料。

苏州大学卫生与环境技术研究所于 2002 年 7 月—2004 年 12 月检测的高分子材料样品，不合格率达 34.98%；2015 年 1 月—2017 年 12 月间统计的细胞毒性不合格样品高达 79.59%，似有上升趋势。编者认为，这可能与送检样本结构，新形势下新品种、新材料的开发，以及企业质量意识提高、送检频次增加有关。

有关医用高分子材料安全性的问题，已在第十章第一节中有较为详细的论述。塑料是以单体为原料，通过加聚或缩聚反应聚合而成的高分子化合物，由合成树脂及填料、增塑剂、稳定剂、润滑剂、色料等添加剂组成。要警惕聚合加工过程杂质的混入、单体以及灭菌剂残留等引起产品不合格。在检测中也发现不同牌号、批号的脱模剂和色粉出现了不合格现象。

天然乳胶制品，如避孕套、导尿管、乳胶手套等样品，在细胞毒性试验检测中多数为不合格品。国内外均有类似报道。早先的研究曾发现，用天然橡胶制成的输血管输血时，曾发生过血栓性静脉炎及发热等症状，研究者怀疑此与橡胶硫化时所采用的硫化剂和硫化方法有关。有研究者曾采用不加硫化剂的乳胶和经 γ 射线对乳胶进行特殊交联，与硫化的乳胶进行比较，得出了组织反应和血液反应小的结果。近期的研究发现，乳胶制品在高温硫化最终成型的过程中发生硫化反应的主要是硫化剂和硫化促进剂。其中，仲胺基硫化促进剂在分解后会产生仲胺，并与大气中或配合剂中的氮氧化物 NO_2 生成稳定的亚硝胺。研究发现，乳胶手套的细胞毒性与亚硝胺迁移量有显著的相关性。由于乳胶制品成分和生产工艺的复杂性，细胞毒性物质可能无处不在，如残存的单体以及添加的颜料、溶剂和助剂等，都有可能含细胞毒性物质。

ISO 4074-2014 第 6 条备注中明确指出：许多已经证明是安全的乳胶类材料，例如避孕套和医用手套，依据 ISO 10993-5 进行细胞毒性试验都有可能呈现阳性结果。虽然任何细胞毒性作用都值得关注，但它主要是体内毒性潜在的指标，不能仅仅依据细胞毒性试验结果决定避孕套不适合使用。

另外，一些天然物质如壳聚糖、海藻酸盐，也有 2.90% 不合格。有研究资料表明，壳聚糖甲壳素脱乙酰化后的产物，在甲壳素用碱处理脱乙酰基后，因为制备过程中用水洗涤除碱，会带来严重的金属污染。经金属离子含量分析，钙离子、镁离子、铁离子是引起细胞增殖抑制的原因。

（3）浸提液的澄清度、pH 值与细胞毒性试验的关系。

2015 年 1 月—2017 年 12 月检查统计的细胞毒性试验数据中，发现浸提液混浊者不合格率竟达 73.68%（14/19）。无机非金属类产品如磷灰石产品未合格，分析原因，可能与材料表面处理和材料溶出导致的浸提液混浊有关。浸提液的酸碱度也极重要，细胞生长需要适宜的酸碱度环境，研究者发现 pH < 5 者基本不合格。对于这一点，开发新品时应予以关注。

（4）棉、布、纱布等。

2015 年 1 月—2017 年 12 月检测的棉、布、纱布类产品，细胞毒性试验不合格率达 10.20%，这可能与产品加工过程中的漂白过程加入的助剂（如精练剂、螯合剂、稳定剂及漂白剂过氧化氢等）有关。因此，漂白完毕后漂洗用水质量及漂洗程度（清除化学剂残留）就至关重要。

（5）其他类。

对于复合材料类，由于材料组合多样化，生产工艺复杂，除了分析组合材料本身的毒性外，还应考虑产品中加入的抑菌剂、胶黏剂以及生产中清洗、消毒剂、灭菌残留等因素，这些都是可能导致细胞毒性试验不合格的原因。

在不合格产品分析中，编者注意到银离子产品有多个不合格。银材料的应用在目前较为广泛，可控制感染，促进伤口愈合，但其材料本身具有毒性（抗菌作用），企业应综合考虑风险与收益。

由于纳米材料的特殊性，虽然材料本身可能没有毒性，但可能在检测过程中产生反应，作为催化载体对一些小分子产生影响，衍生出一系列毒性。另外，应该考虑纳米材料的吸附影响，故需要针对产品制定合理的检测方法。

2015 年 1 月—2017 年 12 月检测统计资料中，内毒素试验和热原试验的不合格率分别为 0.24％和 2.22％。其实两者一样，都是产品灭菌后，污染微生物的尸体、毒素依然存在，仍可引起患者机体的发热或异常反应。自然亦要注意化学热原。本次检测不合格的产品，大多是塑料制品，不排除清洗工艺、工艺用水及产品配件存放过久因素的存在。编者 20 世纪 80 年代报道的霉菌事件及医用敷料被不洁工艺用水污染事件的情节至今历历在目（详见第七章第一节）。

在协助企业检测过程中，对不合格品，编者曾解剖成品，对组合材料分别进行测试，以找出不合格的材料，然后调换或减少其在配方中的比例，使产品通过检测。

总之，生物医用材料的生产应遵循产品安全性评价原则，生产者应注意影响其安全性的因素，如所用的材料、助剂、工艺过程的污染，可沥滤物质、降解产物、其他成分以及它们在最终产品上的相互作用，最终产品的性能和特点，对产品应进行严格的筛检。

（张同成　王丽洁　梅　超　朱雨婷）

参考文献

[1] 米志苏，张同成，殷秋华，等. 一次性使用的医用塑料输液管辐照灭菌的安全性研究 [J]. 中华流行病学杂志，1988，9（5）：291－293.

[2] 程海霞. 医疗器械的细胞生物相容性评价研究 [D]. 上海：中国科学院上海冶金研究所，2000.

[3] 韩蓉，刘彦斌，张同成，等. 生物医用材料的生物相容性评价 [J]. 苏州大学学报（医学版），2010，30（4）：773－776.

[4] 徐秀林. 无源医疗器械检测技术 [M]. 北京：科学出版社，2007.

[5] 付海洋，奚廷斐. 避孕套的体外细胞毒性检测实验 [J]. 中国计划生育学杂志，2008（07）：408－410.

[6] 张同成，殷秋华，米志苏. 一次性医疗用品的卫生学管理和监测 [M]. 北京：原子能出版社，1989.

[7] 封棣. 避孕套等乳胶制品中亚硝胺的研究 [J]. 中国计划生育学杂志，2009，4：248－250.

[8] Lönnroth E C. Toxicity of medical glove materials：a pilot study [J]. Int J Occup Safety and Ergonomics，2005，11（2）：131－139.

[9] 徐晓宙. 生物材料学 [M]. 北京：科学出版社，2006.

[10] 顾汉卿，徐国风. 生物医学材料学 [M]. 天津：天津翻译出版公司，1993.

[11] 俞耀庭. 生物医用材料 [M]. 天津：天津大学出版社，2000.

[12] 王昕，施燕平，朱雪涛，等. 具药天然胶乳橡胶避孕套的细胞毒性试验 [J]. 齐鲁药事，2005，24（11）：677－678.

[13] Till D E，Reid R C，Schwartz P S，et al. Plasticzer migration from polyvinyl chloride film to solvents and foods [J]. Food Chem Toxicol，1982，20：95－104.

［14］［美］巴迪·D. 拉特纳，艾伦·S. 霍夫曼，弗雷德里克·J. 舍恩，等. 生物材料科学：医用材料导论（第 2 版）［M］. 顾忠伟，刘伟，俞耀庭，等译校. 北京：科学出版社，2011.

［15］郑玉峰，李莉. 生物医用材料学［M］. 西安：西北工业大学出版社，2009.

［16］李琴琴，赵英虎，孙友谊，等. 纳米银材料的生物安全性研究进展［J］. 生态毒理学报，2016，10（06）：35－42.

［17］卢忠，胡相华，何晓帆，等. 在体外循环血路行业标准中增加常用黏合剂残留量检测建议及检测方法设计［J］. 中国医疗器械信息，2010，16（9）：48－50.

第十二章

质量管理统计技术应用

第一节　质量管理数理统计基础知识

　　为了了解生产过程或产品的质量状况，找出产品质量的波动规律，就要运用科学的方法对所搜集到的大量数据进行加工整理，去粗取精，去伪存真，找出其中的规律。统计方法就是其中的一种科学方法。

　　统计技术是以概率论为基础的应用数学的一个分支，是研究随机现象中确定的统计规律的学科。统计技术包括统计推断和统计控制两大内容：统计推断是指通过对样本数据的统计计算和分析，预测尚未发生的事件和对总体质量水平进行推断；统计控制是指通过对样本数据的统计计算和分析，采取措施消除过程中的异常因素，以保证质量特性的分布基本保持不变，即达到稳定的受控状态。

　　统计技术不仅可应用于质量管理领域，而且也可应用于其他各种领域。在质量管理中，统计方法一般有以下几方面的用途：

　　（1）提供表示事物特征的数据。例如，平均值、中位数、极差、标准差、百分率等。

　　（2）比较两事物间的差异。例如，判断两批产品质量是否存在显著性差异。

　　（3）分析影响事物变化的因素。例如，分析引起产品差异的各个因素及其影响的程度。

　　（4）分析事物的两种性质之间的相互关系。例如，研究两个变量之间是否相关，进而找出变量之间的函数关系。

　　（5）研究取样和试验方法，确定合理的试验方案。

　　质量管理中应用数理统计方法，大致按照下述工作程序：针对要解决的问题先搜集质量数据，将搜集到的数据进行整理归纳，形成统计图表或计算出统计特征值，如平均值、标准差、百分率等。然后对这些统计图表或统计特征值进行观察分析，找出其中的统计规律。这些规律将告诉我们生产是否处于稳定状态，产品质量是否符合规定要求，是否需要采取技术措施等。最后，进一步找出主要问题及产生问题的原因和主要原因，对症下药，利用专业技术和管理措施，以达到提高产品质量的目的。

一、产品质量的波动

产品质量具有"两重性"，即波动性和规律性。在生产实践中，即使操作者、机器、原材料、加工方法、生产环境等条件相同，生产出来的同一批产品的质量特性数据却并不完全相同，总是存在着差异，这就是产品质量的波动性。产品质量波动具有普遍性和永恒性。当生产过程处于稳定或控制状态时，生产出来的产品的质量特性数据，其波动又服从一定的分布规律，这就是产品质量的规律性。

根据影响产品质量波动的原因，可以把产品质量波动分为正常波动和异常波动两类。

（一）正常波动

正常波动是由偶然原因和难以避免的原因造成的产品质量波动。这些因素在生产过程中大量存在，经常影响产品质量，但它所造成的质量数值波动往往比较小。例如，原材料的成分和性能上的微小差异；机器设备的轻微振动；温度、湿度的微小变化；操作上的微小差异；等等。对这些波动因素的消除，在技术上难以达到，在经济上的代价又很大。因此，在一般情况下这些质量波动在生产过程中是允许存在的，所以称为正常波动。我们把正常波动控制在合理范围内的生产过程称为处于统计的控制状态，简称控制状态或稳定状态。

（二）异常波动

异常波动是由系统性原因造成的产品质量波动。这些原因在生产过程中并不大量存在，也不会经常影响产品质量，但一旦存在，它对产品质量的影响程度就比较显著。由于这些原因所造成质量波动的大小和作用方向具有一定周期性或倾向性，因此比较容易查明原因，容易预防和消除。例如，原材料材质不符合规定要求；机器设备有故障，带病运转；操作者违反操作规程；等等。一般情况下，异常波动在生产过程中是不允许存在的。我们把这样的生产过程称为不稳定状态或失控状态。质量控制的一项重要工作，就是要找出产品质量的波动规律，把正常波动控制在合理的范围，消除系统性原因造成的异常波动。造成产品质量波动的原因主要来自人员（Man）、机器（Machine）、物料（Material）、方法（Method）、测量（Measurement）、环境（Environments），也就是人们常说的"人、机、料、法、环、测"现场管理六大要素，合称5M1E。

二、样本与总体

通常我们并不可能为了掌握一批产品或半成品的质量情况而对整批产品全部进行检查。同样，在大多数情况下，也不可能为了了解某一道工序的产品质量而把该工序所制造出来的全部产品一一加以测试，只能从中抽取一定数量的样品进行测试，从样品的测试结果推断整批产品的质量。

（一）概念

1. 总体

总体，又叫母体，是研究对象的全体。总体可分为有限总体和无限总体。例如，某企业生产输液器 100 000 件，尽管这一批的数量相当大，但它有一个限定数 100 000 件，因此它是有限总体。而对于这个企业（或对于某个生产过程、某道工序）来说，过去、现在都生产着这种输液器，而且以后还将继续生产这种输液器，它的数量将是无限的，因此是无限总体。

2. 样本

样本又叫子样，是从一批产品中随机抽取的一个或多个供检查的单位产品。

3. 个体

个体又叫样品或样本单位，是构成总体或样本的基本单位，也就是样本中的每个单位产品。它可以是一个，也可以是由几个组成的。

（二）样本与总体的关系

如果我们搜集数据的目的是对生产过程中的某道工序进行预防性的控制和管理，就应该以该道工序作为对象，在生产加工过程中或从已加工出的一批产品中，定期地随机抽取样本进行测试；对得到的数据进行整理计算、分析判断，用来说明这道工序的状况和加工产品的质量趋势。

如果搜集数据的目的是对一批产品进行质量评价和验收，判定这批产品的质量是否合格，产品质量达到什么样的水平，应不应该接收，那么就应该以这批产品作为对象，从中随机抽取一部分产品为样本进行测试，把所得到的质量数据与规定的判定标准进行比较，从而判定该批产品的质量状况。

三、数据的搜集方法

（一）搜集目的

搜集数据应有明确的目的。质量管理中通常按搜集数据的目的把数据分为三种。

1. 分析用的数据

这是为掌握和分析现场质量动态情况而搜集的数据，以便于我们分析存在的问题、确定所要控制的影响因素、找出各因素之间的相互关系，为最后进行判断提供依据。

2. 管理用的数据

这是为了掌握生产状况，用以对生产状况做出推断和决定管理措施而搜集的数据。它包括为判断工序中产品质量是否稳定、有无异常以及是否需要采取适用的措施，以预防和减少不合格品等而搜集的数据。

3. 检验用的数据

这是为了对产品进行全数检验或抽样检验而搜集的数据。

不论搜集哪种数据，都要尽量反映客观事实，必须做到完整、准确、可靠。

（二）随机抽样

为了使搜集到样本的质量特性数据能正确、有效地判断总体，使得到的质量特性数据具有总体的代表性，就必须采用随机抽样的方法。所谓随机抽样，就是每次抽取样本时，批中所有单位产品都有被抽取的同等机会。常用的随机抽样方法有简单随机抽样、分层随机抽样和整群随机抽样。这三种随机抽样方法，在抽样手续的繁易程度和样本代表性方面各有不同，应根据实际情况选用。

1. 简单随机抽样（单纯随机抽样）

简单随机抽样最常用的是抽签法。例如，从 100 个产品中抽 5 个做样本。先把 100 个产品由 1 到 100 逐一编上顺序号，然后在 100 个签码中任意抽取 5 张签码。若抽到的号码是 5，18，36，74，91，那么这 5 个号码的产品就是这次抽取的样本。或将 100 个产品加以搅和，使每个产品的所在位置等都处于同样不受人为因素影响的条件下，随后由抽样者任意抽取 5 个样品。简单随机抽样还有掷骰子法和查随机数值表法。

2. 分层随机抽样

将整批产品按某些特征、条件（工人、机器设备、原材料、作业班次等）归类分组（层）后，在各组（层）内分别用简单随机抽样法抽取产品，组成样本。若按各组（层）在整批中所占比例分配各层样本的数量，这样的随机抽样称为分层按比例随机抽样。

3. 整群随机抽样

整群随机抽样是指在一次随机抽样中，不是只抽取一个产品，而是抽取若干个产品组成样本，如一次取几个、一箱，或在一段时间内生产的产品。

（三）搜集质量数据的注意点

搜集质量数据，还必须注意以下几点。

1. 搜集数据的目的要明确

目的不同，搜集数据的过程与方法也不同。例如，为了了解某产品的直径尺寸，如果从成品仓库中取测量数据，则反映了不同机床、不同操作者、不同时间的质量状况；如果从某个机床工作台上取测量数据，则反映的是一台机床、一个操作者、一段时间内的质量情况。

2. 正确的判断来源于反映客观事实的数据

如果假数真算，不但没有意义，而且还会带来因假信息而被贻误的危害性。

3. 搜集到的原始数据应按一定的标志进行分组归类

搜集数据时应尽量把同一生产条件下的数据归并在一起。

4. 记下搜集到数据的条件

搜集数据的同时应记下相应的条件，如抽样方式、抽样时间、测定仪器、工艺条件以及测定人员等。

四、数据的分类

在企业里，与质量有关的数据很多，如生产过程中的工序控制记录，半成品、成品质量的检测数据等。尽管这些数据是方方面面、形形色色、各种各样的，但基本上可以把它们分为两大类：计量值数据和计数值数据。

（一）计量值数据

计量值数据就是可以连续取值的，或者说可以用测量工具具体测出小数点以下数值的数据。例如，长度、电压、重量、温度、时间等。以长度为例：在 1～2 m 之间，可以连续测得 1.1 m、1.2 m、1.3 m 等，而在 1.1～1.2 m 之间还可以进一步测出 1.11 m、1.12 m、1.13 m、1.14 m 等。

（二）计数值数据

计数值数据就是不可以连续取值的，或者说即使使用测量工具也得不到小数点以下的数值，而只能用计数得到如 0、1、2、3 等整数的数据。如电冰箱台数、合格品件数、质量检测的项目数、废品数、疵点数、故障次数等，它们都是以整数出现的，都属于计数值数据。

计数值数据又可细分为计件值数据和计点值数据。计件值数据是按件、按个或按项计数的数据，如合格品件数、电冰箱台数、质量检测项目数等。计点值数据是指按缺陷点计数的数据，如疵点数、气泡数、单位缺陷数等。

必须注意，当数据以百分率表示时，要判断它是计量值数据还是计数值数据，取决于给出数据计算公式的分子。当分子是计量值数据时，则求得的百分率数据为计量值数据；当分子是计数值数据时，即使得到的百分率不是整数，它也属于计数值数据。例如，生产出的 10 000 件输液器中有 14 件为不合格品，其不合格品率为：

$$\frac{14}{10\ 000} \times 100\% = 0.14\%$$

从数据 0.14% 来看，它虽然有小数点以下的数值，但因为计算公式中分子 14 件是计数值数据，所以输液器的不合格品率 0.14% 应是计数值数据。

五、数据的统计特征值

在质量管理的常用方法中，统计特征值可以分为两类：一类表示数据的集中位置，如平均值、中位数等；一类表示数据的分散程度，如极差、标准偏差等。现以 2、8、7、5、8 五个数据为例，计算这组数据的几种统计特征值。

（一）平均值（mean，$\bar{x}$）

平均值是以所有数据之和为分子、数据的总个数为分母的商，用符号 $\bar{x}$ 表示。

$$\bar{x} = \frac{x_1 + x_2 + x_3 + \cdots + x_n}{n} = \frac{\sum x_i}{n}$$

本例：$\bar{x} = \dfrac{2+8+7+5+8}{5} = \dfrac{30}{5} = 6.0$

（二）中位数（median，M）

中位数是平均值的近似值。把数据按大小顺序排列，当有相同数值时应重复排列，处于最中间位置的数据即为中位数。当数据的个数为偶数时，取处于最中间位置两个数据的平均值作为中位数。中位数用符号 M 表示。

本例：把数据从小往大顺序排列为 2、5、7、8、8。

$$M = 7$$

（三）极差（R）

极差是一组数据中最大数与最小数之差，用符号 R 表示。

本例：$R = 8 - 2 = 6$

极差虽能表示数据的分散程度，但只利用了一组数据中最大和最小的两个数据，没有考虑到其他数据的影响程度。例如，2、5、7、8、8 与 2、4、5、6、8 这两组数据，它们的极差相等（$R=6$），但是，这两组数据的分布情况并不相同。因此极差所反映的实际情况其准确性较差。

（四）标准偏差（s）

标准偏差是较准确地表示样本数据分散程度的统计特征值，用符号 s 表示。计算公式为：

$$s = \sqrt{\frac{\sum(x-\bar{x})^2}{n-1}} = \sqrt{\frac{\sum x^2 - (\sum x)^2/n}{n-1}}$$

式中：n 为数据的个数；x 表示某一个数据。

第二节　质量管理常用统计技术工具

一、质量管理概述

人类社会的质量活动可以追溯到远古时代。但现代意义上的质量管理活动是从 20 世纪初开始的。根据解决质量问题的手段和方式的不同，一般可以将现代质量管理分为三个阶段。第二次世界大战以前可以看作是第一阶段，通常称为质量检验阶段（Inspection Quality Control，IQC）；第二阶段是从第二次世界大战开始到 20 世纪 50 年代的统计质量控制阶段（Statistical Quality Control，SQC）；第三阶段是从 20 世纪 60 年代开始的全面质量控制阶段（Total Quality Control，TQC）。

（一）质量检验阶段（IQC）

这一阶段主要是通过检验的方式来控制和保证产出或转入下道工序的产品的质量。这种做法只是从成品中挑出废、次品，实质是一种"事后的把关"。

（二）统计质量控制阶段（SQC）

这一阶段的主要特点是：由以前的事后把关，转变为事前的积极预防；数理统计方法被广泛深入地应用在生产和检验中。

（三）全面质量控制阶段（TQC）

1956 年，美国通用电气公司的 A. V. 费根堡姆首先提出了"全面质量控制"的概念。全面质量控制的具体实施包括：

1. 4 个阶段

计划（Plan）、实行（Do）、检查（Check）和处理（Action），即首先制订工作计划，然后实施，并进行检查，对检查出的质量问题提出改进措施。这四个阶段有先后、有联系、头尾相接，每执行一次为一个循环，称为 PDCA 循环，每个循环相对上一循环都有所提高。

2. 8 个步骤

8 个步骤即找问题、找出影响因素、明确重要因素、提出改进措施、执行措施、检查执行情况、对执行好的措施使其标准化、对遗留的问题进行处理。

3. 14 种工具

在计划的执行和检查阶段，为了分析问题、解决问题，利用了 14 种工具（方法）：直方图法、控制图法、排列图法、调查表法、因果图法、相关分析图法、分层法、关系图法、KJ 法、系统图法、矩阵图法、矩阵数据分析法、PDPC 法和矢线图法。其中前 7 种为传统的方法，后 7 种为后期产生的，又叫新 7 种工具。现在还有专家提出水平对比法、头脑风暴法等。本章主要介绍前 7 种工具，也是比较传统和常用的工具。

二、直方图法

（一）直方图的基本概念

直方图是频数直方图的简称。所谓直方图就是将数据按其顺序分成若干间隔相等的组，以组距为底边、以落于各组的频数为高的若干长方形排列成的图。

众所周知，在相同条件下制造出来的产品，其质量特性既不会完全相同，也不会相差太大，总是在一个范围内变动，这种变动有一定的规律性。直方图就是直观而形象地把质量分布规律用图形表示出来的一种统计工具。利用直方图可以分析和掌握过程质量状况、计算过程能力指数和估算产品的不合格品率。

（二）直方图的用途

直方图的用途主要有：

（1）能比较直观地呈现产品质量特性值的分布状态，借此可判断出过程是否处于统计受控状态，并进行过程质量分析。

（2）便于掌握过程能力及保证产品质量的程度，并通过过程能力来估算产品的不合格品率。

（3）用于简练及较精确地计算产品的质量特性值。

（4）判断生产过程是否发生异常或判断产品是否出自同一总体。

（三）直方图的判断

直方图的观察、判断主要从以下两个方面进行。

1. 形状分析

观察直方图的图形形状，看是否属于正常的分布，过程是否处于稳定状态，判断产生异常分布的原因。直方图通常有 6 种不同的形状，如图 12-1 所示。

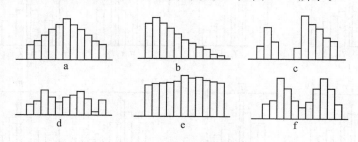

图 12-1　直方图的形状

（1）标准型（图 12-1a）：又称正常型或对称型，指过程处于稳定状态的图形。它的形状是中间高、两边低，左右近似对称。一般直方图多少有点参差不齐，主要应看整体的形状。这种形状是最常见的，这时可判定过程处于稳定状态。

（2）偏态型（图 12-1b）：直方图的顶峰偏向一侧，有的偏左，有的偏右。

偏左型：由于某种原因使下限受到限制时，多发生偏左型。例如，用标准值控制下限；由于加工习惯，孔加工往往偏小，也会形成偏左型。

偏右型：由于某种原因使上限受到限制时，多发生偏右型。例如，用标准值控制上限；由于加工习惯，轴外圆加工往往偏大，也会形成偏右型。

（3）孤岛型（图 12-1c）：在直方图旁边有孤立的小岛出现。当过程中有异常原因，如原料发生变化，或由不熟练工人替班加工，或测试有误，或掺假作伪，都会造成孤岛型分布。

（4）锯齿型（图 12-1d）：直方图如锯齿一样凹凸不平，大多是由于分组不当或检测数据不准而造成的。应查明原因，采取措施，加以纠正。

（5）平顶型（图 12-1e）：直方图没有突出的顶峰。这主要是在生产过程中由缓慢变化的影响因素造成的，如机床刀具的磨损、操作者的疲劳等。

（6）双峰型（图 12-1f）：直方图中出现两个峰。这是由于观测值来自两个总体，有两个分布，而后混合在一起造成的。

2. 与规格界限的比较分析

当过程处于稳定状态（即直方图为标准型）时，还需要进一步将直方图与产品的规格界限（公差，即图 12-2 中 T_L 与 T_U 之间的范围）进行比较，以判断产品满足公差要求的程度。

（1）理想型（图 12-2a）：直方图的分布中心 $\bar{x}$ 与公差中心 T_m 近似重合，其分布在公差范围内，且两边有些余量。这种情况，一般来说是很少出现不合格品的。

（2）偏心型（图 12-2b、c）：直方图的分布在公差范围内，但分布中心和公差中心有较大的偏移。这种情况，工序如果稍有变化，就可能出现不合格品。因此应调整，使分布中心 $\bar{x}$ 与公差中心 T_m 近似重合。

（3）无富裕型（图 12-2d）：直方图的分布在公差范围内，两边均没有余地。这种情况应立即采取措施，设法提高过程能力，缩小标准差。

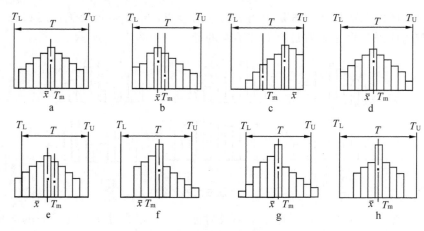

图 12-2　直方图分布与规格界限比较

（4）胖型（图 12-2e、f、g）：直方图的分布超过公差范围。图 12-2e、f 说明质量分布中心偏离，分散程度也大。这时应缩小分散程度，并把分布中心移到中间来。图 12-2g 说明加工的精度不够，应提高加工精度，缩小标准差，也可从公差制定的宽严程度来考虑。

（5）瘦型（图 12-2h）：直方图的分布在公差范围内，且两边有过大的余地。此情况虽然不会出现不合格品，但很不经济，属于质量过剩。除特殊精密及危及安全的器件外，一般可以适当放宽要求，以降低成本，提高竞争力。

（四）直方图的制作程序

1. 收集数据

数据个数一般为 50 个以上，最低不少于 30 个。

2. 求极差 R

用数据中的最大值减去最小值，确定数据的极差，即 $R = x_{max} - x_{min}$。

3. 确定所画直方图的组数 k 和组距 h

分组通常为 6～12 组，并以此组数 k 去除极差 R，得出每组组距 h（$h = R/k$）。

4. 确定各组的界限值

分组的组界值要比抽取的数据多一位小数，以使边界值不致落在两组内。因此先取测量单位的 1/2。例如，测量单位为 0.001 mm，组界的末位数应取 0.001 mm/2 = 0.000 5 mm。然后用最小值减去测量单位的 1/2，作为第一组的下界值；再将此下界值加上组距，作为第一组的上界值，依次加到最大一组的上界值。为了计算需要，往往要决定各组的中心值（组中值）。每组的上下界限值相加除以 2，所得数据即为组中值，组中值为各组数据的代表值。

5. 制作频数分布表

将测得的原始数据分别归入相应的组中，统计各组的数据个数，即频数。

（五）直方图的应用示例

某骨科器械厂生产的钢板厚度尺寸要求标准为 6 mm，现从一批产品中随机抽取 100 个样品进行测量，尺寸如表 12-1 所示，试绘制直方图。

表 12-1　钢板厚度尺寸数据表（mm）

组号	尺寸					组号	尺寸				
1	5.77	6.27	5.93	6.08	6.03	11	6.12	6.18	6.10	5.95	5.95
2	6.01	6.04	5.88	5.92	6.15	12	5.95	5.94	6.07	6.00	5.75
3	5.71	5.75	5.96	6.19	5.70	13	5.86	5.84	6.08	6.24	5.61
4	6.19	6.11	5.74	5.96	6.17	14	6.13	5.80	5.90	5.93	5.78
5	6.42	6.13	5.71	5.96	5.78	15	5.80	6.14	5.56	6.17	5.97
6	5.92	5.92	5.75	6.05	5.94	16	6.13	5.80	5.90	5.93	5.78
7	5.87	5.63	5.80	6.12	6.32	17	5.86	5.84	6.08	6.24	5.97
8	5.89	5.91	6.00	6.21	6.08	18	5.95	5.94	6.07	6.00	5.85
9	5.96	6.05	6.25	5.89	5.83	19	6.12	6.18	6.10	5.95	5.95
10	5.95	5.94	6.07	6.02	5.75	20	6.03	5.89	5.97	6.05	6.45

解：

（1）收集数据：本例取 100 个数据，即 $n=100$。

（2）求极差 R：找出数据最大值和最小值，计算：$R=x_{max}-x_{min}=6.45-5.56=0.89$。

（3）确定分组的组数 k 和组距 h：本例 $k=10$，组距 $h=R/k=0.89/10\approx0.09$。

（4）确定各组的界限值：本例中测量单位为 0.01，所以第一组的下界值为：

$$x_{min}-\frac{测量单位}{2}=5.56-\frac{0.01}{2}=5.555$$

第一组的上界值为：$5.555+0.09=5.645$

第二组的上界值为：$5.645+0.09=5.735$

……

（5）记录数据：记录各组的数据，整理成频数表（表 12-2），并记录组界值、组中值、各组频数（f_i）。

表 12-2　频数表

统计分组	组界值	组中值 x_i	频数 f_i（100）
1	5.555～5.645	5.60	2
2	5.645～5.735	5.69	3
3	5.735～5.825	5.78	13
4	5.825～5.913	5.87	15
5	5.915～6.005	5.96	26
6	6.005～6.095	6.05	15
7	6.095～6.185	6.14	15
8	6.185～6.273	6.23	7
9	6.275～6.465	6.32	2
10	6.365～6.455	6.41	2

（6）画直方图：在方格纸上，横坐标取分组的组界值，纵坐标取各组的频数，用直线连成直方块，即成直方图，如图 12-3 所示。

（7）在直方图上，要注明数据数 n 以及平均值 $\bar{x}$ 和标准差 s，要画出规格或公差标准。

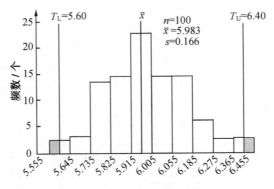

图 12-3　钢板厚度直方图

三、控制图法

（一）什么是控制图

控制图又叫管理图。它是用于分析和判断工序是否处于控制状态所使用的带有控制界限线的图。控制图法是通过图形显示生产过程随着时间变化的质量波动，并分析和判断它是由于偶然原因还是由于系统性原因所造成的质量波动，从而提醒人们及时做出正确的对策，消除系统性原因的影响，保持工序处于稳定状态而进行动态控制的统计方法。

（二）控制图的原理

当生产条件正常，生产过程处于控制状态时（生产过程只有偶然原因起作用），产品总体的质量特性数据的分布一般服从正态分布规律。由正态分布的性质可以知道，质量指标值落在 $\pm 3\delta$ 范围内的概率约为 99.7%；落在 $\pm 3\delta$ 以外的概率只有 0.03%，这是一个小概率。按照小概率事件原理，在一次实践中超出 $\pm 3\delta$ 范围的小概率事件几乎是不会发生的。若发生了，则说明工序已不稳定。也就是说，生产过程中一定有系统性原因在起作用。这时我们应追查原因、采取措施，使工序恢复到稳定（控制）状态。

利用控制图来判断工序是否稳定，实际是一种统计推断的方法。进行统计推断就会产生两种错误。第一类错误是将正常判为异常，即工序本来并没有发生异常，只是由于偶然性原因的影响，使质量波动过大而超过了界限线，而我们却将其判为系统性原因造成的工序异常，从而因"虚报警"给生产造成损失。第二类错误是将异常判为正常，即工序虽然已经存在系统性因素的影响，但因某种原因，质量波动并没有超过界限，因此认为生产仍旧处于控制状态而没有采取相应的措施加以改进。这样的"漏报警"会导致产生大量不合格品，从而给生产造成损失。数理统计学告诉我们，放宽控制界限制界限范围固然可以减少犯第一类错误的机会，却会增加犯第二类错误的可能；反之，压缩控制界限范围可以减少犯第二类错误的机会，却会增加犯第一类错误的可能。显然，控制图的控制界限范围的确定应以两类错误的综合总损失最小为原则。3δ 方法确定的控制图控制界限线被认为是最经济合理的方法。因此，我国、美国、日本等世界大多数国家都采用这个方法。当然，一些行业，根据自己的生产性质和特点，也有采用 2δ、4δ 来确定控制图控制界限线的。

（三）控制图的基本形式

图 12-4 是控制图的基本形式。纵坐标为质量特性值，横坐标为抽样时间或样本序号。图上有三条线：上面一条虚线叫上控制界限线（简称上控制线），用符号 UCL 表示；中间一条实线叫中心线，用符号 CL 表示；下面一条虚线叫下控制界限线（简称下控制线），用符号 LCL 表示。这三条线是通过搜集在生产稳定状态下过去某一段时间的数据计算出来的。使用时，定时抽取样本，把所测得的质量特性数据用点子一一描在图上。根据点子是否超越上、下控制线和点子的排列情况来判断生产过程是否处于正常的控制状态。

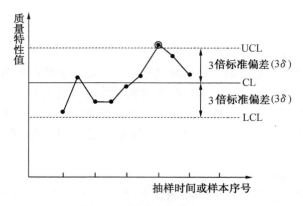

图 12-4　控制图的基本形式

（四）控制图的种类

1. 按统计量分类

按测定值性质的不同，控制图大致可分计量值控制图和计数值控制图两大类。常用的各类控制图的特点和适用场合见表 12-3。

表 12-3　控制图种类及适用场合

类别	名　称	控制图符号	特　点	适用场合
计量值控制图	平均值—极差控制图	$\bar{x}-R$	最常用，判断工序是否正常的效果好，计算工作量大	适用于产品批量较大，且稳定、正常的工序
	中位数—极差控制图	$x_{MED}-R$	计算简便，但效果较差	同上
	单值—移动极差控制图	$x-RS$	简便省事，并能及时判断工序是否处于稳定状态，缺点是不易发现工序分布中心的变化	因各种原因（时间、费用等）每次只能得到一个数据或希望尽快发现并消除异常因素
计数值控制图	不合格品数控制图	P_n	较常用，计算简单，操作人员易于理解	样本数量相等
	不合格品率控制图	P	计算量大，控制线凹凸不平	样本数量可以不等
	缺陷数控制图	C	较常用，计算简单，操作人员易于理解	样本数量相等
	单位缺陷数控制图	U	计算量大，控制线凹凸不平	样本数量不等

2. 按用途分类

按用途的不同将控制图分为两类：

（1）分析用控制图。用全数连续取样的方法获得数据，进而分析、判断工序是否处于稳定状态。利用控制图发现异常，通过分层等方法，找出质量不稳定的原因，采取措施加以解决。

（2）控制（管理）用控制图。按程序规定的取样方法获得数据，通过打点观察，控制异常的出现。当点子分布出现异常，说明工序质量不稳定时，找出原因，及时消除导致异常的影响因素，使工序恢复到正常的控制状态。

（五）控制图应用示例（$\bar{x}-R$ 控制图）

$\bar{x}-R$ 控制图是把平均值（$\bar{x}$）控制图和极差（R）控制图上下对应地画在一起的综合控制图。平均值控制图用来观察工序的平均值的变化，极差控制图用来观察工序的分散程度的变化。两图同时使用，可以综合地了解质量特性数据的分布形态。这种控制图提供的信息量多，鉴别能力强，是质量管理中用得较多的一种控制图。

$\bar{x}-R$ 最适用于产品批量较大而且稳定的生产过程。它的使用方法是：先对工序进行分析，搜集生产条件（5M1E）比较稳定和有代表性的一批数据，计算控制线，画控制图，然后按照在生产过程中抽样得到的数据在控制图上随时打点，随时观察、分析生产过程有无异常。下面以某氯碱厂烧碱蒸发浓度为例，叙述 $\bar{x}-R$ 控制图的作图步骤。

1. 搜集数据

（1）在生产过程稳定的状态下，搜集近期质量数据，并把数据按生产（时间）顺序分组。

（2）数据一般取 100 个（最少 50 个以上），每次抽取的样本个数用 n 表示。通常 n 为 3~5。组数用 k 表示。本例搜集了 60 个数据。每组样本个数 $n=5$。组数 $k=12$。

（3）把搜集到的每组数据，按次序填入数据表（表 12-4）。

表 12-4　数据及计算表

组号	时间	测定值						$\bar{x}_i$	R_i
		x_1	x_2	x_3	x_4	x_5			
1		420	419	415	418	418		418.0	5
2		419	424	423	420	421		421.4	5
3		420	420	419	418	420		419.4	2
4		421	421	420	419	417		419.6	4
5		420	423	422	420	419		420.8	4
6		420	420	420	419	421		420.0	2
7		423	423	419	421	418		420.8	5
8		418	417	419	415	423		418.4	8
9		423	420	418	420	421		420.4	5
10		416	418	420	419	417		418.0	4
11		417	418	416	420	423		418.8	7
12		421	420	418	413	421		418.6	8
							Σ	5 034.2	59

2. 计算各组平均值 $\bar{x}_i$ 和极差 R_i

（1）各组的平均值 $\bar{x}_i$ 为该组数据之和除以样本个数 n（商的有效数字应比原测量值多取一位小数）。

本例：第一组的平均值 $\bar{x}_1 = \dfrac{420+419+415+418+418}{5} = 418.0$

把算出的各组平均值 $\bar{x}_i$ 及累加值 $\sum \bar{x}_i$ 填入表 12-4 中。

本例：$\bar{x}_i$ 的累加值 $\sum \bar{x}_i = 5\ 034.2$。

（2）各组的极差 R_i 为该组数据中最大值与最小值之差。

本例：第一组极差 $R_1 = 420 - 415 = 5$。把算出的各组极差 R_i 及累加值 $\sum R_i$ 填入表 12-4 中，本例：$\sum R_i = 59$。

3. 计算 $\bar{\bar{x}}$ 和 $\bar{R}$

（1）$\bar{\bar{x}}$ 为各组平均值的平均值。本例：$\bar{\bar{x}} = \dfrac{\sum \bar{x}_i}{k} = \dfrac{5\ 034.2}{12} = 419.52$（比原平均值多取一位小数）。

（2）$\bar{R}$ 为极差平均值。本例：$\bar{R} = \dfrac{\sum \bar{R}_i}{k} = \dfrac{59}{12} = 4.9$（比原极差值多取一位小数）。

4. 计算中心线（CL）和上、下控制线（UCL、LCL）

（1）$\bar{x}$ 图：

$$\text{CL} = \bar{\bar{x}} \qquad \text{UCL} = \bar{\bar{x}} + A_2 \times \bar{R} \qquad \text{LCL} = \bar{\bar{x}} - A_2 \times \bar{R}$$

式中：A_2 为随着每次抽取样本个数 n 而变化的系数，由表 12-5 查得。

本例：$n = 5$，查表得 $A_2 = 0.577$。

$\text{CL} = \bar{\bar{x}} = 419.52$

$\text{UCL} = \bar{\bar{x}} + A_2 \times \bar{R} = 419.52 + 0.577 \times 4.9 = 422.35$

$\text{LCL} = \bar{\bar{x}} - A_2 \times \bar{R} = 419.52 - 0.577 \times 4.9 = 416.69$

（2）R 图：

$$\text{CL} = \bar{R} \qquad \text{UCL} = D_4 \times \bar{R} \qquad \text{LCL} = D_3 \times \bar{R}$$

式中：D_4、D_3 为随着每次抽取样本个数 n 而变化的系数，由表 12-5 查得。

本例：$n = 5$，查表得 $D_4 = 2.114$。因 $n < 6$，D_3 无值。

$\text{CL} = \bar{R} = 4.9$

$\text{UCL} = D_4 \times \bar{R} = 2.114 \times 4.9 = 10.36$

$\text{LCL} = D_3 \times \bar{R}$（不考虑）

表 12-5　计量控制图计算控制线系数表（部分）

n	控制线系数											中心线系数			
	A	A_2	A_3	B_3	B_4	B_5	B_6	D_1	D_2	D_3	D_4	c_4	$1/c_4$	d_2	$1/d_2$
2	2.121	1.880	2.659	0.000	3.267	0.000	2.606	0.000	3.686	0.000	3.267	0.797 9	1.253 3	1.128	0.886 5
3	1.732	1.023	19.54	0.000	2.568	0.000	2.276	0.000	4.358	0.000	2.574	0.886 2	1.128 4	1.693	0.590 7
4	1.500	0.729	1.628	0.000	2.266	0.000	2.088	0.000	4.698	0.000	2.282	0.923 1	1.085 4	2.059	0.485 7
5	1.342	0.577	1.427	0.000	2.089	0.000	1.964	0.000	4.918	0.000	2.114	0.940 0	1.063 8	2.326	0.429 9
...															
25	...														

5. 画控制图

一般在上方安排 $\bar{x}$ 图，在下方对应位置安排 R 图。横轴表示样本组号；纵轴表示质量特性值和极差值。按计算值分别画 $\bar{x}$ 图和 R 图。画中心线（用实线）和上、下控制线（用虚线），并在各条线的右端分别标出对应的 UCL、CL、LCL 符号和数值，在 $\bar{x}$ 图的左上方标记 n 的数值（本例 $n=5$），如图 12-5 所示。

6. 打点鉴别

当开始使用控制图进行工序质量分析时，应把搜集到的各组样本的平均值 $\bar{x}_i$ 和极差 R_i 值分别在已经画好的控制图上打点，并顺序连接各点，以确认生产过程是否处于稳定状态。当发现点子超出控制线或控制线内的点子排列异常时，应调查当时的生产状况及找出原因并加以消除，然后剔除该点数据，重新按新的组数进行上述计算、打点和鉴别。当确认生产过程处于稳定状态时，就可以把上述控制图用于对生产过程的工序质量的控制，如图 12-5 所示。

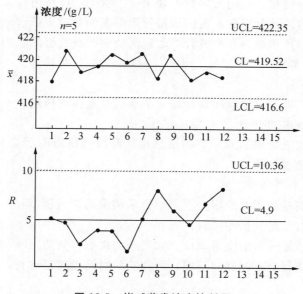

图 12-5　烧碱蒸发浓度控制图

7. $\bar{x}-R$ 控制图的使用

在生产现场使用控制图时，按程序规定要求，每搜集一组数据，就计算出 $\bar{x}$ 值与 R 值（可在预先设计好的数据表中进行），用点子描入相应的 $\bar{x}$ 控制图和 R 控制图中，并把打上去的点子按顺序用直线连接起来。如果碰上越出控制线的点，用圆圈将点子圈起来，如⊙；如果发现点子排列异常，用大圈把异常部分圈起来，以便观察分析。当控制图上经常出现异常点，或生产条件发生了变化，原来的控制图（即控制界限线）失效时，应重新绘制控制图。经过一段时间的使用后，也应该核实工序是否仍处于控制状态。

8. 其他

控制图的知识参见 GB/T 4091 或 ISO 8258 常规控制图。

四、排列图法

（一）排列图的基本概念

排列图又称为主次因素分析图或帕累托（Pareto）图，是一种为了对发生频次从最高到最低的项目进行排列而采用的简单图示技术。此图建立在帕累托原理的基础上，即少数的项目往往产生主要的影响。通过区分最重要的与较次要的项目，可以用最少的努力获取最佳的改进效果。

排列图按下降的顺序显示出每个项目在整个结果中的相应作用。相应的作用可以包括发生次数、与每个项目有关的成本或影响结果的其他测量方法。矩形用于表示每个项目相应的作用，累计频数线用于表示各项目的累计作用。排列图是找出影响产品质量的主要问题，以便确定质量改进关键项目的图表。

排列图最早由意大利经济学家帕累托用于统计意大利的财富分布状况。他发现少数人占有社会上大部分财富，而绝大多数人处于贫困状态，即所谓"关键的少数与次要的多数"这一相当普遍的社会现象。美国质量管理学家朱兰博士把这个原理应用到质量管理中来，于是，这一原理成为在质量管理改进活动中寻找关键问题的一种有力工具。

（二）排列图的用途

排列图主要用于：

（1）指出重点，即按重要顺序显示每一个项目对整体的作用。

（2）识别质量改进的机会。

（3）检查质量改进措施的效果。利用制作实施改进措施前后排列图，并进行对比，就能判定改进措施是否有效。

（三）排列图的应用程序

为了更好地理解排列图的应用，下面结合示例说明如何制作和分析排列图。

（1）选择要进行质量分析的项目。

（2）选择用于质量分析的度量单位，如出现的次数（频数）、成本、不合格品数等。

（3）选择用于质量分析的时间范围，所选定的时间段应足够长，以确保所获得的数据有代表性。

（4）收集资料，即依照事先选定的时间范围，收集各项目的数据资料。例如，已知某厂制造的输液器不合格的不良项目有 15 种，现根据各种不良项目出现的机会大小把它们归为 6 种：A、B、C、D、E 和其他。为了进一步提高输液器的质量水平，决定根据上月份所生产的 140 个不合格输液器分别统计各种不良项目发生的频数。然后，根据项目对应数据的大小，按频数从大到小对项目进行排列，见表 12-6 第 2 行，累计频数见第 3 行。

（5）求百分比，即求各项目对应的数据在合计数中所占的百分比。上例计算所得百分比结果如表 12-6 第 4 行所示。

（6）求累计百分数，即利用各项目对应的累积和除以合计数，求各项目的累计百分数。上例计算所得累计百分数如表 12-6 第 5 行所示。

（7）作图。

表 12-6 输液器不合格品的统计

不良项目	A	B	C	D	E	其他	合计
频数（个）	102	50	26	14	4	4	200
累计频数（个）	102	152	178	192	196	200	—
百分比（%）	51	25	13	7	2	2	100
累计百分比（%）	51	76	89	96	98	100	—

（四）作图的步骤

1. 画坐标

画两个纵坐标，一个横坐标。为美观起见，横坐标的长度一般不大于纵坐标的高度，但不小于纵坐标高度的 2/3；在横坐标的左端点画纵坐标，表示质量问题的度量单位，其高度等于合计数；在横坐标的右端点画纵坐标，其高度与左纵坐标的高度相同，表示百分数，最高点为 100%。由表 12-6 可知，上例中的合计数为 $n=200$，坐标见图 12-6。

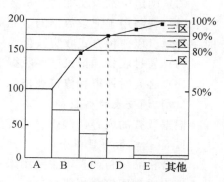

图 12-6 输液器不良项目排列图

2. 确定横坐标的等分数，画矩形

以项目总个数为等分数，把横坐标分成若干等分，根据各项目对应数据的大小，从左到右在各等分下方标出项目；以等分为宽，各项目对应的数据为高，画每个项目对应的矩形。上例项目总数为 6，故把横坐标分成 6 个等分，按表 12-6 的不良项目顺序在图 12-6 坐标的下方标出不良项目，同时以各个不良项目的对应频数为高画矩形，结果见图 12-6。

3. 标累计百分数点，画累计百分比曲线

以各个项目所在矩形的右端为横坐标，以该项目的累计百分数为纵坐标，画累计百分数点；把相邻的累计百分数点用线段连接起来，即得到累计百分比曲线。上例的累计百分比曲线见图 12-6。

4. 确定重点，即关键的少数

经过右纵坐标的 80%、90% 点画水平横线，把图分成三部分，从下至上依次记为一区、二区、三区。落在一区的累积百分比点对应的项目称为重点项目，落在 B 区的累积百分比点对应的项目为次重点项目，落在三区的累积百分比点对应的项目为不重要项目。该例 A 和 B 为重点项目，是影响质量问题的关键，可以在这两个项目上加以努力，以获取最佳的质量改进效果。

五、调查表法

（一）调查表的概念

调查表又称检查表、统计表、检验结果统计表、质量分析表等。它是统计图表的一种，是用来记录、收集和整理数据所用的图表。调查表适用于数字数据分析和非数字数据分析两种情况。

（二）调查表的应用

调查表用于系统地收集数据，以获得对事实的明确认识。调查表是收集和记录数据的一种形式，它便于按统一的方式收集数据并进行分析。

（三）程序

调查表的制作程序如下：

（1）建立收集数据的具体目的（将要解决的问题）。

（2）识别为达到目的所需要的数据（解决问题）。

（3）确定由谁以及如何分析数据（统计工具）。

（4）编制用于记录数据的表格，并提供记录以下信息的栏目：谁收集的数据，何时、何地、以何种方式收集数据。

（5）通过收集和记录某些数据来试用表格。

（6）必要时评审和修订表格。

（四）调查表的类型

根据调查的内容，调查表又可分为以下几种类型：

1. 不合格品项目调查表

不合格品项目调查表主要用来调查生产现场不合格品项目频数和不合格品率，以便继而用于排列图等分析研究。

2. 缺陷位置调查表

缺陷位置调查表用来记录、统计、分析不同类型的外观质量缺陷所发生的部位和密集程度，进而从中找出规律性，为进一步调查或找出解决问题的办法提供事实依据。

3. 质量分布调查表

质量分布调查表是对计量值数据进行现场调查的有效工具，即根据以往的资料，将某一质量特性项目的数据分布范围分成若干区间而制成的表格，用以记录和统计每一质量特性数据落在某一区间的频数。

4. 矩阵调查表

矩阵调查表是一种多因素调查表，它要求把产生问题的对应因素分别排成行和列，在其交叉点上标出调查到的各种缺陷和问题以及数量。

调查表在质量管理中可以用于企业进货验收的记录统计（表 12-7），通过该表我们可以对所购物料的大体状况有比较明确的了解。调查表没有固定的格式，可以根据采购的物料特点自行设计，只要能清晰明了地显示进货物料的质量状况即可。

表 12-7　××厂××配件不合格率调查表

产品名称							
生产车间							
不合格项目	5月6日	5月7日	5月8日	5月9日	5月10日	5月11日	5月12日
刮伤	1	3					
裂痕	2	1					

续表

不合格项目	5月6日	5月7日	5月8日	5月9日	5月10日	5月11日	5月12日
撞伤	5	0					
其他	0	0					
合计	8	4					
检查数	100	100					
不合格率	8%	4%					

六、因果图法

（一）因果图的概念

在找出主要质量问题以后，为分析产生质量问题的原因，以确定因果关系的图表，称为因果图。因果图又称树枝图、鱼刺图，也称石川图。

（二）因果图的应用

因果图主要用于：

（1）分析因果关系。

（2）表达因果关系。

（3）通过识别症状、分析原因，寻找措施，促进问题的解决。

因果图是用于考虑并展示已知结果与其潜在原因之间关系的一种工具。许多潜在的原因可归纳原因类别，形成类似于鱼刺的样子，因此该统计工具又称鱼刺图。

（三）因果图的绘制程序

（1）明确、扼要地确定结果。

（2）规定可能原因的主要类别。需要考虑的因素包括数据和信息系统、环境、设备、材料、测量、方法、人员。

（3）开始画图，把结果画在右边的方框中，然后用分层法把主要的各类原因放在它的左边，作为"结果"框的输入。

（4）寻找所有下一层次的原因并画在相应的主枝上，并继续发展下去。一个完整的因果图至少应有二层，许多因果图有三层或更多层（图12-7）。

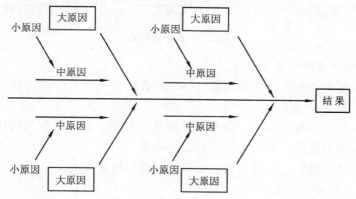

图12-7 因果图结构示意图

（5）从最高层次的原因中选取和识别少量的（3～5个）可能对结果有最大影响的原因，对它们开展进一步的工作，如收集数据、采取控制措施等。

（四）绘制因果图注意事项

（1）绘制因果图的另一种方法是用头脑风暴法收集所有可能的原因，然后用分层法把它们归纳成原因类别和子原因。

（2）在某种情况下，列出一个过程的主要步骤作为原因类别可能是有益的。例如，当将某过程流程作为改进的结果时，常常利用流程图来规定这些步骤。

（3）绘制出因果图后，经过进一步完善可使其成为一个"活工具"，从中获得新的知识和经验。

（4）因果图一般由小组集体绘制，但拥有足够过程知识和经验的个人也可绘出。

七、相关分析图法

（一）相关分析图的概念

相关分析图又叫散布图，就是将两个非确定性关系的变量的数据对应列出，用点子画在坐标图上，用以观察它们之间关系的图表。

（二）相关分析图的用途

（1）用以发现两组相关数据之间的关系并确认相关数据之间的预期关系。

（2）从成对数据形成的点子云形状直观地判断数据之间的关系，进而可用相关系数、回归方程进行定量的分析处理。点子云的各种形态如图12-8所示。

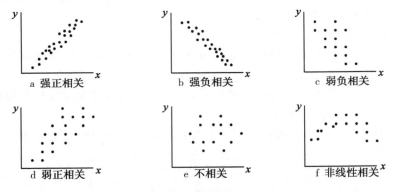

图12-8　点子云形态

（三）相关分析图的制作程序

（1）针对将要研究的两组相关数据收集对应数据（x，y），以30对为佳。

（2）标出 x 轴和 y 轴。

（3）找出 x 轴和 y 轴的最大、最小值，标定 x 轴和 y 轴（长度大致相等）。

（4）描出成对的点子，数据重合可画出同心圆。

（5）研究点子云的形态，找出相关关系的类型和相关程度。

（四）相关分析图的应用示例

某厂为了调查某种机器零件的淬火温度与硬度的相关关系，从最近的生产日报表上收集了 30 组该零件的淬火温度（℃）与硬度（HRC）之间的对应数据，见表 12-8。

表 12-8 零件淬火温度 x 与硬度 y 数据表

序号	淬火温度（℃）	硬度（HRC）	序号	淬火温度（℃）	硬度（HRC）	序号	淬火温度（℃）	硬度（HRC）
1	810	47	11	840	52	21	810	44
2	890	56	12	870	53	22	850	53
3	850	48	13	830	51	23	880	54
4	840	45	15	830	45	24	880	57
5	850	54	15	820	46	25	840	50
6	890	59	16	820	48	26	880	54
7	870	50	17	860	55	27	830	46
8	860	51	18	870	55	28	860	52
9	810	42	19	830	49	29	860	50
10	820	53	20	820	44	30	840	49

按上述散布图的制作程序进行作图，见图 12-9。

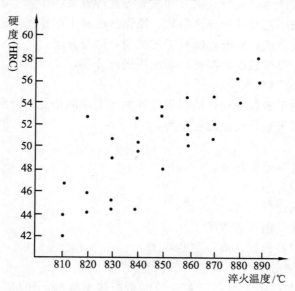

图 12-9 零件的淬火温度与硬度（HRC）散布图

在质量管理中，相关分析图常用来分析和判断质量问题中质量特性与某一变化因素之间或两个因素之间是否存在相关关系，进而确定影响产品质量因素的有效手段。

八、分层法

（一）分层法的概念
分层法也叫分类法、分组法，是整理质量数据的一种重要方法。所谓分层法即是将收集到的数据按不同的目的、特征加以分类，把性质相同或条件一致的数据归在一起，以便进行分析比较。它是数据分析与整理的一项基础工作。

（二）分层的作用和原则

1. 分层的作用

（1）是分析数据、利用数据的基础。

（2）为有效地使用其他工具与技术创造条件。

（3）可以提高数据的使用价值，便于找到原因和采取正确的措施。

2. 分层的原则

（1）相同、相近类型或同性质的数据分在一层。

（2）不同层的数据差异应尽量大。

（三）分层的方法

分层的目的不同，分层的方法一般也不同。通常可以按以下标志进行分层。

（1）人员：可按年龄、性别、学历、职称、职业等进行分层。

（2）时间：可按班次、日期等进行分层。

（3）测试：可按测试设备、测试方法、测试人员、抽样方法和环境条件等进行分层。

（4）材料：可按产地、批号、供方和成分等进行分层。

（5）方法：可按工艺要求、操作参数、操作方法和生产速度等进行分层。

（6）设备：可按产地、新旧程度和工艺类型等进行分层。

（7）环境条件：可按温度、湿度、场地等进行分层。

（四）分层法的应用程序

分层法广泛应用于各行各业，适用于各种生产类型的企业。分层法可以通过表格来表示，也可通过图形来表示。应用程序为：

（1）收集数据。

（2）根据目的选择分层标志。

（3）对数据进行分层。

（4）按层对数据进行归类。

（5）根据归类结果制作表或图。

（6）根据表或图找出规律或存在的问题。

（五）分层的应用示例

表 12-9 列出了某医用无纺布厂某月份的生产情况数据。如果只知道甲、乙、丙三个班共生产无纺布 10 000 m^2，其中次品为 170 m^2，则无法对质量问题进行分析。如果对次品产生的原因进行分类，则可以看出甲班产生次品的主要原因是 "A"，乙班的主要原因是 "B"，丙班的主要原因是 "C"。这样就可以针对各自产生废品的原因采取相应的措施。

表 12-9　某无纺布厂某月份产生次品分类（单位：m²）

废品项目	废品数量			合计	废品项目	废品数量			合计
	甲班	乙班	丙班			甲班	乙班	丙班	
A	31	20	15	66	D	8	4	8	20
B	10	23	10	43	E	3	1	2	6
C	5	10	20	35	合计	56	58	55	170

（方菁巍　郭新海）

参考文献

［1］周尊英，刘海峰，孙建国．质量管理实用统计技术［M］．北京：中国标准出版社，2009.

［2］中国质量管理协会．全面质量管理基本知识［M］．北京：中国经济出版社，2001.

第二篇

实验指导

第十三章

微生物检验

微生物学实验室规则

（1）进实验室必须穿实验工作服，与实验无关的物品切勿放在污染的实验台上。

（2）实验室内不准吸烟、吃东西。

（3）实验室用过的带有微生物的吸管、玻片等应分别放在指定的消毒桶内。待消毒或废弃物品必须放在指定的地点。

（4）如果有微生物污染桌面、地面、书和衣物等，应用0.1%新洁尔灭溶液处理半小时，或用其他方法处理后洗净。

（5）如果有活菌碰到手上应将手浸泡在0.1%新洁尔灭溶液中5～10分钟，然后用自来水冲洗。

（6）实验过程中要爱护器材，严格按操作规程实验，并遵守无菌操作。

（7）实验完毕，桌面应消毒灭菌、整理清洁，用过的物品归还原处（如接种环、染色液、擦镜纸、香柏油、火柴等），注意水电安全。

（8）实验材料不得携带出实验室，以免造成污染。

（9）实验完毕用消毒液浸泡双手，再用自来水冲洗干净，脱去实验工作服，方得离开实验室。

实验一　细菌形态检查

一、目的

了解和熟悉细菌形态检查的基本方法。

二、材料

接种杆、钨丝或镍丝、酒精灯、菌种、剪刀、玻片、革兰染色液一套、显微镜、香柏油、擦镜纸、无菌生理盐水、二甲苯等。

三、方法

1. 接种环制备

接种环为接种细菌及涂制标本的重要工具，原用白金丝制成，因白金丝易于热灼、易于冷却，但白金价格昂贵，故一般常用钨丝或镍丝制作。常用接种环长 3～4 cm，直径 2～3 mm，固定于接种杆上。

制作步骤：量取 5 cm 长的镍丝一根，用剪刀剪下，将镍丝的一端固定于带柄的杆上，并绕棒 1 周，两丝相接后取下，即成为接种环。

注意：所制环须为正圆，接头处要接牢，否则不易采取液体标本。

2. 细菌涂片制作

（1）用细布将玻璃片擦干净（如果有油脂，可在火焰上略烘）。

（2）将接种环在酒精灯火焰上灭菌待冷。

（3）用接种环采取生理盐水，滴于玻片上（如果为液体培养，则此步可略）。注意：生理盐水不宜太多，否则标本不易干燥。

（4）用接种环采取细菌（切勿太多），均匀混合于生理盐水中，加以涂布，制成薄片（面积不宜太大）。

（5）将接种环灼烧灭菌后放回原处。

（6）将玻片置于空气中自然晾干。

（7）固定：手执玻片一端，菌膜向上，以中等速度在酒精灯火焰上来回通过 3 次，温度不可过高，以免烧焦。固定的作用：① 杀死微生物；② 使细菌牢固地附着于玻片上；③ 易于染色。

3. 革兰染色法

（1）制作细菌涂片，干燥，固定。

（2）初染：涂片上加几滴结晶紫染液，染色 1 分钟，用水冲去染液。

（3）媒染：加碘液，1 分钟后水洗。这一步是使结晶紫与被染细菌更牢固结合。

（4）脱色：加 95％酒精，频频摇动玻片数秒钟。将玻片倾斜，使酒精流去。再加数滴酒精，至流下酒精无色为止，共 20～30 秒钟。水洗。

（5）复染：加稀释复红染 30 秒钟，水洗。

（6）干后，镜检并绘图。

四、结果判断

细菌经染色后，有的被染成红色，有的被染成紫色，前者为革兰阴性菌，后者为革兰阳性菌。

五、注意事项

（1）细菌涂片不宜太厚，否则不易观察到单个细菌形态。

（2）细菌涂片火焰固定时，温度不宜过高，否则将改变染色特性。

（3）碘液易失效，应注意更换。

（4）显微镜是贵重仪器，要特别注意对油镜的保护，用擦镜纸擦镜油时宜轻柔，以防损坏油镜。

附：

一、革兰染色液的准备

购买市售产品或参照有关资料自行配制。

二、显微镜的使用和原理

光学显微镜的物镜有低倍镜、高倍镜和油镜 3 种。微生物学实验室经常使用油镜，因此油镜的使用必须熟练掌握。

1. 油镜头的识别

油镜头上一般刻有"90×""100×""×oil"或在镜头的下缘刻有一黑圈。

2. 油镜使用法

（1）对光：用低倍镜对光，检查染色标本时光线宜强，要抬高集光器，放大光圈。

（2）观察标本：

① 滴加一小滴香柏油于染色标本片上，将标本置于载物台上，将待检部分移至接物镜下。

② 将油镜头移至中央对准标本，头偏向镜筒左侧，眼睛从旁观察，并缓慢向下转动粗调节器，使镜筒下降，直至镜头浸于镜油中，但不要碰到玻片。然后观察目镜，一边观察一边徐徐转动粗调节器至视野中看到模糊物像时，再换用微调节器至物像清晰为止。观察时两眼睁开，以免视疲劳。按顺序观察标本，以免遗留。

③ 观察标本时，左眼观察，右眼用于绘图并记录结果。

④ 标本观察完毕，向上转动粗调节器将镜筒提起，取出标本。用擦镜纸将镜头上的油擦净，若油已干，可用擦镜纸沾少许二甲苯擦去油迹，随即用擦镜纸擦去二甲苯。因为二甲苯能溶解黏固透镜的胶质，如其未被擦去，日久后镜片将移位或脱落。最后将接物镜转成"八"字形，以免损坏油镜。显微镜存放于干燥处，以免生长霉菌。

3. 显微镜油镜的原理

自标本玻璃透过的光线，因介质密度不同，部分光线因折射而不能进入物镜，使射入物镜的光线减少。当使用高倍物镜时，透镜的孔径比较大，影响不显著。但油镜透镜孔径很小，视野暗，物像模糊不清。若在油镜与载物玻片之间加一滴和玻璃折光率（$n=1.52$）相近的香柏油（$n=1.55$），可使通过的光线不产生折射，增加进入透镜的光线，使视野亮度增加，因此能清楚看到物像。

（张同成）

实验二　细菌的培养法

一、目的

通过学习培养基的制备、细菌的接种方法，全面了解细菌的培养法的基本操作、基本技能。

二、常用培养基的制备

培养基可按以下处方制备，亦可使用按该处方生产的符合规定的脱水培养基或成品培养基。配制后应采用验证合格的灭菌程序灭菌。制备好的培养基应保存在 $2 \sim 25 \, ℃$、避光的环境，若保存于非密闭容器中，一般在 3 周内使用；若保存于密闭容器中，一般可在一年内使用。

1. 硫乙醇酸盐流体培养基（FTM）

硫乙醇酸盐流体培养基主要用于厌氧菌的培养，也可用于需氧菌的培养。

（1）成分：胰酪胨 15.0 g、氯化钠 2.5 g、酵母浸出粉 5.0 g、新配制的 0.1%、刃天青溶液 1.0 mL、无水葡萄糖 5.0 g、L-胱氨酸 0.5 g、琼脂 0.75 g、硫乙醇酸钠 0.5 g（或硫乙醇酸盐 0.3 mL）、水 1 000 mL。

（2）制法：除葡萄糖和刃天青溶液外，取上述成分混合，微温溶解，调节 pH 值为弱碱性，煮沸，滤清，加入葡萄糖和刃天青溶液，摇匀，调节 pH 值，使灭菌后在 25 ℃ 的 pH 值为 7.1 ± 0.2。分装至适宜的容器中，其装量与容器高度的比例应符合培养结束后培养基氧化层（粉红色）不超过培养基深度的 1/2。灭菌。在供试品接种前，培养基氧化层的高度不得超过培养基深度的 1/5，否则，须经 100 ℃ 水浴加热至粉红色消失（不超过 20 分钟），迅速冷却，只限加热一次，并防止被污染。

2. 胰酪大豆胨液体培养基（TSB）

胰酪大豆胨液体培养基用于真菌和需氧菌的培养。

（1）成分：胰酪胨 17.0 g、氯化钠 5.0 g、大豆木瓜蛋白酶水解物 3.0 g、磷酸氢二钾 2.5 g、葡萄糖/无水葡萄糖 2.5 g/2.3 g、水 1 000 mL。

（2）制法：除葡萄糖外，取上述成分，混合，微温溶解，滤清，调节 pH 值，使灭菌后在 25 ℃ 的 pH 值为 7.3 ± 0.2，加入葡萄糖，分装，灭菌。

3. 0.5% 葡萄糖肉汤培养基

该培养基用于硫酸链霉素等抗生素的无菌检查。

（1）成分：胨 10.0 g、氯化钠 5.0 g、牛肉浸出粉 3.0 g、水 1 000 mL、葡萄糖 5.0 g。

（2）制法：

除葡萄糖外，取上述成分混合，微温溶解，调节 pH 值为弱碱性，煮沸，加入葡萄糖溶解后，摇匀，滤清，调节 pH 值，使灭菌后在 25 ℃ 的 pH 值为 7.2 ± 0.2，分装，灭菌。

4. 胰酪大豆胨琼脂培养基（TSA）

该培养基主要用于需氧菌和厌氧菌的培养，也可用作车间空气菌落计数、分离培养菌种等。

（1）成分：胰酪胨 15.0 g、琼脂 15.0 g、大豆木瓜蛋白酶水解物 5.0 g、水 1 000 mL、氯化钠 5.0 g。

（2）制法：除琼脂外，取上述成分，混合，微温溶解，调节 pH 值，使灭菌后在 25 ℃的 pH 值为 7.3±0.2，加入琼脂，加热溶化后，摇匀，分装，灭菌。

5. 沙氏葡萄糖液体培养基（SDB）

该培养基主要用于真菌的液体增菌及培养。

（1）成分：动物组织胃蛋白酶水解物和胰酪胨等量混合物 10.0 g、水 1 000 mL、葡萄糖 20.0 g。

（2）制法：除葡萄糖外，取上述成分，混合，微温溶解，调节 pH 值，使灭菌后在 25 ℃的 pH 值为 5.6 ±0.2，加入葡萄糖，摇匀，分装，灭菌。

6. 沙氏葡萄糖琼脂培养基（SDA）

该培养基主要用于真菌的培养。

（1）成分：动物组织胃蛋白酶水解物和胰酪胨等量混合物 10.0 g、琼脂 15.0 g、水 1 000 mL、葡萄糖 40.0 g。

（2）制法：除葡萄糖、琼脂外，取上述成分，混合，微温溶解，调节 pH 值，使灭菌后在 25 ℃的 pH 值为 5.6 ±0.2，加入琼脂，加热溶化后，再加入葡萄糖，摇匀，分装，灭菌。

7. 注意事项

（1）含糖类培养基不应用高磅（15 磅）而应用低磅（10 磅 30 分钟）灭菌，以免破坏糖类。

（2）在校正酸碱度时必须加热，使酸碱度得以稳定，并使沉淀物易于下沉。

（3）加热的目的是使凝固性蛋白凝固，加热不足则部分蛋白未凝固，使培养基难滤清。

（4）无菌检查用的培养基均须符合培养基的无菌性检查及灵敏度检查的要求，其他的培养基须满足培养基适用性检查的要求。

三、细菌的接种法

细菌的接种方法因各种培养基不同而异，常用的方法有平板、斜面、液体和半固体接种。

（一）材料

TSA 斜面、TSA 平板、半固体、TSB、金黄色葡萄球菌、大肠杆菌斜面培养物。

（二）方法

1. 平板接种法

细菌在自然界及人体中分布广，种类多。为了了解菌谱，须先将各种细菌分离，获得纯菌培养物后才能进一步做细菌的鉴定。琼脂平板培养基因面积大，接种后可达到分离的目的，因此琼脂平板接种法常称分离培养法。平板接种方法有多种，以下介绍平行划线法及分区划线法。

（1）平行划线法。

① 用无菌接种环取细菌培养物少许。

② 左手拿出胰酪大豆胨琼脂平板底部（一般是将制成的胰酪大豆胨琼脂平板倒放，即带有培养基的底部在上方），使平板直立，平板上方与下方成 45°角，以免空气中的细菌落入培养基中，并靠近火焰处。

③ 手握持沾菌的接种环涂抹在胰酪大豆胨琼脂平板上端，然后连续平行划线于平板的上半部。将平板转 180°，自平板另一端开始再划线至中央为止（图 13-1）。

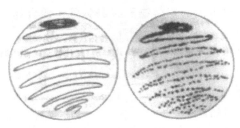

图 13-1　平行划线法接种细菌

划线时使接种环与平板表面成 30°～40°角轻轻接触，以腕力在平板表面做轻快的滑移动作。所划线条应致密而均匀，并应达到平板的边缘，充分利用培养基的面积；同时接种环与琼脂面的角度不宜过大，以免划破琼脂。

④ 划线完毕，盖上平板盖，接种环灭菌后放回原处。

⑤ 在胰酪大豆胨琼脂底面玻璃上贴标签，注明标本名称、日期、姓名，置于 37 ℃温箱中培养 18～24 小时。

（2）分区划线法。

① 取一接种环材料，在平板上 1/3 的面积划线，转动平板约 70°，接种环灭菌，待冷却后，从原接种处通过 2～3 根划线，划于另一个 1/4 的面积上，再次烧灼接种环，冷却后，转 70°，照以上方法直到划满为止（图 13-2）。

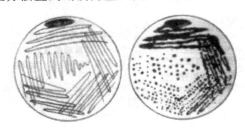

图 13-2　分区划线法接种细菌

② 一般当接种物中细菌不太多（如液体培养物等）时，可以选用平行划线法。如果接种物中细菌极多（如固体菌种），则必须采用分区划线法方能得到良好结果。接种后，做好标记，37 ℃下培养 18～24 小时。

2. 胰酪大豆胨琼脂斜面接种法

该接种法多用于纯种细菌的增菌和保存菌种。

① 用灭菌接种环取细菌培养物少许。

② 拔去胰酪大豆胨琼脂斜面培养基塞，管口经火焰上灭菌，将沾有细菌的接种环伸入管内，自下而上在琼脂上蜿蜒划线。

③ 接种后，管口在火焰上灭菌，塞回塞，接种环灭菌。

④ 在试管口处做好标记，37 ℃下培养 18～24 小时。

3. 胰酪大豆胨液体培养基接种法

该接种法用于增菌。

① 用灭菌接种环取细菌培养物少许。

② 以无菌操作将沾有细菌的接种环伸入胰酪大豆胨液体培养基中，将环上细菌轻轻研磨于接近液面的管壁上，然后将试管稍倾斜，使培养基础及细菌即可。

③ 接种后管口灭菌，塞回塞，接种环灭菌，并做好标记，37 ℃下培养 18～24 小时。

4. 半固体接种法（穿刺接种法）

该接种法用以观察细菌有无动力。

半固体接种是用接种针进行接种的方法，无菌操作方法同前。将取有细菌的接种针自培养基中央刺入，沿原穿刺线拔出，注意在刺入与拔出时不可晃动接种针。接种后做好标记，37 ℃下培养 18～24 小时。

四、细菌培养性状观察

（一）琼脂平板上菌落观察

1. 材料

接种金黄色葡萄球菌、枯草杆菌的琼脂平板，接种乙型链球菌的血平板。

2. 方法

菌落是一个细菌经分离培养生长繁殖后形成的肉眼可见的集合体，不同细菌的菌落各有特点。观察时应选择比较分散的单个菌落并注意以下几个方面：

（1）大小：以菌落直径（单位：毫米）表示，1 mm 左右为小菌落，2～3 mm 为中等大小菌落，3 mm 以上为大菌落。

（2）形状：有圆形及不规则形状。

（3）边缘：有整齐或不整齐的边缘。

（4）表面：有凸起、平坦，光滑、粗糙，干燥、湿润之分别。

（5）透明度：可区别为透明、不透明。

（6）颜色：产生脂溶性色素的细菌菌落本身有颜色；有水溶性色素的细菌菌落周围的培养基呈现颜色。

（7）溶血性：根据细菌对红细胞的溶解作用，有完全溶血、草绿色溶血、不溶血之分。

（二）胰酪大豆胨液体培养基中生长观察

胰酪大豆胨液体培养基在接种细菌前是澄清的，接种细菌后有生长，表现为三种形式：

（1）混浊生长：液体变混浊。

（2）菌膜：液体澄清，表面有一薄层菌膜。

（3）沉淀生长：液体澄清，管底有沉淀物。

（三）半固体培养基中生长观察

观察细菌在半固体培养基中生长时，应注意观察穿刺线是否清晰及培养基的混浊程度。若穿刺线清晰，细菌沿穿刺线生长，培养基透明度无变化，表示细菌无动力，即无鞭毛；若穿刺线模糊或呈根须状，培养基变混浊，表示细菌有动力，即有鞭毛。

附：pH 校正法

1. 材料

酚红指示剂（0.02%）、待校正的肉汤培养基、比色架、标准比色管、吸管等。

2. 方法

（1）将待校正 pH 值的肉汤培养基分别置于 2 个试管中，每管 5 mL，其中一管另加酚红指示剂 0.25 mL。在 4 个比色管中分别加入：① 培养基 5 mL；② 培养基 5 mL＋酚红液 0.25 mL；③ 蒸馏水 5 mL；④ 不加任何物质（标准比色管）。将上述比色管分别插入比色盒标号码孔内。

（2）将比色盒举起，对光比较色泽。如果不同，可在②管加碱或酸液校正之，边滴边摇，直至两边色泽相同，计算用量。校正 100 mL 培养基需 1 mol/L NaOH 约 0.15 mL。

3. 注意事项

（1）酚红指示剂在酸性环境中呈黄色，碱性环境中呈红色，pH 值范围为 6.8～8.4。

（2）肉汤培养基含有机乳酸，为碱性，一般用 0.05 mol/L HCl 校正。

（3）如果培养基用碱太多而致过碱时，可用 0.05 mol/L HCl 校正。

（4）校正完毕，最后用 1 mol/L NaOH 代替 0.05 mol/L NaOH 加入培养基中，目的是避免冲淡培养基的营养浓度。

（张同成　章晶晶）

实验三　细菌在自然界的分布

细菌种类繁多，繁殖迅速，分布广泛。不论空气、土壤、水、食物、各种物体和器械的表面，还是动物以及人类与外界相通的腔道中，都有细菌存在。因此，了解细菌在自然界及正常人体中的分布，对于在医疗产品生产与监测检验中确立无菌观念有着重要的意义。

一、空气中细菌的检查

1. 材料

普通琼脂平板。

2. 方法

（1）将平板置于室内不同处，打开盖子暴露于空气中 30 分钟，然后盖好，置于 30～35 ℃下培养不少于 2 天。

（2）观察平板上菌落数及菌落特点。

二、土壤中细菌的检查

1. 材料

地面深处土壤或车间内清扫的灰尘、肉汤培养基、厌氧菌培养基。

2. 方法

取少量泥土，接种于肉汤培养基及厌氧菌培养基各 1 支，37 ℃下培养，肉汤培养基培养 24 小时，厌氧菌培养基培养 2～3 天。观察细菌生长情况。

三、手指的细菌检查

1. 材料

普通琼脂平板。

2. 方法

用手指直接涂抹于琼脂平板上，37 ℃下培养 18～24 小时，观察菌落数及菌落特点。

四、咽喉部的细菌检查

1. 材料

血琼脂平板、无菌棉拭子。

2. 方法

用无菌棉拭子自咽喉部（近扁桃体处）取材。取材时检查者背对光线站立，被检查者面对光线站好。将取好的材料接种于血琼脂平板上 1/3 处，弃棉拭子于消毒玻璃缸中，再换用无菌接种环于接种处涂抹，蘸取材料，然后连续划线分离。接种后置于 37 ℃下培养 18～24 小时，观察各菌落特征。

（张同成　章晶晶）

实验四　化学消毒剂、紫外线对微生物的作用

通过本次实验，可了解常用消毒剂和紫外线的抑菌和杀菌现象。

一、化学消毒剂的作用

1. 材料

（1）菌种：枯草杆菌和金黄色葡萄球菌 18～24 小时培养物（10^5～10^6 CFU/mL）。

（2）化学消毒剂：2.5％碘酒、0.1％新洁尔灭、0.5％过氧乙酸、2％戊二醛、8％甲醛。

（3）其他：普通琼脂平板、无菌滤纸片、无菌镊子。

2. 方法

（1）分别以接种环蘸取葡萄球菌或大肠杆菌菌液数环，做来回连续划线，使菌液密集涂满于普通琼脂平板培养基的表面。

（2）以无菌镊子夹取灭菌圆形滤纸片（直径 6 mm）分别浸于各种化学消毒剂（2.5％碘酒、0.1％新洁尔灭、0.5％过氧乙酸、2％戊二醛、8％甲醛）内，取出，并使纸片与试管内壁接触，除去多余药液，分别放在已种有细菌的琼脂平板表面的中央及四周，各纸片间的距离要大致相等。

（3）置于 37 ℃温箱孵育 18～24 小时后观察结果。

3. 结果观察

观察各浸药纸片周围有无抑菌圈，并比较各抑菌圈的大小，撰写实验报告。

二、紫外线杀菌试验

1. 材料

葡萄球菌、枯草杆菌、普通琼脂平板、无菌镊子、无菌黑色纸。

2. 方法

（1）将葡萄球菌（或枯草杆菌）接种于普通琼脂平板上，越密越好。

（2）揭开平皿盖，用无菌镊子夹取无菌黑色纸放在打开的平板上（黑色纸仅覆盖部分）。

（3）将此平板置于紫外线灯 30 cm 处照射 30 分钟。

（4）照射后，移去黑纸，盖好平皿盖。置于 30 ℃温箱孵育 18～24 小时后观察结果。

3. 结果观察

观察覆盖黑色纸部分与未覆盖部分细菌生长情况，撰写实验报告。

（张同成）

实验五　洁净室环境监测方法

一、概述

1. 目的

对尘粒及微生物污染进行控制并监测，使被控制的房间或区域达到生产所需的洁净度要求。

2. 相关术语

（1）洁净室（区）：指对尘粒及微生物污染规定须进行环境控制的房间或区域。其建筑结构、装备及其使用均具有减少该区域内污染源的介入、产生和滞留的功能。其他相关参数如温度、湿度、压力也有必要控制。

（2）空态（as-built）：洁净室（区）在净化空气调节系统已安装完毕且功能完备但是没有生产设备、原材料或人员的状态。

（3）静态 a（at-rest）：洁净室（区）在净化空气调节系统及生产工艺设备已安装完毕且功能完备但没有生产人员的状态。

（4）静态 b：洁净室（区）在生产操作全部结束，生产操作人员撤离现场并经过 20 分钟自净后的状态。

（5）动态（operational）：洁净室（区）已处于正常生产状态，设备在指定的方式下进行，并且有指定的人员按照规范操作。

（6）单向流（unidirectional airflow）：沿单一方向呈平行流线并且与气流方向垂直的断面上风速均匀的气流。与水平面垂直的叫垂直单向流，与水平面平行的叫水平单向流。

（7）非单向流（non-unidirectional airflow）：具有多个通路循环特性或气流方向不平行的气流。

（8）洁净工作台（clean bench）：一种工作台或者与之类似的一个封闭围挡工作区。其特点是自身能够供给经过过滤的空气或气体，按气流形式分为垂直单向流工作台、水平单向流工作台等。

（9）洁净度（cleanliness）：洁净环境内单位体积空气中含大于或等于某一粒径悬浮粒子的统计数量来区分的洁净程度。

（10）悬浮粒子（airborne particle）：用于空气洁净度分级的，尺寸范围在 $0.1\sim 5\ \mu m$,悬浮于空气中的固体和液体粒子。对于悬浮粒子计数测量仪，一个微粒球的面积或体积产生一个响应值，不同的响应值等价于不同的微粒直径。

（11）菌落（colony forming units）：微生物培养后，由一个或几个微生物繁殖而形成的微生物集落，简称 CFU。

（12）浮游菌（airborne microbe）：按照标准（GB/T 16293—2010）提及的方法收集悬浮在空气中的活微生物粒子，通过专门的培养基，在适宜的生长条件下繁殖到可见的菌落数。

（13）浮游菌浓度（airborne microbe concentration）：单位体积空气中含浮游菌菌落数的多少，以计数浓度表示，单位是 CFU/m^3 或 CFU/L。

（14）沉降菌（settling microbe）：按照标准（GB/T 16294—2010）提及的方法收集空气中的活微生物粒子，通过专门的培养基，在适宜的生长条件下繁殖到可见的菌落数。

（15）沉降菌菌落数（settling microbe plate count）：规定时间内每个平板培养皿收集到空气中沉降菌的数目，以 CFU/皿表示。

3. 预测试指标

（1）温度和相对湿度的测试：洁净室（区）的温度和湿度应与其生产及工艺要求相适应（无特殊要求时，温度在 18～26 ℃，相对湿度在 45％～65％为宜）。

（2）静压差的测试：洁净室与非洁净室之间的静压差应大于 10 Pa；相邻不同洁净级别的洁净室之间的压差应大于 5 Pa；洁净区与室外压差应大于 12 Pa。

（3）风量、风速的测试：

① 非单向流洁净室系统的各项实测风量及换气次数应大于各自的设计风量或换气次数，但不应超过 20％；室内各风口的风量与各风口设计风量之差均不应超过设计风量的 ±15％。

② 单向流洁净室实测室内平均风速应大于设计风速，但不应超过 15％。

二、悬浮粒子测试方法

在空态或静态测试时，悬浮粒子采样点数目及其布置应力求均匀，并不得少于最少采样点数目；在动态测试时，悬浮粒子采样点数目及其布置应根据产品的生产及工艺关键操作区设置。

1. 仪器

光散射粒子计数器（用于粒径大于或等于 0.5 μm 的悬浮粒子计数）、激光粒子计数器（用于粒径大于或等于 0.1 μm 的悬浮粒子计数）。

2. 最少采样点数目的确定方法

（1）最少采样点数目的公式为：

$$N_L = \sqrt{A}$$

式中：N_L 为最少采样点数；A 为洁净室或洁净区的面积（单位为 m^2）。

注：在水平单向层流时，面积 A 可以看作与气流方向呈垂直流动的空气的截面积。

（2）从表 13-1 中查得悬浮粒子测试方法。

表 13-1　最少采样点数目

面积（m²）	洁净度级别			
	100	10 000	100 000	300 000
<10	2～3	2	2	2
≥10～<20	4	2	2	2
≥20～<40	8	2	2	2
≥40～<100	16	4	2	2
≥100～<200	40	10	3	3
≥200～<400	80	20	6	6
≥400～<1 000	160	40	13	13
≥1 000～<2 000	400	100	32	32
≥2 000	800	200	63	63

注：对于 100 级的单向流洁净室（区），包括 100 级洁净工作台，面积指的是送风口表面积；对于 10 000 级以上的非单向流洁净室（区），面积指的是房间面积。

3. 采样点位置（图 13-3）

（1）采样点一般在离地面 0.8 m 高度的水平面上均匀布置。

（2）采样点多于 5 点时，也可以在离地面 0.8～1.5 m 高度的区域内分层布置，但每层不少于 5 点。

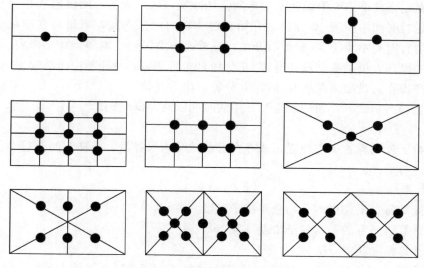

图 13-3　采样点位置示意图

4. 采样次数的限定

对任何小洁净室（区）或局部空气净化区域，采样点数目不得少于 2 个，总采样次数不得少于 5 次。每个采样点的采样次数可以多于 1 次，且不同采样点的采样次数可以不同。

5. 采样量

不同洁净度级别最小采样量详见表 13-2。

表 13-2　最小采样量（升/次）

粒径大小（μm）	洁净度级别			
	100	10 000	100 000	300 000
≥0.5	5.66	2.83	2.83	2.83
≥5	8.5	8.5	8.5	8.5

6. 采样注意事项

（1）对于单向流洁净室（区），粒子计数器的采样管口应正对气流方向；对于非单向流洁净室（区），粒子计数器的采样管口宜向上。

（2）布置采样点时，应尽量避开回风口。

（3）采样时，测试人员应在采样口的下风侧，并尽量少活动。

（4）采样完毕后，宜对粒子计数器进行自净。

（5）应采取一切措施防止采样过程的污染。

7. 测试状态

（1）空态、静态和动态三种状态均可进行测试。

（2）空态或静态时，室内测试人员不得多于 2 人。

8. 测试时间

（1）在空态或静态 a 测试时，对单向流洁净室（区）而言，测试宜在净化空气调节系统正常运行时间不少于 10 分钟后开始。对非单向流洁净室，测试宜在净化空气调节系统正常运行时间不少于 30 分钟后开始。在静态 b 测试时，对单向流洁净室（区），测试宜在生产操作人员撤离现场并经过 10 分钟自净后开始；对非单向流洁净室（区），测试宜在生产操作人员撤离现场并经过 20 分钟自净后开始。

（2）在动态测试时，须记录生产开始的时间以及测试时间。

9. 采样

按照粒子计数器的操作规程，选择合适的粒径、采样量、采样时间及每个采样点的采样次数进行采样。

10. 结果计算

（1）计算每个采样点的平均悬浮粒子浓度（粒/米^3）。

（2）计算洁净室的平均粒子浓度（粒/米^3）。

（3）计算标准误差 SE。

（4）计算 95％置信上限（UCL）：$UCL = M + t \cdot SE$。95％置信上限的 t 分布系数见表 13-3。

表 13-3　95％置信上限的 t 分布系数

采样点数	2	3	4	5	6	7	8	9	>9
t	6.31	2.92	2.35	2.13	2.02	1.94	1.90	1.86	—

注：当采样点数多于 9 点时，不需要计算 UCL。

11. 结果评定

判断悬浮粒子的洁净度级别应同时满足以下两个条件：

（1）每个采样点的平均悬浮粒子浓度必须不大于规定的级别界限。

（2）全部采样点的悬浮粒子浓度平均值均值的 95％置信上限必须不大于规定的级别界限。

我国及 ISO 标准均对洁净室中的悬浮粒子作了技术要求，详见表 13-4、表 13-5。

表 13-4　我国洁净室（间）对悬浮粒子的技术要求（五个洁净度等级）

药品生产质量管理规范（1998 年修订）			无菌医疗器具生产管理规范（YY 0033—2000）		
洁净度级别	静态测试最大允许数（个/米^3）		洁净度级别	静态测试最大允许数（个/米^3）	
	$\geqslant 0.5\,\mu m$	$\geqslant 5\,\mu m$		$\geqslant 0.5\,\mu m$	$\geqslant 5\,\mu m$
100	3 500	0	100	3 500	0
1 000	—	—	1 000	—	—
10 000	350 000	2 000	10 000	350 000	2 000
100 000	3 500 000	20 000	100 000	3 500 000	20 000
300 000	10 500 000	60 000	300 000	10 500 000	60 000

表 13-5　ISO 标准中洁净室及洁净区对悬浮粒子的技术要求

ISO 等级序（N）	大于或等于表中被考虑的粒径的最大浓度限值（PC/m³ 空气）					
	0.1 μm	0.2 μm	0.3 μm	0.5 μm	1 μm	5 μm
ISO Class 1	10	2	—	—	—	—
ISO Class 2	100	24	10	4	—	—
ISO Class 3	1 000	237	102	35	8	—
ISO Class 4	10 000	2 370	1 020	352	83	—
ISO Class 5	100 000	23 700	10 200	3 520	832	29
ISO Class 6	1 000 000	237 000	102 000	35 200	8 320	293
ISO Class 7	—	—	—	352 000	83 200	2 930
ISO Class 8	—	—	—	3 520 000	832 000	29 300
ISO Class 9	—	—	—	35 200 000	8 320 000	293 000

三、浮游菌测试方法

1. 仪器和试剂

浮游菌采样仪、培养皿、大豆酪蛋白琼脂培养基（TSA）、沙氏培养基（SDA）、恒温培养箱、高压蒸汽灭菌器。

2. 最少采样点数目

参照悬浮粒子测试方法。

3. 采样点的位置

参照悬浮粒子测试方法。

4. 采样次数

每个采样点一般采样一次。

5. 采样量

不同洁净度级别的最小采样量见表 13-6。

表 13-6　最小采样量

洁净度级别	采样量（升/次）
100	1 000
10 000	500
100 000	100
300 000	100

6. 采样注意事项

（1）对于单向流洁净室（区）或送风口，采样器采样口朝向应正对气流方向；对于非单向流洁净室（区），采样口向上。

（2）布置采样点时，应尽量避开尘粒较集中的回风口。

（3）采样时，测试人员应在采样口的下风侧，并尽量少活动。

（4）应采取一切措施防止采样过程的污染和其他可能对样本的污染。

（5）培养皿在用于检测时，为避免培养皿运输或搬运过程造成的影响，宜同时进行阴性对照试验，每次或每个区域取 1 个对照皿，与采样皿同法操作但无须暴露采样，然后与采样后的培养皿一起放入培养箱内培养，结果应无菌落生长。

7. 测试状态

参照悬浮粒子测试方法。

8. 测试时间

参照悬浮粒子测试方法。

9. 采样及培养

按照浮游菌采样器的操作规程进行采样。全部采样结束后，将培养皿倒置于恒温培养箱中培养。采用大豆酪蛋白琼脂培养基配制的培养基经采样后，在 30～35 ℃培养箱中培养，时间不少于 2 天；采用沙氏培养基配制的培养基经采样后，在 20～25 ℃培养箱中培养，时间不少于 5 天。

10. 结果观察及计算

用计数方法得出各个培养皿的菌落数，并计算出每个测试点的浮游菌平均浓度（CFU/m³ 或 CFU/L）。

四、沉降菌测试方法

1. 仪器和试剂

培养皿、大豆酪蛋白琼脂培养基（TSA、）沙氏培养基（SDA）、恒温培养箱、高压蒸汽灭菌器。

2. 最少采样点数目

参照悬浮粒子测试方法。

3. 采样点的位置

参照悬浮粒子测试方法。

4. 采样次数

参照悬浮粒子测试方法。

5. 最少培养皿数

在满足最少采样点数目的同时，还宜满足最少培养皿数（表 13-7）。

表 13-7　最少培养皿数

洁净度级别	最少培养皿数（ϕ 90 mm）
100	14
10 000	2
100 000	2
300 000	2

6. 采样注意事项

参照悬浮粒子测试方法。

7. 测试状态

参照悬浮粒子测试方法。

8. 测试时间

参照悬浮粒子测试方法。

9. 采样及培养

将已制备好的培养皿按采样点布置图逐个放置，然后从里到外逐个打开培养皿盖，使培养基暴露在空气中。静态测试时，培养皿暴露时间为 30 分钟以上；动态测试时，培养皿暴露时间为不大于 4 小时。全部采样结束后，将培养皿倒置于恒温培养箱中培养。培养方法同浮游菌测试培养方法。

10. 结果观察及计算

用计数方法得出各个培养皿的菌落数，并计算出每个测试点的沉降菌平均菌落数（CFU/皿）。洁净室沉降菌技术要求详见表 13-8。

表 13-8　洁净室（区）沉降菌技术要求

洁净度级别	沉降菌平均菌落数（CFU/皿，0.5 小时）
100	≤1
1 000	—
10 000	≤3
100 000	≤10

（方菁巍）

实验六　无菌检查法及方法验证

1. 定义

无菌检查法系用于检查药典要求无菌的药品、生物制品、医疗器具、原料、辅料及其他品种是否无菌的一种方法。

若供试品符合无菌检查法的规定，仅表明供试品在该检验条件下未发现微生物污染。

2. 环境要求

（1）中国药典 2015 版四部 1101 无菌检查法：无菌检查应在无菌条件下进行，试验环境必须达到无菌检查的要求，检验全过程应严格遵守无菌操作，防止微生物污染，防止污染的措施不得影响供试品中微生物的检出。单向流空气区、工作台面及环境应定期按医药工业洁净室（区）悬浮粒子、浮游菌和沉降菌（GB/T 16292、16293、16294）

的测试方法的现行国家标准进行洁净度确认。隔离系统应定期按相关的要求进行验证，其内部环境的洁净度须符合无菌检查的要求。

（2）中国药典 2015 版四部 9203 药品微生物实验室质量管理指导原则：无菌检查应在 B 级背景下的 A 级单向流洁净区域或隔离系统中进行。

（3）无菌检查环境要求应不低于无菌生产环境（无菌工艺）。

3. 培养基

（1）硫乙醇酸盐流体培养基（FTM）：主要用于厌氧菌的培养，也可用于需氧菌的培养。

（2）胰酪大豆胨液体培养基（TSB）：用于真菌和需氧菌的培养。

（3）中和或灭活用培养基：在培养基灭菌或使用前加入适宜的中和剂、灭活剂或表面活性剂，其用量同方法适用性试验。

4. 培养基的适用性检查

（1）无菌性检查。

每批培养基随机取不少于 5 支（瓶），置于各培养基规定的温度条件下培养 14 天，应无菌生长。

（2）灵敏度检查。

灵敏度检查可在供试品的无菌检查前或与供试品的无菌检查同时进行。

灵敏度检查所需的 6 种菌：金黄色葡萄球菌、铜绿假单胞菌、生孢梭菌、枯草芽孢杆菌、白色念珠菌、黑曲霉。实际操作时根据培养基的功能选择灵敏度实验所需菌种。

（3）菌液制备。

① 接种金黄色葡萄球菌、铜绿假单胞菌、枯草芽孢杆菌的新鲜培养物至胰酪大豆胨液体培养基中或胰酪大豆胨琼脂培养基上，30～35 ℃下培养 18～24 h，用 0.9% 无菌氯化钠溶液制成每 1 mL 含菌数小于 100 CFU 的菌悬液。

② 接种生孢梭菌的新鲜培养物至硫乙醇酸盐流体培养基中，30～35 ℃下培养 18～24 小时，用 0.9% 无菌氯化钠溶液制成每 1 mL 含菌数小于 100 CFU 的菌悬液。

③ 接种白色念珠菌的新鲜培养物至沙氏葡萄糖液体培养基中或沙氏葡萄糖琼脂培养基上，20～25 ℃下培养 24～48 小时，用 0.9% 无菌氯化钠溶液制成每 1 mL 含菌数小于 100 CFU 的菌悬液。

④ 接种黑曲霉的新鲜培养物至沙氏葡萄糖琼脂斜面培养基上，20～25 ℃下培养 5～7 天，加入 3～5 mL 含 0.05%（体积分数）聚山梨酯 80 的 pH 值为 7.0 的无菌氯化钠-蛋白胨缓冲液或 0.9% 无菌氯化钠溶液，将孢子洗脱。然后，采用适宜的方法吸出孢子悬液至无菌试管内，用含 0.05%（体积分数）聚山梨酯 80 的 pH 值为 7.0 的无菌氯化钠-蛋白胨缓冲液或 0.9% 无菌氯化钠溶液制成每 1 mL 含孢子数小于 100 CFU 的孢子悬液。

⑤ 菌悬液在室温下放置应在 2 小时内使用，若保存在 2～8 ℃下可在 24 小时内使用。黑曲霉孢子悬液可保存在 2～8 ℃下，在验证过的贮存期内使用。

5. 稀释液、冲洗液及其制备方法

（1）0.1% 无菌蛋白胨水溶液：取蛋白胨 1.0 g，加水 1 000 mL，微温溶解，滤清，调节 pH 值至 7.1±0.2，分装，灭菌。

（2）pH 值为 7.0 的无菌氯化钠-蛋白胨缓冲液：取磷酸二氢钾 3.56 g，无水磷酸氢二钠 5.77 g，氯化钠 4.30 g，蛋白胨 1.00 g，加水 1 000 mL，微温溶解，滤清，分装，灭菌。

（3）根据供试品的特性，可选用其他经验证过的适宜的溶液作为稀释液、冲洗液（如 0.9% 无菌氯化钠溶液）。如需要，可在上述稀释液或冲洗液灭菌前或灭菌后加入表面活性剂或中和剂等。

6. 方法适用性试验

（1）所用菌种：金黄色葡萄球菌、大肠埃希菌、生孢梭菌、枯草芽孢杆菌、白色念珠菌、黑曲霉。菌液制备同灵敏度实验，大肠埃希菌的菌液制备同金黄色葡萄球菌。

（2）直接接种法（如图 13-4）。

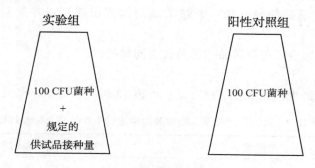

图 13-4　直接接种法

硫乙醇酸盐流体培养基（FTM）：分别接入小于 100 CFU 的金黄色葡萄球菌、大肠埃希菌、生孢梭菌在 30～35 ℃下培养不超过 3 天。

胰酪大豆胨琼脂培养基（TSB）：分别接入小于 100 CFU 的枯草芽孢杆菌、白色念珠菌、黑曲霉在 20～25 ℃下培养不超过 5 天。

（3）薄膜过滤法（如图 13-5）。

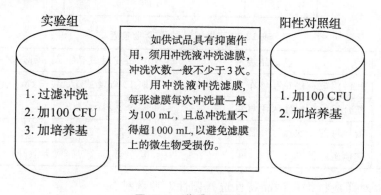

图 13-5　薄膜过滤法

取每种培养基规定接种的供试品总量按薄膜过滤法过滤，冲洗；在最后一次的冲洗液中加入小于 100 CFU 的试验菌，过滤。

硫乙醇酸盐流体培养基（FTM）：分别接入小于100 CFU的金黄色葡萄球菌、大肠埃希菌、生孢梭菌，在30～35 ℃下培养不超过3天。

胰酪大豆胨琼脂培养基（TSB）：分别接入小于100 CFU的枯草芽孢杆菌、白色念珠菌、黑曲霉，在20～25 ℃下培养不超过5天。

另取一装有同体积培养基的容器，加入等量试验菌，作为对照。

（4）结果判断。

与对照管比较，如含供试品各容器中的试验菌均生长良好，则说明供试品的该检验量在该检验条件下无抑菌作用或其抑菌作用可以忽略不计，照此检查方法和检查条件进行供试品的无菌检查。

如含供试品的任一容器中的试验菌生长微弱、缓慢或不生长，则说明供试品的该检验量在该检验条件下有抑菌作用，应采用增加冲洗量、增加培养基的用量、使用中和剂或灭活剂、更换滤膜品种等方法，消除供试品的抑菌作用，并重新进行方法适用性试验。

方法适用性试验也可与供试品的无菌检查同时进行。

7. 供试品的无菌检查

各类供试品的最少检验数量（检验量）如表13-9、表13-10、表13-11所示。

表 13-9　批出厂产品及生物制品的原液和半成品最少检验数量

供试品	批产量 N（个）	接种每种培养基的最少检验数量
医疗器具	≤100	10％或4件（取较多者）
	100＜N≤500	10件
	＞500	2％或20件（取较少者）

表 13-10　上市抽验样品的最少检验数量

供试品	接种每种培养基的最少检验数量
医疗器具	10件

表 13-11　供试品的最少检验量

供试品	供试品装量	每支供试品接入每种培养基的最少量
医疗器具	外科用敷料棉花及纱布	取100 mg或1 cm×3 cm
	缝合线、一次性医用材料	整个材料
	带导管的一次性医疗器具	二分之一内表面积
	其他医疗器具	整个器具（切碎或拆散开）

（1）阳性对照应根据供试品特性选择阳性对照菌种。

① 菌种：无抑菌作用及抗革兰阳性菌为主的供试品，以金黄色葡萄球菌为对照菌；抗革兰阴性菌为主的供试品以大肠埃希菌为对照菌；抗厌氧菌的供试品以生孢梭菌为对照菌；抗真菌的供试品以白色念珠菌为对照菌。

② 菌液制备：同方法适用性试验。

③ 接种：加菌量小于 100 CFU。供试品用量同供试品无菌检查时每份培养基接种的样品量。

④ 培养与观察：阳性对照管培养 48～72 小时应生长良好。

（2）阴性对照。

① 方法：取相应溶剂和稀释液、冲洗液同法操作（不过滤，不加样品）。

② 培养与观察：加硫乙醇酸盐流体培养基在 30～35 ℃ 温度下培养 14 天；加胰酪大豆胨琼脂培养基在 20～25 ℃ 下培养 14 天。

③ 结果判断：不得有菌生长。

（3）供试品处理。

① 表面消毒：用适宜的消毒液对供试品容器表面进行彻底消毒。

② 真空度处理：如果供试品容器内有一定的真空度，可用适宜的无菌器材（如带有除菌过滤器的针头）向容器内导入无菌空气。

③ 无菌操作：按无菌操作启开容器，取出内容物。

（4）薄膜过滤法。

① 仪器、耗材。

过滤器：封闭式薄膜过滤器。

滤膜规格：孔径应不大于 0.45 μm；直径约为 50 mm。

滤膜材质：根据供试品及其溶剂的特性选择滤膜材质。

② 使用注意事项。

a. 应保证滤膜在过滤前后的完整性。

b. 水溶性供试液过滤前应先将少量的冲洗液过滤，以润湿滤膜。

c. 油类供试品，其滤膜和过滤器在使用前应充分干燥。

d. 供试品溶液及冲洗液覆盖整个滤膜表面。

e. 供试液经薄膜过滤后，若需要用冲洗液冲洗滤膜，每张滤膜每次冲洗量一般为 100 mL，且总冲洗量不得超过 1 000 mL，以避免滤膜上的微生物受损伤。

③ 培养基接种比例及培养基的量。

一般样品：1 份滤器加入 100 mL 硫乙醇酸盐流体培养基，1 份滤器加入 100 mL 胰酪大豆胨液体培养基。

生物制品样品冲洗后，2 份滤器加入 100 mL 硫乙醇酸盐流体培养基，1 份滤器加入 100 mL 胰酪大豆胨液体培养基。

（5）直接接种法。

① 适用范围：无法用薄膜过滤法进行无菌检查的供试品。

② 方法：取规定量供试品分别等量接种至硫乙醇酸盐流体培养基和胰酪大豆胨液体培养基中。

③ 培养基的量：培养基的用量和高度同方法适用性试验。接种的供试品体积不得大于培养基体积的 10%，硫乙醇酸盐流体培养基每管装量不少于 15 mL，胰酪大豆胨液体培养基每管装量不少于 10 mL。FTM 和 TSB 接种的支数或瓶数比例为：一般样品

1∶1；生物制品 2∶1。

④ 操作。

敷料供试品：取规定数量，以无菌操作拆开每个包装，于不同部位剪取约 100 mg 或 1 cm×3 cm 的供试品，等量接种于各管足以浸没供试品的适量培养基中。

肠线、缝合线及其他一次性使用的医用材料：按规定量取最小包装，无菌拆开包装，等量接种于各管足以浸没供试品的适量培养基中。

灭菌医用器具供试品：取规定量，必要时应将其拆散或切成小碎段，等量接种于各管足以浸没供试品的适量培养基中。

（6）培养及观察。

① 一般样品。

硫乙醇酸盐流体培养基：30～35 ℃，14 天。

胰酪大豆胨液体培养基：20～25 ℃，14 天。

② 生物制品。

硫乙醇酸盐流体培养基：两份分别置 30～35 ℃下培养 14 天。

胰酪大豆胨液体培养基：20～25 ℃，14 天。

（7）结果判断。

如在加入供试品后或在培养过程中，培养基出现混浊，培养 14 天后，不能从外观上判断有无微生物生长，可取该培养液适量转种至同种新鲜培养基中，培养 3 天，观察接种的同种新鲜培养基是否再出现混浊；或取培养液涂片，染色，镜检，判断是否有菌。

阳性对照管应生长良好，阴性对照管不得有菌生长。否则，试验无效。

若供试品管均澄清，或虽显混浊但经确证无菌生长，判供试品符合规定；若供试品管中任何一管显混浊并确证有菌生长，判供试品不符合规定，除非能充分证明试验结果无效，即生长的微生物非供试品所含。

（8）无效结果判断。

当符合下列至少一个条件时方可判试验结果无效：

① 无菌检查试验所用的设备及环境的微生物监控结果不符合无菌检查法的要求。

② 回顾无菌试验过程，发现有可能引起微生物污染的因素。

③ 供试品管中生长的微生物经鉴定后，确证是因无菌试验中所使用的物品和（或）无菌操作技术不当引起的。

（9）重试。

试验若经确认无效，应重试。重试时，重新取同量供试品，依法检查，若无菌生长，判供试品符合规定；若有菌生长，判供试品不符合规定。

8. 无菌实验预防假阳性措施

（1）在符合药典要求的超净台/生物安全柜环境中进行试验。

（2）在整个测试过程中使用无菌技术。

（3）用避免污染的方法把测试器皿、培养基和测试物品引入测试区。

（4）测试产品表面的细菌污染，在引导测试物品进入测试区之前，先对产品的外包装进行消毒。

（5）对测试中使用的设备、材料和产品进行灭菌。

（6）简化进行测试必需的操作。

（7）尽量避免悬浮微粒的产生。

（8）环境时时监测（沉降菌检测）。

（方菁巍）

实验七　初始污染菌的检测及验证

一、培养基和培养条件的选择

1. 目的

通过实验，了解和掌握不同培养基与培养条件对细菌生长繁殖的影响。

2. 设备与材料准备

（1）设备及无菌操作等均可参照有关实验。

（2）培养基：胰酪大豆胨琼脂培养基（TSA）、营养琼脂培养基（NA）、沙氏葡萄糖琼脂培养基（SDA）。

（3）培养温度和时间：

① 35～37 ℃，3 天。

② 30～35 ℃，3～5 天。

③ 20～25 ℃，5～7 天。

3. 试验方法

（1）选取样品进行 1：10～1：1 000 稀释（依据样品含菌量确定），其中样品洗脱、处理按本实验中"五、初始污染菌计数操作规程"进行。

（2）实验结果按表 13-12 观察和记录。

表 13-12　实验结果

条件号	培养基	培养温度（℃）	时间（天）	初始污染菌数（CUF/g）	菌落类型数
1	TSA	35～37	3		
2	TSA	30～35	3～5		
3	NA	35～37	3		
4	NA	30～35	3～5		
5	SDA	20～25	5～7		

（3）为能如实反映产品的实际情况，使检测结果具代表性，至少要在 3 个批次以上的产品中进行抽检。

4. 结果观察

通过实验选择最佳的培养基和培养条件。

注：确定培养基和培养条件后，应进行验证，以确定方法的可靠性。不能期望用于初始污染菌测定所选择的培养条件能测定所有潜在的污染菌，无论选择何种条件，所测定的初始污染菌数往往低于实际值。

二、医疗器械处理（洗脱）方法的选择

1. 目的

通过实验，可以比较不同洗脱处理方法对细菌回收率的影响，从而选择产品最佳处理（洗脱）方法。

2. 设备与材料准备

（1）设备及无菌操作等可参照有关实验。

（2）培养基、培养条件、染菌产品及洗脱液可参照有关实验。

3. 试验方法

（1）振打法。

① 取干燥产品染菌样品，投入定量的无菌洗脱液中。

② 振打样品管 80 次，然后按本实验中"五、初始污染菌计数操作规程"进行活菌计数。

③ 操作时应同时进行 5 份样品的测量，以比较染菌正确率和回收情况。

（2）旋涡振荡法。

① 取干燥产品染菌样品，投入定量的无菌洗脱液中。

② 每份样品混合物分别用 1、2、3、5 分钟进行振荡（2 800 次/分），然后按本实验中"五、初始污染菌计数操作规程"进行含菌量测定。

③ 每种振荡时间，必须采用 5 份样品重复试验。

注：根据实验结果，选择最适合的方法和时间。一旦确定，还须再验证。

三、洗脱液的选择

1. 目的

通过实验，了解不同洗脱液在细菌洗脱中的回收率，从而选择最佳洗脱液。

2. 设备与材料准备

（1）设备与无菌操作等可参照有关实验。

（2）应用洗脱液：

① 1/4 强度林格氏液。

② 0.2%蛋白胨。

③ 0.02 mol/L PBS、9 g/L NaCl。

④ 9 g/L NaCl 液。

⑤ 9 g/L NaCl、0.1%蛋白胨、0.05% Tween-80。

3. 试验方法

（1）取干燥产品染菌样品，投放到一定量无菌的各种洗脱液中。

（2）按本实验中"五、初始污染菌计数操作规程"进行细菌回收率的测定。

（3）每种洗脱液必须做 5 份样品，以比较不同洗脱液洗脱回收率。

（4）依据实验结果，选择最佳洗脱液，并验证可靠性。

4. 结果观察

针对不同样品，选择洗脱率最高的洗脱液。

四、产品释出物检验

1. 目的

通过实验，掌握产品释出物检测和结果判别方法，了解产品的释出物对初始污染菌测定的影响。

2. 设备与材料

（1）设备与培养基及质量要求，器具灭菌及无菌室要求均可参照《中国药典》2015 版中的无菌检查法和有关规定。

（2）产品的准备：取一定数量的产品进行灭菌处理，确认无菌后做下列试验。

3. 试验方法

（1）洗脱液法：

① 取洗脱液（内含金黄色葡萄球菌 ATCC6538，浓度为 10～100 CFU/mL）与一定量的产品混合；分别放置 1～5 小时（时间可根据初始污染菌测定的存放最长时间而定）。

② 按本实验中"五、初始污染菌计数操作规程"方法进行振荡、灌注平板、培养和活菌计数。

③ 根据测定结果，计算回收率，以判别释出物的情况。

（2）直接投入产品法：

① 采用一定量的无菌产品，直接投入培养基中，置于 30～35 ℃下培养 24 小时。

② 在培养 24 小时后的培养管中，加入金黄色葡萄球菌（浓度 10～100 CFU/mL）1 mL，置于 30～35 ℃下培养 24 小时。用目测观察细菌生长情况。

4. 结果判别

若洗脱液法中接种的微生物数与回收的菌数有较大的差别，或直接投入产品法中没有细菌生长，则应重新考虑初始污染菌测试技术。可选择中和剂等中和释出物。

注：本项实验，至少在 3 批有代表性的样品中各抽取 5 件进行测定。

五、初始污染菌计数操作规程

1. 目的

通过实验，了解和掌握初始污染菌计数操作规程、菌落计数原则和报告方法。

2. 设备与材料

（1）设备、培养基与质量要求、器具灭菌和无菌室要求均按《中国药典》2015 版中的无菌检查法规定的要求执行。

（2）培养基采用 NA。

（3）洗脱液：0.1％蛋白胨、0.05％ Tween-80 和 9 g/L NaCl。

（4）样品处理方法：旋涡混合器，2 800 次/分，振荡 2 分钟。

（5）培养条件：30～35 ℃下培养 48～72 小时。

3. 试验方法

（1）取样品 1 件或数克，以无菌操作移入灭菌的洗脱液中混合，使成 1∶10 稀释。

（2）用灭菌吸管取上述样品洗脱液混合物 2 mL，分别注入两个灭菌平皿内，每平皿 1 mL。另取 1 mL 注入 9 mL 灭菌洗脱液管中，用旋涡混合器振荡（2 800 次/分）2 分钟，充分混匀，使成 1∶100 稀释液。另取一支吸管吸取 2 mL，分别注入两个灭菌平皿内，每皿 1 mL，如果样品含菌量高，还可再按 1∶1 000、1∶10 000 等比例进行稀释，每个稀释度应换一支吸管。

（3）将熔化并冷至 45～47 ℃的营养琼脂倾注于平皿内，每皿约 15 mL，另倾注于一个不加样品的灭菌空平皿内，作为空白对照。随即转动平皿，使样品与培养基充分混合均匀，待琼脂凝固后，翻转平皿，置 30～35℃培养箱内培养 48～72 小时。

4. 菌落计数方法

（1）先用肉眼观察计数菌落，然后再用 5～10 倍放大镜检查，以防遗漏。记下各平皿的菌落数后，求出同一稀释度各平皿生长的平均菌落数。若平皿中有连成片状的菌落或花点样菌落蔓延生长，该平皿不宜计数；若片状菌落不到平皿中的一半，而其余一半菌落数分布又很均匀，则可将此半个平皿菌落计数再乘 2，以代表全平皿菌落数。

（2）菌落计数及报告方法。

① 首先选择平均菌落数在 30～300 之间的，当只有一个稀释度的平均菌落数符合此范围时，则以该平均菌落数乘其稀释倍数即为细菌总数。参见表 13-13 中的例 1。

② 若有两个稀释度的平均菌落数均在 30～300 之间，则按两者菌落总数之比值来决定。若其比值小于 2，应采取两者的平均数；若大于 2，则取其中较小的菌落总数。参见表 13-13 中的例 2、例 3。

③ 若所有稀释度的平均菌落数均大于 300，则以稀释度最高的平均菌落数乘以稀释倍数。参见表 13-13 中的例 4。

④ 若所有稀释度的平均菌落数均小于 30，则以稀释度最低的平均菌落数乘以稀释倍数。参见表 13-13 中的例 5。

⑤ 若所有稀释度的平均菌落数均不在 30～300 之间，则以最近 300 或 30 的平均菌落数乘以稀释倍数。参见表 13-13 中的例 6。

⑥ 若所有稀释度均无菌落生长，则以小于 1 乘以最低稀释倍数报告。参见表 13-13 中的例 1、例 7。

表 13-13　菌落计数及报告方法

举例	不同稀释度的平均菌落数			两个稀释度菌落数之比	菌落总数	报告方式
	1:10	1:100	1:1 000			
1	1 365	164	20	—	1 640	16 000 或 1.6×10⁴
2	2 760	295	46	1.6	37 750	38 000 或 3.8×10⁴
3	2 890	27	60	2.2	27 100	27 000 或 2.7×10⁴
4	无法计数	4 650	513		513 000	510 000 或 5.1×10⁵
5	27	11	5		270	270 或 2.7×10²
6	无法计数	305	12	—	30 500	31 000 或 3.1×10⁴
7	0	0	0		<1×10	<10

六、检测用细菌和真菌菌株的准备

1. 目的

通过实验，掌握和了解检测用菌的准备、鉴定方法和使用期限。

2. 设备与材料准备

（1）设备及无菌操作等可参照有关实验。

（2）标准菌种可向菌种保存中心购买（表 13-14）。

表 13-14　标准菌株一览

微生物名称、编号	生长温度（±1℃）	条件
金黄色葡萄球菌（ATCC6538）	32.5±2.5	需氧
白色念珠菌（ATCC10231）	22.5±2.5	需氧
生孢梭菌（ATCC19404）	32.5±2.5	需氧/厌氧
黑曲霉素（ATCC16404）	22.5±2.5	需氧
枯草杆菌黑色变种（ATCC9372）	32.5±2.5	需氧

3. 细菌的繁殖、传代及使用期限

（1）在净化工作台内打开冷冻干燥标准菌株，如果是细菌菌株，可接种于 TSB 培养基，真菌菌株则接种于沙氏葡萄糖肉汤培养基（SDB），在 30～35 ℃或 20～25 ℃条件下培养 24 小时。

（2）取胰酪大豆胨肉汤培养基（TSB）培养物一接种环接种于胰酪大豆胨琼脂培养基（TSA）斜面培养基上以培养细菌，对于真菌，将 SDB 培养物一接种环接种于沙氏葡萄糖琼脂培养基（SDA）斜面上，30～35 ℃或 20～25 ℃下培养 24 小时。与此同时，将培养好的细菌和真菌培养在合适的平板培养基上。根据菌株要求选择合适的培养温度和条件等。

（3）如果菌株不纯，则须进行分离培养，以革兰染色和生化反应鉴定，获纯种后分别移种于 TSA 或 SDA 斜面上。

（4）在所有移种的斜面上标明微生物名称、批号和分种日期。斜面培养物保存于 4 ℃环境下，斜面菌株的使用次数不能超过 5 次。

（5）原则上每月移种斜面一次，过期者弃之。

（6）每周从斜面移取菌种分离在合适的平板上，使用时采取平板上的菌种。每星期结束时丢弃平板上菌种。

（7）冷冻干燥的菌株打开后，使用期为 6 个月，过期则弃之。

（8）一般每 3 个月须鉴定一次从冷冻干燥培养后保存于斜面上的菌种。

七、医疗器械染菌方法

1. 目的

通过实验进一步了解和掌握细菌计数法、染菌过程及回收方法等。

2. 设备与材料

（1）设备及无菌操作等可参见有关实验。

（2）菌种。

① 金黄色葡萄球菌。

② 枯草杆菌黑色变种。

（3）产品灭菌。

① 取产品进行灭菌处理，根据产品性质，可采用热力、辐照等灭菌。

② 取灭菌产品，按无菌检查法确认无菌生长后备用。

3. 试验方法

（1）产品染菌（接种）。

① 先将制备的菌悬液进行活菌计数，确定浓度后，经适当稀释至一定浓度（100～1 000 CFU/mL）。

② 在无菌室净化工作台内，以无菌操作法将灭菌产品平铺备用。

③ 用无菌加样器使每个产品接种一定量的菌。

④ 产品的接种染菌部位应包括最难去除的部位，接种完毕待干燥。

⑤ 金黄色葡萄球菌和枯草杆菌黑色变种可分别接种制备。

（2）产品染菌后菌数的测定。

① 产品染菌后，随机抽取产品，应用规定的活菌计数方法，确定回收率，以确定所加菌量的正确率及洗脱率。误差应控制在 10% 以内。

② 经染菌产品，同时放置一定时间（1、3、5、7、10 天），观察不同时间保存下细菌消亡情况，以积累数据。

八、初始污染菌测定——医疗器械接种确认法

1. 目的

通过实验，了解和掌握产品染菌后经洗脱回收的难易程度，进而测定校正因子，计算初始污染菌数。

2. 设备与材料

(1) 设备及无菌操作等可参照有关实验。

(2) 洗脱液：0.1％蛋白胨、0.05％ Tween-80 和 0.9％ NaCl。

(3) 培养基和培养条件：用 NA 培养基，温度 30～35 ℃，培养时间为 3 天。

(4) 样品处理方法：采用旋涡混合器，2 800 次/分，振荡 2 分钟。

(5) 染菌片：按标准推荐产品染菌数量为 100 CFU。方法参照本实验中"七、医疗器械染菌方法"。

3. 试验方法

(1) 在试验前，应进行预试验，以排除产品释出物的影响。

(2) 取染菌产品投入洗脱液中，按本实验中"五、初始污染菌计数操作规程"求出回收率。

(3) 根据 5 份染菌产品的回收率，求出平均值及范围，然后计算去除效率的校正因子。

(4) 产品带菌数的计算：产品灭菌前菌落计数乘以校正因子，其乘积即为产品的实际带菌数。

注：通过本实验得到的回收率，由于受接种菌种等影响，故所获结果不能百分之百地模拟真实情况，使用时应注意。

九、初始污染菌测定——反复处理确认法

1. 目的

通过实验，了解和掌握产品携带菌洗脱的难易程度，学习计算回收率和校正因子。

2. 设备与材料

(1) 设备及无菌操作等可参照有关实验。

(2) 按样品选择规则采集样品，至少从 3 批具有代表性的产品中抽取，每批应随机抽取 10 件样品备用。

(3) 样品的洗脱液：0.1％蛋白胨，0.05％ Tween-80，0.9％ NaCl 溶液。

3. 试验方法

(1) 取样品 1 件或数克，投入一定量的无菌洗脱液（A）中。

注意：容器中放入的洗脱液，可根据微生物数的多少适量加入 10～50 mL。

(2) 样品的处理采用旋涡混合器（2 800 次/分），振荡 2 分钟。

(3) 注皿：取处理洗脱液 A 2 mL，分别注入两个无菌平皿中，每平皿 1 mL。

(4) 再洗脱：将样品从洗脱液 A 中取出沥干，移入一定量的无菌洗脱液（B）中。

(5) 再处理：将洗脱液 B 置于旋涡混合器中（2 800 次/分）振荡 2 分钟。

(6) 再注皿：取洗脱液 B 2 mL，分别注入两个无菌平皿内，每平皿 1 mL。

注意：当微生物数少时，从洗脱液 B 开始，即可用无菌滤膜过滤后直接放培养基中培养。

(7) 如此反复洗脱 4 次，依次得到洗脱液 A、B、C 和 D，直至洗脱累积量（初始污染菌）不再增加，最后沥干样品，将其平铺于无菌平皿（E）中。然后将熔化并冷至

45～47 ℃的 NA 培养基分别注入 A～E 各平皿，每平皿 15 mL。

（8）待凝固后，放规定的培养条件下（30～35 ℃，48～72 小时）培养，进行活菌计数。

（9）计算每个产品的每次洗脱菌落数与总菌落的比值，以确定回收率。

（10）同批产品，须抽取 5 件，进行重复性试验，确定最小、最大及平均回收率和初始污染菌长菌数。

（11）如果经反复洗脱 E 中仍有残留菌存在，则应考虑初始污染菌校正因子的计算。计算方法即将 1 除以平均回收率得校正因子，然后根据校正因子，灭菌前初始污染菌计数乘以校正因子即为产品带菌总数。

（12）所有实验结果应做记录。

附：

鉴于医疗器械安全性的问题，生产企业对于医疗器械生物负载的测定越来越重视。常规的一次性洗脱法测得的产品带菌数量往往低于产品携带生物负载的实际数，为弥补这一缺陷，2018 年 1 月重新发布的 ISO 11737-1 在其附录 C 中对回收率及校正因子做了更为详细的描述，现将反复洗脱法及染菌法举例部分摘录于下，以飨读者。

C.2.2　生物负载校正因子计算举例

C.2.2.1　本示例中，表 C.2 中示出了一组重复处理的验证数据。这些数据表示了10 个医疗产品 5 次重复回收处理的结果。

C.2.2.2　如表 C.2 中的数据，回收率计算如表 C.3 所示。

表 C. 2　重复回收数据示例

样品编号	处理/洗脱（CFU）					全部菌落数	第一次处理回收率
	1	2	3	4	5		
1	450	200	20	10	<5	685	65.7%
2	200	120	200	130	20	670	29.9%
3	90	130	80	20	10	330	27.3%
4	1 200	550	40	90	60	1 940	61.9%
5	450	330	20	20	10	830	54.2%
6	200	285	190	<5	20	700	28.6%
7	930	650	650	40	70	2 340	39.7%
8	1 350	220	280	60	30	1 940	69.6%
9	120	40	50	<5	5	220	54.5%
10	480	150	240	60	20	950	50.5%
第一次处理的平均回收率	48.2%					CF=2.07=2.1	
最坏情况回收值	27.3%					CF=3.66=3.7	

备注：

① 本表已经考虑稀释度，小于稀释度的计数按稀释度计算。

② 也可以不考虑稀释度直接计算，此时小于稀释度的计数按 0 计算。

表 C.3 重复回收数据示例

样品编号	1	2	3	4	5	6	7	8	9	10
第一次回收菌落数	450	200	90	1 200	450	200	930	1 350	120	480
全部菌落数	685	670	330	1 940	830	700	2 340	1 940	220	950
第一次回收率	65.7%	29.9%	27.3%	61.9%	54.2%	28.6%	39.7%	69.6%	54.5%	50.5%
第一次处理的平均回收率	48.2%				校正因子（CF）＝2.07＝2.1					
最坏情况回收值	27.3%				校正因子（CF）＝3.66＝3.7					

C.2.2.3 通过平均第一次处理回收率和适当修约，生物负载回收率的生物负载校正因子将如式（C.1）所示。

$$\frac{100}{48.2} = 2.07 = 2.1 \qquad (C.1)$$

在有些应用中，可以使用回收率最低值以反映最坏情况。该决定可取决于生物负载估算的使用目的。对于表 C.2 中的数据，最坏情况生物负载校正因子和适当修约如式（C.2）所示。

$$\frac{100}{27.3} = 3.66 = 3.7 \qquad (C.2)$$

C.3.2.5 接种产品选择洗脱技术后平均回收数 76，范围 68～83，如表 C.4 所示。

表 C.4 染菌法计算举例

平均接种数量（CFU）	样品	回收数量（CFU）	回收率
100	1	76	76.0%
100	2	83	83.0%
100	3	68	68.0%
平均回收率			75.7%

C.3.2.6 生物负载回收率的生物负载校正因子（含适当修约）将如式（C.3）所示。

$$\frac{100}{75.7} = 1.32 = 1.3 \qquad (C.3)$$

在有些应用中，可以决定使用洗脱回收率范围中的最低值以反映最坏情况。该决定将受到数据使用的影响。上述数据中最坏情况生物负载校正因子（含适当修约）将如式（C.4）所示。

$$\frac{100}{68} = 1.47 = 1.5 \qquad (C.4)$$

（张同成　方菁嶷　梅　超　章晶晶）

参考文献

［1］国家食品药品监督管理局药品认证管理中心. 质量控制实验室与物料系统　药品 GMP 指南［M］. 北京：中国医药科技出版社，2011.

［2］国家药典委员会. 中华人民共和国药典　四部［M］. 北京：中国医药科技出版社，2015.

［3］上海市食品药品包装材料测试所. GB/T 16292—2010 医药工业洁净室（区）悬浮粒子的测试方法［S］. 北京：中国标准出版社，2010.

［4］上海市食品药品包装材料测试所，中国食品药品检定研究所医疗器械检验中心. GB/T 16293—2010 医药工业洁净室（区）浮游菌的测试方法［S］. 北京：中国标准出版社，2010.

［5］上海市食品药品包装材料测试所，中国食品药品检定研究所医疗器械检验中心. GB/T 16294—2010 医疗工业洁净室（区）沉降菌的测试方法［S］. 北京：中国标准出版社，2010.

第十四章

化学检验

实验一　浊度和色泽

一、浊度

1. 目的

掌握浊度检测方法，了解检测液的浊度。

2. 材料与仪器

（1）纳氏比色管：50 mL/100 mL。

（2）硫酸肼溶液：称取在 105 ℃下干燥至恒重的硫酸肼 1.00 g，置 100 mL 量瓶中，加水溶解并稀释至刻度，摇匀，放置 4～6 小时。

（3）六亚甲基四胺溶液：在 100 mL 具塞玻璃瓶中，用 25 mL 水溶解 2.5 g 六亚甲基四胺。

（4）初级乳色悬浊液：向六亚甲基四胺溶液中加入 25 mL 硫酸肼溶液，混合后放置 24 小时。该悬浊液贮存在无表面缺陷的玻璃容器中可保持稳定 2 个月。悬浮液不应黏附到玻璃容器上，使用前应充分混合。

（5）乳色标准液：加水稀释 15 mL 初级乳色悬浮液至 1 000 mL。该悬浮液应是新制备的，存放至多 24 小时。

（6）对照悬浮液：按表 14-1 制备对照悬浮液，使用前摇匀。

表 14-1　乳色标准液　　　　　　单位：mL

对照悬浮液	0.5	1	2	3	4
乳色标准液	1.25	2.50	5.0	15.00	25.0
水	48.75	47.5	45.0	35.0	25.0

3. 方法

（1）方法一：使用纳氏比色管，比较检验液和上述新制备的对照悬浮液。制备好对照悬浮液放置 5 分钟后，在漫射日光下，垂直于黑色背景观察溶液。

（2）方法二：室温条件下，将检验液与等量的对照悬浊液分别置于纳氏比色管中，制备好对照悬浮液放置 5 分钟后，在暗室内垂直同置于伞棚灯下，照度为 1 000 lx，从水平方向观察比较。

二、色泽

1. 目的

药物溶液的颜色及其与规定颜色的差异能在一定程度上反映药物的纯度。本法系将药物溶液的颜色与规定的标准比色液相比较，或在规定的波长处测定其吸光度，以检查其颜色。

2. 材料与仪器

（1）重铬酸钾（$K_2Cr_2O_7$）0.8 mg/mL：精密称取 120 ℃ 干燥至恒重的基准重铬酸钾 0.4 g，置于 500 mL 量瓶中，加适量水溶解并稀释至刻度，摇匀。

（2）氯化钴（$CoCl_2 \cdot 6H_2O$）：取氯化钴 32.5 g，加适量的盐酸溶液（1→40）使溶解成 500 mL。精密量取 2 mL，置锥形瓶中，加水 200 mL，摇匀，加氨试液至溶液由浅红色转变成绿色后，加醋酸-醋酸钠缓冲液（pH 6.0）10 mL，加热至 60 ℃，再加二甲酚橙指示液 5 滴，用乙二胺四醋酸二钠滴定液（0.05 mol/L）滴定至溶液显黄色。

（3）按表 14-2 量取氯化钴溶液、重铬酸钾溶液、硫酸铜溶液与水混合，摇匀，即得。

表 14-2　标准比色贮备液制备　　　　　　　　　　　单位：mL

颜色	氯化钴	重铬酸钾	硫酸铜	水
黄绿色	1.2	22.8	7.2	68.8
黄色	4.0	23.3	0	72.7
橙黄色	10.6	19.0	4.0	66.4
橙红色	12.0	20.0	0	68.0
棕红色	22.5	12.5	20.0	45.0

（4）按表 14-3 量取各色调标准贮备液与水，摇匀，即得。

表 14-3　标准贮备液与加水量　　　　　　　　　　　单位：mL

色号	1	2	3	4	5	6	7	8	9	10
贮备液	0.5	1.0	1.5	2.0	2.5	3.0	4.5	6.0	7.5	10.0
加水量	9.5	9.0	8.5	8.0	7.5	7.0	5.5	4.0	2.5	0

3. 方法

（1）方法一：取各品种项下规定量的供试品，加水溶解，置于 25 mL 纳氏比色管中，加水稀释至 10 mL。另取规定色调和色号的标准比色液 10 mL，置于另一 25 mL 纳氏比色管中，两管同置于白色背景上，自上而下透视，或同置于白色背景前，平视观察；供试品管呈现的颜色与对照管比较，不得更深。如供试品管呈现的颜色与对照管的颜色深浅非常接近或色调不尽一致，使目视观察无法辨别二者的深浅时，应改用方法三。

（2）方法二：取各品种项下规定量的供试品，加水溶解使成 10 mL，必要时过滤，滤液在分光光度计下测量，吸光度不得超过规定值。

（3）方法三：色差计法。《中华人民共和国药典》（2015 版）附录溶液颜色检查法。

本法是通过色差计直接测定溶液的透射刺激值，对其颜色进行定量分析。当目视比色法较难判定供试品与标准比色液之间的差异时，可考虑本法进行测定与判断。

供试品与标准比色液之间的颜色差异，可以通过分别比较它们与水之间的色差值来得到，也可以通过直接比较它们之间的色差值来得到。

（陈桂凤）

实验二　还原物质（易氧化物）

一、直接滴定法

（一）目的与原理

1. 目的

掌握化学分析中氧化还原滴定分析法及操作注意事项。

掌握氧化还原物质高锰酸钾当量浓度的配制和标定方法。

2. 原理

高锰酸钾是强氧化剂，在酸性介质中，高锰酸钾与还原物质作用，MnO_4^- 被还原成 Mn^{2+}：

$$MnO_4^- + 8H^+ + 5e \Longrightarrow Mn^{2+} + 4H_2O$$

（二）材料与仪器

（1）稀硫酸（20%）：量取 128 mL 浓硫酸，缓慢注入 500 mL 水中，冷却后稀释至 1 000 mL。

（2）$c(Na_2C_2O_4) = 0.05$ mol/L 草酸钠溶液：称取草酸钠 6.700 g，加水溶解并稀释至 1 000 mL。

（3）$c(Na_2C_2O_4) = 0.005$ mol/L 草酸钠溶液：用前取 0.05 mol/L 草酸钠溶液加水稀释 10 倍。

（4）$c(KMnO_4) = 0.02$ mol/L 高锰酸钾标准溶液：取 3.3 g 高锰酸钾，加水 1 050 mL，煮沸 15 分钟，加水至 1 000 mL，密塞后静置 2 天以上，用微孔玻璃漏斗过滤，摇匀，标定其浓度。

（5）$c(KMnO_4) = 0.002$ mol/L 高锰酸钾标准溶液：临用前取 0.02 mol/L 高锰酸钾标准溶液加水稀释 10 倍，加热煮沸 15 分钟。

（三）方法

取制备的检验液 20 mL，置于锥形瓶中，精确加入产品标准中规定浓度的高锰酸钾标准溶液 3 mL、稀硫酸 5 mL，加热至沸并保持微沸 10 分钟，稍冷却后精确加入对应浓

度的草酸钠溶液 $[c(KMnO_4)=0.002\ mol/L$ 高锰酸钾标准溶液对应 $c(Na_2C_2O_4)=$ $0.005\ mol/L$ 草酸钠溶液] 5 mL，置于水浴上加热 70～80 ℃，用规定浓度的高锰酸钾标准溶液滴定至显微红色，并保持 30 s 不褪色为终点，同时与同批空白对照液相比较。

（四）结果

还原物质（易氧化物）含量以消耗高锰酸钾标准溶液的量表示，按下式计算：

$$V=\frac{V_s-V_0}{c_0}c_S$$

式中：V 为消耗高锰酸钾的体积（mL）；V_s 为检验液消耗高锰酸钾标准滴定液的体积（mL）；V_0 为空白对照液消耗高锰酸钾标准滴定液的体积（mL）；c_S 为高锰酸钾标准溶液的实际浓度（mol/L）；c_0 为标准中规定的高锰酸钾溶液浓度（mol/L）。

二、间接滴定法

（一）原理

水浸液中含有的还原物质在酸性条件下加热时，被高锰酸钾氧化，过量的高锰酸钾将碘化钾氧化成碘，而碘被硫代硫酸钠还原。

（二）材料与仪器

（1）稀硫酸（20%）：量取 128 mL 浓硫酸，缓慢注入 500 mL 水中，冷却后稀释至 1 000 mL。

（2）$c(KMnO_4)=0.02\ mol/L$ 高锰酸钾标准溶液：取 3.3 g 高锰酸钾，加水 1 050 mL，煮沸 15 分钟，加水至 1 000 mL，密塞后静置 2 天以上，用微孔玻璃漏斗过滤，摇匀，标定其浓度。

（3）$c(KMnO_4)=0.002\ mol/L$ 高锰酸钾标准溶液：临用前取 0.02 mol/L 高锰酸钾标准溶液加水稀释 10 倍，加热煮沸 15 分钟。

（4）淀粉指示剂：取 0.5 g 淀粉溶于 100 mL 水中，加热煮沸后冷却备用。

（5）$c(Na_2S_2O_3)=0.1\ mol/L$ 硫代硫酸钠标准液：称取 26 g 硫代硫酸钠（$Na_2S_2O_3\cdot 5H_2O$）或 16 g 无水硫代硫酸钠，溶于 1 000 mL 水中，缓缓煮沸 10 分钟，冷却，加水至 1 000 mL。放置 2 周后过滤，标定其浓度。

（6）$c(Na_2S_2O_3)=0.01\ mol/L$ 硫代硫酸钠标准液：临用前取 0.1 mol/L 硫代硫酸钠标准溶液，用新煮沸并冷却的水稀释 10 倍。

（三）方法

取已制备好的检验液 10 mL，加入 250 mL 碘量瓶中，加 1 mL 稀硫酸和 10 mL 规定浓度的高锰酸钾标准溶液，煮沸 3 分钟，迅速冷却，加 0.1 g 碘化钾，密塞摇匀，立即用相应浓度的硫代硫酸钠标准溶液滴定至淡黄色，再加 0.25 mL 淀粉指示液，继续用硫代硫酸钠标准溶液滴定至无色。同时做空白对照液。

（四）结果

还原物质（易氧化物）含量以消耗高锰酸钾标准溶液的量表示，按下式计算：

$$V=\frac{V_s-V_0}{\varepsilon_0}c_S$$

式中：V 为消耗高锰酸钾的体积（mL）；V_S 为检验液消耗滴定液硫代硫酸钠的体积（mL）；V_0 为空白对照液消耗滴定液硫代硫酸钠的体积（mL）；c_S 为滴定液硫代硫酸钠的溶液的实际浓度（mol/L）；c_0 为标准中规定的高锰酸钾溶液浓度（mol/L）。

判断标准：$KMnO_4$ 可作为自身指示剂，滴定至化学计量点时，$KMnO_4$ 微过量就可使溶液呈粉红色，若 30 秒内不褪色即可认为已滴定至终点。检验液和空白对照液消耗高锰酸钾溶液 $[c(KMnO_4)=0.002\ mol/L]$ 的体积之差不超过 0.5 mL 为合格。

（五）注意事项

高锰酸钾法的优点是氧化能力强，可以采用直接、间接、返滴定等多种滴定方法，对多种有机物和无机物进行测定，应用广泛。另外，MnO_4^- 本身为紫红色，在滴定无色或浅色溶液时无须另加指示剂，其本身即可作为自身指示剂。其缺点是试剂中常含有少量的杂质，配制的标准溶液不太稳定，易与空气和水中的多种还原物发生反应，干扰严重，滴定的选择性差。

（陈桂凤）

实验三　氯化物

（一）原理

氯化物在无机化学领域里是指带负电的氯离子和其他元素带正电的阳离子结合而形成的盐类化合物。在酸性条件下，硝酸银遇到氯离子会产生不溶于硝酸的白色氯化银沉淀，这一现象可用来检验氯离子的存在。

（二）材料与仪器

(1) 氯化钠标准储备液：称取经 $500\sim600\ ℃$ 下干燥至恒重的氯化钠 0.165 g 加水适量，稀释至 1 000 mL，摇匀，即得 100 μg/mL 氯化钠的标准储备液。

(2) 氯化钠标准液：临用前精确量取氯化钠标准储备液稀释至所需浓度。

(3) 硝酸银试液：取硝酸银 1.75 g，加水适量溶解并稀释至 100 mL，摇匀，贮于棕色瓶中。

(4) 硝酸溶液：取 105 mL 硝酸，用水稀释至 1 000 mL。

（三）方法

(1) 取检验液 10 mL，加入 50 mL 纳氏比色管中，加 10 mL 稀硝酸（溶液若不澄清，过滤，滤液置于 50 mL 纳氏比色管中），加水使成约 40 mL，即得供试液。

(2) 取 10 mL 氯化钠标准溶液至一支 50 mL 纳氏比色管中，加 10 mL 稀硝酸，加水使成约 40 mL，即得供试液，摇匀，即得标准对照液。

(3) 在以上两试管中分别加入硝酸银试液 1 mL，用水稀释至 50 mL，在暗处放置 5 分钟，置黑色背景上从比色管上方观察。将供试液与标准对照液比浊。供试液如带颜色，除另有规定外，可取供试液 2 份，分别放置 50 mL 纳氏比色管中，一份中加硝酸银试液 1.0 mL，摇匀，放置 10 分钟，如显混浊，可反复过滤，至滤液完全澄清，再加规定量的标准氯化钠溶液与水适量使成 50 mL，摇匀，在暗处放置 5 min，作为对照液；另一份中加硝酸银试液 1.0 mL 与水适量使成 50 mL，摇匀，在暗处放置 5 min，按上述方法与对照溶液比较。

（四）结果

将检验液管显示的颜色与标准液管显示的颜色比较，若不深于标准管，产品为合格。

（陈桂凤）

实验四　酸碱度

一、直接测定法

（一）原理

酸和碱是生产、生活和科学实验中两类重要的化学物质。酸碱平衡是水溶液中最重要的平衡体系，是研究和处理溶液中各类平衡的基础，是酸碱滴定的理论基础。以酸碱反应为基础的酸碱滴定法是一种重要的、应用很广泛的滴定分析方法。

（二）材料与仪器

（1）酸度计。

（2）邻苯二甲酸氢钾标准缓冲液：精密称取在 (115 ± 5)℃下干燥 2～3 小时的邻苯二甲酸氢钾 $(KHC_8H_4O_4)$ 10.12 g，加水使之溶解并稀释至 1 000 mL。

（3）磷酸盐标准缓冲液：精密称取在 (115 ± 5)℃下干燥 2～3 小时的无水磷酸氢二钠 3.533 g 与磷酸二氢钾 3.387 g，加水使之溶解并稀释至 1 000 mL。

（4）硼砂标准缓冲液：精密称取硼砂 $(Na_2B_4O_7 \cdot 10H_2O)$ 3.80 g（注意避免风化），加水使之溶解并稀释至 1 000 mL，密塞，避免与空气中 CO_2 接触。

（三）方法

取已制备好的检验液和对照液，用酸度计分别测定其 pH 值，以两者之差作为检验结果。

二、中和滴定法

（一）材料与仪器

（1）$c(NaOH)=0.1$ mol/L 氢氧化钠标准溶液：按照 GB 601—2016 中 4.1 的规定配制并标定。

（2）$c(NaOH)=0.01$ mol/L 氢氧化钠标准溶液：临用前取 0.1 mol/L 氢氧化钠标准溶液加水稀释 10 倍。

（3）$c(HCl)0.1$ mol/L 盐酸标准液：按 GB 601—2016 中 4.2 规定配制并标定。

（4）$c(HCl)0.01$ mol/L 盐酸标准液：临用前取 0.1 mol/L 盐酸标准液加水稀释 10 倍。

(5) Tashiro 指示剂：溶解 0.2 g 甲基红和 0.1 g 亚甲基蓝于 100 mL 乙醇中（体积分数 95%）。

（二）方法

将 0.1 mL Tashiro 指示剂加入含有 20 mL 检验液的磨口瓶中，如果出现液体颜色呈紫色，则用 c（NaOH）＝0.01 mol/L 氢氧化钠标准溶液滴定；如果呈绿色，则用 c（HCl）＝0.01 mol/L 盐酸标准液滴定，直至显灰色。结果以消耗 c（NaOH）＝0.01mol/L 氢氧化钠标准溶液或 c（HCl）＝0.01mol/L 盐酸标准液的体积（以 mL 为单位）计算检验结果。

（陈桂凤）

实验五　蒸发残渣

一、目的

了解检验液中可溶物质与不溶物质的总量。

二、材料与仪器

（1）分析天平（精密度：0.000 1 g）。
（2）电热烘箱。
（3）可调电热炉或恒温水浴。

三、方法

蒸发皿预先在 105 ℃下干燥至恒重，精确称重。取已制备好的检验液 50 mL，移入已恒重的蒸发皿中，在略低于沸点的温度下蒸干，并在 105 ℃恒温干燥箱中干燥至恒重；同时取 50 mL 空白液同法进行试验。报告浸提液和空白液残渣质量之差，以 mg 为单位。蒸发残渣的总量应不超过 5 mg。

四、结果

按照下式计算蒸发残渣的质量：
$$W = [(W_{12} - W_{11}) - (W_{02} - W_{01})] \times 1\,000$$

式中：W 为蒸发残渣的质量（mg）；W_{11} 为未加入检验液的蒸发皿质量（g）；W_{12} 为加入检验液的蒸发皿质量（g）；W_{01} 为未加入空白液的蒸发皿质量（g）；W_{02} 为加入空白液的蒸发皿质量（g）。

（陈桂凤）

实验六　重金属总含量

金属指示剂是一类有机配位剂，可与金属离子形成有色络合物，其颜色与游离的指示剂的颜色不同，因而能指示滴定过程中金属离子浓度的变化情况。如铬黑 T 在 pH 值为 8~11 时呈蓝色，它与 Ca^{2+}、Mg^{2+}、Zn^{2+} 等金属离子形成的络合物呈酒红色。如果用乙二胺四乙酸（EDTA）滴定这些金属离子，加入铬黑 T 指示剂，滴定前它与少量金属离子形成酒红色，绝大部分金属离子处于游离状态。随着 EDTA 的滴入，游离金属离子逐步被配位而形成络合物 M-EDTA。当游离金属离子络合物的条件稳定常数大于铬黑 T 与金属离子络合物的条件稳定常数时，EDTA 夺取指示剂络合物中的金属离子，将指示剂游离出来，溶液显示游离铬黑 T 的蓝色，指示滴定终点将到来。

常用的金属指示剂有铬黑 T、二甲酚橙、磺基水杨酸、钙指示剂等。还有一种 Cu-PAN 指示剂，它是 CuY 与少量 PAN 的混合物。将此指示剂加到含有被测金属离子 M 的试液中时，就会发生颜色变化：

$$CuY + PAN + M \rightleftharpoons MY + Cu\text{-}PAN$$
$$\text{（蓝色）（黄色）}\qquad\qquad\text{（紫红色）}$$

溶液呈现紫红色。用 EDTA 滴定时，EDTA 先与游离的金属离子 M 结合，当加入的 EDTA 定量结合 M 后，EDTA 将夺取 Cu-PAN 中的 Cu^{2+} 而游离出来。溶液由紫红色变为 CuY 及 PAN 混合而成的绿色，即到达终点。

一、酸性条件

（一）原理

弱酸性溶液中，铅、铬、铜、锌等重金属能与硫代乙酰胺作用生成不溶性有色硫化物。以铅为代表制备标准溶液进行比色，测定重金属的总含量。

（二）材料与仪器

（1）乙酸盐缓冲液（pH 值 3.5）：取乙酸铵 25 g，加水 25 mL 溶解后，加盐酸液（7 mol/L）38 mL，用盐酸液（2 mol/L）或氨溶液（5 mol/L）准确调节 pH 值至 3.5（电位法指示），用水稀释至 100 mL，即得。

（2）硫代乙酰胺试液：取硫代乙酰胺 4 g，加水使溶解成 100 mL，置冰箱中保存。临用前取混合液［由氢氧化钠（1 mol/L）15 mL、水 5.0 mL 及甘油 20 mL 组成］5.0 mL，加上述硫代乙酰胺溶液 1.0 mL，置水浴上加热 20 s，冷却，立即使用。

（3）铅标准贮备液：称取 110 ℃ 下干燥至恒重的硝酸铅 0.159 8 g 置于 1 000 mL 容量瓶中，加硝酸 5 mL 与水 50 mL，溶解后用水稀释至刻度，摇匀，作为标准贮备液，铅的浓度为 100 μg/mL。

（4）铅标准溶液：临用前，精确量取铅标准贮备液稀释至所需浓度。

（三）方法

取检验液 25 mL 于 25 mL 纳氏比色管中，另取一支 25 mL 纳氏比色管，加入铅标准液 5 mL，加水稀释至 25 mL，于上述 2 支比色管分别加入乙酸盐缓冲液（pH 值 3.5）各 2 mL，再分别加入硫代乙酰胺试液各 2 mL，摇匀，静置 2 分钟。置白色背景下从上方观察，比较颜色深浅。

（四）结果

将检验液管显示的颜色与铅标准液管显示的颜色比较，若不深于标准管，产品为合格。

二、碱性条件

（一）原理

在碱性溶液中，铅、铬、铜、锌等重金属能与硫化钠作用生成不溶性有色硫化物。以铅为代表制备标准液进行比色，测定重金属的总含量。

（二）材料与仪器

（1）氢氧化钠试液：取氢氧化钠 4.3 g，加水使溶解成 100 mL 即得。

（2）硫化钠试液：取硫化钠 1 g，加水使溶解成 10 mL 即得。

（3）铅标准储备液：称取 110 ℃下干燥至恒重的硝酸铅 0.159 8 g 置于 1 000 mL 容量瓶中，加硝酸 5 mL 与水 50 mL，溶解后用水稀释至刻度，摇匀，作为标准储备液，铅的浓度为 100 μg/mL。

（4）铅标准溶液：临用前，精确量取铅标准储备液稀释至所需浓度。

（三）方法

取已制备好的检验液 25 mL 于 25 mL 纳氏比色管中，另取一支 25 mL 纳氏比色管，加入铅标准液 5 mL，加水稀释至 25 mL，于上述 2 支比色管中分别加入氢氧化钠试液 5 mL，再分别加入硫化钠试液 5 滴，摇匀，置白色背景下从上观察，比较颜色深浅。

（四）结果

将检验液管显示的颜色与铅标准液管显示的颜色比较，若不深于标准管，产品为合格。

（陈桂凤）

实验七 紫外吸光度

一、目的

在紫外波长下测定浸出液吸光度。

二、材料与仪器

（1）微孔滤膜（0.45 μm）。

（2）抽滤装置。

（3）紫外分光光度计，带 1 cm 石英比色皿。

三、方法

将制备好的检验液用 0.45 μm 的微孔滤膜过滤，避免漫射光干扰。在制备后 5 小时内，将该溶液放入 1 cm 的石英比色皿中，空白液放入参比比色皿中，用扫描紫外线分光光度计记录在 250～320 nm 波长范围内的光谱。以吸光度对应波长的记录图谱为报告结果。

四、结果

判断标准：浸提液的吸光度应不大于 0.1。

（陈桂凤）

实验八　铵

一、目的

铵离子在碱性溶液中能与纳氏试剂反应生成黄色物质，通过与标准对照液比色，测定其铵含量。

二、材料与仪器

（1）氢氧化钠溶液（40 g/L）：称取 4.0 g 氢氧化钠，用水溶解并稀释至 100 mL。

（2）纳氏试剂：取碘化钾 10 g，加水 10 mL 溶解后，缓缓加入氯化汞的饱和水溶液，边加边搅拌，至生成红色沉淀不再溶解，加氢氧化钾 30 g 溶解后，再加氯化汞的饱和水溶液 1 mL 或 1 mL 以上，并用适量的水稀释成 200 mL，静置，使沉淀，即得。用时倾取上清液使用。检查：取本液 2 mL，加入含氨 0.05 mg 的水 50 mL 中，应即时显黄棕色。

（3）铵标准贮备液（0.1 mg/mL）：称取 0.297 g 于 105～110 ℃下干燥至恒重的氯化铵，用水溶解并定容至 1 000 mL。

（4）铵标准溶液：临用前精确量取铵标准贮备液稀释至所需浓度。

三、方法

精确量取 10 mL 检验液于 25 mL 纳氏比色管中，另取一支 25 mL 纳氏比色管，加入铵标准溶液 10 mL，于上述 2 支比色管中分别加入 2 mL 氢氧化钠溶液（40 g/L），使溶液呈碱性。随后用蒸馏水稀释至 25 mL，加入 0.3 mL 纳氏试剂。30 秒后进行检查，比较检验液与对照液颜色深浅。

四、结果

将检验液管显示的颜色与铵标准液管显示的颜色进行比较，若不深于标准管，产品为合格。

（陈桂凤）

实验九　纯化水

一、目的

进行纯化水的质量检测，了解各项指标的情况。

二、材料与仪器

（1）电导率仪、总有机碳分析仪（选用）、电子天平、电炉。

（2）甲基红（AR）、氢氧化钠（AR）、溴麝香草酚蓝（AR）、硝酸银（AR）、氯化钡（AR）、草酸铵（AR）、硝酸钾（AR）、氯化钾（AR）、二苯胺（AR）、硫酸（AR）、亚硝酸钠（AR）、对氨基苯磺酰胺（AR）、盐酸萘乙二胺（AR）、碘化钾（AR）、氯化汞（AR）、氢氧化钾（AR）、氯化铵（AR）、氢氧化钙（AR）、高锰酸钾（AR）、醋酸铵（AR）、氨水（AR）、盐酸（AR）、硫代乙酰胺（AR）、甘油（AR）。

三、方法

1. 性状

本品为无色的澄清液体，无臭无味。

2. 酸碱度

（1）试液：

① 甲基红指示液：取甲基红 0.1 g，加 0.05 mol/L 氢氧化钠溶液 7.4 mL 使溶解，再加水稀释至 200 mL，即得。变色范围：pH 值 4.2～6.3（红→黄）。

② 溴麝香草酚蓝指示液：取溴麝香草酚蓝 0.1 g，加 0.05 mol/L 氢氧化钠溶液 3.2 mL 使溶解，再加水稀释至 200 mL，即得。变色范围：pH 值 6.0～7.6（黄→蓝）。

（2）步骤：取本品 10 mL，加甲基红指示液 2 滴，不得显红色；另取 10 mL，加溴麝香草酚蓝指示液 5 滴，不得显蓝色。

3. 硝酸盐

（1）试液：

标准硝酸盐溶液：取硝酸钾 0.163 g，加水溶解并稀释至 100 mL，摇匀，精密量取 1 mL，加水稀释成 100 mL，再精密量取 10 mL，加水稀释成 100 mL，摇匀，即得（每 1 mL 相当于 1 μg NO_3^-）。

（2）步骤：取本品 5 mL 置于试管中，于冰浴中冷却，加 10% 氯化钾溶液 0.4 mL 与 0.1% 二苯胺硫酸溶液 0.1 mL，摇匀，缓缓滴加硫酸 5 mL，摇匀，将试管于 50 ℃ 水浴中放置 15 分钟，溶液产生蓝色，与标准硝酸盐溶液 0.3 mL 加无硝酸盐的水 4.7 mL，用相同方法处理后进行比较，颜色不得更深。

4. 亚硝酸盐

（1）试液：

标准亚硝酸盐溶液：取亚硝酸钠 0.750 g（按干燥品计算），加水溶解，稀释至 100 mL，摇匀，精密量取 1 mL，加水稀释成 100 mL，摇匀，再精密量取 1 mL，加水稀释成 50 mL，摇匀，即得（每 1 mL 相当于 1 μg NO$_2^-$）。

（2）步骤：取本品 10 mL，置于纳氏管中，加对氨基苯磺酰胺的稀盐酸溶液（1→100）1 mL 及盐酸萘乙二胺溶液（0.1→100）1 mL，产生的粉红色，与标准亚硝酸盐溶液 0.2 mL，加无亚硝酸盐的水 9.8 mL，用同一方法处理后进行比较，颜色不得更深。

5. 氨

（1）试液：

① 碱性碘化汞钾试液：取碘化钾 10 g，加水 10 mL 溶解后，缓缓加入氯化汞的饱和水溶液，随加随搅拌，至生成的红色沉淀不再溶解，加氢氧化钾 30 g，溶解后，再加氯化汞的饱和水溶液 1 mL 或 1 mL 以上，并用适量的水稀释使成 200 mL，静置，使沉淀，即得。用时倾取上层的澄明液使用。检查时，取本液 2 mL，加入含氨 0.05 mg 的水 50 mL 中，应即时显黄棕色。

② 氯化铵溶液：取氯化铵 31.5 mg，加无氨水适量使溶解并稀释成 1 000 mL。

③ 无氨水：取纯化水 1 000 mL，加稀硫酸 1 mL 与高锰酸钾试液 1 mL，蒸馏，即得。检查时，取本品 50 mL，加碱性碘化汞钾试液 1 mL，不得显色。

（2）步骤：取本品 50 mL，加碱性碘化汞钾试液 2 mL，放置 15 分钟；如果显色，与对照液（氯化铵溶液 1.5 mL，加无氨水至 50 mL，加碱性碘化汞钾试液 2 mL）进行比较，颜色不得更深。

6. 电导率

可使用在线或离线电导率仪完成，记录测定温度。在表 14-4 中，找到测定温度对应的电导率值即为限度值。如果测定温度未在表中列出，采用线性内插法计算得到限度值。如果测定的电导率值不大于限度值，则判为符合规定；如果测定的电导率值大于限度值，则判为不符合规定。

表 14-4　温度和电导率的限度表（纯化水）

温度（℃）	电导率（μS/cm）	温度（℃）	电导率（μS/cm）
0	2.4	60	8.1
10	3.6	70	9.1
20	4.3	75	9.7
25	5.1	80	9.7
30	5.4	90	9.7
40	6.5	100	10.2
50	7.1		

内插法的计算公式为：$k = \left\{ \dfrac{T - T_0}{T_1 - T_0} \right\} \times (k_1 - k_0) + k_0$

式中：k 为测定温度下的电导率限度值；k_1 为表中高于测定温度的最接近温度对应

的电导率限度值；k_0为表中低于测定温度的最接近温度对应的电导率限度值；T为测定温度；T_1为表中高于测定温度的最接近温度；T_0为表中低于测定温度的最接近温度。

7. 总有机碳

不得超过 0.50 mg/L。

8. 易氧化物

（1）试液（稀硫酸）：取硫酸 57 mL，加水稀释至 1 000 mL，即得。

（2）步骤：取本品 100 mL，加稀硫酸 10 mL，煮沸后，加高锰酸钾滴定液（0.02 mol/L）0.10 mL，再煮沸 10 分钟，粉红色不得完全消失。

以上总有机碳和易氧化物两项可选做一项。

9. 不挥发物

取本品 100 mL，置 105 ℃下干燥至恒重的蒸发皿中，在水浴上蒸干，并在 105 ℃下干燥至恒重。遗留残渣称重，不得超过 1 mg。

10. 重金属

（1）试液：

醋酸盐缓冲液（pH 值 3.5）：取醋酸铵 25 g，加水 25 mL 溶解后，加 7 mol/L 盐酸溶液 38 mL，用 2 mol/L 盐酸溶液或 5 mol/L 氨溶液准确调节 pH 值至 3.5（电位法指示），用水稀释至 100 mL，即得。

硫代乙酰胺试液：① 取硫代乙酰胺 4 g，加水使溶解成 100 mL，置冰箱中保存。② 用 1 mol/L 氢氧化钠溶液 15 mL 加水 5.0 mL 及甘油 20 mL。临用前取②液 5.0 mL，加①液 1.0 mL，置水浴上加热 20 秒，冷却，立即使用。

铅标准贮备液：0.1 mg/mL。

铅标准使用液：10 μg/mL。

（2）步骤：取本品 100 mL，加水 19 mL，蒸发至 20 mL，放冷，加醋酸盐缓冲液（pH 值 3.5）2 mL 与水适量使成 25 mL，加硫代乙酰胺试液 2 mL，摇匀，放置 2 分钟，与对照液（标准铅溶液 1.0 mL，加水 19 mL，用同一方法处理）进行比较，颜色不得更深。

（陈桂凤）

实验十　注射用水

一、目的

进行注射用水质量检测，了解各项指标的情况，了解注射用水是否合格。

二、材料与仪器

（1）pH 计、电导率仪、总有机碳分析仪（选用）、电子天平、电炉。

（2）甲基红（AR）、氢氧化钠（AR）、溴麝香草酚蓝（AR）、硝酸银（AR）、氯化钡（AR）、草酸铵（AR）、硝酸钾（AR）、氯化钾（AR）、二苯胺（AR）、硫酸（AR）、亚硝酸钠（AR）、对氨基苯磺酰胺（AR）、盐酸萘乙二胺（AR）、碘化钾（AR）、氯化汞（AR）、氢氧化钾（AR）、氯化铵（AR）、氢氧化钙（AR）、高锰酸钾（AR）、醋酸铵（AR）、氨水（AR）、盐酸（AR）、硫代乙酰胺（AR）、甘油（AR）。

三、方法

1. 性状

本品为无色的澄清液体，无臭无味。

2. 酸碱度

溶液的 pH 值使用酸度计测定。取本品 100 mL，加饱和氯化钾溶液 0.3 mL，依法测定（《中华人民共和国药典》附录 Ⅵ H），pH 值应为 5.0～7.0。水溶液的 pH 值通常以玻璃电极为指示电极、饱和甘汞电极为参比电极进行测定。酸度计应定期进行计量检定，并符合国家有关规定。测定前，应采用下列标准缓冲液校正仪器，也可用国家标准物质管理部门发放的标示 pH 值准确至 0.01 pH 单位的各种标准缓冲液校正仪器。

（1）仪器校正用的标准缓冲液介绍如下：

① 草酸盐标准缓冲液：精密称取在（54±3）℃下干燥 4～5 小时的草酸三氢钾 12.71 g，加水使溶解并稀释至 1 000 mL。

② 邻苯二甲酸盐标准缓冲液：精密称取在（115±5）℃下干燥 2～3 小时的邻苯二甲酸氢钾 10.21 g，加水使溶解并稀释至 1 000 mL。

③ 磷酸盐标准缓冲液：精密称取在（115±5）℃下干燥 2～3 小时的无水磷酸氢二钠 3.55 g 与磷酸二氢钾 3.40 g，加水使溶解并稀释至 1 000 mL。

④ 硼砂标准缓冲液：精密称取硼砂 3.81 g（注意避免风化），加水使溶解并稀释至 1 000 mL，置于聚乙烯塑料瓶中，密塞，避免空气中 CO_2 进入。

⑤ 氢氧化钙标准缓冲液：于 25 ℃，用无 CO_2 的水和过量氢氧化钙经充分振摇制成饱和溶液，取上清液使用。因本缓冲液是 25 ℃时的氢氧化钙饱和溶液，所以临用前须核对溶液的温度是否在 25 ℃，否则须调温至 25 ℃再经溶解平衡后，方可取上清液使用。存放时应防止空气中 CO_2 进入。一旦出现混浊，应弃去重配。

上述标准缓冲溶液必须用 pH 值基准试剂配制。不同温度时各种标准缓冲液的 pH 值见表 14-5。

表 14-5　不同温度时各种标准缓冲液的 pH 值

温度（℃）	草酸盐标准缓冲液	邻苯二甲酸盐标准缓冲液	磷酸盐标准缓冲液	硼砂标准缓冲液	氢氧化钙标准缓冲液（25 ℃饱和溶液）
0	1.67	4.01	6.98	9.64	13.43
5	1.67	4.00	6.95	9.40	13.21
10	1.67	4.00	6.92	9.33	13.00
15	1.67	4.00	6.90	9.28	12.81

续表

温度（℃）	草酸盐 标准缓冲液	邻苯二甲酸盐 标准缓冲液	磷酸盐 标准缓冲液	硼砂 标准缓冲液	氢氧化钙 标准缓冲液 （25℃饱和溶液）
20	1.68	4.00	6.88	9.23	12.63
25	1.68	4.01	6.86	9.18	12.45
30	1.68	4.02	6.85	9.14	12.29
35	1.69	4.02	6.84	9.10	12.13
40	1.69	4.04	6.84	9.07	11.98
45	1.70	4.05	6.83	9.04	11.84
50	1.71	4.06	6.83	9.01	11.71
55	1.72	4.08	6.83	8.99	11.57
60	1.72	4.09	6.84	8.96	11.45

（2）测定 pH 值时，应严格按仪器的使用说明书操作，并注意下列事项：

① 测定前，按各品种项下的规定，选择两种 pH 值约相差 3 个 pH 值单位的标准缓冲液，并使供试液的 pH 值处于两者之间。

② 取与供试液 pH 值较接近的第一种标准缓冲液对仪器进行校正（定位），使仪器示值与表列数值一致。

③ 仪器定位后，再用第二种标准缓冲液核对仪器示值，误差应不大于±0.02 pH 单位。若大于此偏差，则应小心调节斜率，使示值与第二种标准缓冲液的表列数值相符。重复上述定位与斜率调节操作，至仪器示值与标准缓冲液的规定数值相差不大于 0.02 pH 单位。否则，须检查仪器或更换电极后，再行校正至符合要求。

④ 每次更换标准缓冲液或供试液前，应用纯化水充分洗涤电极，然后将水吸尽，也可用所换的标准缓冲液或供试液洗涤。

⑤ 在测定高 pH 值的供试品和标准缓冲液时，应注意碱误差的问题，必要时选用适当的玻璃电极测定。

⑥ 对弱缓冲或无缓冲作用溶液的 pH 值测定，先用邻苯二甲酸盐标准缓冲液校正仪器，然后重复测定供试液，直至 pH 计的读数在 1 分钟内改变不超过±0.05 止；然后再用硼砂标准缓冲液校正仪器，再如上法测定；二次 pH 计的读数相差应不超过 0.1，取二次读数的平均值为其 pH 值。

⑦ 配制标准缓冲液与溶解供试品的水，应是新沸过并放冷的纯化水，其 pH 值应为 5.5～7.0。

⑧ 标准缓冲液一般可保存 2～3 个月，但发现有浑浊、发霉或沉淀等现象时，不能继续使用。

3. 硝酸盐

见实验九纯化水。

4. 亚硝酸盐

见实验九纯化水。

5. 氨

见实验九纯化水。

6. 电导率

（1）可使用在线或离线电导率仪完成。在表 14-6 中，找到不大于测定温度的最接近温度值，表中对应的电导率值即为限度值。如果测定的电导率值不大于表中对应的限度值，则判为符合规定；如果测定的电导率值大于表中对应的限度值，则继续进行下一步测定。

表 14-6　温度和电导率的限度表（注射用水）

温度（℃）	电导率（μS/cm）	温度（℃）	电导率（μS/cm）
0	0.6	55	2.1
5	0.8	60	2.2
10	0.9	65	2.4
15	1.0	70	2.5
20	1.1	75	2.7
25	1.3	80	2.7
30	1.4	85	2.7
35	1.5	90	2.7
40	1.7	95	2.9
45	1.8	100	3.1

（2）取足够量的水样（不少于 100 mL）至适当容器中，搅拌，调节温度至 25 ℃，剧烈搅拌，每隔 5 分钟测定电导率。当电导率值的变化小于 0.1 μS/cm 时，记录电导率值；如果测定的电导率不大于 2.1 μS/cm，则判为符合规定；如果测定的电导率大于 2.1 μS/cm，继续进行下一步测定。

（3）应在上一步测定后 5 分钟内进行。调节温度至 25 ℃，在同一水样中加入饱和氯化钾溶液（每 100 mL 水样中加入 0.3 mL），测定 pH 值，精确至 0.1pH 单位（《中华人民共和国药典》附录 Ⅵ H），在表 14-7 中找到对应的电导率限度，并与（2）中测得的电导率值比较。如果（2）中测得的电导率值不大于该限度值，则判为符合规定；如果（2）中测得的电导率值超出该限度值或 pH 值不在 5.0～7.0 范围内，则判为不符合规定。

表 14-7　pH 值和电导率的限度表

pH 值	电导率（μS/cm）	pH 值	电导率（μS/cm）
5.0	4.7	6.1	2.4
5.1	4.1	6.2	2.5
5.2	3.6	6.3	2.4
5.3	3.3	6.4	2.3
5.4	3.0	6.5	2.2
5.5	2.8	6.6	2.1
5.6	2.6	6.7	2.6
5.7	2.5	6.8	3.1
5.8	2.4	6.9	3.8
5.9	2.4	7.0	4.6
6.0	2.4		

7. 总有机碳

同实验九纯化水。

8. 不挥发物

同实验九纯化水。

9. 重金属

同实验九纯化水。

（陈桂凤）

参考文献

[1] 国家药典委员会. 中华人民共和国药典　二部［M］. 北京：中国医药科技出版社，2015.

[2] 国家食品药品监督管理局. GB/T 14233. 1—2008 医用输液、输血、注射器具检验方法　第 1 部分：化学分析方法［S］. 北京：中国标准出版社，2008.

第十五章

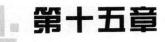

生物相容性评价实验

实验一　细胞毒性试验

体外细胞毒性试验具有通用性，广泛适用于各种医疗器械和材料的评价。试验分成三类：浸提液试验、直接接触试验、间接接触试验。

医疗器械生物学评价标准 GB/T 16886.5—2003 和 ISO 10993-5：2009 正文都不是规定一个单一的试验方法，而是规定一个试验方案，需要在一系列试验步骤中判断，以选出最合适的试验。

国际标准 ISO 10993-5：2009 的附录 C 中给出了 MTT 细胞毒性试验的具体试验方法。国家推荐性标准 GB/T 14233.2—2005《医用输液、输血、注射器具检验方法　第 2 部分：生物学试验方法》里也给出了细胞毒性试验的两个试验方法。美国药典中则给出了琼脂扩散试验、直接接触试验和浸提液试验三个试验方法。

本书介绍间接接触试验琼脂法和浸提液试验（MTT 细胞毒性试验）的具体试验方法。

一、目的

本试验系将医疗器械浸提液接触培养细胞，通过对细胞形态、增殖和抑制影响的观察，评价供试品对体外细胞的毒性作用。

二、原理

细胞毒性试验是利用体外法培养的细胞在某些因素（化学、物理等）干预下的形态改变或凋亡来客观评价医疗器械的细胞毒性程度。

三、仪器设备

高压灭菌器、CO_2 培养箱、倒置显微镜、冰箱、恒温水浴锅、超净工作台、电动吸引器、移液器、离心机、酶标仪。

四、试剂

MEM 培养基、青霉素、链霉素、胎牛血清、胰酶、磷酸盐缓冲溶液（PBS）、异丙醇、MTT、二甲基亚砜（DMSO）。

五、材料准备

1. 器具灭菌

与供试液接触的所有器具应采用可靠方法灭菌，置压力蒸汽灭菌器内于 121 ℃ 下处理 30 min，或置电热干燥箱内于 160 ℃ 下处理 2 h。

2. 细胞培养液

胎牛血清（10%）、谷氨酰胺或谷氨酰胺（4 mmol/L）、青霉素（100 IU/mL）、链霉素（100 μg/mL）。

3. 细胞冻存液

胎牛血清（20%）、DMSO（7%～10%）。

4. MTT 溶液

MTT 溶于无酚红 MEM 中，配制浓度为 1 mg/mL，0.22 μm 过滤除菌，当天使用。

5. 供试品的制备

参照 GB/T 16886.12—2017《医疗器械的生物学评价 第 12 部分：样品制备和参照样品》制备供试液。

6. 对照样品

阳性对照：用有机锡作稳定剂的聚氯乙烯用作固体材料和浸提液的阳性对照，酚的稀释液用于浸提液的阳性对照。

阴性对照：高密度聚乙烯用作合成聚合物的阴性对照，氧化铝陶瓷棒则用作牙科材料的阴性对照。

7. 浸提介质

介质的选择应当反映浸提的目的，应同时考虑极性和非极性浸提介质。应使用下列一种或几种溶剂：① 含血清培养基；② 无血清培养基；③ 生理盐水溶液；④ 其他适宜的溶剂。

适宜的溶剂包括纯水、植物油、DMSO。在所选择的测试系统中，如 DMSO 浓度大于 0.5%（体积分数），则有细胞毒性。

8. 浸提条件

浸提应使用无菌技术，在无菌、化学惰性的封闭容器中进行，应符合 QB/T 16886.12—2017 的基本要求。

推荐的浸提条件有：① （37±1）℃、（24±2）h；② （50±2）℃、（72±2）h；③ （70±2）℃、（24±2）h；④ （121±2）℃、（1±0, 2）h。

当浸提过程使用含血清培养基时，只能采用浸提条件①。

浸提液用于细胞之前，如果进行过滤、离心或采用其他处置方法，最终报告中应予以说明，应当禁止对浸提液 pH 值进行调整。

9. 细胞系

细胞系 L-929。

10. 培养基

培养基及其血清浓度的含量应适应所选细胞株的生长，抗生素的选择和用量应不引起细胞毒性，存放时间最好不超过 2 周，pH 值为 7.2～7.4。

六、试验步骤

1. 琼脂覆盖法

（1）试验过程无菌操作。

（2）将 L-929 细胞培养在含 10% 胎牛血清和抗生素（青霉素 100 IU/mL，链霉素 100 μg/mL）的 MEM 培养液中，置于 37 ℃、5% CO_2 培养箱中培养。用 0.5% 胰酶（含 EDTA）消化细胞制备成单细胞悬液，细胞悬液离心（200 g，3 min），然后将细胞重新分散于培养基中，调整细胞密度为 1.3×10^5 个/mL 的细胞悬液。

（3）接种上述细胞悬液到 6 孔细胞培养板（ϕ 34.8 mm）中，每孔 2 mL，置于培养箱中（5% CO_2，37 ℃，RH>90%）培养 24 h。

（4）待细胞长成单层后，吸出原来的培养液，分别加入 2 mL 琼脂培养基［取灭菌 3% 琼脂和 2×MEM 培养基（含 20% 胎牛血清）等体积混合］，然后将供试品、阴性对照和阳性对照放在琼脂上，每组做 3 个平行样。

（5）培养 24 h 后，取出 6 孔细胞培养板，在底部标出样品所在位置，然后弃样，在每皿中加入 2 mL 中性红，孵育 1 h，吸弃多余的中性红，在显微镜下观察有无细胞形态变化，包括整体变化、空泡形成、分离、溶解、完整性等。

（6）细胞毒性的大小用反应分级来表示，见表 15-1。

表 15-1　反应区分级描述

分　级	反　应	反应区描述
0	无	样品区和周围未观察到反应发生
1	轻微	少量细胞变性
2	轻度	反应区局限于样品下
3	中度	反应区超出样品区不到 10 mm
4	重度	反应区超出样品区 10 mm 以上

基于表 15-1，数值等级大于 2 的结果被认为是有细胞毒性的。

2. MTT 法

（1）试验过程无菌操作。

（2）将 L-929 细胞培养在含 10% 胎牛血清和抗生素（青霉素 100 IU/mL，链霉素 100 μg/mL）的 MEM 培养液中，置于 37 ℃、5% CO_2 培养箱中培养。用 0.25% 胰酶（含 EDTA）消化细胞制备成单细胞悬液，细胞悬液离心（200 g，3 min），然后将细胞重新分散于培养基中，调整细胞密度为 1×10^5 个/mL 的细胞悬液。

（3）接种上述细胞悬液到 1 个 96 孔培养板中，每孔 100 μL，置于培养箱中（5% CO_2，37 ℃，RH>90%）培养 24 h。

（4）待细胞长成单层后，吸出原来的培养液，分别加入 100 μL 不同浓度（100％、75％、50％、25％）的试验样品浸提液、空白对照液、阳性对照液（100％）和阴性对照液（100％），置于 37 ℃、5％ CO_2 培养箱中培养 24 h。每组做 5 个平行样。

（5）培养 24 h 后，取出 96 孔板先做细胞形态学观察，然后吸出原来的培养液，每孔加 50 μL MTT（1 mg/mL），培养 2 h，吸弃上清液，加 100 μL 99.9％纯度的异丙醇溶解结晶。

在酶标仪上以 570 nm 为主吸收波长、650 nm 为参考波长测定吸光度值。空白对照、阴性对照、阳性对照及样品所在位置及孔数详见表 15-2，试验流程详见表 15-3。

表 15-2　空白对照、阴性对照、阳性对照及样品所在位置及孔数

分组	名称	孔数	浓度	位置
1	空白对照	10	0	2 排和 11 排
2	样品	5	25％	6
3	样品	5	50％	5
4	样品	5	75％	4
5	样品	5	100％	3
6	阳性对照	5	1％	10
7	阴性对照	5	100％	9

表 15-3　细胞毒性试验（MTT 法）流程

时　间（h）	步　骤
00:00	96 孔板接种：1×10^4 个细胞/100 μL MEM 培养基/孔 孵育（37 ℃，5％ CO_2，22~26 h）
24:00	移除培养基
24:00	用至少 4 组不同浓度的试验样品浸提液（100 μL）染毒 （空白组＝染毒组） 孵育（37 ℃，5％ CO_2，24 h）
48:00	显微镜下评估形态学改变 移除培养基 加 50 μL MTT 溶液 孵育（37 ℃，5％ CO_2，2 h）
51:00	移除 MTT 溶液 每孔加 100 μL 异丙醇 振荡 96 孔板
51:30	以 570 nm 为主吸收波长、650 nm 为参考波长测定吸光度值

（6）数据记录和分析。

生成的数据记录在原始数据文件中。结果将以表格形式呈现，包括带有测试项目的实验组、阴性对照、空白对照和阳性对照。

使用 SPSS 16.0 统计软件计算各组测定的吸光度值的均数±标准差（Mean±SD）。

$$细胞活力\% = \frac{100 \times (A_{570e} - A_{650e})}{A_{570b} - A_{650b}}$$

式中：A_{570e} 为 100％萃取的样本的平均吸光度值；A_{650e} 为 100％萃取的样本的参考波长（650 nm）平均吸光度值；A_{570b} 为空白的平均吸光度值；A_{650b} 为空白的参考波长（650 nm）平均吸光度值。

（7）质量控制和评价标准。

100％浓度的试验样品浸提液的细胞活力（％）为最终结果。

细胞活力越低，表明受试样品潜在的细胞毒性越大。

50％浓度的样品浸提液与 100％浓度的样品浸提液相比，细胞活力应至少相同或更高，否则应重复试验。

若 100％浓度的样品浸提液的细胞活力低于空白组 70％，表明受试样品有潜在的细胞毒性。

（梅　超）

实验二　迟发型超敏反应试验

在医疗器械安全性评价中使用率最高的方法是豚鼠最大剂量试验（Magnusson 和 Kligman）和封闭贴敷试验（Buehler 试验）。

一、目的

采用将单一化学物作用于豚鼠的最大剂量技术，对材料在试验条件下使豚鼠产生皮肤致敏反应的潜在性做出评价。

二、材料与仪器

（1）压力蒸气灭菌器、剃毛器、注射器、研钵等。

（2）试剂：75％乙醇、0.9％氯化钠注射液、植物油（芝麻油或棉籽油）、10％十二烷基硫酸钠、弗氏完全佐剂等。

（3）动物与管理：应使用健康、初成年白化豚鼠，体重 300～500 g，雌雄不限，雌鼠应未产且无孕；应使动物适应环境，并按规定饲养；试验样品应至少使用 10 只动物，阴性对照 5 只，必要时另取动物用于预试验。动物福利参照 GB/T 16886.2。

三、试验样品制备

样品应按 GB/T 16886.12 的规定进行制备。试验样品的浓度在不影响结果解释的情况下应尽可能高。

浸提液须新鲜制备，贮存若超过 24 小时，浸提液的稳定性须进行验证。

四、步骤

1. 皮内诱导阶段

按图 15-1 所示（A，B 和 C），在每只动物去毛的双侧肩胛骨内侧部位成对皮内注射 0.1 mL。

部位 A：注射弗氏完全佐剂与选定的溶剂以 50：50（体积比）比例混合的稳定性乳化剂。对于水溶性材料，溶剂选用生理盐水（符合《中国药典》要求）。

部位 B：注射试验样品（未经稀释的浸提液）；对照组动物仅注射相应溶剂。

部位 C：试验样品（部位 B 中采用的浓度）以 50：50 的体积比例与弗氏完全佐剂和溶剂（50%）配制成的稳定性乳化剂混合后进行皮内注射，对照组注射空白液体与弗氏完全佐剂配制成的乳化剂。

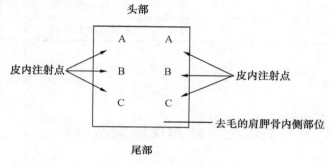

图 15-1　皮内注射点

2. 局部诱导阶段

皮内诱导阶段后（7±1）天，按皮内诱导阶段部位 B 中选定的浓度，采用面积约 8 cm² 的敷贴片（滤纸或吸收性纱布块）局部贴敷于每只动物的双侧肩胛骨内侧部位，覆盖诱导注射点。如果按皮内诱导阶段注射点 B 的浓度未产生刺激反应，应在局部敷贴应用前（24±2）小时，试验区用 10% 十二烷基硫酸钠进行预处理，按摩导入皮肤。用封闭式包扎带固定敷贴片，并于（48±2）小时后除去包扎带和敷贴片。

对照组动物使用空白液同法操作。

3. 激发阶段

局部诱导阶段后（14±1）天，用试验样品激发全部试验动物和对照动物。按皮内诱导阶段部位 C 中选定的浓度，将适宜的敷贴片置于试验样品或介质对照中浸透，局部贴敷于诱导阶段未试验部位，如每只动物的上腹部。该浓度的稀释液可同法贴敷于其他未试验部位。用封闭式包扎带固定，并于（24±2）小时后除去包扎带和敷贴片。

4. 动物观察

除去敷贴片后（24±2）小时和（48±2）小时观察试验组和对照组动物激发部位皮肤情况，特别推荐在自然或全光谱光线下观察皮肤反应。按表 15-3 给出的 Magnusson 和 Kligman 分级标准对每一激发部位和每一观察时间皮肤红斑和水肿反应进行描述并分级。为了将结果评价偏差降至最低，特别推荐在不知试验处置信息的情况下进行读数。

5. 结果评价

按表 15-4 Magnusson 和 Kligman 分级标准，对照组动物等级小于 1，而试验组动物等级大于或等于 1 时，一般提示致敏。如对照组动物等级大于或等于 1 时，试验组动物反应超过对照组中最严重的反应则认为致敏。如为疑似反应，推荐进行再激发以确认首次激发结果。试验结果显示为试验和对照动物中的阳性激发结果的发生率。

偶尔，试验组动物出现反应的动物数量多于对照组动物，但反应强度并不超过对照组，在此情况下，应在首次激发后 1～2 周进行再次激发，方法与首次激发相同，只是应用动物的另一腹侧部位。推荐采用弗氏完全佐剂处置过的一新的对照组。

表 15-4　Magnusson 和 Kligman 分级

贴敷试验反应	等　级	贴敷试验反应	等　级
无明显改变	0	中度融合性红斑	2
散发性或斑点状红斑	1	重度红斑和水肿	3

（梁　羽　阳艾珍）

实验三　动物皮肤刺激试验

一、目的

采用相关动物模型对材料在试验条件下产生皮肤刺激反应的潜在性做出评价。

二、材料与仪器

（1）主要设备及用具：压力蒸汽灭菌器、水浴锅、剃毛器、兔固定器、无菌纱布片。

（2）试剂：0.9％氯化钠注射液。

（3）固体或液体试验材料应按 GB/T 16886.12 规定进行制备。

（4）实验动物：应使用健康、初成年的白化兔，雌雄不限，同一品系，体重不低于 2 kg。应使动物适应环境，并按规定饲养。动物福利参照 GB/T 16886.2。

三、步骤

1. 动物准备

动物的皮肤状况是试验的关键因素，只能使用皮肤健康无损伤的动物。一般在试验前 4～24 小时将动物背部脊柱两侧被毛除去（约 10 cm×15 cm 区域），作为试验和观察部位。为了便于观察和（或）再次试验，可能需要反复除毛。

为了证实试验的敏感性，每只动物最好设有阴性对照和阳性对照。每只动物体上分别有两个试验材料区域和两个对照材料区域，试验材料和对照材料的试验剂量和所用的浸提介质应相同。

2. 粉剂或液体样品的应用

将 0.5 g 或 0.5 mL 的试验材料直接置于图 15-2 所示皮肤部位。固体和疏水性材料无须湿化处理，粉剂使用前宜用水或其他适宜的溶剂稍加湿化。

用 2.5 cm×2.5 cm 透气性好的敷料（如吸收性纱布块）覆盖接触部位，然后用绷带（半封闭性或封闭性）固定敷贴片至少 4 小时。接触期结束后取下敷贴片，用持久性墨水对接触部位进行标记，并用适当的方法除去残留试验材料，如用温水或其他适宜的无刺激性溶剂清洗并拭干。

3. 浸提液和浸提介质的应用

将相应的浸提液滴到 2.5 cm×2.5 cm 大小的吸收性纱布块上，浸提液的用量以能浸透纱布块为宜，一般每块纱布滴 0.5 mL，按图 15-2 所示部位敷贴于动物背部两侧。按图 15-2 所示将滴有浸提介质的纱布块敷贴在对照接触部位。

用绷带（半封闭性或封闭性）固定敷贴片至少 4 小时。接触期结束后取下敷贴片，用持久性墨水对接触部位进行标记，并用适当的方法除去残留试验材料，如用温水或其他适宜的无刺激性溶剂清洗并拭干。

4. 固体样品的应用

按图 15-2 所示，将试验材料样品直接接触兔脊柱两侧的皮肤。对照样品同法应用。检测固体物时（必要时可研成粉末），试验材料可用水或选择一种溶剂充分湿化以保证与皮肤良好的接触性。如果使用溶剂，应考虑溶剂本身对皮肤的刺激作用，这种影响应与试验材料所致的皮肤反应相区别。

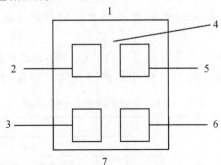

1.头部；2.试验部位；3.对照部位；4.去毛的背部区域；5.对照部位；6.试验部位；7.尾部

图 15-2　皮肤应用部位

用 2.5 cm×2.5 cm 的透气性好的敷料（如纱布块）覆盖材料接触部位，然后用绷带（半封闭性或封闭性）固定敷贴片至少 4 小时。接触期结束后取下敷贴片，用持久性墨水对接触部位进行标记，并用适当的方法除去残留试验材料，如用温水或其他适宜的无刺激性溶剂清洗并拭干。

5. 动物观察

推荐在自然光线或全光谱灯光下观察皮肤反应。按表 15-5 给出的记分系统描述每一接触部位在每一规定时间内皮肤红斑和水肿反应情况并评分，记录结果以出具实验报告。

6. 单次接触试验

单次接触试验时，在除去敷贴片后（1±0.1）小时、（24±2）小时、（48±2）小时和（72±2）小时记录各接触部位情况。如果存在持久性损伤，有必要延长观察时间，以评价这种损伤的可逆性或不可逆性，但延长期不超过 14 天。

7. 多次接触试验

多次接触试验应仅在急性单次接触试验完成后进行（至少在观察 72 小时后）。

多次接触试验时，每次在除去敷贴片后 1 小时以及再次接触前记录接触部位情况。接触次数可不限。

末次接触后，在除去敷贴片后（1±0.1）小时、（24±2）小时、（48±2）小时和（72±2）小时记录各接触部位情况。如果有持久性损伤，可能需要延长观察时间，以评价这种损伤的可逆性或不可逆性，但不能超过 14 天。

四、结果评价

（1）单次接触试验按下列规定确定原发性刺激指数：

① 仅使用（24±2）小时、（48±2）小时和（72±2）小时的观察数据进行计算。试验之前或 72 小时后的恢复观察数据不用于计算。

② 将每只动物在每一规定时间试验材料引起的红斑与水肿的原发性刺激记分相加后再除以观察总数之和（每个试验部位的 1 个观察数据包括红斑和水肿两个记分）。当采用空白溶液或阴性对照时，计算出对照原发性刺激记分，将试验材料原发性刺激记分减去该记分，即得出原发性刺激记分。该值即为原发性刺激指数。

（2）多次接触试验按下列规定计算累积刺激指数：

① 将每只动物在每一规定时间的红斑和水肿刺激记分相加后再除以观察总数，即为每只动物刺激记分。

② 全部动物刺激记分相加后再除以动物总数即得出累积刺激指数。

③ 将累积刺激指数对照表 15-5 限定的刺激反应，报告相应的反应类型。

表 15-5　皮肤刺激反应记分标准

红　斑	记分	水　肿	记分
无红斑现象	0	无水肿现象	0
轻度红斑（勉强可见）	1	轻度水肿（勉强可见皮肤增厚）	1
明显红斑（淡红色）	2	明显水肿（隆起而轮廓清楚）	2
中度红斑（鲜红色）	3	中度水肿（隆起近 1 mm）	3
重度红斑（紫红色伴有轻微焦痂形成）	4	重度水肿（隆起大于 1 mm）	4
刺激反应最高记分			8
兔刺激反应类型			
反应种类	记分	反应种类	记分
无刺激作用	0～0.4	中度刺激	2.0～4.9
轻度刺激	0.5～1.9	严重刺激	5～8

注：其他副反应出现在皮肤刺激区域的应予记录和报告。

（梁　羽　阳艾珍）

实验四 急性毒性试验

一、目的

急性毒性试验是指动物一次或 24 小时内多次接受一定剂量的受试物，然后观察其在短时期内出现毒性反应的试验方法。

二、材料与仪器

压力蒸汽灭菌器、动物天平、水浴锅、0.9％氯化钠注射液、芝麻油等。

三、实验动物

1. 实验动物选择

选择实验动物时，要求在其接触化合物之后的毒性反应，应当与人接触该化合物的毒性反应基本一致。

动物选择以哺乳动物为主。目前实际应用中以大鼠和小鼠为主，尤以大鼠使用较多。须指出大鼠并非对外来化合物都最敏感。

归纳起来，在进行化合物急性毒性研究中，选择实验动物的原则是：尽量选择对化合物毒性反应与人近似的动物；易于饲养管理，试验操作方便；易于获得、品系纯化。

一般研究外来化合物急性毒性，须雌雄两性动物同时分别进行，每个剂量组两性动物数相等。急性毒性试验使用动物体重以小鼠 18～23 g、大鼠 180～240 g、豚鼠 200～250 g、家兔 2～2.5 kg、猫 1.5～2.0 kg 为宜。

2. 实验动物喂养环境

实验动物喂养室室温应控制在（22±3）℃，家兔可控制在（20±3）℃，相对湿度 30％～70％，无对流风。每笼动物数以不干扰动物个体活动及不影响试验观察为度，必要时单笼饲养。饲养室采用人工昼夜，12 小时光照和 12 小时黑暗，一般食用常规实验室饲料，自由饮水。

3. 实验动物染毒方法

（1）经口（胃肠道）接触：目的是研究外来化合物能否经胃肠道吸收及求出经口接触的致死剂量（LD_{50}）等。由于外来化合物可以污染饮水及食物，因此，此种染毒方式在卫生毒理学中占有重要地位。

① 灌胃：将液态受试化合物或固态、气态化合物溶于某种溶剂中，配制成一定浓度，装入注射器等定量容器，经过导管注入胃内。

在每一试验系列中，同物种实验动物灌胃体积最好一致，即以单位体重计算所给予的毫升数应一致，即以 mL/kg 或 mL/g 计。这是因为成年实验动物的胃容量与体重之间有一定的比例。按单位体重计算灌胃液的体积，受试化合物的吸收速度相对较为稳定。小鼠一次灌胃体积在 0.2～1.0 mL/只或 0.1～0.5 mL/10 g 体重较合适；大鼠一次灌胃体积不超过 5 mL/只（通常用 0.5～1.0 mL/100 g 体重）；家兔不超过 10 mL/2 kg

体重；狗不超过 50 mL/10 kg 体重。

② 吞咽胶囊：将一定剂量受试化合物装入药用胶囊内，强制放到动物的舌根后咽部迫使动物咽下。此种方式剂量准确，尤其适用于易挥发、易水解和有异味的化合物。家兔及猫、狗等大动物可用此法。

（2）经呼吸道接触：例如，CO、CO_2 等在常温、常压下为气态，或在生产过程中和生活过程中以蒸气态、气溶胶、烟、尘状态污染生产与生活环境空气，此时就有可能经呼吸道吸入。研究外来化合物在上述物理性状下能否被吸入机体且造成损害，在卫生毒理学中也占有重要位置。

实施经口接触时，实验动物在接触受试化合物前应禁食，以防止胃部充盈影响化合物的吸收和毒性。大鼠、小鼠因主要在夜间进食，应采用隔夜禁食。接触受试化合物之后应继续禁食 3～4 小时。

吸入接触分为两种方式，一是静式吸入，一是动式吸入。

① 静式吸入：将实验动物置于一个有一定体积的密闭容器内，加入定量的易挥发的液态化合物或一定体积的气态化合物，在容器内形成所需要的受试化合物浓度的空气环境。这种接触方式，虽然有许多不足之处，但由于其设备简单、操作方便、消耗受试化合物较少，还有其使用价值，尤其是适用于小动物接触易挥发液态化合物的急性毒性研究。

② 动式吸入：指实验动物处于空气流动的染毒柜中，染毒柜装置备有新鲜空气补入与含受试化合物空气排出的动力系统和随时补充受试化合物的配气系统。动式吸入接触方式一般来讲优于静式吸入接触，但其装置复杂，消耗受试化合物的量大，易于污染操作室环境。

（3）经皮肤接触：液态、粉尘态和气态外来化合物均有接触皮肤的机会。有的化合物不仅能与外露皮肤接触并被吸收，还可以穿透衣服而经皮肤吸收。

① 经皮肤吸收研究外来化合物：经皮肤吸收应当尽量选择皮肤解剖、生理与人类较近似的动物为对象，目前多选用家兔和豚鼠。但由于研究化合物经皮肤吸收的毒性（求经皮 LD_{50}）所需的实验动物较多，使用家兔、豚鼠不够经济，也常用大鼠代替。

定性试验：为考察一个外来化合物能否经皮吸收引起中毒，可先进行定性试验。小鼠或大鼠的浸尾试验是常用的定性试验方法。

定量试验：在实验动物已脱好毛的部位定量涂抹受试化合物，以求该化合物经皮吸收的剂量—反应关系，求经皮 LD_{50}。

② 局部作用试验：不少外来化合物可以引起皮肤接触部位的局部损伤。研究化合物局部毒性作用常用皮肤斑贴法或兔耳法。

（4）注射途径接触受试物：采用注射途径进行外来化合物的急性毒性试验，主要用于比较毒性研究，以及化合物的代谢、毒物动力学和急救药物筛选等研究。

四、静脉注射急性全身毒性试验

1. 实验动物

10 只白化小白鼠，雌雄不限，同一性别动物体重差异不超过平均体重的 ±20%，将小鼠随机分为试验组和对照组两组。动物福利参照 GB/T 16886.2。

2. 仪器

高压灭菌器、电子秤、浸提容器、恒温箱等。

3. 样品浸提液的制备

样品浸提方法参照 GB/T 16886.12。

4. 试验步骤

（1）将 10 只小鼠随机分成试验组和对照组。

（2）供试液和空白对照液注射：将小鼠放入固定器内，自尾静脉分别注射供试品和空白对照液，注射剂量为 50 mL/kg。注射完毕后，观察小鼠即时反应，并于 4 h、24 h、48 h 和 72 h 观察和记录试验组和对照组动物的一般状态、毒性表现和死亡动物数。

（3）试验过程中每天称重并记录。

5. 结果判断

（1）在急性全身毒性试验观察期间（72 h），若接触试验样品的动物生物学反应不大于对照组动物，则试验样品符合试验要求。

（2）若试验组动物有 2 只或 2 只以上死亡，或 2 只或 2 只以上出现抽搐或俯卧现象，或 3 只或 3 只以上体重下降超过 10%，则判断试验样品不符合试验要求。

（3）若试验组动物仅显示轻微生物学反应，而且不多于 1 只动物出现一般生物学反应症状或死亡，应采用 10 只动物为试验组重复进行试验。

（4）重复试验时，若全部 10 只接触试验样品的动物在观察阶段显示没有大于对照组动物的科学意义上的生物学反应，则试验样品符合试验要求。

（梁　羽　阳艾珍）

实验五　溶血试验

一、目的

本试验系将医疗器械与血液直接接触，通过测定红细胞释放的血红蛋白量以判定供试品的体外溶血程度。

二、原理

离体的红细胞在某些因素（化学、物理等）干预下，或通透性增加，或破裂，释放出内容物血红蛋白（Hb），溶血试验即利用红细胞的这一性质，通过分光光度计测定吸光来判定溶血程度。

三、材料与仪器

（1）仪器设备：恒温水浴锅、分光光度计、离心机。

（2）试剂：2% 草酸钾溶液、0.9% 氯化钠注射液。

四、试验材料准备

1. 供试品数量

同一批号至少 3 个单位供试品。

2. 浸提介质

0.9％氯化钠注射液。

3. 供试品制备

称取供试品 15 g，管类器具切成 0.5 cm 长的小段，其他类型器具切成 0.5 cm×2 cm 大小的条状或块状，或按 GB/T 16886.12—2017《医疗器械生物学评价　第 12 部分：样品制备与参照材料》制备供试品。

4. 新鲜稀释抗凝兔血制备

（1）由健康家兔心脏采血 20 mL，加 2％草酸钾 1 mL，制备成新鲜抗凝兔血。

（2）取新鲜抗凝兔血 8 mL，加 0.9％氯化钠注射液 10 mL 稀释。

五、试验步骤

（1）供试品管 3 支试管，每管加入供试品 5 g 及 9 g/L 氯化钠注射液 10 mL；阴性对照管 3 支试管，每管加入 0.9％氯化钠注射液 10 mL；阳性对照管 3 支试管，每管加入蒸馏水 10 mL。

（2）全部试管放入恒温水浴中 37 ℃保温 30 分钟后，每支试管加入 0.2 mL 稀释兔血，轻轻摇匀，置于 37 ℃水浴中继续保温 60 分钟。

（3）倒出管内液体离心 5 分钟（2 500 转/分）。

（4）吸取上清液移入比色皿内，用分光光度计在 545 nm 波长处测定吸光度。

六、结果计算

（1）供试品管和对照管吸光度均取 3 支管的平均值。阴性对照管的吸光度应不大于 0.03；阳性对照管的吸光度应为 0.8±0.3。

（2）溶血率按下式计算：

$$溶血率 = \frac{A-B}{C-B} \times 100\%$$

式中：A 为供试品管吸光度；B 为阴性对照管吸光度；C 为阳性对照管吸光度。

七、结果判定

溶血率小于 5％判定供试品合格。

八、注意事项

（1）各实验管和对照管的吸光度均取 3 支管的平均值。

（2）实验中玻璃器皿（注射器、试管、吸管等）要洁净、干燥，抗凝血制备时以及加稀释兔血后均应轻轻摇动，切勿用力过猛，以免溶血。

（3）抽血时避免使用太细的针尖而使红细胞损伤引起溶血，温度必须保持在 37 ℃，过低或过高均会影响结果。

（梁　羽　阳艾珍）

实验六　细菌内毒素试验（凝胶法）

一、目的

通过试验，了解和掌握细菌内毒素试验（凝胶法）的试验方法。

二、材料与仪器

1. 仪器设备

超净工作台、水浴锅、移液器和移液尖、干烤箱等。

2. 试剂

鲎试剂、细菌内毒素工作品、细菌内毒素检查用水。

三、方法

1. 溶液配制

配制试验所需溶液，详见表 15-6。

表 15-6　配制试验所需溶液

编号	内毒素浓度/配制内毒素的溶液	平行管数
A	无/供试品溶液	2
B	2λ/供试品溶液	2
C	2λ/检查用水	2
D	无/检查用水	2

注：A 为供试品溶液；B 为供试品阳性对照；C 为阳性对照；D 为阴性对照；λ 为鲎试剂灵敏度。

（1）制备 A 溶液：按样品类型选用适当的浸提方法制备浸提液，浸提条件为 37 ℃，不少于 1 小时。

（2）复溶细菌内毒素工作品。

（3）制备 B 溶液：用样品浸提液制备 2λ 浓度的样品阳性对照液。

（4）制备 C 溶液：用检查用水制备 2λ 浓度的内毒素溶液，作为阳性对照。

2. 加样反应

取 8 支灵敏度为 λ 的鲎试剂，各加 0.1 mL 的细菌内毒素检查用水复溶，然后分别加 A、B、C、D 溶液 0.1 mL，4 种溶液各做 2 个平行管，放到 37 ℃水浴或恒温培养箱中反应（60±2）分钟，观察结果。

四、结果

将各溶液保温（60±2）分钟后观察结果。将安瓿轻轻倒转 180°，若鲎试剂安瓿里的反应溶液形成凝胶体，倒转后不滑落，则判为阳性；若反应溶液未形成凝胶，或者虽然形成凝胶，但凝胶不坚实，倒转 180°后会沿管壁滑落者，判为阴性。

五、判别标准

（1）若阴性对照溶液 D 的平行管均为阴性，供试品阳性对照溶液 B 的平行管均为阳性，阳性对照溶液 C 的平行管均为阳性，试验有效。

（2）若溶液 A 的两个平行管均为阴性，判供试品符合规定；若溶液 A 的两个平行管均为阳性，判供试品不符合规定。若溶液 A 的两个平行管中的一管为阳性，另一管为阴性，须进行复试。复试时，溶液 A 须做 4 支平行管，若所有平行管均为阴性，判供试品符合规定；否则判供试品不符合规定。

六、注意事项

（1）每批鲎试剂在用于试验前首先要进行灵敏度的复核试验。

（2）安瓿开启前应先用砂石划痕（不管是色点易折安瓿还是包环易折安瓿），用手半拉半掰将颈部折断，千万不能用镊子敲击，以防止碎玻屑掉入安瓿。

（3）在鲎试剂的溶解、样品的稀释及加入时，取样均应准确，缓缓加入，避免气泡。

（4）保温过程中不可随时取出观察，防止形成的凝胶受到振动后变形而误判为阴性。

（5）冻干的鲎试剂应存放在 2～8 ℃下，避免长时间放置在高于 25 ℃的温度条件下。已复溶的鲎试剂在间歇使用过程中最好放在 2～8 ℃的冰箱里，可存放 24 小时；在 −20 ℃以下，可存放 4 个星期，鲎试剂只能冻融一次。

（6）细菌内毒素工作标准品效价误差或效价不稳定，可影响实验结果，建议选用中国食品药品检定研究所提供的细菌内毒素工作标准品，必要时或有条件者应标定细菌内毒素工作标准品的效价。细菌内毒素标准品溶解后一定要在旋涡混合器上混合 15 分钟，以后每一步稀释要至少混合 30 秒。如果不按要求进行旋涡混合会使所稀释的内毒素效价偏低，造成灵敏度标示偏高、阳性对照不凝等不正确的实验结果。

（7）BET 水（单分子层水）是一种特殊的灭菌注射用水，它不仅要求细菌内毒素含量小于 0.015 EU/mL（凝胶法），而且要求有严格的 pH 值（6.0～8.0）范围。

（8）干扰试验的目的是确定供试品在多大的稀释倍数或浓度下对内毒素试剂的反应不存在干扰作用，为能否使用细菌内毒素检查法提供依据。建议在做正式干扰试验前先做干扰试验预试验，目的是初步确定供试品的最大不干扰浓度或最小不干扰稀释倍数，为正式干扰试验提供依据。这样做大大减小了实验的盲目性，即可以节省时间又可以节省大量的鲎试剂。

（9）在进行常规细菌内毒素检查时，规定了阳性对照、阴性对照及供试品阳性对照。阳性对照的目的是证明在实验条件下所用鲎试剂灵敏度符合规定，阴性对照的目的是证明所用的 BET 水中不存在可被检测到的内毒素，供试品阳性对照的目的是证明在试验条件下被检测的供试品不存在抑制因素。当进行常规细菌内毒素检查时，以上各种对照应同时进行，在认可试验有效的条件下才能进行结果判断。

（10）实验室要求洁净、无尘埃、空气流通。若是空调室，应备有一台超净工作台。

（梁　羽　阳艾珍）

实验七　热原试验

一、目的

将一定量的供试品从静脉注入家兔体内，在规定时间内，观察家兔体温升高的情况，以判定供试品中所含热原的限度是否符合规定。

二、材料与仪器

1. 试剂与材料

医用生理盐水、75％乙醇、凡士林、注射器、干棉球、大试管及瓶塞、家兔固定架、时钟等。

2. 仪器设备

动物秤、超净工作台、电热干燥箱、水浴锅、体温计（测量家兔体温应使用精密度为±0.1℃的测温装置）。

三、方法

1. 动物准备

（1）供试用家兔：供试用的家兔应健康合格，体重 1.7 kg 以上（用于生物制品检查用的家兔体重为 1.7～3.0 kg），雌兔应无孕。预测体温前 7 日即应用同一饲料饲养，在此期间，体重应不减轻，精神、食欲、排泄等不得有异常现象。未曾用于热原检查的家兔，或供试品判定为符合规定，但组内升温达 0.6℃ 的家兔，或 3 周内未使用的家兔，均应在检查供试品前 3～7 日内预测体温，进行挑选。挑选试验的条件与检查供试品时相同，仅不注射药液，每隔 30 分钟测量体温 1 次，共测 8 次，8 次体温均在 38.0～39.6℃ 的范围内，且最高与最低相差不超过 0.4℃ 的家兔，方可供热原检查用。用于热原检查后的家兔，如果供试品判定为符合规定，应休息至少 48 小时方可再供热原检查用。如果供试品判定为不符合规定，则组内全部家兔不再使用。每只家兔的使用次数，一般不应超过 10 次。

（2）饲养环境：在做热原检查前 1～2 日，供试用家兔应尽可能处于同一温度的环境中，实验室和饲养室的温度相差不得大于 3℃，实验室的温度在 17～25℃。在试验全部过程中，应注意室温的温度变化不得大于 3℃，防止动物骚动并避免噪声干扰。

（3）体温测定：家兔在试验前至少 1 小时开始停止给食并置于宽松适宜的装置中，直到试验完毕。测温探头或肛温计插入肛门的深度和时间各兔应相同，深度一般约 6 cm，时间不少于 90 秒。每隔 30 分钟测量体温 1 次，一般测量 2 次，两次体温之差不得超过 0.2 ℃。以此两次体温的平均值作为该兔的正常体温。当日使用的家兔，正常体温应在 38.0～39.6 ℃ 的范围内，且各兔间的正常体温之差不得超过 1 ℃。

2. 热原去除

试验用的注射器、针头及一切与供试品溶液接触的器皿，应置于烘箱中在 250 ℃ 至少保持 30 分钟，也可用其他方法除去热原。

3. 供试液制备

样品制备参照 GB/T 16886.12。萃取液应在 2 小时内使用完毕。

4. 操作方法

取适用的家兔 3 只，测定其正常体温后 15 分钟以内，自耳静脉缓缓注入规定剂量并温热至约 38 ℃ 的供试品溶液，注射剂量为 10 mL/kg，然后每隔 30 分钟按前法测量其体温 1 次，共测 6 次，以 6 次体温中最高的 1 次减去正常体温，即为该兔体温的升高温度（℃）。如果 3 只家兔中有 1 只体温升高 0.6 ℃ 或 0.6 ℃ 以上，或 3 只家兔体温升高均低于 0.6 ℃，但体温升高的总和达 1.3 ℃ 或 1.3 ℃ 以上，应另取 5 只家兔复试，检查方法同上。

四、结果判断

（1）在初试的 3 只家兔中，体温升高均低于 0.6 ℃，并且 3 只家兔体温升高总和低于 1.3 ℃；或在复试的 5 只家兔中，体温升高 0.6 ℃ 或 0.6 ℃ 以上的家兔不超过 1 只，并且初试、复试合并 8 只家兔的体温升高总和为 3.5 ℃ 或 3.5 ℃ 以下，均判为供试品的热原检查符合规定。

（2）在初试的 3 只家兔中，体温升高 0.6 ℃ 或 0.6 ℃ 以上的家兔超过 1 只；或在复试的 5 只家兔中，体温升高 0.6 ℃ 或 0.6 ℃ 以上的家兔超过 1 只；或初试、复试合并 8 只家兔的体温升高总和超过 3.5 ℃，均判为供试品的热原检查不符合规定。当家兔升温为负值时，均以 0 ℃ 计。

（3）记录试验数据（见表 15-7）。

五、注意事项

（1）试验室内保持安静，避免强烈直射阳光、灯光等刺激。
（2）试验过程中避免家兔骚动不安，保持体温稳定。
（3）实验室、饲养室温度及其变化应符合要求。
（4）试验过程中每只家兔使用的肛门体温计不得随意更换。

表 15-7　热原试验用表格

编号	体重 (kg)	试验前			试验后						体温上升 (℃)
		1	2	$\bar{x}$	1	2	3	4	5	6	
1											
2											
3											

（梁　羽　阳艾珍）

实验八　环氧乙烷残留量测定（比色分析法）

一、原理

环氧乙烷（EO）在酸性条件下可被水解成乙二醇，乙二醇经高碘酸氧化生成甲醛，甲醛与品红-亚硫酸试液反应产生紫红色化合物，通过比色分析可求得环氧乙烷含量。

二、材料

（1）0.1 mol/L 盐酸：取 9 mL 盐酸稀释至 1 000 mL。

（2）高碘酸溶液（5 g/L）：称取高碘酸 0.5 g，溶于水，稀释至 100 mL。

（3）硫代硫酸钠溶液（10 g/L）：称取硫代硫酸钠 1.0 g，溶于水，稀释至 100 mL。

（4）亚硫酸钠溶液（100 g/L）：称取无水亚硫酸钠 10.0 g，溶于水，稀释至 100 mL。

（5）品红-亚硫酸试液：称取 0.1 g 碱性品红，加入 120 mL 热水溶解，冷却后加入 10％亚硫酸钠溶液 20 mL、盐酸 2 mL，置于暗处。试液应无色，若发现有微红色，应重新配制。

（6）乙二醇标准贮备液：取一只外部干燥、清洁的 50 mL 容量瓶，加水约 30 mL，精确称重。精确量取 0.5 mL 乙二醇，迅速加入瓶中，摇匀，精确称重。两次称重之差即为溶液中所含乙二醇的重量，加水至刻度，混匀，按下式计算其浓度：

$$c = \frac{m}{50} \times 1\,000$$

式中：c 为乙二醇标准贮备液浓度（g/L）；m 为溶液中乙二醇的质量（g）。

（7）乙二醇标准溶液（浓度 $c_1 = c \times 10^{-3}$）：精确量取标准贮备液 1.0 mL，用水稀释至 1 000 mL。

三、方法

1. 总则

有两种基本的样品浸提方法用于确定采用 EO 灭菌的医疗器械的 EO 残留量：模拟

使用浸提法和极限浸提法。

模拟使用浸提法是指采用使浸提尽量模拟产品使用的方法。这一模拟过程使测量的 EO 残留量相当于病人使用该器械的实际 EO 摄入量。极限浸提法是指再次浸提测得的 EO 的量小于首次浸提测得值的 10%，或浸提测得的积累残留量无明显增加。

宜在取样后制备浸提液，否则应将供试样品封于由聚四氟乙烯密封的金属容器中保存。

引用本部分方法时，若未规定浸提方法，则均按极限浸提方法进行。

2. 模拟使用浸提法

采用模拟使用浸提法时，应在产品标准中根据产品的具体使用情况，规定在最严格的预期使用条件下的浸提方法和采集方法，并尽量采用以下条件：

（1）浸提介质：用水作为浸提介质。

（2）浸提温度：整个或部分与人体接触的器械在 37 ℃（人体温度）浸提，不直接与人体接触的器械在 25 ℃（室温）浸提。

（3）浸提时间：应考虑在推荐或预期使用最为严格的时间条件下进行，但不短于 1 小时。

（4）浸提表面：器械与药液或血液接触的表面。

3. 极限浸提法

（1）取样品上有代表性的部分，截为 5 mm 长碎片，称取 2.0 g 置于容器中，加 0.1 mol/L 盐酸 10 mL，室温下放置 1 小时，作为供试液。

（2）对于容器类样品，可加 0.1 mol/L 盐酸至公称容量，在（37±1）℃下恒温 1 小时，作为供试液。

4. 步骤

（1）取 5 支纳氏比色管，分别精确加入 0.1 mol/L 盐酸 2 mL，再分别精确加入 0.5 mL、1.0 mL、1.5 mL、2.0 mL、2.5 mL 乙二醇标准溶液。另取一支纳氏比色管，精确加入 0.1 mol/L 盐酸 2 mL 作为空白对照。

（2）于上述各管中分别加入高碘酸溶液（5 g/L）0.4 mL，摇匀，放置 1 小时。然后分别滴加硫代硫酸钠溶液（10 g/L）至出现的黄色恰好消失。再分别加入品红-亚硫酸试液 0.2 mL，用蒸馏水稀释至 10 mL，摇匀，35～37 ℃条件下放置 1 小时，于 560 nm 波长处以空白液作为参比，测定吸光度。绘制吸光度—体积标准曲线。

（3）精确量取供试液 2.0 mL 置于纳氏比色管中，按步骤（2）操作，以测得的吸光度从标准曲线上查得试液相应的体积。

四、结果

（1）环氧乙烷残留量用绝对含量或相对含量表示，按下式计算样品中环氧乙烷绝对含量：

$$W_{EO} = 1.775 V c_1 m$$

式中：W_{EO} 为单位产品中环氧乙烷绝对含量（mg）；V 为标准曲线上找出的供试液相应的体积（mL）；c_1 为乙二醇标准溶液浓度（g/L）；m 为单位产品的质量（g）。

（2）按下式计算样品中环氧乙烷相对含量：

$$C_{EO} = 1.775Vc_1 \times 10^3$$

式中：C_{EO} 为单位产品中环氧乙烷相对含量（$\mu g/g$）；V 为标准曲线上找出的供试液相应的体积（mL）；c_1 为乙二醇标准溶液浓度（g/L）。

（3）对于容器类样品，按下式计算容器中环氧乙烷绝对含量：

$$W_{EO} = 0.335Vc_1V_1$$

式中：W_{EO} 为单位产品中环氧乙烷绝对含量（mg）；V 为标准曲线上找出的供试液相应的体积（mL）；c_1 为乙二醇标准溶液浓度（g/L）；V_1 为单位样品的公称容量（mL）。

（4）对于容器类样品，按下式计算单位体积中环氧乙烷含量：

$$C_{EO} = 0.335Vc_1 \times 10^3$$

式中：C_{EO} 为样品中单位体积中环氧乙烷含量（mg/L）；V 为标准曲线上找出的供试液相应的体积（mL）；c_1 为乙二醇标准溶液浓度（g/L）。

（沈　明）

实验九　环氧乙烷残留量测定（气相色谱法）

一、目的

以极限浸提法为例，了解和掌握环氧乙烷灭菌残留量实验操作工序以及实验原理。

二、材料与仪器

（1）气相色谱仪：配有氢焰检测器（FID）。

（2）微量注射器：容量为 5 μL 或 10 μL。

（3）通风橱：制备标准液或样品时，提供良好的通风。

（4）分析天平：精确到 0.1 mg。

（5）机械振动器。

（6）冰箱：能使样品温度保持在 2～8 ℃。

（7）环氧乙烷（色谱纯）。

三、方法

1. 环氧乙烷标准液的制备

环氧乙烷（≥99%）在低于 −10 ℃ 条件下保存。在低温条件下吸取液态环氧乙烷约 0.6 mL 于已称量的加有约 40 mL 水的 50 mL 容量瓶中，密塞称量，再加水至刻度，配成约 10 mg/mL 的环氧乙烷标准溶液，低温下保存，临用时再用水稀释。

2. 色谱分析

（1）色谱条件：氢火焰检测器。

（2）色谱柱：OV-1，柱长 30 m，内径 0.32 mm，膜厚 1.0 μm。柱温 60 ℃，保持 5 分钟，以 10 ℃/min 的升温速度升至 150 ℃，再以 20 ℃/min 的升温速度升至 230 ℃，不保持。汽化室温度 180 ℃，检测室温度 200 ℃，检测器范围为 1，衰减系数为 −4。载气（氮气）流量为 2.0 mL/min，分流流量为 30 mL/min。

（3）绘制标准曲线：用贮备液配制 10～120 μg/mL 6 个系列浓度的标准溶液，用进样器依次从气液平衡后的标准样迅速取上部气体，注入进样室，记录环氧乙烷的峰面积，绘制标准曲线（X：EO 浓度，μg/mL；Y：峰面积）。

3. 样品处理（溶剂极限浸提）

称取样品 2.0 g（精确到 0.1 mg），放入萃取容器中，加入 5.0 mL 水（如果被检样品为吸水树脂材料产品，可适当增加水，以确保至少可吸出 2.0 mL 样液），充分摇匀，放置（37 ℃或 25 ℃）4.0 小时或振摇 1.0 小时待用。

4. 样品分析

用进样器从平衡后的试样萃取容器中迅速取上部气体，注入进样室，记录环氧乙烷的峰面积。根据标准曲线计算出样品相应的浓度。

四、结果

环氧乙烷的浓度按下式计算：

$$C = \frac{v \times c \times G}{g}$$

式中：C 为样品中环氧乙烷的浓度，μg/g；c 为处理的样品中测得的环氧乙烷的浓度，μg/mL；v 为处理液体积，mL；g 为用于处理的样品的重量，g；G 为样品的重量，g。

五、判断标准

1. 持久接触器械

EO 对病人的平均日剂量不应超过 0.1 mg。此外，最大剂量：前 24 小时不应超过 4 mg；前 30 天不应超过 60 mg；一生不应超过 2.5 g。

2. 长期接触器械

EO 对病人的平均日剂量不应超过 2 mg。此外，最大剂量：前 24 小时不应超过 4 mg；前 30 天不应超过 60 mg。

3. 短期接触器械

EO 对病人的平均日剂量不应超过 4 mg。

六、注意事项

（1）如果所测样品结果不在标准曲线范围内，应改变标准溶液的浓度重新作标准曲线。

（2）环氧乙烷是易挥发的物质，配制标准品应在低温下，建议在冰水浴中进行。

（沈　明）

实验十　橡胶及弹性体材料中 N-亚硝基胺的测定

一、目的

了解和掌握橡胶及弹性材料中亚硝基胺的测定方法以及实验操作工序和实验原理。

二、原理

试样用甲醇超声波提取，提取液浓缩后过 C_{18} 固相萃取小柱净化，样液进气相色谱质谱联用仪进行测定，采用全扫描检测进行定性，选择离子进行外标法定量。

三、材料与仪器

（1）气相色谱质谱联用仪。

（2）超声波发生器：工作频率 40 Hz。

（3）旋转蒸发仪：配有真空表（可显示真空度至 10 kPa）。

（4）固相萃取装置：配有真空泵。

（5）旋涡混匀器。

（6）C_{18} 固相萃取小柱：500 mg/3 mL。

（7）甲醇（色谱纯）。

（8）标准贮备液：分别准确称量适量的每种 N-亚硝基胺标准品，用甲醇分别配制成浓度为 200 mg/mL 的标准储备液，装于棕色试剂瓶中，在低于 5 ℃ 的冰箱中保存，有效期为 3 个月。

（9）标准工作溶液：根据需要取适量体积的标准贮备液进行混合，再用甲醇稀释成适用浓度的标准工作溶液，装于棕色试剂瓶中，现配现用。

四、方法

1. 分析步骤

（1）试样制备及提取：取有代表性的试样，用适当工具碎至边长为 3 mm 以下的颗粒，混匀。从以上混匀后的试样中称取 5.0 g（精确至 0.01 g）试料，置于锥形瓶中，加入 30 mL 甲醇，于超声波发生器中超声提取 30 分钟；将提取液移入浓缩瓶中，再往锥形瓶中加入 20 mL 甲醇，重复提取一次，合并提取液。将浓缩瓶置于旋转蒸发仪上，控制真空度在 16.3～21.3 kPa，于 35 ℃ 水浴中缓慢浓缩至稍少于 4.5 mL。取下浓缩瓶，于旋涡混匀器上充分旋转振荡 1 分钟（以便于瓶壁上所黏附物质溶入提取液），然后将浓缩瓶中样液移入 5 mL 棕色容量瓶中。另取 0.5 mL 甲醇淋洗浓缩瓶壁，于旋涡混匀器上充分旋转振荡 1 分钟后，移入容量瓶合并，用甲醇定容至 5 mL，摇匀。

（2）净化：将 C_{18} 固相萃取小柱置于固相萃取装置上，用 5 mL 甲醇预淋洗 C_{18} 小柱，弃去流出液。准确吸取 2.0 mL 样液注入小柱，收集流出液于离心管中；待样液液面下降至小柱填料的上层面时，再加入 2 mL 甲醇进行洗脱，收集合并全部流出液于离心管中。然后用缓慢的氮气流吹至 2 mL 样液，摇匀后装入棕色进样小瓶，密封冷藏保存待测。

2. 气相色谱/质谱测定条件

(1) 毛细管色谱柱：HP-5 毛细管柱（30 m×0.25 mm×0.25 μm）。

(2) 柱温 45 ℃（保持 4 分钟），以 8 ℃/min 的速率上升至 85 ℃（保持 4 分钟），以 15 ℃/min 的速率上升至 300 ℃（保持 6 分钟）。

(3) 进样口温度：260 ℃；质谱接口温度：280 ℃；载气：氦气（纯度≥99.99%），流量：1.0 mL/min；电离方式：电子轰击电离（EI）；电离能量：70 eV；进样量：1.0 μL。

3. 气相色谱/质谱分析定性及定量

分别取 1.0 μL 标准工作溶液与 1.0 μL 样液注入色谱仪进行测定。如果样液与标准工作溶液的总离子流图中在相同保留时间有色谱峰出现，通过比较样品与标准品的特征离子进行定性，用选择离子监测方式进行外标法定量。

根据样液中被测物的含量情况，选定浓度相近的标准工作溶液，对标准工作溶液与样液等体积参插进样测定，标准工作溶液和样液中每种亚硝基胺的响应值均应在仪器检测的线性范围内。

五、结果

(1) 样品中每种 N-亚硝基胺的含量按以下公式计算：

$$X_i = \frac{A_i \times C_i \times V}{A_{is} \times m}$$

式中：X_i 为试样中 N-亚硝基胺 i 的含量，mg/kg；A_i 为试样中 N-亚硝基胺 i 的峰面积；A_{is} 为标准工作液中 N-亚硝基胺 i 的峰面积；C_i 为标准工作液中 N-亚硝基胺 i 的浓度，μg/mL；V 为试样液的定容体积，mL；m 为试样液代表的试样质量，g。

(2) N-亚硝基胺的分类及其标准品的 GC/MS 选择定量离子详见表 15-8。

表 15-8　12 种 N-亚硝基胺名称及其标准品的 GC/MS 选择定量离子

序号	N-亚硝基胺名称	编号（CAS No.）	化学分子式	定量离子质荷比（m/z）
1	N-亚硝基二甲基胺	62-75-9	$C_2H_6N_2O$	74
2	N-亚硝基甲基乙基胺	10595-95-6	$C_3H_8N_2O$	88
3	N-亚硝基二乙基胺	55-18-5	$C_4H_{10}N_2O$	102
4	N-亚硝基吡咯烷	930-55-2	$C_4H_8N_2O$	100
5	N-亚硝基-N-甲基苯胺	614-00-6	$C_7H_8N_2O$	106
6	N-亚硝基吗啉	59-89-2	$C_4H_8N_2O_2$	56
7	N-亚硝基二丙基胺	621-64-7	$C_6H_{14}N_2O$	70
8	N-亚硝基吡哌	100-75-4	$C_5H_{10}N_2O$	114

续表

序号	N-亚硝基胺名称	编号（CAS No.）	化学分子式	定量离子质荷比（m/z）
9	N-亚硝基-N-乙基苯胺	612-64-6	$C_8H_{10}N_2O$	106
10	N-亚硝基二丁基胺	924-16-32	$C_8H_{18}N_2O$	84
11	N-亚硝基二苯基胺	86-30-6	$C_{12}H_{10}N_2O$	169
12	N-亚硝基二苄胺	5336-53-8	$C_{14}H_{14}N_2O$	91

六、注意事项

如果所测样品结果不在标准曲线范围内，应改变标准溶液的浓度重新作标准曲线。

（沈　明）

实验十一　聚氯乙烯医疗器械中邻苯二甲酸二（2-乙基己基）酯（DEHP）溶出量测定

一、目的

了解和掌握 PVC 材料的医疗器械增塑剂 DEHP 溶出量的分析方法以及实验操作工序和实验原理。

二、原理

采用气相色谱/质谱法（GC/MS）总离子流色谱图（TIC）扫描方式，根据 DEHP 标准溶液中 DEHP 的保留时间、特征离子以及特征离子丰度比对样品液中的 DEHP 进行定性；配制 DEHP 工作标准溶液，采用气相色谱/质谱法（GC/MS）选择性离子监控（SIM）扫描方式，得到标准溶液的工作曲线和回归方程，同法对样品液进行测定，利用回归方程对样品液中 DEHP 进行定量。

三、材料与仪器

（1）气相色谱质谱仪（GC/MS）。

（2）真空干燥箱。

（3）乙醇（分析纯）

（4）正乙烷（色谱纯）。

（5）邻苯二甲酸二（2-乙基己基）酯（DEHP）标准品：纯度不低于 99.0%，CAS 号 117-81-7。

四、方法（GC/MS 测定法）

1. 工作标准溶液

（1）取 DEHP 标准品约 20 mg，精确称定（精确到 0.01 mg），用正己烷稀释至 10 mL，得到浓度约为 2 000 μg/mL 的标准溶液，于 2～10 ℃ 冰箱中贮存，有效期 1 个月。

（2）取上述标准贮备液，以正己烷为溶剂，采用逐级稀释法，配制至少 5 个浓度在 0.5～200 μg/mL 范围的工作标准溶液，于 2～10 ℃ 冰箱中贮存，有效期 1 个月。

2. 样品处理

（1）以乙醇/水混合液作为浸提溶剂的浸提液：对于接触血液的医疗器械（如输血器、透析器等），用密度为 0.937 3～0.937 8 g/mL 的乙醇水溶液为浸提液在 50 ℃ 下真空干燥。干燥完全后，冷却至室温，加入等体积的正己烷，涡旋溶解约 1.0 分钟，得到样品液。

（2）以氯化钠注射液或葡萄糖注射液稀释输注药物作为浸提溶剂的浸提液：对于输液器，延长管用于输注以它们作为载体配制的器械用氯化钠注射液或葡萄糖注射液。将样品浸提液在 50 ℃ 下真空干燥，干燥完全后，冷却至室温，然后加入等体积的正己烷，涡旋溶解约 1.0 分钟，静置，取上清液作为样品液。

3. 气相色谱/质谱条件

（1）色谱柱：HP-5MS 毛细管柱（30 m×0.25 mm×0.25 μm）。

（2）柱温 150 ℃ 保持 0.5 分钟，然后以 20 ℃/min 的速度升温至 280 ℃，保持 7 分钟。

（3）进样口温度 280 ℃；EI 离子源温度 250 ℃；四级杆温度 200 ℃；辅助加热温度 280 ℃；电子能量 70 eV；进样体积 1 μL；分流比 5∶1。

（4）载气：氦气，纯度≥99.99%，流量 1.0 mL/min。

（5）测定方式：全扫描总离子图（TIC）定性，选择离子检测（SIM）定量。

五、结果

1. 定性分析

通过测定 DEHP 标准溶液，可以确定 DEHP 色谱峰在当前气质条件下的保留时间和 DEHP 特征离子（m/z=70、83、104、112、149、167、279）以及特征离子的丰度比。样品检出的色谱峰与标准溶液色谱峰的保留时间一致，且特征离子峰的丰度与标准溶液中特征离子的丰度一致，相对丰度＞50%，允许±10%偏差；相对丰度在 20%～50%，允许有±15%的偏差；相对丰度＜20%偏差，则可判断样品中有 DEHP 存在。

2. 定量分析

采用外标法，选择 DEHP 的定量离子 m/z=149，在气相色谱/质谱仪的 SIM 扫描模式下，分别对标准溶液和处理后的样品液进行分析，建立工作标准曲线及回归方程，并计算浸提液中 DEHP 的含量。

（沈　明）

实验十二 天然橡胶及其制品中水溶性蛋白质的测定（改进 Lowry 法分光光度法）

一、目的

天然橡胶及其制品目前在我国和全世界被广泛使用，以乳胶手套最为典型，其原材料为天然橡胶乳液（Natural Rubber Latex，NRL）。乳胶过敏是机体对乳胶的速发型变态反应，已日益得到人们的重视。研究发现，乳胶中的蛋白质是引发乳胶过敏的主要原因，且 NRL 中可溶性蛋白质的总残留量与过敏反应出现的频率及严重性呈正相关关系。本实验的目的是了解和掌握改进 Lowry 法的操作工序及其实验原理。

二、原理

水溶性蛋白质被浸提到一种缓冲溶液中，然后加入脱氧胆酸钠，用酸使其沉淀、浓缩并将其从水溶性物质中分离。将沉淀出的蛋白质重新溶解于碱中，并用改良 Lowry 法比色定量。分析的原理是基于蛋白质与铜试剂和福林酚试剂在碱性介质中发生反应，产生一种特征性的蓝色物质，在 $600 \sim 750$ nm 波长之间的某一确定波长用分光光度法对其含量进行测定。

三、仪器设备

（1）离心机：离心力至少达到 6 000 g。

（2）分光光度计。

（3）旋涡混合器。

（4）微量移液器、容量瓶。

（5）聚丙烯试管：对蛋白质吸附小的聚丙烯管。

（6）石英比色池：1 cm。

（7）0.45 μm 微孔滤膜。

四、试剂与材料

1. 总则

实验中所用的水均为蒸馏水或去离子水，其他化学试剂应为分析纯。

2. 浸提介质

提取缓冲液采用磷酸盐缓冲液（PBS）（25 mmol/L，pH＝7.4±0.2），配制方法：称取磷酸二氢钾（KH_2PO_4）0.816 g、磷酸氢二钠（$Na_2HPO_4 \cdot 12H_2O$）6.802 g，加水溶解并定容至 1 000 mL。

3. Lowry 蛋白质分析试剂

（1）碱性酒石酸溶液（A 液）：将 2.22 g 的碳酸钠，0.44 g 的氢氧化钠和 0.18 g 的酒石酸钠溶于水，再加入足够的水至 100 mL。

（2）硫酸铜溶液（B 液）：将 7.0 g 的硫酸铜五水化合物溶于水，再加水至 100 mL。

（3）碱性的酒石酸铜溶液（C 液）：将 0.3 mL 的 B 液和 45.0 mL 的 A 液相混合。

（4）50% 福林试剂（D 液）：1 份福林试剂加 1 份水，福林试剂可以在市场上购买。

（5）NaOH 溶液（0.2 mol/L）：称取 0.8 g 氢氧化钠，溶解并定容至 100 mL。

（6）标准蛋白质溶液：在聚丙烯容器中溶解 100 mg 卵清蛋白于 100 mL 提取缓冲液中，25 ℃ 下放置 2 h，获得浓度为 1 mg/mL 的标准蛋白质溶液。用 0.45 μm 孔径的滤膜过滤，在 280 nm 下测定吸光度。将吸光度除以 0.64 即得到卵白蛋白储备溶液的浓度（mg/mL）。

标准蛋白质溶液在 4 ℃ 冷藏条件下可稳定 7 天，在 −18 ℃ 的冷冻条件下可稳定 12 个月。融化时需要将溶液在 37～45 ℃ 下加热 15 分钟。

在 10～100 μg/mL 范围之间，至少要准备四种浓度的卵白蛋白溶液，可以用提取缓冲液稀释蛋白质储备溶液得到，例如，浓度为 0，10，35，60，100 μg/mL。用无蛋白质的提取缓冲液作为稀释液和空白溶液。

（7）脱氧胆酸钠（DOC）溶液（15%，浓度）：将 0.15 g 的脱氧胆酸钠溶于水，然后稀释到 100 mL。

（8）三氯乙酸（TCA）溶液（72%，浓度）：将 72 g 的三氯乙酸溶于水，然后稀释到 100mL。

（9）磷钨酸（PTA）溶液（72%，浓度）：将 72 g 的磷钨酸溶于水，然后稀释到 100 mL。

4. 材料准备

（1）取三个不同部位的测试样品，称重（W），单位为 g。

（2）按公式"长（mm）× 宽（mm）× 4/10 000"计算其表面积（S），单位为 dm^2。

五、测试步骤

1. 提取

（1）将测试标本平放入装有提取液体的聚丙烯容器中进行提取，保证所有的测试标本的表面都接触到提取液。建议每 1 g 手套材料至少使用 5 mL 提取缓冲液，但是不要超过 10 mL。提取容器应该单独测试，保证对蛋白质分析没有干扰。将测试标本在 25±5 ℃ 下提取 120±5 分钟，至少要在开始时、提取中间和结束时都要充分振摇一下。

（2）从提取溶液中取出测试标本。将提取液转移进聚丙烯离心管中，在不小于 500×g 速度下离心 15 分钟，去除颗粒杂质。也可以在室温下，用对蛋白质结合力小的 0.45 μm 或更小孔径的过滤器过滤提取液体。收集上清液，在 2～8 ℃ 下储存，要在 24 h 以内测定。

2. 酸沉淀

（1）精确转移 1.0 mL 的测试标本提取液到容量为 10.0 mL 的聚丙烯试管中。加入 0.1 mL 脱氧胆酸钠（DOC）溶液，混匀，放置 10 分钟，然后加入新配制的 TCA 和 PTA（1∶1）溶液 0.2 mL 以沉淀蛋白质。混匀，再放置 30 分钟，然后离心。

（2）酸沉淀物在 6 000×g 速度下离心 15 分钟。弃去上清液。

3. 再溶解

在每个试管中加入 0.25 mL 0.2 mol/L 的 NaOH 溶液，包括空白试剂试管，以便重新溶解沉淀的蛋白质，放入超声水浴 5 min，摇动，保证蛋白质完全重新溶解。如果还有蛋白质未溶解，则再加入一定量的 NaOH 溶液，最大限量为 1 mL。重新溶解后的蛋白质溶液应该存放在 3±1 ℃下，存放时间不得超过 24 h。如果要存放超过 24 h 时，推荐存放沉淀的蛋白质，而不是重新溶解的蛋白质溶液。

4. 显色

（1）取 2.5 mL 的 C 液，加入重新溶解的标本提取液中，混合后在室温下放置 15 分钟。

（2）加入 0.3 mL D 液，立即充分混合，在室温下放置 30 分钟。在波长 750 nm 处测吸光度。同法测定空白液吸光度。

5. 计算

（1）在测定样品的同时，绘制标准校准曲线。将标准蛋白质溶液的吸光度减去空白液吸光度，用其差值和蛋白质浓度作图，制得校准曲线。校准曲线在蛋白质浓度在 0～200 μg/mL 之间的吸光度是曲线形的。要配二次多项式曲线，强迫曲线通过原始数据点：

$$A_{std} = a_1 \times C + a_2 \times C^2$$

式中：A_{std} 为标准蛋白质溶液的吸光度读数；a_1 为在低标准蛋白质浓度时的斜率系数；a_2 为定义标准曲线的曲率系数；C 为标准蛋白质溶液的浓度，μg/mL，可以从校准曲线上直接读得。

（2）当被测蛋白质溶液的吸光度在标准蛋白质溶液的校准曲线的线性区域内，蛋白质的浓度可以直接从曲线上读出或使用下面的数学关系式计算得到：

$$C（\mu g/mL）= C_{low} + （（C_{high} - C_{low}）\times （A - A_{low}）/（A_{high} - A_{low}））$$

式中：A 为测试标本的吸光度；A_{low} 为低浓度标准蛋白质溶液的吸光度；A_{high} 为高浓度标准蛋白质溶液的吸光度；C 为测试标本的蛋白质溶液的浓度，μg/mL；C_{low} 为低浓度标准蛋白质溶液的浓度，μg/mL；C_{high} 为高浓度标准蛋白质溶液的浓度，μg/mL。

（3）蛋白质总量（μg）= 蛋白质浓度 C（μg/mL）×抽提液体积 V（mL）×稀释倍数 F（稀释因子）。将蛋白质总量除以测试标本的表面积（S），得到以 μg/dm^2 为单位的结果；或用重量代替表面积去除，得到以 μg/g 为单位的结果。

$$蛋白质浓度（\mu g/dm^2）=（C \times V \times F）/S$$

式中：C 为提取的蛋白质浓度，μg/mL；V 为抽提液体积，mL；F 为稀释因子；S 为天然橡胶测试标本的表面积，dm^2。

只有当被测蛋白质提取液的吸光度在校准曲线的区域内时，才可以使用非线性回归曲线配合的二次多项式来计算蛋白质溶液的浓度。

对于天然橡胶手套标本，其面积可以根据手套的尺寸计算。一只手套的四个面（手掌的内、外表面和手背的内、外表面），其总面积＝ASTM标准中的手套的尺寸中最小长度 L（mm）×名义宽度 W（mm）×4/10 000，单位为平方分米（dm^2）。

六、结果

工作实验室要对所有观察、计算、导出数据和试验报告保留一定的时间。报告要包括能使试验满意地重现的所有信息。报告格式见表15-9。

表15-9　报告格式

测试标本的提取液	蛋白质沉淀物（C）/（μg/mL）	测试标本重量（W）/g	提取液的体积（V）/mL	稀释因子（F）	测试标本的表面积（S）/dm²	水溶性可提取蛋白质[$E＝（C×V×F）/S$]/（μg/dm²）
1						
2						
3						
平均值	—		—	—	—	

（沈　明）

参考文献

[1] 国家药典委员会. 中华人民共和国药典　四部［M］. 北京：中国医药科技出版社，2015.

[2] 国家食品药品监督管理总局. GB/T 16886.4—2003 医疗器械生物学评价　第4部分：与血液相互作用试验选择［S］. 北京：中国标准出版社，2003.

[3] 国家食品药品监督管理总局. GB/T 16886.5—2017 医疗器械生物学评价　第5部分：体外细胞毒性试验［S］. 北京：中国标准出版社，2017.

[4] 国家食品药品监督管理总局. GB/T 16886.10—2017 医疗器械生物学评价　第10部分：刺激与皮肤致敏试验［S］. 北京：中国标准出版社，2017.

[5] 国家食品药品监督管理总局. GB/T 16886.11—2011 医疗器械生物学评价　第11部分：全身毒性试验［S］. 北京：中国标准出版社，2011.

[6] 中国石油和化学工业协会. GB/T 24153—2009 橡胶及弹性体材料 N－亚硝基胺的测定［S］. 北京：中国标准出版社，2009.

[7] 国家食品药品监督管理局. GB/T 14233.1—2008 医用输液、输血、注射器具检验方法　第1部分：化学分析方法［S］. 北京：中国标准出版社，2008.

[8] 国家食品药品监督管理总局. YY/T 0927—2014 聚氯乙烯医疗器械中邻苯二甲酸二（2-乙基己基）酯（DEHP）溶出量测定指南［S］. 北京：中国标准出版社，2014.

［9］国家食品药品监督管理局．GB/T 14233.2—2005 医用输液、输血、注射器具检验方法 第 2 部分：生物试验方法［S］．北京：中国标准出版社，2005.

［10］国家食品药品监督管理总局．GB/T 16886.12—2017 医疗器械生物学评价 第 12 部分：样品制备与参照材料［S］．北京：中国标准出版社，2017.

［11］国家药典委员会．中华人民共和国药典 二部［M］．北京：中国医药科技出版社，2015.

附录一

各国国家相关标准代号

1. ANSI（前 ASA、USASI）：美国国家标准

2. AS：澳大利亚标准

3. BDSI：孟加拉国国家标准

4. BS：英国标准

5. CAS、CA：罗得西亚、中非标准

6. COSQC：伊拉克标准

7. C. S.：斯里兰卡标准

8. CSA：加拿大标准

9. CSK：朝鲜民主主义人民共和国标准

10. CSN：原捷克斯洛伐克标准

11. DGN：墨西哥官方标准

12. DGNT：玻利维亚标准

13. DIN：德国标准

14. DS：丹麦标准

15. ELOT：希腊标准

16. E. S.：埃及标准

17. ESI：埃塞俄比亚标准

18. GS：加纳标准

19. ICONTEC：哥伦比亚标准

20. INAPI：阿尔及利亚标准

21. INEN：厄瓜多尔标准

22. IOS：伊拉克标准

23. IRAM：阿根廷标准

24. IRS：爱尔兰标准

25. IS：印度标准

26. ISIRI：伊朗标准

27. ITINTEC：秘鲁标准

28. JIS：日本工业标准

29. JS：牙买加标准

30. J. S. S.：约旦标准

31. JUS：南斯拉夫标准

32. KS：韩国标准

33. KSS：科威特标准

34. L. S.：黎巴嫩标准

35. LS：利比亚标准

36. MCIR：塞浦路斯标准

37. MS：马来西亚标准

38. MSZ：匈牙利标准

39. NB：巴西标准

40. NBN：比利时标准

41. NC、UNC：古巴标准

42. NCh：智利标准

43. NEN：荷兰标准

44. NF：法国标准

45. NHS：希腊国家标准

46. NI：印度尼西亚标准

47. NOP：秘鲁标准

48. NORVEN：委内瑞拉标准

49. NP：葡萄牙标准

50. NS：挪威标准

51. NSO：尼日利亚标准

52. NZS：新西兰标准

53. ONORM：奥地利标准

54. OSS：苏丹标准

55. PN：波兰标准

56. PNA：巴拉圭标准

57. PS：巴基斯坦标准

58. PTS：菲律宾标准

59. SABS：南非标准

60. SASO：沙特阿拉伯标准

61. S. SS.：新加坡标准

62. SFS：芬兰标准

63. S. I.：以色列标准

64. SIS：瑞典标准

65. SLS：斯里兰卡标准

66. SNIMA：摩洛哥标准

67. SNV：瑞士标准协会标准

68. SS：苏丹标准

69. SSS：叙利亚标准

70. STAS：罗马尼亚标准

71. STASH：阿尔巴尼亚标准

72. TCVN：越南民主共和国标准

73. TGL：原德意志民主共和国标准

74. TNAI：泰国标准

75. TS：土耳其标准

76. UBS：缅甸联邦标准

77. UNE：西班牙标准

78. UNI：意大利标准

79. UNIT：乌拉圭技术标准协会标准

80. VCT：蒙古国家标准

81. ZS：赞比亚标准

82. БДС：保加利亚标准

83. ГССТ：俄罗斯标准

84. ISO：国标标准

85. API：美国石油学会标准

86. ANSI：美国国家标准

87. BS：英国国家标准

88. DIN：德国国家标准

89. JIS：日本工业标准

90. JPI：日本石油学会标准

91. AWWA：美国水道工作协会标准

92. AWS：美国焊接协会标准

93. ASME：美国机械工程师学会标准

94. IEC：国际电工委员会标准

95. ASTM：美国材料试验协会标准

96. MSS：美国阀门和管件制造厂标准化协会标准

附录二

美国 ASTM 标准知识介绍

　　ASTM 系美国材料与试验协会的英文缩写，其英文全称为 American Society for Testing and Materials。ASTM 前身是国际材料试验协会（International Association for Testing Materials，IATM）。19 世纪 80 年代，有人提出建立技术委员会制度，由技术委员会组织各方面的代表参加技术座谈会，讨论解决有关材料规范、试验程序等方面的争议问题。IATM 首次会议于 1882 年在欧洲召开，会上组成了工作委员会，当时主要是研究解决钢铁和其他材料的试验方法问题。1902 年，在国际材料试验协会分会第五届年会上，宣告美国分会正式独立，取名为美国材料试验学会（American Society for Testing Materials）。随着其业务范围的不断扩大和发展，学会的工作中心不仅仅是研究和制定材料规范和试验方法标准，还包括各种材料、产品、系统、服务项目的特点和性能标准，以及试验方法、程序等标准。1961 年，该组织又将其名称改为沿用至今的美国材料与试验协会（American Society for Testing and Materials，ASTM）。

　　ASTM 是美国最老、最大的非营利性的标准学术团体之一。经过一个世纪的发展，ASTM 现有 33 669 个（个人和团体）会员，其中有 22 396 个主要委员会会员在其各个委员会中担任技术专家工作。ASTM 的技术委员会下共设有 2 004 个技术分委员会。有 105 817 个单位参加了 ASTM 标准的制定工作，主要任务是制定材料、产品、系统和服务等领域的特性和性能标准，以及试验方法和程序标准，促进有关知识的发展和推广。

附录三

化学性能检验与微生物检验表

表1　还原物质（直接滴定法）检测记录

检验编号		样品名称		产品规格	
生产批号		样品数量			
检验依据		检验环境	_____℃；_____%RH		
检测仪器					

原始记录：

1. 试剂

（1）20%的稀硫酸。

（2）$KMnO_4$ 标准滴定液：$c(1/5\ KMnO_4) = 0.100\ 8\ mol/L$；

　　$KMnO_4$ 稀释液：$c(1/5\ KMnO_4) = 0.010\ 08\ mol/L$，临用前，取 $KMnO_4$ 标准滴定液稀释10倍。

（3）$Na_2C_2O_4$ 标准滴定液：$c(Na_2C_2O_4) = 0.05\ mol/L$；

　　$Na_2C_2O_4$ 稀释液：$c(Na_2C_2O_4) = 0.005\ mol/L$，临用前，取 $Na_2C_2O_4$ 标准滴定液稀释10倍。

　　注：$c(1/5\ KMnO_4) = 0.100\ 8\ mol/L$，编号0602，由国家标准物质研究中心提供的成品标准物质。

2. 试验步骤

（1）供试液的制备：将样品按_____

方法制备供试液；同时、同条件制备空白样本。（供试液制备两个平行组进行试验）

（2）取碘量瓶分别加入样品供试液、空白对照 20 mL，每样 2 份。

（3）在各碘量瓶中加入 5.0 mL 20% 的稀硫酸。

（4）在各碘量瓶中加入 3 mL $KMnO_4$ 标准溶液。

（5）加热至沸并保持微沸 10 分钟，稍冷后精确加入 0.005 mol/L 的 $Na_2C_2O_4$ 溶液 5.0 mL，置于水浴加热至 75～80 ℃。

（6）用规定浓度的 $KMnO_4$ 标准溶液滴定至显微红色，并保持 30 秒不褪色（达到滴定终点）；记录所用 $KMnO_4$ 标准溶液的体积 V_S。

（7）用同法得到空白样本消耗 $KMnO_4$ 标准溶液的体积 V_0。

3. 结果

	样本 1	样本 2	平均
V_s			
V_0			

4. 数据处理

还原物质量以消耗的 $KMnO_4$ 标准溶液的量表示，计算公式：$V = (V_s - V_0) C_s / C_0$

本次实验结果：$V = [(\underline{\hspace{2cm}} - \underline{\hspace{2cm}}) \times \underline{\hspace{2cm}}] / \underline{\hspace{2cm}}$

$V = \underline{\hspace{2cm}}$

复核：　　　　　　　　　　　　检验：

表 2 还原物质（间接滴定法）检测记录

检验编号		样品名称		产品规格	
生产批号		样品数量			
检验依据		检验环境	_____℃；_____%RH		
检测仪器					

原始记录：

1. 试剂

（1）20%的稀硫酸。

（2）$KMnO_4$ 标准滴定液：$c(1/5\ KMnO_4)=0.101\ 0\ mol/L$；

$KMnO_4$ 稀释液：$c(1/5\ KMnO_4)=0.010\ 10\ mol/L$，临用前，取 $KMnO_4$ 标准滴定液稀释 10 倍。

（3）淀粉指示液。

（4）$Na_2S_2O_3$ 标准滴定液：$c(Na_2S_2O_3)=0.100\ 9\ mol/L$；

$Na_2S_2O_3$ 稀释液：$c(Na_2S_2O_3)=0.010\ 09\ mol/L$，临用前，取 $Na_2S_2O_3$ 标准滴定液，用煮沸并冷却的水稀释 10 倍。

注：$c(1/5\ KMnO_4)=0.101\ 0\ mol/L$，编号 080458；$c(Na_2S_2O_3)=0.100\ 9\ mol/L$，编号 0607，由国家标准物质研究中心提供的成品标准物质。

2. 试验步骤

（1）供试液的制备：将样品按_____方法制备供试液；同时、同条件制备空白样本。（供试液制备两个平行组进行试验）

（2）取碘量瓶分别加入样品供试液、空白对照 10 mL（或 20 mL），每样 2 份。

（3）在各碘量瓶中加入 1.0 mL（或 2.0 mL）20%的稀硫酸。

（4）在各碘量瓶中加入 10 mL（或 20 mL）$KMnO_4$ 标准溶液。

（5）各碘量瓶煮沸 3 分钟，冷却。

（6）用规定浓度的 $KMnO_4$ 标准溶液滴定至显微红色，并保持 30 秒不褪色（达到滴定终点）；记录所用 $KMnO_4$ 标准溶液的体积 V_s。

（7）用同法得到空白样本消耗 $KMnO_4$ 标准溶液的体积 V_0。

3. 结果

	样本 1	样本 2	平均
V_s			
V_0			

4. 数据处理

还原物质量以消耗的 $KMnO_4$ 标准溶液的量表示，计算公式：$V=(V_0-V_s)C_s/C_0$

本次实验结果：$V=[(_____-_____)\times_____]/_____$

$V=_____$

复核：　　　　　　　　　　　　　　　　　　检验：

表3　重金属含量检测记录

检验编号		样品名称		产品规格	
生产批号		样品数量			
检验依据			检验环境	_____℃；	_____％RH
检测仪器					

原始记录：

1. 试剂

（1）酚酞指示液：取1 g酚酞，加乙醇100 mL。

（2）乙酸盐缓冲液（pH值3.5）：取乙酸铵25 g，加水25 mL溶解后，加盐酸液（7 mol/L）38 mL，用盐酸液（2 mol/L）或氨溶液（5 mol/L）准确调节pH值至3.5（电位法指示），用水稀释至100 mL，即得。

（3）硫代硫酸钠溶液：取硫代乙酰胺4 g，加水溶解并稀释至100 mL，置冰箱中保存。临用前取混合液〔由氢氧化钠（1 mol/L）15 mL、水5.0 mL及甘油20 mL组成〕5.0 mL，加上述硫代乙酰胺溶液1.0 mL，置水浴上加热20秒，冷却，立即使用。

（4）铅标准贮备液（100 μg/mL）。

（5）铅标准溶液（临用时将铅标准贮备液稀释到所需浓度）。

2. 试验步骤

（1）供试液的制备：取样品（1）_____、样品（2）_____，切成5 mm×5 mm碎片，分别放入瓷坩埚内，缓缓加热使之炭化，冷却后加入2 mL硝酸及5滴硫酸，加热至白烟消失为止。再在500～550 ℃灼烧使之灰化，冷却后加入2 mL盐酸置水浴上蒸干，加3滴盐酸湿润残留物，再加10 mL水，加热2分钟，加酚酞试液一滴，再滴入氨试液至上述溶液变成微红色为止。加乙酸盐缓冲液（pH值3.5）2 mL（如混浊，过滤，再用10 mL水洗涤沉淀），将溶液转移至50 mL容量瓶中，加水使成50 mL检验液。

将加入2 mL硝酸、5滴硫酸及2 mL盐酸的另一瓷坩埚置于水浴上蒸干，再用3滴盐酸湿润残留物。以下操作和检验液的制备方法相同，使之成为空白对照液。

（2）取50 mL检验液加入50 mL纳氏比色管中，另取1 mL铅标准溶液加入另一50 mL纳氏比色管中，加空白对照液至50 mL。在2支比色管中各加入2 mL硫代乙酰胺试液，摇匀，放置2分钟。

3. 结果

在白色背景下从上方观察，比较颜色深浅，得出结果：

（1）样品管1颜色　□深于 □浅于　对照管颜色。

（2）样品管2颜色　□深于 □浅于　对照管颜色。

复核：　　　　　　　　　　　　检验：

表 4　氯化物含量检测记录

检验编号		样品名称		产品规格	
生产批号		样品数量			
检验依据					
检测仪器		检验环境	_____℃；		_____%RH

原始记录：

1. 溶液配制

（1）氯化钠标准贮备液：称取 110 ℃ 干燥至恒重的氯化钠 0.165 g 置于容量瓶中，加水适量，使溶解并稀释至 1 000 mL，摇匀，即得 100 μg/mL 氯化钠标准贮备液。

（2）氯化钠标准溶液：临用前精确量取氯化钠标准贮备液稀释至所需浓度。

（3）硝酸银试液：取硝酸银 1.75 g，加水适量溶解并稀释至 1 000 mL，摇匀，贮存于棕色瓶中。

（4）稀硝酸：取 105 mL 硝酸，用水稀释至 1 000 mL。

2. 试验步骤

（1）供试液的制备：用_____方法制备供试液；同时、同条件制备空白样本。（两个平行组进行试验）

（2）取供试液 10 mL，加入 50 mL 纳氏比色管中，加 10 mL 稀硝酸，加水使成约 40 mL，即得供试液，另取 10 mL 氯化钠标准溶液置另一支 50 mL 纳氏比色管中，加 10 mL 稀硝酸，加水使成约 40 mL，即得标准对照液，在以上 2 支试管中分别加入硝酸银试液 1 mL，用水稀释至 50 mL，在暗处放置 5 分钟。

3. 结果

在黑色背景下从比色管上方观察，比较溶液混浊程度，得出结果：

（1）样品管 1 溶液 □ 混浊于 □ 清晰于　对照管溶液。

（2）样品管 2 溶液 □ 混浊于 □ 清晰于　对照管溶液。

复核：　　　　　　　　　　　　　　　检验：

表 5　酸碱度检验原始记录（滴定法）

检验编号		样品名称		产品规格	
生产批号		样品数量			
检验依据					
检测仪器		检验环境		＿＿＿＿＿℃；＿＿＿＿＿％RH	

原始记录：

1. 样品供试液的制备

将样品按＿＿＿＿＿＿＿＿＿＿＿＿＿＿＿＿＿＿＿＿＿＿＿＿＿方法进行制备；同时、同条件制备空白样本。

2. 步骤

将 0.1 mL Tashiro 指示剂加入内有 20 mL 检验液的磨口瓶中。如果溶液颜色呈紫色，则用氢氧化钠标准溶液 [c(NaOH) ＝0.01 mol/L] 滴定；如果呈绿色，则用盐酸标准滴定溶液 [c(HCl) ＝0.01 mol/L] 滴定，直至显灰色。

记录所用氢氧化钠溶液或盐酸溶液的体积（mL）。

3. 结果

所用的标准溶液：＿＿＿＿＿＿＿＿＿＿＿＿＿＿＿＿＿＿＿＿＿＿＿＿

＿＿＿＿＿＿＿＿＿＿＿＿＿＿＿＿＿＿＿＿＿

空白：（1）：＿＿＿＿＿＿＿＿＿（2）：＿＿＿＿＿＿＿＿＿平均：＿＿＿＿＿＿＿＿＿

样品：（1）：＿＿＿＿＿＿＿＿＿（2）：＿＿＿＿＿＿＿＿＿平均：＿＿＿＿＿＿＿＿＿

复核：　　　　　　　　　　　　　　　检验：

表6 酸碱度检验原始记录（酸度计法）

检验编号		样品名称		产品规格	
生产批号		样品数量		检验日期	
检验依据					
检测仪器		检验环境	_____℃；_____%RH		

原始记录：

1. 样品供试液的制备

将样品按_____方法进行制备；同时、同条件制备空白样本。

2. 步骤

（1）确保仪器在测量前用标准液校准过。

校准1：pH值7.01。

校准2：pH值4.00。

注：校正液由仪器配套提供。

（2）仪器自动进行pH值测量。

（3）将电极和温度探棒浸入待测水样（4 cm），停留几分钟让电极读数稳定。

（4）pH值第一显示（大字），温度第二显示（小字）。

（5）仪器测过前一溶液后，在测试后一溶液前，用实验用水清洗电极。

（6）为测得准确的pH值，温度要在合适的范围内进行自动补偿，用HI7669/2W温度计探棒浸入样品液中，靠电极并停留几分钟。

3. 结果

（1）样品供试液pH值：

（2）空白样本pH值：

（3）两者之差：

复核：   检验：

表7 环氧乙烷残留量（比色法）检验原始记录

生产批号		样品数量	
产品名称规格		检验环境	
检验依据		检验日期	

原始记录：

1. 试剂

乙二醇（分析纯）；0.1 mol/L 盐酸；0.5％高碘酸；硫代硫酸钠溶液；10％亚硫酸钠溶液；品红-亚硫酸溶液。

2. 乙二醇贮备液的制备

（1）取 50 mL 容量瓶加入适量蒸馏水 0.5 mL，精确称量乙二醇，得到所加入的乙二醇质量 m g。

（2）用 50 mL 容量瓶定容。

（3）乙二醇浓度计算：$c =（m/50）\times 1\,000$，即 $c =（\underline{\hspace{2cm}}/50）\times 1\,000 = \underline{\hspace{2cm}}$ g/L。

3. 乙二醇标准液的制备

将乙二醇贮备液按 1∶1 000 的比例稀释；浓度 $c_1 = \underline{\hspace{2cm}}$ g/L。

4. 环氧乙烷标准曲线的绘制

（1）取 6 支纳氏比色管，每支加入 2.0 mL 0.1 mol/L 的盐酸，分别加入乙二醇 0、0.5、1.0、1.5、2.0、2.5 mL；每支比色管再加入 0.5％高碘酸 0.4 mL，在室温下放置 1 小时。

（2）在纳氏比色管中滴加硫代硫酸钠至出现的黄色恰好消失为止；各管中加入 0.2 mL品红-亚硫酸；用蒸馏水稀释至 10.0 mL，在室温下放置 1 小时。

（3）在 560 nm 波长处测定吸光度值。

（4）绘制环氧乙烷标准曲线。

乙二醇体积（mL）					
吸光度值					

5. 样品环氧乙烷检测

（1）称取样品 2 g，放入碘量瓶中，同时量取 10 mL 0.1 mol/L 稀盐酸，在室温下放置 1 小时；制备供试液。

（2）量取供试液 2 mL 放入纳氏比色管，加入 0.5％高碘酸 0.4 mL，在室温下放置 1 小时。

（3）在纳氏比色管中滴加硫代硫酸钠至出现的黄色恰好消失为止。

（4）在纳氏比色管中加入 0.2 mL 品红-亚硫酸，用蒸馏水稀释至 10.0 mL，在室温下放置 1 小时。

（5）在 560 nm 波长处测定吸光度值。

（6）结果计算：

样品名称	吸光度值	样本水解后乙二醇的体积 V（mL）	样本质量 m（g）	环氧乙烷含量 C_{EO}（μg/g）	平均值 C_{EO}（μg/g）

注：环氧乙烷含量 $C_{EO} = 1.775 \times V \times c_1 \times 1000 \times 2.0 / m$，其中：$V$ 为标准曲线上得出供试液相应体积，mL；c_1 为乙二醇标准溶液浓度，g/L；2.0 为标准中准确称量 2.0 g；m 为实际样本称量质量，g。

复核：　　　　　　　　　　　　　检验：

表8　环氧乙烷（GC法）检验原始记录

检验编号		产品名称			
生产批号		规格型号		样品数量	
检验依据					
检验日期		检验环境		_____℃；_____% RH	
检测仪器					

原始记录：

1. 环氧乙烷标准曲线的制备

（1）环氧乙烷标准品：参照 GB/T 14233.1—2008 的方法。

（2）各浓度梯度环氧乙烷标准液的配制：取外部干燥的 50 mL 带瓶塞的容量瓶，加入约 30 mL 水，加入一定量（约 0.6 mL）环氧乙烷，并准确称取加入环氧乙烷的重量（_____ g），最后定容。

将环氧乙烷标准贮备液配制 1～10 g/mL 的 6 个系列浓度的标准溶液，精确量取 5 mL 各个梯度的环氧乙烷标准溶液加入 20 mL 顶空瓶中，最后用封瓶器封口，备检。各梯度的环氧乙烷标准溶液浓度如下：

编　号	1	2	3	4	5	6
浓度（g/mL）						

2. 样本处理

取产品上与人体接触的 EO 相对残留含量最高的部件进行试验，取长度为 5 mm 的碎块（或 10 mm²），称取样本 1.0 g 加入 20 mL 顶空瓶中，加实验用水 5 mL，最后用封瓶器封口。

称取外包装的单个样本重量_____ g，_____ g，平均_____ g。

注：平行取样，编号样 1、样 2。

3. 操作及操作条件

（1）Agilent 7694E 顶空进样器的参数：

炉温 60 ℃；进样环温度 70 ℃；管温度 80 ℃；循环时间 10.0 min，样本预热时间 40.0 min；加压时间 0.20 min；进样时间 1.00 min。

（2）Agilent 6890N 气相色谱仪的参数：

进样口：温度 100 ℃；分流；比值 1.0∶1。

色谱柱：管柱；压力 10.77 Pa；流速 2.0 mL/min；平均流速 30 cm/min；氮气补气流速 18 mL/min。

（3）工作期间数据记录及数据处理。

4. 实验结果

编　号	样 1	样 2
取样量（g）		
顶空瓶中浓度（g/mL）		
样本（g/g）		
结果		

注：样本量（g/g）＝（$C \times V$）/m，其中：C 为顶空瓶中浓度（g/mL）；V 为顶空瓶液体容量（与标准取液量一致）5 mL；m 为取样质量。

复核：　　　　　　　　　　　　　　检验：

表 9 紫外吸光度检测记录

检验编号		样品名称		规格型号	
生产批号		样品数量		检验日期	
检验依据		检验环境		_____℃；_____%RH	
检测仪器					

原始记录：

1. 供试液的制备

将样品按_____方法制备供试液；同时、同条件制备空白样本。（供试液制备两个平行组进行试验）

2. 试验步骤

取制备好的供试液，在 5 小时内用 1 cm 检验池以空白对照液为参比在规定的波长范围内测定吸光度。

3. 结果

在波长 250～320 nm 处透光率为：

样 1：_____样 2：_____平均：_____

4. 检测标准曲线样图以及实验数据

复核：   检验：

表 10　纯化水/注射用水的监测记录

水样名称				请检部门	
检测数量				检测频次	
检验日期				报告日期	
检验依据					

序　号	检验项目	检验指标	本项检验结果	本项检验结论
1	性状	无色澄清液体，无臭，无味		
2	酸碱度	符合规定（定性检测） （注射用水为 5.0～7.0）		
3	硝酸盐	0.000 006%		
4	亚硝酸盐	0.000 002%		
5	氨	0.000 03%（注射用水为 0.000 02%）		
6	电导率	应符合规定		
7	总有机碳	≤0.50 mg/L		
8	易氧化物	符合规定（定性检测）， 与总有机碳选做一项（注射用水无此项）		
9	不挥发物	1 mg/100 mL		
10	重金属	0.000 01%		
11	微生物限度	100 CFU/mL		
12	细胞内毒素	纯化水无此项，注射用水＜0.25EU		

检验结论：

备注：

复核：　　　　　　　　　　　检验：

表 11 滴定液配制标化记录

名称		氢氧化钠标准溶液（NaOH）			依据		
配制	操作	称取 110 g 氢氧化钠溶于 100 mL 无二氧化碳水中，摇匀，密闭放置至溶液清亮，取＿＿＿＿mL 氢氧化钠上层清液，用无二氧化碳水稀释至 1 000 mL，摇匀，备用。					
	配制者				配制日期		
	基准物质		基准邻苯二甲酸氢钾	干燥温度	105 ℃	天平型号	
	标定记录		初标			复标	
	基准物＋瓶（g）						
	剩余量（g）						
	称定重量（g）						
	标定液用量	终点（mL）					
		初始（mL）					
		空白（mL）					
		用量（mL）					
	滴定管校正（mL）						
	温度值校正（mL）						
	标液实际用量（mL）						
	计算：$C=\dfrac{m\times1\ 000}{(V_1-V_2)\times M}$						
	结果（mol/L）						
	平均浓度（mol/L）						
	相对平均偏差						
	标定者		初标者			复标者	
	极差		初标平均值与复标平均值的相对平均偏差				
	标定温度		核对者			标定日期	
结论	该滴定液的浓度为						
贮存	置橡胶塞的棕色瓶中，密闭保存						
备注	式中：m—基准物质的称取量（g）； V_1—标定中本滴定液的用量（mL）； V_2—空白试液中本滴定液的用量（mL）； M—邻苯二甲酸氢钾的摩尔质量的数值（$M=204.22$ g/mol）						

表 12   细菌内毒素试验原始记录

编号：

产品名称				数量	
型号规格		生产批号		鲎试剂批号	
检验数量		灭菌批号		鲎试剂灵敏度	
取样日期		检验日期		内毒素批号	
检验依据					
样品及对照	样品管		阴性管		阳性管
加入量					
试剂和加量					
鲎试剂常溶液					
试液					
内毒素溶液					
无热原水					
结果					
结论					
备注：	使用的仪器：净化操作台、恒温培养箱、电热恒温水浴锅、烤箱				

复核：   检验：

表 13 初始污染菌检测记录

样品名称		样品规格	
批　　号		样品数量	
检验日期		报告日期	
检测设备	高压灭菌锅、培养箱、净化工作台		
检测依据			

检测方法：

1. 取样品 3 个，以无菌操作方法移入灭菌的 100 mL 0.9％ NaCl 洗脱液中，将采样管振打 80 次，混匀，10 倍递减稀释，对每个稀释度（取 3 个稀释度），分别取 1 mL 放入灭菌平皿（每个稀释度倾注 2 块平板），用普通琼脂培养基和玫瑰红钠培养基分别倾注培养，另各倾注一个不加样品的灭菌空平皿，作阴性对照，置 30～35 ℃温箱培养 48 小时，观察结果。

取菌落数为 30～300 的平板计算，求出产品带菌数，然后求出初始污染菌数。

2. 环境：超净台桌面沉降菌：_____CFU/平皿；无菌室沉降菌：_____CFU/平皿
   无菌室温度：_____℃ 　　　　无菌室湿度：_____％

3. 每件产品菌落数＝平皿均数×稀释倍数/SIP（取样比例）

4. 结果

微生物种类		需氧菌				霉　菌				
培养温度										
培养开始时间										
培养结束时间										
样品号	稀释度	CFU/皿 1	2	平均	产品带菌数	初始污染菌数	CFU/皿 1	2	平均	产品带菌数	初始污染菌数
1	原液										
	10^{-1}										
	10^{-2}										
2	原液										
	10^{-1}										
	10^{-2}										
3											
4											
5											

检验结论：

复核：　　　　　　　　　　　　　　　检验：

表 14 灭菌效果检验原始记录

产品名称：_____ 检验日期：_____ 灭菌批号：_____

规　格：_____

检验参考标准：GB/T 19973.1

紫外线消毒时间：____时____分至____时____分

抽样地点：_____ 抽样数量：_____ 报告日期：_____

培养基名称	需氧/厌氧培养基				阳性对照	霉菌培养基			结果判定
培养基分装量									
温　度	30~35℃				1:10⁶ 金黄色葡萄球菌	20~25℃			
管　号	1	2	3	4		1	2		
接种量(mL)									
1									
2									
3									
4									
5									
6									
7									
8									
9									
10									
11									
12									
13									
14									

	培养	温度	30~35℃		无菌净化操作台菌落数	阳性对照操作台菌落数 30~35℃		结果判定
		碟号	1	2	1	1	2	
	24h 菌落数							
	48h 菌落数							
	平均菌落数							
	无菌室菌落数	温度	30~35℃		阳性对照室菌落数			
	培养	碟号	1	2	1	2		
	24h 菌落数							
	48h 菌落数							
	平均菌落数							

培养天数及结果判定

主要测试仪器：净化操作台、恒温培养箱、霉菌培养箱

检验：_____

复核：_____

表 15 洁净车间卫生检测记录
（工作服、操作台、生产设备、工位器具）

检测名称	操作台、生产设备工位器具细菌数			
检测依据			技术要求	
检验日期			报告日期	

操作方法：将浸有灭菌生理盐水的棉拭子在被测部位（取 5 cm×5 cm 的面积）来回涂抹 10 次，放入 10 mL 灭菌生理盐水的试管中，将每个采样管震打 80 次，3 个稀释度分别取 1 mL 混合后放于灭菌培养皿（每个稀释度倾注 2 块平板），用普通琼脂培养基作倾注培养，置 30～35℃温箱培养 48 小时，观察结果。取菌落数为 30～300 的培养皿计算，求出平均菌落数。

结果计算：

$$菌数（CFU）/cm^2 = 平均菌数 \times 稀释倍数/采样面积（cm^2）$$

工位器具及编号	不同稀释度样品的菌落数			检验结果	判定
	10	10^2	10^3		

主要检测仪器：净化操作台；恒温培养箱；两用灭菌器

采样时间：

复核： 检验：

表16 洁净车间卫生监测记录
（操作人员手带细菌数）

检测名称	操作人员手带细菌数		
检测依据		技术要求	
检验日期		报告日期	

操作方法：被检人手指并拢，将浸有灭菌生理盐水的棉拭子在手指曲面，从指尖、甲沟至指根处往返涂抹10次后放入10 mL灭菌生理盐水试管中，分别取1 mL放于灭菌平皿内（倾注2块平板），用普通营养琼脂作倾注培养，倒置于30～35 ℃恒温培养箱内培养48 h，观察结果。

结果计算：

菌数/每只手＝平均菌数×稀释倍数

编号	检验记录	检验结果	判 定
1			
2			
3			
4			
5			
6			
7			
8			
9			
10			
11			
12			

主要检测仪器：

备注：

复核： 检验：